普通高等教育“十四五”规划教材

陈国华　编著

风险工程学（第二版）

中国石化出版社
·北京·

内 容 提 要

全书共分为7章，其中第1、2章主要介绍风险工程学的基本概念，以及风险辨识的原理，给出风险辨识可以参照的方法；第3～5章重点介绍风险评价常用的定性、定量方法，在此基础上详细讲述重大工业事故后果模拟评价的基本方法和基本模型；第6、7章主要介绍风险防控的技术及其选择策略、风险管理方法、风险管理文化、风险分析的不确定性因素及分类、风险分析管理的不确定性处理方法等内容。

本书既可作为普通高等教育安全工程、消防工程、防灾与减灾相关专业的本科生和研究生教材，也可为从事安全生产管理、安全规划、事故调查与应急救援的企业安全生产技术人员、安全管理人员提供参考。

图书在版编目(CIP)数据

风险工程学 / 陈国华编著. -- 2版. --北京 : 中国石化出版社，2024. 11. -- ISBN 978-7-5114-7701-9

Ⅰ. X93

中国国家版本馆CIP数据核字第2024S37M00号

中国石化出版社出版发行

地址:北京市东城区安定门外大街58号

邮编:100011　电话:(010)57512500

发行部电话:(010)57512575

http://www.sinopec-press.com

E-mail:press@sinopec.com

北京艾普海德印刷有限公司印刷

全国各地新华书店经销

*

787毫米×1092毫米 16开本 22.25印张 410千字

2024年11月第1版　2024年11月第1次印刷

定价:89.00元

前言

PREFACE

作为一门新兴学科，风险工程学近年来发展迅速，得到学术界、工程界和经济界的高度重视。风险工程学的核心内容是针对生产过程中的风险隐患，研究如何通过利用安全生产计划、组织、指挥、协调和控制等手段，预防事故发生及减少其损失，将危险带来的挑战转化为安全性机遇，最终目标是力争化险为夷，达到保障企业员工尽可能安全和健康的目的。从技术路线上，风险工程学的研究领域大致可分为风险辨识、风险分析、风险评价、风险控制和风险管理等主要部分。

风险工程学是安全科学与工程领域的核心课程之一。为适应安全工程人才培养的需要，修编《风险工程学》的主要目的是使读者理解风险工程学的基本概念和原理，初步掌握风险辨识、风险分析与风险评价的方法和流程，理解多米诺效应事故基本原理，了解在实际安全生产工作中运用风险控制与管理技术，充分整合和利用所具有的资源，减少和控制生产中的危害，实现最低的事故率、最少的损失和最优的安全投资效益。

本书结合作者近年从事安全工程本科生、研究生相关课程教学经验以及在相关领域最新研究成果的基础上修编而成，并补充课程内容的习题，便于课后复习与知识回顾。全书共分为七章，其中第 1、2 章主要介绍风险工程学的基本概念，以及风险辨识的原理、方法，给出风险辨识可以参照的方法。第 3～5 章重点介绍风险评价常用的定性、定量方法，在此基础上详细讲述了重大工业事故后果模拟评价的基本方法和基本模型。第 6～7 章主要介绍风险防控的技术及其选择策略、风险管理方法、风险管理文化、风险分析的不确定性、风险分析管理的不确定性处理方法等内容。同时，本书引入了与安全生产紧密相关的课程思政内容，着重强调了安全在经济和社会发展中的重要性，统筹高质量发展和高水平安全，以高质量发展促进高水平安全，以高水平安全保障高质量发展，希望能引起读者对风险工程学和安全生产更多的关注。通过系统的理论学习，引导学生深刻领悟大安全理念的精髓，将个人理想与国家发展、民族振兴紧密相连。同时注重实践应用，让学生在投身专业背景相关的社会实践中，体验新时代青年的责任与担当，培养学生工匠精神和创新能力。

全书力求特色鲜明，突出整体性和系统性。不仅强调了风险辨识、风险分析、风险评价、风险防范与控制等基本内容，对事故易发性原因、肯特管道风险评价方法、DNV定量风险评价、多米诺效应事故后果分析、模糊综合评价法等原理、方法、应用也进行了较深入的讲解。此外，书中还详细介绍了工程系统的风险管理、风险管理文化和风险分析的不确定性等知识，为深入探索事故风险深层原因、制定风险预防和预警措施以及研究工程系统不确定性提供了指南。全书力求思路清晰，语言深入浅出，辅以实例阐述，有助于读者理解、吸收和应用。

本书参考了国内外安全工程领域的研究成果，列于参考文献，谨向作者和出版社致以崇高的敬意和诚挚的感谢；本书部分章节内容得到了国家自然科学基金项目（21576102、21878102）、广东省研究生示范课程建设项目（粤教研函〔2022〕1号；项目编号：2022SFKC010）、华南理工大学研究生课程思政示范课程（2022年、2023年）、华南理工大学研究生精品教材修订专项项目（2023年）资助，谨致谢忱！

风险工程学涉及领域非常广泛，风险工程学理论和方法体系仍在持续完善，虽然编者在系统性、整体性、前瞻性和实用性等方面付出了极大努力和尝试，但由于编者学术水平有限，书中难免存在疏漏和错误，恳请专家学者和广大读者批评指正。

目录
CONTENTS

第1章　基本概念

党的十九届五中全会审议通过的《中共中央关于制定国民经济和社会发展第十四个五年规划和二〇三五年远景目标的建议》，注重处理好发展和安全的关系，就统筹发展和安全、建设更高水平的平安中国提出明确要求、作出工作部署，对在复杂环境下更好推进我国经济社会发展具有重大指导意义。

习近平总书记指出："安全是发展的前提，发展是安全的保障。"前进道路上，我们既要善于运用发展成果夯实国家安全的实力基础，又要善于塑造有利于经济社会发展的安全环境，实现发展和安全互为条件、彼此支撑。必须坚持统筹发展和安全，增强机遇意识和风险意识，树立底线思维，把困难估计得更充分一些，把风险思考得更深入一些，注重堵漏洞、强弱项，下好先手棋、打好主动仗，有效防范化解各类风险挑战。

2024年"两会"政府工作报告指出，扎实开展安全生产治本攻坚三年行动，加强重点行业领域风险隐患排查整治，压实各方责任，坚决遏制重特大事故发生。伴随着工业化进程的不断加快，各种安全事故的不断发生，人们对于风险的认识也在逐渐深化。不仅要把握风险的实质，还必须深刻理解其与相关概念之间的关系。

1.1　风险及相关术语

1.1.1　风险的定义

"风险"概念早在17世纪就已经出现，它来自西班牙的航海术语，意思是指航海时遇上危机或触礁，反映了早期商贸航行活动中的不确定性因素。最早提出风险定义的是美国学者威特雷，他认为风险是关于不愿意发生的事件发生的不确定性的客观体现。20世纪20年代初，美国经济学家奈特把风险与不确定性作了明确区分，指出风险是可测的不确定性。风险事件发生的不确定性可以用概率或可能性大小来表示。20世纪80年代初，日本学者武井勋在吸收总结前人研究成果的基础上对风险的概念作了新的表述，认为风险是在特定环境和特定期间内自然存在的导致经济损失的变化。随着社会的发展，"风险"概念的含义不断得以丰富。

对于风险的概念可以从经济学、管理学、保险学等不同的角度去认识。风险常被用于描述人们的财产受损和人员伤亡的危险情景；或者说明人们从事某项事业面临损失的情景；或者是人们为获得某种利益和某种成功而甘愿付出的代价等。这些说法反映了人们对风险的朴素认识，但不准确，未能把握风险的实质和特性。曾流行的风险定义有：风险是损失的可能性；风险是损失的机会或概率；风险是潜在损失；风险是潜在损失的变化范围与幅度等。虽然风险的说法不统一，但具有两个基本特征，即损失性和不确定性。

不确定性是指将来的活动或事件，其后果有多种可能，各种后果出现的可能性程度，即概率也不一样，这是由于人们对于将来活动或事件一般不能掌握全部信息，因此事先不能确知最终会产生什么样的后果，这种不确定现象反映了人们由于难以预测未来活动或事件的后果而产生的怀疑态度，即使有些时候人们可以事先辨识事件或活动的各种可能结果，但仍然不能确定或估计它们发生的概率。

所谓事件发生后产生损失的后果：一方面，行动和事件的后果同人们的期望预想之间的偏离，后果偏离预期越大，产生损失就越大，风险也越大；另一方面，人们从事各项活动可能蒙受损失或损害，对这种不利的后果不但要提高警惕，而且要防范和处理这样的不利后果。

综上所述，风险可以理解为：在特定的客观情况下，即存在着不确定性，在特定的时期内，某一事件其预期结果与实际结果之间变动程度的概率分布，即存在着不确定性。变动程度的期望值和方差越大，风险越大；反之，则风险就越小。

在工业生产系统中，风险可以理解为在特定条件下，某一危害事件发生的概率与危害后果的组合。风险具有概率和后果的二重性，风险 R 可用发生概率 P 和损失程度 C 的函数来表示，即：

$$R = f(P, C) \tag{1-1}$$

这一定义首先确认风险是客观存在的，其大小可以科学度量，根据定义，风险的存在与客观环境有关，与一定的时空条件有关，与人们对某一事件所抱的期望值有关。当这些情况发生变化时，风险也可能发生变化，所以，风险具有不确定性的本质。通常，风险是伴随着人类的生存与活动而存在的，若没有人类的生存需要和活动，没有预期的结果和愿望，就不存在风险。

根据上面阐述的风险的定义，对于风险的本质，可以从以下五个方面加以分析：

①风险发生概率：风险事件发生的可能性大小；

②风险发生频率：风险事件多长时间发生一次；

③风险发生后果：风险事件的发生对人员或财产产生的影响程度；

④风险重要程度：并非所有的风险都要一视同仁；

⑤风险综合评价：有些风险影响比较大，而发生概率和频率很小，而有些风险影响不大，但出现的可能性却很大。因此，需要对风险进行综合评价，将两种因素综合起来考虑。

1.1.2 风险要素

为了进一步理解风险的含义，还必须弄清风险的构成要素：风险因素、风险事件、风险损失，以及它们之间的关系。

1. 风险因素

风险因素是指能够增加或引起事故发生频率和大小的因素，它是事故发生的潜在原因，是造成损失的间接的和内在的原因。根据其性质，通常把风险因素分为实质性风险因素、道德风险因素和心理风险因素三类：

实质性风险因素，属于有形因素，是指能引起或增加损失机会与损失程度的物质条件。如失灵的刹车系统、恶劣的气候、易燃易爆物品等。

道德风险因素，属于无形因素，与人的不正当社会行为和个人的品德修养有关。常常表现为不良企图或恶意行为、故意促使风险事件发生或损失扩大，如不诚实、纵火、勒索、扣押人质谋钱财等。

心理风险因素，也属于无形因素，是指可能引起或增加风险事件发生和发展的、人的心理状态方面的原因，如违章作业、一时疏忽造成合同上的漏洞等。心理风险因素偏向于人的无意或疏忽，而道德风险因素强调的是人的故意或恶行。

2. 风险事件

风险事件是直接造成损失或损害的风险条件，它是酿成事故和损失的直接原因和条件。风险事件的发生引起损失的可能性转化为现实的损失，它的可能发生或可能不发生是不确定性的外在表现形式。例如，水灾中断了交通，引起了巨大经济损失，水灾就成为风险事件。因此，风险事件是损失的媒介，它的偶然性是由客观存在的不确定性所决定的。

3. 风险损失

风险控制与管理中的损失不同于一般损失，它是风险的结果，是风险承担者不愿看到的后果，是指非故意的、非计划的和非预期的经济价值的减少。这种损失分为直接损失和间接损失两种。直接损失是指实质性的经济价值的减少，是可以观察、计量和测定的；间接损失是由直接损失引起的破坏事实，一般是指额外的费用损失、收入的减少和责任的追究。例如，由于机器损失导致生产线的中断所引起的直接损失是机器的价值和产出的减少；而因未能按期交货而引起客户索赔及造成订单减少，就是间接损失。

风险因素、风险事件和风险损失三者之间是紧密相关的。风险因素引发风险事件，风险事件导致损失，产生实际结果与预期结果的差异，这就是风险。

若用“多米诺骨牌理论”来描述图 1-1 中各张“骨牌”之间的关系，即风险因素引发风险事件，风险事件导致损失，而损失所形成的结果就是风险，一旦风险因素这张“骨牌”倾倒，其他“骨牌”都将相继倾倒。风险作用链条图展现了风险的动态过程，认识风险的作用链条对预防风险、降低风险损失有着十分重要的意义。因此，为了预防风险、降低风险损失，就需要从源头上抓起，力求使风险因素这张“骨牌”不倾倒。同时尽可能提高其他“骨牌”的稳定性，即在一张“骨牌”倾倒的情况下，其后的“骨牌”仅仅是倾斜而不是倾倒，或即使倾倒，也表现为缓慢倾倒而不是迅速倾倒。

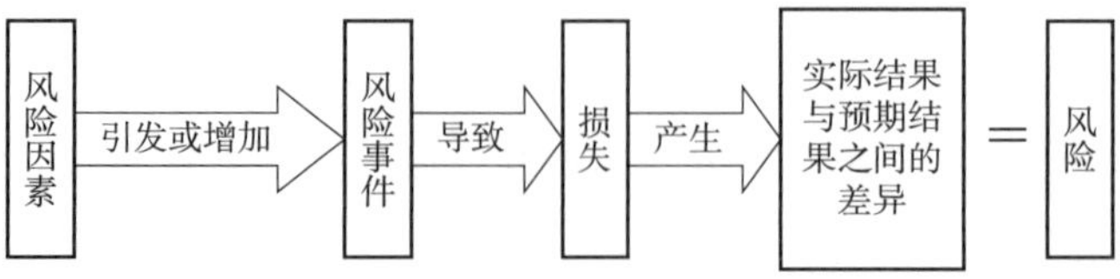

图 1-1　风险因素、风险事件、风险损失与风险之间的关系

1.1.3　风险的属性与特征

1. 风险的属性

风险的属性分为自然属性、社会属性和经济属性。

(1)自然属性

风险的自然属性是指自然界运动的客观规律本身所固有的风险属性。自然界中的规则运动，为人类的存在和发展提供了条件，然而它的不规则运动，却为人类的生命财产带来损失，如地震、洪水、泥石流等，这就是人类赖以生存的地球所面临的自然风险。尽管称为灾害，但它也是自然界运动的一部分，当它与人们的生命财产联系在一起时就构成了风险。

(2)社会属性

风险的社会属性首先体现在一些风险事故是社会因素运动的结果，如私有财产中的盗窃风险、财产委托代理中的道德风险等。其次体现在风险的结果由社会承担，虽然绝大部分风险所产生的损失从表面上看仅影响个人或家庭，或一个单位，或局部地区，但就整个社会来看，总有一部分财物灭失了。有时个人或单位无力承受所遭受的损失就必然会寻求社会分担，于是出现了保险机构和慈善机构等社会共担风险的组织。

(3)经济属性

风险的存在不仅会造成人员伤亡，而且会造成生产力的破坏、社会财富的灭失和经济价值的减少，这就体现了风险的经济属性。从属性的定义可知，在事故破坏力的范围之内，必定存在人们的利益，才会造成人们生命财产的损失；若在破坏力的范围内不存在人们的利益，即使破坏力再大，也不会造成损失，也就不存在风险。

2. 风险的特征

(1)风险的客观性

风险是一种不以人的意志为转移，独立于人的意识之外的客观存在。因为无论是自然界的物质运动，还是社会发展的规律，都是由事物的内部因素和超过人们主观意识所存在的客观规律所决定的。人们只能在一定的时间和空间内改变风险存在和发生的条件，降低风险发生的频率和损失程度，但是，从总体上来说，风险是不可能彻底消除的。

(2)风险的普遍性

人类历史就是与各种风险相伴的历史。自从人类出现后，就面临着各种各样的风险，如自然灾害、疾病、伤残、死亡、战争等。随着科学技术的发展、生产力的提高、社会的进步、人类的进化，又产生了新的风险，且风险事故造成的损失也越来越大。在当今社会，个人面临着生、老、病、残、死、意外伤害等风险；企业面临着自然风险、市场风险、技术风险、政治风险等；甚至国家和政府机关也面临着各种风险。风险无处不在，无时不有。

(3)风险的必然性

从宏观的角度来看，一定时期一定风险的发生概率与其造成的经济损失程度具有一种必然性。从微观的角度来看，个别风险事故的发生是偶然的、无序的，然而运用统计方法去处理大量相互独立的偶发风险事故资料，就可以比较准确地发现风险的规律。大量风险事故发生的必然性和规律性，使人们利用数理统计方法去计算其发生概率和损失幅度成为可能。大量的事故的发生表现出某种统计规律，这说明了风险的必然性。

(4)风险的可变性

风险的可变性是指在一定条件下风险可转化的特性。世界上任何事物之间都存在相互联系、相互依存、相互制约的关系。而任何事物都处于运动和变化之中，这些变化必然会引起风险的变化。风险的可变性内容包括风险性质的变化、风险量的变化、某些风险在一定的空间和时间范围内被消除和新风险的产生等。

(5)结果双重性

工程项目风险的结果双重性是指由风险所引发的结果可能是损失也可能是收益，传统上都把工程项目风险作为损失来看待。结果的双重性使人们认识到，对待风险不应只是消极对待其损失的一面，还应将风险当作一种机会，通过风险管理尽量获得风险收益。

(6)行为相关性

行为相关性是指决策者面临的风险与其决策行为是紧密关联的。不同的决策者对同一风险事件会有不同的决策行为，具体反映在采取的不同策略和不同的管理方法上，因此也会面临不同的风险结果。

(7)损失的潜在性

损失是多种多样的。如购买一件产品，其内在质量的好坏只能在使用过程中得到证实。当有质量缺陷时，就会造成经济损失以及由于调换、维修所占用的时间损失和精神损失等。这些在使用过程中验证的风险，在购买产品时就已经存在或潜伏在标的中，在一定条件下，这些风险就会暴露出来。按照风险的定义，这种潜在的损失就是风险。也就是说，风险本身就具有潜在性。同样，工程项目风险也是潜在的，如工程施工常发生土建结构塌方，导致这种风险事故发生的因素在此之前已经存在了，可能是采购的建材质量不合格或者材质型号与设计要求不符。总之，风险损失往往是风险因素积蓄到一定程度才爆发出来，是有一定潜伏期的。

(8)风险的不确定性

风险是不确定的，否则，就不能称之为风险。风险的不确定性主要表现在空间上的不确定性、时间上的不确定性、损失程度的不确定性以及投资是否能够得到预期的回报等无法确定。

风险是各种不确定因素综合的产物。不确定性是风险最本质的特征，这表现在：风险条件是否发生、何时发生、发生之后会造成什么样的后果等均是不确定的，任何一个工程项目都包含大量相互关联的事件和活动，每一项活动都与建设造价、工期、质量、安全和环境等问题有关，具有相当的不确定性。最大的不确定性往往存在于项目的早期。因此，早期阶段做出的决策对以后阶段和项目目标的实现影响最大。

(9)风险事件的损失性

估计某事件可能造成的损失越大，则认为该事件的风险就越大，风险程度预示着预期的风险事故损失的大小。

另外，风险的特征还包括风险的可测性、风险的相对性和风险的传递性等。

1.1.4 风险产生的原因

风险是由不确定活动或事件造成的，而活动或事件的确定或不确定是由信息的完备与否决定的，即风险是由于人们无法准确充分认识客观事物及其未来的发展变化规律引起的。

1. 人们认识客观事物的能力有局限性

随着科学技术的迅猛发展，人们认识世界改变世界的能力在不断提高。然而，世界上的任何事物均有其属性，对这些属性，人们首先是用各种数据或者相关信息来描述；其次是通过对这些数据或信息进行分析处理，去了解和认识事物，并预测事物未来的发展和变化。但由于人们认识事物在广度和深度上均有局限性，使得这种描述和分析处理能力均是有限的。总之，人们对客观事物的认知存在着知识和信息的不完全或不完善性。

2. 信息本身的滞后性

从信息科学理论出发，信息的不完备性是绝对的，而完备性是相对的。这主要是因为信息本身具有滞后性。人们对客观事物的属性是用数据和信息去描述的，而这种描述仅当事物发生或形成之后才能进行，况且做这种客观的描述也是需要时间才能完成的。也就是说，这种数据或信息的形成总是滞后于事物的形成或发展的，这样就导致了信息出现滞后性。

3. 客观事物的不可预测性

客观事物的发展变化具有必然性和偶然性。偶然性也会表现为事物发展运动结果的不确定性，它导致的风险是偶然的、随机的，人们难以通过准确预测来把握这种风险。客观事物的不可预测性表明，风险的产生除了人们认识能力的局限性，还有客观事物本质的原因。对于由于客观事物本身不可预测导致的风险，则不可能通过事先预测的方法来消除风险。所以，在风险管理中，事先的准备、事中的对策和事后的处置具有同等重要的意义。

4. 主体行为的多样性和多变性

多样性和多变性是指人们对事物价值的不确定性，不同的人对相同的事物具有不同的偏好，这种偏好往往都带有主观色彩，产生的结果偏离最佳行为准则，从而导致主观风险的发生。

1.1.5 相关术语

1. 危险

天有不测风云，人有旦夕祸福。在社会经济生活中，无论何时、无论何地人们都可能面临各种各样的危险，如自然灾害、交通事故、疾病、偷盗、战乱、人身意外伤亡等。

危险的定义是可能产生潜在损失的征兆。危险是风险的前提，没有危险，也就无所谓风险。严格地讲，风险与危险是两个不同的概念。危险只是意味着一种现在的或潜在的不希望事件状态，危险出现时会引起不幸事故。而风险用于描述未来的随机事件，它不仅意味着不希望事件状态的存在，更意味着不希望事件转化为事故的渠道和可能性。

2. 隐患

(1)隐患的概念

隐患是指任何能直接或间接导致伤害或疾病、财产损失、工作场所环境破坏或其组合的对工作标准、实务、程序、管理体系绩效等的偏离。当隐患暴露在人类的生产活动中时就成为危险。

(2)隐患的特征

①隐蔽性。某一生产环节或设施演化为薄弱环节时，暂不会构成危害，亦不易觉察，一旦构成危害则转化为事故。

②潜伏性。隐患从时间段上讲具有一定的潜伏期，在一定的时间、范围及条件下，显现出静止、不变的状态，一时感觉不出它的存在。

③普遍性。生产过程中，无论是高价值的主体设备或构筑物还是附属设备，均可能存在隐患。

④危害性。隐患一旦触发成事故，就可能造成重大危害。

(3)隐患与风险的关系

隐患与风险是一对既有区别又有联系的概念。隐患、风险、事故的关系如图 1-2 所示。

图 1-2 隐患、风险、事故的关系

1.2 风险辨识

1.2.1 风险辨识的概念

所谓风险辨识就是认识损失发生的可能性。认识损失发生的可能性就是确认损失根源、性质及范围，同时也包括确认导致损失的有效、积极及直接因素。前者称为危险因素的辨识，后者称为危险事故的分析。风险辨识技术实际上就是收集有关损失原因、危险因素及其损失暴露等方面的信息技术。风险辨识所要回答的问题是：存在哪些风险；哪些风险应予以考虑；引起风险的主要原因是什么；这些风险所引起的后果及严重程度如何；风险辨识的方法有哪些等。

风险辨识是风险管理的基础性方面，也是最重要的工作或方面，没有辨识出来风险因素根本谈不上有效的风险评价。风险管理实际上就是要以可接受的费用识别、控制、降低或消除可能影响系统的安全风险，风险识别的目的就是发现风险所在，意识到潜在的故障，并确定其大小，为制定安全方针，选择适当的控制目标和控制方式提供决策依据，有的放矢，将有限的风险预算应用到最需要的地方，确保控制费用与安全风险之间的平衡。由于风险有一个长期潜藏和孕育的时期，因而风险辨识至关重要，是风险管理的前提和基础。

风险辨识主要包括如下两方面的内容：

1. 感知风险

即通过调查和了解，辨识风险的存在。例如，调查风险主体是否存在财产损失、责任负担和人身伤害等方面的风险。再如，通过调查，了解到一家运输公司面临财产风险、人身风险和责任风险，而财产风险又包括车辆财产损失、存货仓库及库存物损失和其他设备损失等。在存货仓库损失风险中，可能的原因有：火灾或爆炸、洪水、飓风等多种形式的损失原因。

2. 分析风险

即通过归类分析，掌握风险产生的原因和条件，以及风险所具有的性质。例如，造成运输公司财产损失、责任负担和人身伤害等风险的原因和条件是什么，这些风险具有什么样的性质和特点。再如，引起存货仓库火灾的风险因素很多，如电、化学反应、自燃、邻近建筑物的火灾蔓延等；而引起水损的风险因素有：洪水、暴雨、水管或其他设备破裂、供水总管破裂，等等。又以人为例，可能面临的风险有：死亡、疾病、意外伤害、财产损失、承担责任等。而导致死亡的风险事故有：自然灾害、意外事故、自杀、疾病等。

感知风险和分析风险构成风险识别的基本内容，且两者相辅相成，互相联系。这种联系表现在：只有感知风险的存在，才能进一步有意识、有目的地分析风险，掌握风险存在及导致风险事故发生的原因和条件。

同时，了解风险的存在后，必须进一步明确风险存在的条件以及导致风险事故发生的原因。因为风险管理的根本目的在于对客观存在的风险采取行之有效的对应措施，消除不利因素，克服不利影响，减少风险带来的损害。

因此，感知风险与分析风险是风险辨识的两个阶段。感知风险是风险辨识的基础，分析风险是风险辨识的关键。只有通过感知风险，才能进一步进行分析。只有通过风险分析，才能寻找到可能导致风险事故发生的各种因素，为拟订风险处理方案、进行风险管理决策服务。

1.2.2 风险辨识的前提因素

风险管理者要想通过风险辨识掌握风险主体（承担风险的个人或单位）所面临的全部风

险，还必须关注以下与风险辨识有关的前提。

1. 风险主体的风险意识

首先，风险辨识是一项复杂的系统工程，无论是理论研究，还是现场调查，都不能企求仅凭某一种识别方法便能了解企业所面临的全部风险。即使是一个很小的企业，要想全面掌握企业的全部风险情况，也必须同时运用多种方法辨识风险，否则其结果是不准确和不全面的。

其次，考虑到经费支出的成本，必须有比较地选择既符合风险主体实际，又能获得较好效果的辨识方法。

最后，风险辨识是一个连续不断的过程，这不仅因为风险主体的风险仅凭一两次调查不能解决问题，许多复杂的和潜在的风险要经过多次调查和反复论证方能得到准确答案。而且，因为风险随着风险主体活动的不断进行而逐步产生，旧的风险被识别，可能又会出现新的风险，因此，风险辨识是一个持续循环的过程。

2. 风险主体的活动

(1)风险主体活动的性质。如一家企业，生产什么样的产品，经营什么样的业务；是工业企业，还是商业企业，或是运输企业等。

(2)风险主体的生产经营方式。如采用什么样的生产方法，是否承包经营，是否有经营自主权，是否与其他单位或个人有分包业务，是否自营或与其他单位或个人联营等。不同的生产经营方式决定了风险辨识渠道和方法的不同选择。

(3)风险主体的生产经营过程，即从原材料到产成品再到销售的全过程。需要明确谁是原材料供应人，供应人是否可信、可靠；产品销售对象是哪些，其需求能力与状况如何；企业内部生产经营部门的构成及其有机联系如何等。企业经营业务的场所，产品运达的最后目的地等。对这些情况的了解，是全面辨识风险的基础。

3. 风险主体的活动环境

风险主体的生产经营活动总是处在一定的环境中的，这些环境包括政治、经济、自然、法律及各种物质环境。掌握环境状况，便于辨识、分析风险。例如，根据某些法律规定，企业要对产品缺陷引起的人身伤害承担责任；又如，企业的厂房、建筑物所处的地理位置，原材料和产品存放的地点是否面临着自然灾害的威胁等。

1.2.3 风险辨识的特点

1. 风险辨识是整个风险管理过程中最重要的程序之一

风险管理过程可划分为风险管理规划制定、风险辨识、风险分析、风险评价、风险管理技术选择及风险管理效果评价等阶段。从风险辨识与风险分析的基本内容来看，了解风险的客观存在，尤其是分析风险产生的原因，对于选择合理、有效的风险管理手段有着决定性的意义。即使有着十分便利和可行的风险处理手段，但如果这些手段或措施不能针对某一特定风险产生的原因，那么风险管理的最终效果可能不会理想。

2. 风险辨识是一项复杂的工作

不仅仅是因为风险具有隐蔽性、复杂性、多变性，而且风险辨识还要受到风险管理者专业素质的影响。在风险识别过程中，风险管理者的风险意识、风险知识和风险洞察力是不能忽略的。一个具有较强风险意识和较多风险知识的风险管理者，也更容易察觉到风险的存在。相反，风险意识淡薄、风险知识相对欠缺的风险管理者，即使风险存在，也可能忽略过去，使本来十分严重的、客观存在的风险，因人的消极的主观因素而变得不重要、不被重视，从而可能引发重大损失。不仅如此，风险辨识是否全面、深刻，也将直接影响风险管理决策质量，进而影响整个风险管理的最终效果。因此，不管风险管理者认为自己对识别出的风险处理计划多么完善，但是只要存在风险因素在识别阶段被忽略，没有得到应有的重视，则整个风险管理计划仍是不完整的。如果有重大的风险因素被忽略，则可能导致整个风险管理的失败。

3. 风险辨识是一项系统性、连续性、制度性的工作

所谓系统性，是指风险辨识的过程不能局限于某个部门、某个环节、某个具体风险，而是要分析风险主体作为完整系统所具有的全部风险。连续性是指因为事物总是在不断变化发展中的，风险的质和量、表现形式以及触发条件都在改变，新的风险还会不断出现，风险管理若不是一项连续性的工作，就很难发现风险主体所面临的潜在风险。至于制度性，是指风险管理作为一项科学的管理活动要形成一定的组织，建立相应的制度。

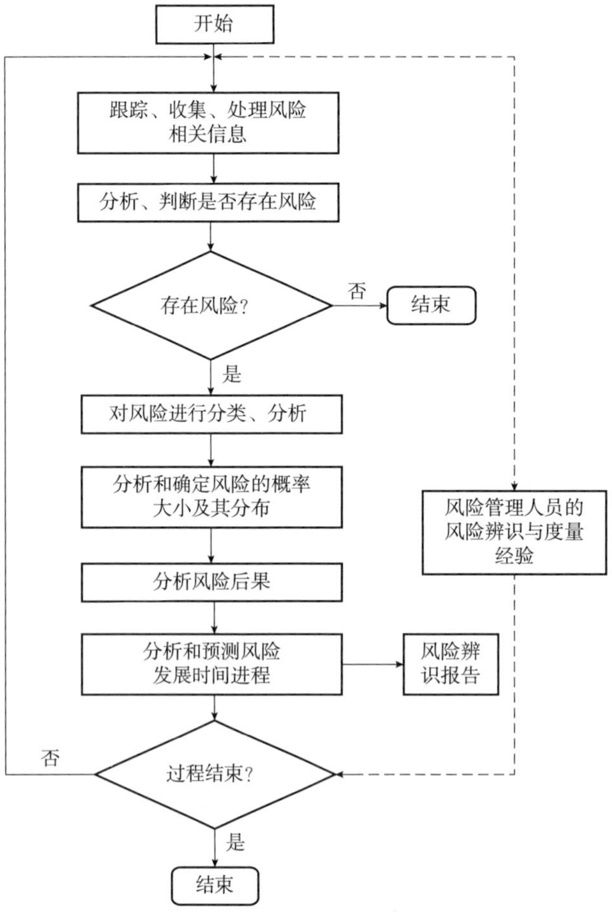

图 1－3　风险辨识流程

通过风险辨识，了解面临的各种风险和风险因素，是为了便于实施风险管理过程的第二阶段，即风险分析。风险辨识是风险分析的基础，也是进行风险管理决策的基础。

风险辨识应根据一定的步骤和程序进行，这样可以从流程上保证风险辨识的全面和有效性。风险辨识的一般流程应能对风险辨识的思路和实施程序上具有全面的认识和指导，其辨识流程如图 1－3 所示。

1.3　风险分析与评价

1.3.1　风险分析的程序与步骤

风险分析的目的是认识项目可能存在的潜在风险因素，估计这些因素发生的可能性及由此造成的影响，明确提出为防止或减少不利影响而采取对策的一系列活动。

它包括风险识别、风险估计、风险评价与对策研究四个基本阶段，如图 1－4 所示。

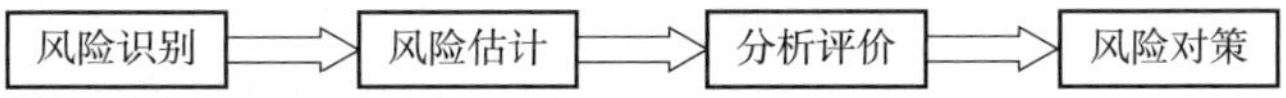

图 1－4　风险分析程序

(1)项目决策分析中的风险分析应遵循以下程序

首先，从认识风险特征入手去识别风险因素；

其次，选择适当的方法估计风险发生的可能性及其影响；

再次，评价风险程度，包括单个风险因素风险程度估计和对项目整体风险程度估计；

最后，提出针对性的风险对策，将项目风险进行归纳，提出风险分析结论。

(2)风险分析的基本内容

风险分析是在特定的系统中，在对风险进行辨识的基础上，对风险进行频率分析、后果分析的全过程。具体过程包括：风险区确定、风险区特性评价、风险客体的脆弱性分析、频率分析。

风险区指的是暴露于风险的客体的范围。

风险区特性评价指的是风险区内人员及各种财产的分布情况，风险区与风险承载体密切相关，风险区的特性主要涉及承载体的脆弱性或风险承载体的易损性。

风险客体的脆弱性分析指的是对暴露于风险的客体进行风险的抵抗性能分析。

频率分析结合上述三个过程，分析特定危险导致损失发生的概率或频率。

风险分析是对风险空间遭受不同强度危害可能性及其可能造成的后果进行定量分析和评估。因此，不仅要分析其发生的可能性，即不同强度危害发生的概率，而且要评估由此引起的可能后果。

1.3.2　风险评价

风险评价是以系统安全为目的，按照科学的程序和方法，对系统中的危险因素、发生事故的可能性及损失与伤害程度进行调查研究与分析论证，从而估计系统总体的安全性以及为制定基本预防和防护措施提供科学的依据。它的着眼点是危险因素产生的负效应，主要从损失和伤害的可能性、影响范围、严重程度及应采取的对策等方面进行分析评估。在风险评价过程中，评价人员要说明：①风险因素的产生条件；②风险因素的发展轨迹；③风险事件的发生概率；④风险事件对风险主体的危害。通过了解风险因素产生、发展和消亡的规律，掌握风险发生的可能时间、地点和发生方式，从而在制定风险管理措施时有的放矢。

现代工业中随着新工艺、新技术、新能源和新材料等四新技术的不断应用，生产过程日趋规模化、复杂化和高度自动化，同时在生产过程中也存在着大量的能量和各种危险因素。如何在保证现代工业不断进步的同时有效地控制风险，使人类承受的风险与获得的文明进步达到平衡，是现代安全管理面临的新课题。通过风险评价这一现代安全管理的主要手段，可以帮助我们建立一种科学的思维方式，运用系统工程方法，及时、全面、准确地识别各种危险因素，评价潜在的风险并采取最佳方案，从而降低风险。

关于风险评价的定义，国内外许多学者已对其进行了科学、系统的概括和提炼，主要有以下观点。

其一，风险评价是对系统存在的危险性进行定性和定量分析，得出系统发生危险的可能性及其严重程度的评价，以寻求最低事故率、最少的损失和最优的安全投资效益。

其二，风险评价是综合运用安全系统工程方法对系统的风险程度进行预测和度量。它不同于安全评价，也不同于安全检查。进行企业的风险评价可使宏观管理抓住重点，分类指导，也可为微观管理提供可靠的基础数据，是实现科学管理的重要环节。

其三，风险评价是以系统安全为目的，按照科学的程序和方法，对系统中的危险因素、发生事故的可能性及损失与伤害程度进行调查研究与分析论证，从而评估系统总体的安全性以及为制定基本预防和防护措施提供科学的依据。它的着眼点是危险因素产生的负效应，主要从损失和伤害的可能性、影响范围、严重程度及应采取的对策等方面进行分析评估。

其四，风险评价是采用系统科学的方法确认系统存在的危险性，并根据其风险大小，采取相应的安全措施，以达到系统安全的过程。

归纳起来，风险评价的定义主要包括以下要点：

(1)用系统科学的理论和方法；

(2)对系统的安全性进行预测和分析——辨识危险，先定性、后定量认识危险；

(3)寻求最佳的对策，控制事故(危险的控制与处理)，达到系统安全的目的——控制危险性能力的评价。

任何生产系统，在其寿命周期内都有发生事故的可能性，区别只在于发生的频率和事故的严重程度(风险大小)不同而已。因为在制造、试验、安装、生产和维修过程中普遍存在着危险性。在一定条件下，如果对危险性失去控制或防范不周，就会发生事故，造成人员伤亡和财产损失。为了抑制危险性，使其不发展为事故，或减少事故造成的损失，就必须对它有充分的认识，掌握危险发展为事故的规律，也就是要充分揭示系统存在的所有危险性及其形成事故的可能性和事故造成的损失大小，即评估系统客观存在的风险大小。

按照风险评价结果的量化程度，风险评价方法可分为定性风险评价方法和定量风险评价方法。定性风险评价采用逻辑推理方式，运用描述性语言描述风险评估的结果，如极有可能发生、可能发生、很少发生等。定量风险评价是较为准确的风险评价方法，在分析过程中，需要建立数学模型定量描述风险分析的各个环节，并且运用函数进行分析和计算，结论通常以概率的形式表示。更为具体的定性、定量风险评价方法将会在后面章节做具体介绍。

1.4 风险控制与管理

1.4.1 风险控制

风险控制是指在风险辨识和风险分析的基础上，针对从业单位所存在的风险因素，积极采取控制措施，以消除风险因素或减少风险因素的危险性。风险控制的基本原则有：

(1)提高人员素质。一切生产经营和管理活动都是通过人来实现的，同时，人也是引起事故的主要因素。

(2)安全管理。安全管理是预防事故必不可少的一方面，包括规章制度、安全监督检查和能胜任管理工作的人员等。

(3)风险处理技术措施。技术措施是从工程技术上确保各种机械设备处于良好的安全状态。一旦有征兆出现，应该立即采取技术措施加以消除。

风险控制的含义有两层：

(1)在风险损失发生前，应采取措施，降低风险事件发生的概率。

(2)风险损失发生后，也要通过各种措施，控制损失发生的范围和程度，减少损失。

1. 风险事件与时空、环境的关系

风险事件发生的概率，风险损失的范围和程度，与风险事件所处的时间、空间、环境条件有十分密切的关系。控制风险的要点，正是在于利用风险的特性，分析其所发生的路径和场所，研究其损失发生的范围和程度，然后采取相应的措施。

2. 风险事件发生前的控制措施

最能说明这种控制措施的是施工安全防护措施，如戴安全帽，使头部免受意外伤害；高空作业系安全带，挂安全网；工地通道搭建安全棚等。这些措施的采用，大大降低事故发生的概率，达到了控制风险的目的。事先制订切实可行的应急预案是防止事故的发生和在事故发生后减少损失最为重要的方法。

3. 风险事件发生后的措施

风险事件一旦发生，应立即实施生产安全事故应急预案，采取适当的措施，减少损失。

风险控制是风险管理过程中的后阶段，也是整个风险管理成败的关键所在。风险控制的目的在于改变生产单位所承受的风险程度，而风险控制的主要功能是帮助生产单位规避风险(risk avoidance)，预防损失(loss prevention)，降低损失的程度，当损失不可避免时，务求尽量降低风险对生产单位所带来的不良影响。

1.4.2 风险管理

风险管理是指生产经营单位通过对风险的识别、衡量、预测和分析，采用相应的合理的经济和技术手段对风险因素进行估计、评价，并以此为基础进行决策，合理地使用规避、转移、减缓或自留等方法有效应对各类风险，并对其实施监控，妥善处理风险事件发生后引起的不利后果，以保证预期目标顺利实现的管理过程。风险管理可以分为两个阶段：第一阶段是风险管理方案的制定阶段；第二阶段是方案的实施阶段。要消除风险主体的风险，必须在实践中落实方案。这两个阶段不能截然分开，它们是一个问题的两个方面。

风险管理是一个系统、完整的过程。第一，风险管理具有时间的连续性，制订方案、管理风险具有一定的周期，需要消耗时间。第二，风险管理有开始、展开和结束的过程。风险管理方案是由针对具体危险因素的各个管理措施组成的，风险管理的过程可以理解为：当消除或控制了某一风险之后，针对这一风险的管理措施即可停止。

企业风险管理是一种综合性的管理活动，其理论和实践涉及自然科学、社会科学、工程技术、系统科学、管理科学、信息科学、控制科学等诸多学科的知识。在风险管理过程中，需要综合运用多种方法、手段和措施，才能达到减少成本以及将不利后果减少到最低程度的目的。

1.5 风险监测与预警

1.5.1 风险监测

风险监测是在风险辨识的基础上进行的，以相关的方针政策为依据，通过人工采集或利用现代化电子工具等各种手段，监测风险和风险对象的动态变化，收集相关资料，为后续风险信息处理、风险评价与决策提供基础性的原始资料和信息。

1. 目的

风险监测的目的是通过对被监测对象的动态变化情况的了解，收集相关资料，为风险评估与决策提供基础性的原始资料和信息，建立风险监测系统是及时准确地了解风险动态情况的保证，进而有助于在事故发生之前制订有效的决策，降低以至消除风险损失。

2. 意义

风险监测是风险评价和决策的前提和基础，只有实施有效的风险监测，广泛、及时、完整、科学地收集到风险信息，才能更好地进行风险评价并进行科学的风险决策。风险监测收集到的风险信息是后续工作的基础，风险信息质量直接关系到整个风险信息处理工作的质量。收集风险信息的质量是科学决策的前提，因此，风险信息必须真实可靠，时效性强，决策价值大，经过科学处理后，才能对风险评价和决策产生积极的作用。

3. 原则

风险监测一般需要坚持以下原则：

(1)针对性原则。根据风险监测的目的，明确风险监测对象，有针对性地进行风险监测。

(2)真实性原则。坚持实事求是，力戒主观臆断，不人为地夸大或缩小，拔高或贬低；不回避矛盾；风险信息的时间、事例、数字、单位应当力求准确，核实无误。

(3)时效性原则。风险信息价值的大小，与对它的收集、传递、利用是否及时直接相关，其价值与提供时间的及时性往往成正比，错过有效决策的时机，风险信息就不能发挥避险和控制作用。

(4)系统性原则。由于事物是运动变化的，在其发展的各个阶段，事物的内外变化将呈现不同性质和状态，相互联系，相互影响，由此进行风险监测必须系统完整。

(5)全面性原则。风险监测不是某一局部、某一业务或某一环节的监测分析，而是全方位、多层次、多渠道、多角度的测算、比较、分析、综合；是“从头到脚，从里到外”的整体监测。

(6)成本-效益原则。风险监测过程中，要分析所获得的风险信息与所花费的成本之间的关系，根据成本效益原则，力求以最低廉的成本实现风险监测效益的最大化。

4. 程序

不同类型的风险监测，其遵循的风险监测程序是不同的，但总的来说，风险监测可以按以下步骤进行：①确定风险监测对象；②落实风险监测的内容(拟收集的信息)；③选择风险监测方式和监测方法；④组织风险监测，包括人员的组织、监测工具的选择以及监测点、监测时间的确定；⑤进行风险信息的处理，包括风险信息的筛选、分类、加工(比较、计算、综合分析、编写)、传输及储存等工作。

5. 方法

风险监测方法主要有：

(1)现有资料调查法

通过对现有的各类报表、统计数据、文献资料进行分析整理而获得信息的方法，称为资料调查法。从现有的资料中获得信息的方式主要有两种：一是从大量的数据资料的统计分析中，找出主体趋向和奇异点的分布规律；二是从大量的记录中找出反映事物发展规律的信息，对经验教训进行总结。

(2)询问法

询问法包括面谈、电话调查、邮询三类。询问法按其透露的意图不同，又可分为四种形式：有固定的询问调查程序，意图公开；虽有固定的调查表格，但调查者的意图对被调查者保密；无固定的调查表格，意图公开；无固定的调查表格，且意图保密。在采用询问法来获取信息原始资料时，多是三种方法结合采用，取长补短，以求获取的信息面广、量大、准确度高的效果。

(3)现场观察法

现场观察法是指由风险监测人员到产生风险的现场，通过耳闻目睹(监测者不直接询问)，客观地记录被监测对象的情况，而被监测者没有意识到是处在监测之中的。因而，获得的数据资料等比较客观，但不能了解被监测者的动机、态度及内心打算，即便可以看到其喜怒哀乐的脸部表情，要一一推断出较为妥切的含义也是困难的，同时也不及询问法经济简便。

(4)调查法

调查法指在一定的调查范围内，选择具有代表性的特定对象进行调查，并以典型调查的结论指导和处理全局工作。选准典型是调查法的关键环节，要做到：在区分类型的基础上，确立典型；要根据调查目的确定调查对象；要因地制宜。调查法可以分为普通调查法、抽样调查法和典型调查法。

1.5.2 风险预警

1. 风险预警基础

风险预警是风险分析的重要内容，通过风险预警能够为风险评估提供更多的素材，为采取风险管理奠定坚实的基础。风险预警是指利用一定监管手段监控系统中各类危险、危害因素，采用科学的方法和模型对反映安全活动的数据资料进行分析，获得风险警示信号，促使决策者采取适当措施把风险扼杀在萌芽状态的一种机制。建立风险预警系统就是要实现预警功能，即预测和报警两种功能。风险预警技术是分析风险水平，对危机或危险状态的一种提前的信息警报或警告的方法，目前对各种危险源、地质灾害、气象灾害以及公共卫生事件等的预警分析已经得到广泛应用，对防止事故、控制灾难危害程度起到重要的作用。

预警分析主要目的在于揭示事故发展形成的早期征兆，辨识风险水平，并以此做出判断发出警示，为采取预防和控制对策提供决策依据。风险预警的作用就在于超前反馈、及时布置、防风险于未然。风险预警一般包括四个阶段：监测、识别、诊断与处理。

(1)监测

监测是风险预警的前提，监测的对象是导致事故的重要致灾风险因素。监测的任务有两个：一是过程监测，即对监测对象的活动进行监视，对监测对象同社会生产和生活的各个环节的关系状态进行监测；二是对监测信息进行处理。即对监测信息进行整理、分类、储存、传输等过程。通过建立监测信息档案，进行全面的比较，其手段是采用科学合理的指标体系并按程序化、标准化、科学化来处理。

(2)识别

通过对监测信息的分析，可以确定各种危害事件的风险状态。即辨明危害事件是处于安全状态、准安全状态、近事故状态(低度危机状态)或事故状态(危机状态)的哪一个阶段。其主要任务是应用适宜的识别指标判断哪个环节已经发生或即将发生劣性状态，它对整个预警系统的活动是至关重要的，关键在于识别指标的适宜性。

(3)诊断

对不安全状态(包括近事故状态、事故状态)进行成因、过程的分析和发展趋势的预测，以明确哪些状态是主要的，哪些状态是从属的、附生的。事故诊断的主要任务是分清事故的主次，并对主要事故的成因背景、发展过程及可能发展趋势进行准确定量的描述。同时，要建立危机自我诊断制度，从不同层面、不同角度进行检查、剖析和评价，找出薄弱环节，及时采取措施进行纠正，从根本上减少甚至消除发生危害事件的诱因。

(4)处理

对已被确认处于危险状态下的风险因素进行相应的损失性评价，明确在该危险状态下将会遭受什么样的破坏。其主要任务有两个：一是进行灾害损失的评价，包括直接损失和间接损失；二是社会损失评价，包括经济损失和社会波动后果评价。

监测、识别、诊断、处理四个环节的预警活动，具有顺次的因果关系，监测是预警的前提，为后三项活动的正常工作提供可靠的保证，若没有明确而准确的监测信息，后续的活动就失去了意义；识别是重要的环节，它能使相关职能部门在复杂风险因素中确定预警的重点，使诊断和处理活动有了目标；诊断活动和处理环节是技术性的分析研究过程，为相关职能部门采取预控对策与危机管理提供判别依据。

2. 风险预警作用

由于通过风险预警能够做到辨识和预测危险，控制和消除事故，因而它是预防事故的迫切需要。又由于系统的安全所指的不仅是有效地控制和消除危险，还能使系统运行效率和投资费用达到最佳配合，从而获得最经济的系统安全，因而它也是制定安全对策的需要。显而易见，做好风险预警工作具有非常重要的现实意义及社会、经济效益。

风险预警机制的建立与实施，可以实现以下功能：

(1)对重大突发事件可能发生领域的监测功能。监测各级政府管辖区域内社会可能面临和已经面临的不利对象的变动状况。

(2)对重大突发事件可能发生领域的识别与评价功能。根据发生重大突发事件的可能性以及后果的危害性，对监测的结果进行识别和评价，判断风险的危害程度。对各种重大突发事件的严重程度可分为五个等级：重度危机状态、中度危机状态、轻度危机状态、正常状态和良好状态。

(3)对各行业领域重大突发事件应对管理体系的监测与评价功能。监测与评价分布于各专业领域的应对管理体系功能是否齐全以及是否有效。

(4)对重大突发事件的预先控制功能。监测、识别和评价之后进行相应的诊断，判断是否要采取相应的预控对策，以及如何采取相应的对策，可建立相应的预案对策体系，进行及早预防和预先控制。

(5)对重大突发事件发生之后的紧急救援功能。一旦发生社会重大突发事件，应立即启动紧急救援功能，调动一切可利用的社会资源进行相关的救援。

(6)对发生重大突发事件的善后处理功能。发生重大突发事件后，进行经验的总结、对相关责任人处理的同时，对重建给予相关政策方面的支持等。

3. 风险预警系统

所谓风险预警系统，就是在信息不对称和不确定环境下，将生产活动中存在各种风险因素和危机现象的特征与其活动规律作为研究对象，探讨系统风险和危机成因及其预警原理与方法，构建能监测、预防和摆脱危机的预警方法，最终为安全决策提供理论指导和对策依据的一个完整的系统工程。风险预警的工作流程如图 1－5 所示。

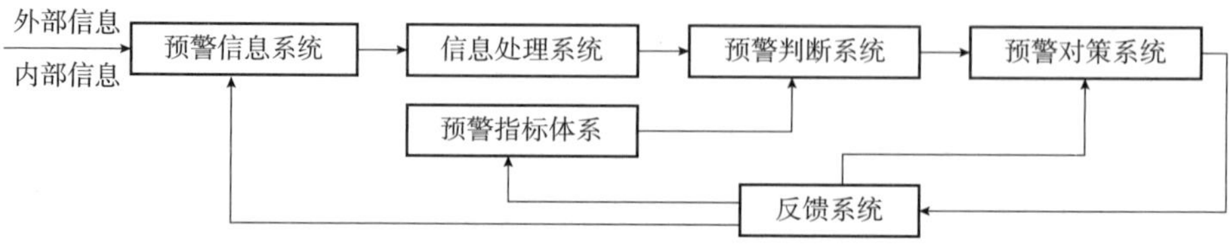

图 1－5　风险预警工作流程

(1)预警信息系统，即监测外部环境的变动信息以及其导致的不确定性后果的信息。当确定信号采集方法和因素分析方式后，就要连续不断地在风险发生和作用点上采集风险信号，确定风险可能发生的位置、路线和暴露特征，以便尽快对风险实施规范化的信息采集。一个准确和及时的风险信息采集系统，是整个风险预警机制的关键所在，对风险预警的功效而言也是最有力的基础，因为只有采集到风险最原始的信息，才能做出相应的评估、度量、判断和管理决策。

(2)信息处理系统，即对所获取的信息进行分类、整理、辨伪、推测等处理，使之成为可用于预警的有用信息。这首先需要对风险因素进行归类分析，分析哪些因素发生了变化，哪些是风险的真实信息，哪些是影响风险的主要因素，哪些是影响风险的次要因素，哪些是影响风险的直接因素，哪些是影响风险的间接因素，哪些是可控或可以转化的因素，哪些是无法控制的因素。然后，通过对多种信息来源进行组合和相互印证，使各种零散信息转变成整体化的具有预报性的可靠信息，在这个过程中尤其需要注意的是对信息的辨伪，因为由伪信息所导致的风险比信息不全更为严重，它会导致预警活动中的误警和漏警现象。最后，还要对已有信息做出准确推测，即用现在的信息判断未来，用某一部分的信息推断另一部分的信息。

(3)预警指标体系，即界定基本指标和征兆指标，基本指标是指与计算相关的基础性指标，征兆指标指作为报警依据的分析指标。在设计这些评价指标体系时要遵循以下原则：

①敏感性原则，要求保证所设计的监测指标能及时反映风险在安全系统运行过程中的真实状态；

②独立性原则，要求所设计的监测指标之间无相关性，尽量减少各指标之间的重叠区域，使得该指标体系可以从多个方面表明风险动态；

③可测性原则，要求所设计的监测指标必须能够被监测，具有较强的可操作性，以便

按照风险预警的要求尽可能准确、完整地实现监测功能；

④规范化原则，要求所设计的指标必须规范化，保证所获得的监测信息可以在风险预警过程的各个阶段和其他子系统中得到使用。

(4)预警判断系统，即综合计算结果与指标体系，判断是否预警以及预警方式，发布预警等级。该系统必须对风险建立有效的感知能力，以对各种潜在风险演化状态做出判断，同时对风险的临近和显现做出警戒，一旦发现异常，就及时对风险做出准确测评结论，并保证根据风险控制标准与转化方向发出必要的指令。同时要求负责风险预警的部门对本阶段内的风险状态做出一份风险预警报告，提出对风险的应对意见，报具体决策部门。这不仅能起到一种风险预警状态通报或告诫作用，和对风险演化进程进行历史性总结的作用，而且可以给风险管理部门提供一个决策依据，给风险预警提供长期的评价和度量依据。

(5)预警对策系统，指建立有效的风险防范与控制对策库，一旦出现风险警报，即可据此提出有效的防范措施和对策。在风险的监测、识别与分析、判断的基础上，完成对风险分量处于警戒区域的早期预防和风险分量处于危险区域的有效控制。需要注意的是，这里的预警对策系统是在风险预警运行时同步进行的工作，其核心是当风险还没有显现出其可能产生的危害时，及时采取措施，尽可能地使风险在良性趋势阶段中就得到转化和控制。

(6)反馈系统，指利用反馈信息更新并丰富预警系统。预警指标的选取具有一定的时效性，由于环境形势的变化，考虑到有些预警指标可能过时，有些预警指标作用可能下降，相应权重必须降低，还有些指标的预警临界值需要调整。在警情预报发出后，相应的风险对策开始运作，这些措施的实施效果就应该及时反馈到预警指标体系，而且当相似情况发生的次数积累到具有统计意义的时候，有必要对预警指标体系进行适当的调整。这样也就将各种风险预警要素和构成结合起来，形成一个完整的预警运行机制。

1.6 风险准则

1.6.1 个人风险

个人风险是指在某一特定位置的未采取任何防护措施的人员遭受危害的频率。其只与某一特定位置有关，而与人的存在与否无关。个人风险代表的是区域内不同潜在事故发生后对于区域内某一固定位置的人员可能造成的个体死亡概率。个人风险与地理位置有关，在区域定量风险评价中体现为区域地理图上的不同水平的风险等值线。个人风险不是针对任何人，而是针对被计算的有相同风险值的位置。通常的做法是选定某个水平的风险值，比如 1×10^{-5}，而计算处于该风险值上的位置，得到处于该水平的距离，进而可绘出风险等值线。个人风险的量化方法如下：

(1)一般方法

通常情况下，采用如下方法对个人风险进行量化。

$$IR = P_f \cdot P_{d/f} \quad (1-2)$$

式中 IR——个人风险，次/年；

P_f——事故发生的概率；

$P_{d/f}$——个人由于事故的发生而致死亡的概率。

(2)单位时间死亡率

单位时间死亡率是指参与某一具体活动时单位时间内的死亡人数。

$$\lambda_j = \frac{\text{活动 } j \text{ 中死亡数}}{\text{参与活动 } j \text{ 的时间}} \quad (1-3)$$

死亡事故率和年死亡率是单位时间死亡率的两个典型例子。死亡事故率(Fatal Accident Frequency Rate，FAFR)，是指1000个劳动力在其一生的劳动时间(约合10^5h)内的预期死亡数，也即暴露时间为10^8h内的平均死亡率。将单位时间设为一年，则得到年死亡率。对于个人风险，最为简洁的方式就是用一年中由于某一特定活动引起的死亡率来表示。

1.6.2 社会风险

社会风险用于表征事故发生概率与事故造成的人员伤亡数的相互关系，指同时影响许多人的灾难性事故的风险。常用的社会风险指的是单位时期内工业危险源发生的所有事故中死亡人数等于或大于N的事故发生的概率，社会风险与区域内人口密度息息相关。即使某个位置的个人风险很大，假如该处并没有出现活动的人员，则该处的社会风险趋于零。社会风险体现了事故发生后对社会整体的可能灾害。社会风险可以用“累计频率/死亡人数曲线($F-N$曲线)”“余补累计频率分布”或“余补累计函数”等表征。一种表示社会风险的方法是采用$F-N$曲线，其中F表示事件发生的频率，N表示该事件引发的人员死亡数，$F-N$曲线反映了能够引起大于N人死亡的所有事故的累计频率关系。

1.6.3 风险可接受准则

在制定风险可接受准则时应遵循的原则：

(1)重大危害对员工个人或公众成员造成的风险不应显著高于人们在日常生活中接触到的其他风险；

(2)只要合理可行，任何重大危害的风险都应努力降低；

(3)在有重大危害风险的地方，具有危害性的开发项目不应对现有的风险造成显著的增加；

(4)如果一个事件可能造成较严重的后果，那么应努力降低此事件发生的频率，也就是要努力降低社会风险。

风险可接受准则表示在规定时间内或某一行为阶段可接受的总体风险等级，它为风险分析以及制定减少风险的措施提供了参考依据，因此在进行风险评估之前应预先给出。此外，风险可接受准则应尽可能地反映安全目标的特点。制定可接受风险准则，除了考虑人员死亡、建筑物损坏和财产损失，环境污染和对人体健康潜在危险的影响也是一个重要的因素。风险可接受准则必须包括以下几点：

(1)风险可接受准则的制定应满足工程中的安全性要求；

(2)公认的行为标准；

(3)从自身活动和相关事故中得到的经验。

根据分析的目的和进行的程度，常用的风险接受准则有风险矩阵和 ALARP 原则。在定量风险评估中，一般采用 ALARP 原则作为风险准则。

ALARP(As Low As Reasonable Practice)原则是工业中非常常见的一种风险可接受准则。ALARP 原则可以适用于个人死亡风险、环境风险和财产风险的评估。ALARP 原则要求尽可能降低风险，同时这种低风险程度应该是能够实现的，如图 1－6 所示。

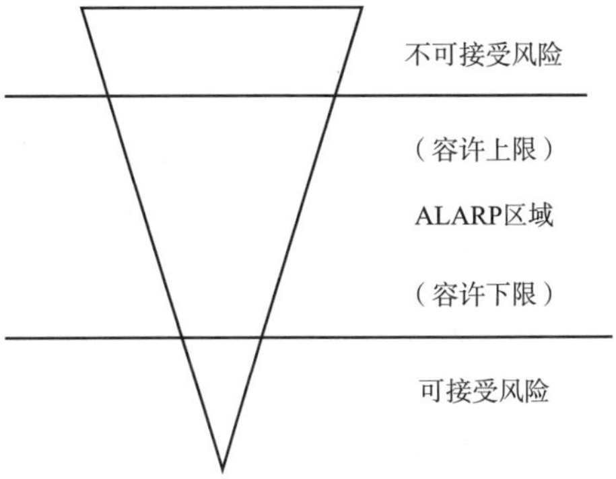

图 1－6　ALARP 原则

ALARP 原则作为使风险降低到最低合理可行的一个准则，可以这样理解：

(1)如果风险水平超过容许上限，除特殊情况外，该风险无论如何都不能被接受。对于处于设计阶段的装置，该设计方案不能通过；对于现有装置，必须立即停止生产。

(2)如果风险水平低于容许下限，该风险是可以被接受的，无需采取安全改进措施。

(3)如果风险水平在容许上限和下限之间，即在 ALARP 区，处在这个范围内的风险应满足使风险水平“尽可能低”这一要求，而且是介于可接受风险和不可接受风险之间的，可实现的风险范围内，来尽可能地降低风险水平。

1. 个人风险标准

在制定个人风险标准时，需要了解人们在日常生活中接触到的风险水平，比如交通事故的风险、致命疾病的风险等。英国(HSE，1988 年)的交通事故的死亡风险是每年 10^{-4}，雷击死亡的风险是每年 10^{-7}。美国由于自然灾害造成的死亡风险水平大约是每年5×10^{-6}，挪威大约是每年 2×10^{-6}。

Kletz(1982 年)提出工业设施对距离最近居民的最大死亡风险水平是每年 10^{-6}，这一风险水平在英国、美国和丹麦等国家的一些公司的内部风险分析中使用了许多年。Ramsey 提出大型管线对距离最近居民的最大死亡风险水平是每年 4×10^{-4}，Taylor(1989 年)等提出个人死亡风险水平最大是每年 10^{-6}。表 1－1 列出了英国、荷兰等国家或机构制定的个人风险标准。

表 1－1　部分国家或机构制定的个人风险标准

国家或机构	适用范围	最大可接受的风险	可以忽略不计的风险
荷兰	新建工厂	10^{-6}	无
荷兰	现有工厂	10^{-5}	无

续表

国家或机构	适用范围	最大可接受的风险	可以忽略不计的风险
英国(HSE)	现有危险性工业	10^{-5}	10^{-6}
英国(HSE)	新建核电站	10^{-5}	10^{-5}
英国(HSE)	现有危险物品运输	10^{-4}	10^{-6}
中国香港特区	新建工厂	10^{-6}	无
澳大利亚新南威尔士	新建工厂	10^{-5}	无
美国加利福尼亚圣巴巴拉	新建工厂	10^{-5}	10^{-6}

英国(HSE，1989 年)为邻近重大危害性工业设施的土地利用规划提出的风险下限是每年 10^{-6}，但这里所说的风险是指接受危险剂量的风险而不是死亡风险。对一部分高危人群来说，危险剂量会导致死亡，这一标准等于每年 10^{-7} 的死亡率，而对于大多数人来说，相应于每年 0.333×10^{-6} 的死亡率风险。

对于危害性工业设施，应采用严格的标准，英国(HSE，1989 年)以每年 10^{-5} 作为上限。

从以上分析可以看出，英国(HSE)为邻近重大危害性工业设施的土地利用规划所提出的个人风险的上限是英国的交通事故死亡风险的 1/10，下限(可以忽略不计)的风险大约是被雷击而导致死亡的风险的 10 倍。

根据《危险化学品生产装置和储存设施风险基准》(GB 36894—2018)，我国危险化学品生产装置和储存设施周边防护目标所承受的个人风险不应超过表 1－2 中个人风险基准要求。

表 1－2　个人风险基准

防护目标	个人风险基准/(次/年) ≤	
	危险化学品新建、改建、扩建生产装置和储存设施	危险化学品在役生产装置和储存设施
高敏感防护目标 重要防护目标 一般防护目标中的一类防护目标	3×10^{-7}	3×10^{-5}
一般防护目标中的二类防护目标	3×10^{-6}	1×10^{-5}
一般防护目标中的三类防护目标	1×10^{-5}	3×10^{-5}

上述防护目标的分类规定如下：

(1)高敏感防护目标包括下列设施或场所。

①文化设施。包括：综合文化活动中心、文化馆、青少年宫、儿童活动中心、老年活动中心等设施。

②教育设施。包括：高等院校、中等专业学校、体育训练基地、中学、小学、幼儿

园、业余学校、民营培训机构及其附属设施，包括为学校配建的独立地段的学生生活场所。

③医疗卫生场所。包括：医疗、保健、卫生、防疫、康复和急救场所。不包括：居住小区及小区级以下的卫生服务设施。

④社会福利设施。包括：福利院、养老院、孤儿院等为社会提供福利和慈善服务的设施及其附属设施。

⑤其他在事故场景下自我保护能力相对较低群体聚集的场所。

(2)重要防护目标包括下列设施或场所。

①公共图书展览设施。包括：公共图书馆、博物馆、档案馆、科技馆、纪念馆、美术馆、展览馆、会展中心等设施。

②文物保护单位。

③宗教场所。包括：专门用于宗教活动的庙宇、寺院、道观、教堂等场所。

④城市轨道交通设施。包括：独立地段的城市轨道交通地面以上部分的线路、站点。

⑤军事、安保设施。包括：专门用于军事目的的设施，监狱、拘留所设施。

⑥外事场所。包括：外国政府及国际组织驻华使领馆、办事处等。

⑦其他具有保护价值的或事故场景下人员不便撤离的场所。

(3)一般防护目标根据其规模分为一类防护目标、二类防护目标和三类防护目标。一般防护目标的分类规定参见表1-3。

表1-3 一般防护目标的分类

防护目标类型	一类防护目标	二类防护目标	三类防护目标
住宅及相应服务设施 住宅包括：农村居民点、低层住区、中层和高层住宅建筑等 相应服务设施包括：居住小区及小区级以下的幼托、文化、体育、商业、卫生服务、养老助残设施，不包括中小学	居住户数30户以上，或居住人数100人以上	居住户数10户以上30户以下，或居住人数30人以上100人以下	居住户数10户以下，或居住人数30人以下
行政办公设施 包括：党政机关、社会团体、科研、事业单位等 办公楼及其相关设施	县级以上党政机关以及其他办公人数100人以上的行政办公建筑	办公人数100人以下的行政办公建筑	—
体育场馆 不包括：学校等机构专用的体育设施	总建筑面积5000m^2以上的	总建筑面积5000m^2以下的	—
商业、餐饮业等综合性商业服务建筑 包括：以零售功能为主的商铺、商场、超市、市场类商业建筑或场所；以批发功能为主的农贸市场；饭店、餐厅、酒吧等餐饮业场所或建筑	总建筑面积5000m^2以上的建筑，或高峰时300人以上的露天场所	总建筑面积1500m^2以上5000m^2以下的建筑，或高峰时100人以上300人以下的露天场所	总建筑面积1500m^2以下的建筑，或高峰时100人以下的露天场所

续表

防护目标类型	一类防护目标	二类防护目标	三类防护目标
旅馆住宿业建筑 包括：宾馆、旅馆、招待所、服务型公寓、度假村等建筑	床位数 100 张以上的	床位数 100 张以下的	—
金融保险、艺术传媒、技术服务等综合性商务办公建筑	总建筑面积 5000m^2 以上的	总建筑面积 1500m^2 以上 5000m^2 以下的	总建筑面积 1500m^2 以下的
娱乐、康体类建筑或场所包括：剧院、音乐厅、电影院、歌舞厅、网吧以及大型游乐等娱乐场所建筑；赛马场、高尔夫、溜冰场、跳伞场、摩托车场、射击场等康体场所	总建筑面积 3000m^2 以上的建筑，或高峰时 100 人以上的露天场所	总建筑面积 3000m^2 以下的建筑，或高峰时 100 人以下的露天场所	—
公共设施营业网点	—	其他公用设施营业网点。包括电信、邮政、供水、燃气、供电、供热等其他公用设施营业网点	加油加气站营业网点
其他非危险化学品工业企业	—	企业中当班人数 100 人以上的建筑	企业中当班人数 100 人以下的建筑
交通枢纽设施 包括：铁路客运站、公路长途客运站、港口客运码头、机场、交通服务设施（不包括交通指挥中心、交通队）等	旅客最高聚集人数 100 人以上	旅客最高聚集人数 100 人以下	—
城镇公园广场	总占地面积 5000m^2 以上的	总占地面积 1500m^2 以上 5000m^2 以下的	总占地面积 1500m^2 以下的

注：①低层建筑（1～3 层住宅）为主的农村居民点、低层住区以整体为单元进行规模核算，中层（4～6 住宅）及以上建筑以单栋建筑为单元进行规模核算。其他防护目标未单独说明的，以独立建筑为目标进行分类。

②人员数量核算时，居住户数和居住人数按照常住人口核算，企业人员数量按照最大当班人数核算。

③具有兼容性的综合建筑按其主要类型进行分类，若综合楼使用的主要性质难以确定时，按底层使用的主要性质进行归类。

④表中“以上”包括本数，“以下”不包括本数。

2. 社会风险标准

制定社会风险标准的一种方法是利用某种特定危害现有的 $F-N$ 曲线，向下平移一定距离作为社会风险标准的 $F-N$ 曲线，也就是取现有 $F-N$ 值的一部分作为标准。社会风险的标准应足够低，以便于在可预见的将来所有符合标准的开发项目不会对现有的社会风险造成很大增长。

荷兰(1979 年)提出的可接受的社会风险标准：导致一个人死亡的社会风险水平每年 10^{-6} 是 $F-N$ 曲线的起点，$F-N$ 曲线与死亡人数的平方成反比下降。

Taylor 等(1989 年)也提出了社会风险标准(图 1-7)，并在许多国家的大约 50 多个工厂得到了应用，该标准导致一个人死亡的社会风险水平是每年 10^{-4}，并提出应当考虑严重或永久性伤害，以及后续伤害的可能性。

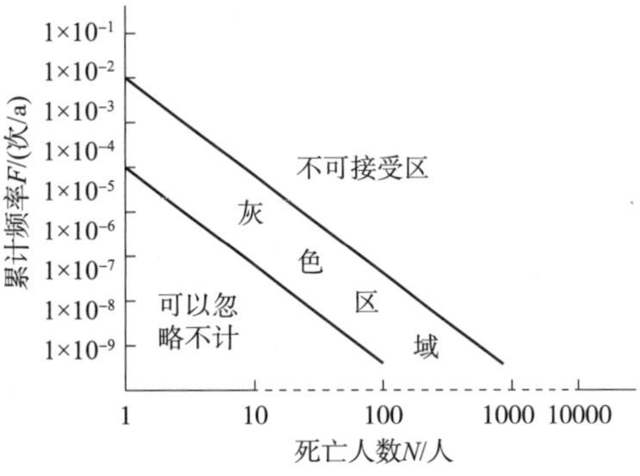

图 1-7 Taylor 社会风险评价标准

英国(HSE，1988 年)在邻近重大危害性工业设施的土地利用规划中，对社会风险的处理是将各种类型的开发项目换算成相应规模的住宅开发项目，然后根据其个人风险水平和住宅项目的规模来判断风险的大小，据此提出的可接受的风险水平为：

(1)为超过 25 人提供住宅的开发项目的个人风险水平小于每年 10^{-5}；

(2)为超过 75 人提供住宅的开发项目的个人风险水平小于每年 10^{-6}；

(3)对于零售和休闲设施来说，中等大小的项目小于每年 10^{-5}，大型项目小于每年 10^{-6}；

(4)如果涉及福利设施(医院、护理中心等)，采用更严格的标准。

我国(2018 年)规定了危险化学品生产装置和储存设施社会风险的可接受风险基准值。通过两条风险分界线将社会风险划分为 3 个区域：不可接收区、尽可能降低区和可接受区，具体分界线位置如图 1-8 所示。该标准规定导致个人死亡的社会风险水平是每年 10^{-5}。

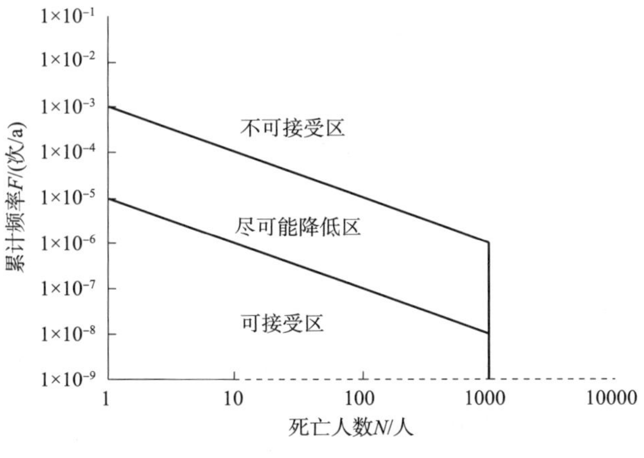

图 1-8 我国社会风险评价标准

由此可见，风险可接受程度对于不同国家和不同行业，根据系统、装置的具体条件，有着不同的准则。风险评价标准是为管理决策服务的，风险评价标准的制定必须是科学、实用的，即在技术上是可行的，在应用中有较强的可操作性。标准的制定，首先要反映公众的价值观、灾害承受能力。不同地域、人群，由于受价值取向、文化素质、心理状态、道德观念、宗教习俗等诸多影响因素，承灾力差异很大。其次，风险评价标准必须考虑社会的经济能力。标准过严，社会经济能力无法承担，就会阻碍社会发展。因此，必须进行成本-效益分析，寻找平衡点，优化标准，从而制定科学、合理的风险评价标准。

1.7 风险评价范式

风险评价范式是一致公认的知识体系，在一定时间内为风险评估者提出典型问题并提供其解决方法。可以认为，风险评价范式是风险评价的支撑体系，前面所述各种风险评价方法都是以这些范式为根本出发点，根据这些范式，结合风险评价原理，针对具体的评价对象，可以发展各种评价方法。这三者的关系如同一棵大树，风险评价范式好比树根，风险评价原理如同树干，风险评价方法就是树上结的果实。

这里主要介绍一些最常用的范式和各自的优缺点。这些范式有：

(1)法律准则。

(2)基于保险的范式。

(3)基于资产的范式。基于资产的风险管理，以基于工程的故障模式，后果及危险度分析(FMECA)，危险性和可操作性研究(HAZOP)及定量风险评估(QRA)等“自下而上”的方法为代表。

(4)基于威胁的范式。基于威胁的风险范式，以优势、劣势、机遇、威胁(SWOT)和易受攻击性“组织严密”的分析方法为代表。

(5)基于市场的范式。基于较近时期市场的风险管理，这里用到的风险这一概念，认为收益风险的变化与损失的风险相当。

(6)基于最佳实践方案的范式。是基于解决方案的“最佳行动”的风险管理，而不是基于危险的风险管理。

(7)基于模拟的范式。是一种生物、系统的闭环反馈范式，在实践中体现为基于高度逼真的计算机系统的模拟。

(8)基于风险文化的范式。

1.7.1 法律准则

当(除法律外)其他任何事情/范式不起作用的时候，我们就不得不依靠法律、法规。图 1-9 向我们展现了法律框架内基于病原的因果图。

这四个关键词是原因，可预测性，可预防性和合理性，代表普通法律对疏忽的检验法律准则强化了“合理可行尽量低(ALARP-As Low As Reasonable Practicable)”的原则。它也为其他风险管理原则(包括“不是不太安全”“持续提高”和“最佳实践”等原则)提供了一个行动的中心。

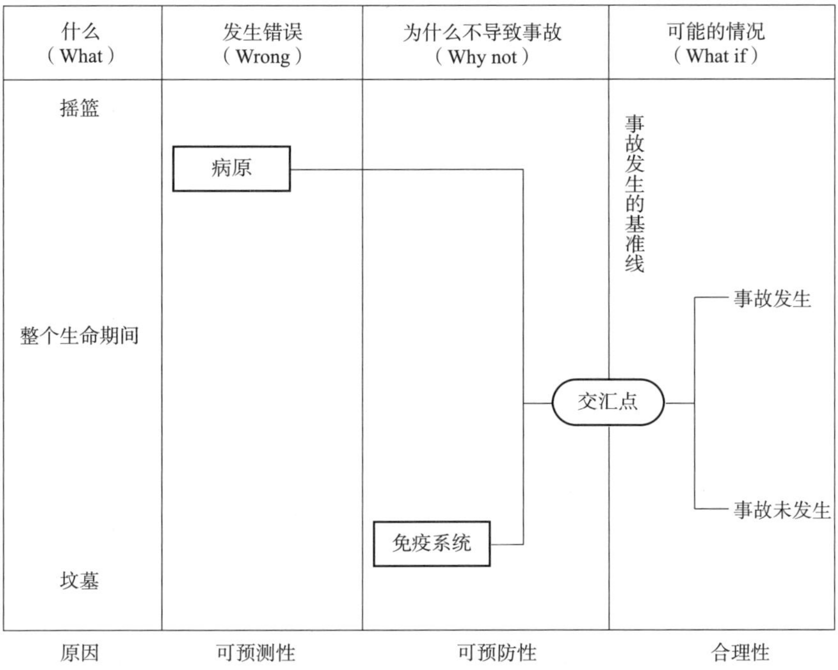

图 1-9　法律框架内基于病原的因果图

1.7.2　基于保险的范式

历史上，这是以劳埃德保险公司(Lloyds insurance)及其保险对象的高度保护风险(HPR)办法为代表。两者都认为历史经验是智慧之源。通过回顾过去的事故和损失，把它们和现在的工厂设施作比较，可以做出有关风险的判断。区别在于，劳埃德公司关注资金，而后者则关注设计的目标水平和管理上的优秀表现。

这种方法的优点在于历史经验非常重要，在某种意义上其结果反映了最终达尔文"如果……怎么办"的分析。其弱点在于在这个日新月异的现代世界，历史经验在预测未来方面已经变成一种越来越不确定的方法了。

1.7.3　基于资产的范式

基于资产的范式是以基于工程的故障模式及后果分析，危险性和可操作性研究以及定量风险评价为代表的从下往上的逐层管理办法。

任何从下往上逐层管理的办法都有共同原因和共同模式失效的问题。来自各个单个组件或子系统应用危险性和可操作性研究或故障模式及后果分析得出的详细评估，可以检查出各个组件或子系统在一般操作条件下怎样发生故障，但它不能检查其他组件灾难性的故障将怎么样影响这个组件或它旁边的组件。有人试图在详细分析和调查后通过一系列综合的询问来处理危险性和可操作性研究中的这种"连锁反应"影响，故障模式及后果分析和定量风险评价也存在同样的问题。

1.7.4 基于威胁的范式

基于威胁的风险范式是以优势、劣势、机遇、威胁(SWOT)和易损性为代表的组织严密的分析方法。这些方法主要是使一般战略上相关的区域成为一体，而不是解决特定问题的办法。这方面一个非常简单的例子见表 1－4。另外，这里关注相关区域而不是精确的解决方案。

表 1－4 威胁和易损性分析

	关键的成功因素		
威胁	声誉	可操作性	员工
技术	××	××	××
社会	—	—	—
政治(政府更迭)	×	×	×
财政	×××	×××	×××
自然事件	×	×××	×

评分标准说明：
×××：非常可能的弱点，必须加以处理；
××：中等可能的弱点；
×：可能性较小的弱点；
—：不存在显而易见的弱点。

威胁与“关键成功因素”或“资产”的交叉点称为易损点。对风险情景进行预测的 SWOT 分析提供了一个视角，来洞察易损性或损失和增值的风险或收益的风险。这种关系体现在图 1－10。

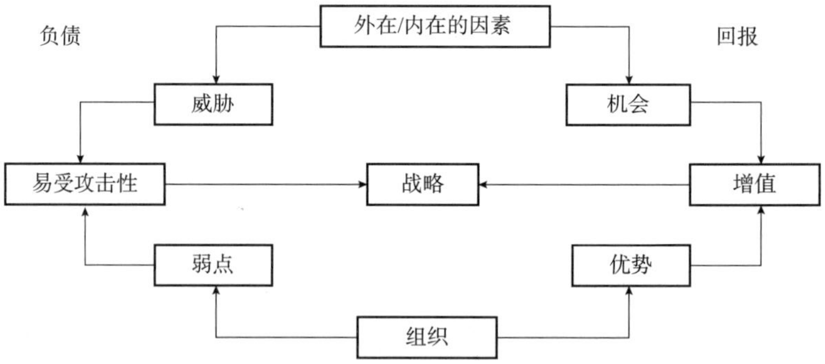

图 1－10 损失/收益风险关系

显然，这个模型力争要达到的目标就是继续发挥企业的优势因素，克服其弱点因素，利用外界机会因素，克服外界威胁。

1.7.5　基于市场的范式

基于近期市场的风险范式来自这样一个观念，认为风险也是一个变数，收益风险和损失风险相当。在金融领域，风险通常被认为是对称的。这种假设并非绝对正确，但是，通过做这样一个假设，就可以利用很多统计学的知识，如比较有用的是正态分布，其平均价值是对称的，如图 1－11 所示。

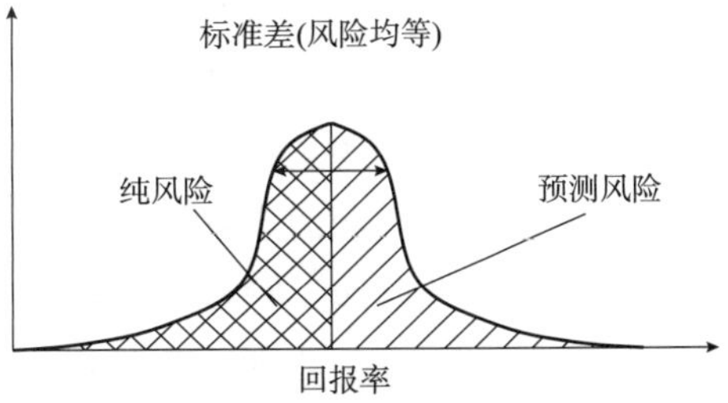

图 1－11　均值和方差的标准分布

1.7.6　基于最佳实践方案的范式

到目前为止，所有考虑的范式都是基于危险发现问题寻求解决方案的。多数风险系统，像澳大利亚/新西兰的风险管理标准 AS/NZS 4360：1999 提出了这样一个程序：危险辨识，风险评估，控制措施选择，最后实施。针对这个标准的一个可供选择的办法是基于解决方案的“最佳实践”风险范式(图 1－12)。这种最佳实践的风险管理方法只是查看行业中其他人使用的所有好主意，再看看到底是什么原因使这些好想法没有应用到自己的工厂里。

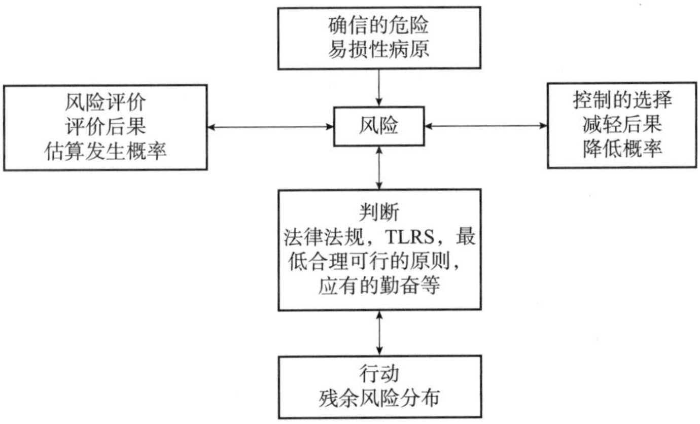

图 1－12　最佳实践方法

1.7.7　基于模拟的范式

生物/计算机仿真模拟范式源于虚拟现实中发展起来的进化概念的应用。这种生物学范式最实际的表现手段就是计算机模拟，通过在虚拟现实环境中构造计算机模型不断演示“如果……怎么办?”的假设场景。

构造模型的方法有很多种，但大多遵循一般的建模过程，即：问题构造、问题表述、问题解决。

在问题的构造层次上，各个相关因素及其相互关系都用图形表示。常用来构造问题的建模技术有影响图、相关图、系统流程图、因果图、事件树、事故树、决策树、知识图等。构造层如同一个平台，在这个平台上图示相关标准、相互对立的方法、行动者、目标及其相互关系，风险分析人员和决策者就可以用这些构造在纸面上、计算机上分析和讨论要解决的问题。

如果我们对某一问题掌握了足够的信息，就可以把问题当中各个要素及其相互关系用一定模型表示出来。问题的表述层在风险分析中一般可以用可靠性理论、模糊理论、多属性优选理论等来表述问题。这些表述模型可以用来表示内在或外在的新方法，比如危险物质装运的安全途径，废物掩埋的合适地点，详细列出目标使整个过程的表述公式化。这一阶段的结果是基于规则的数学方程式，或一整套系统化的规则体系。

这样经过公式化表述的问题就进入了决策层。在决策层使用一些决策模型，这些决策模型通常是一些分析规则，包括数学方程式、镶嵌在专家系统中的推理机等。这里经常采用的风险分析方法有数学计算、逻辑推理、会议协商等，比如用概率量化的事故树，其最小割集可以用来计算顶上事件的发生概率。

图 1－13 给出了一般建模程序：首先从问题分析到问题构造-构造模型；其次从问题描述到公式化准确表述；最后从问题决策得出问题最终解决办法。

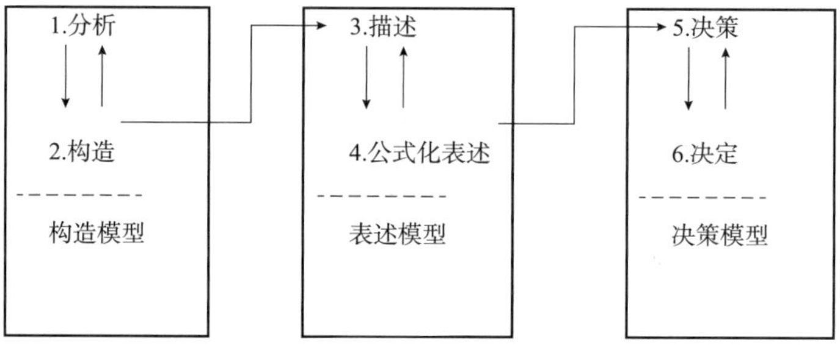

图 1－13　一般建模程序

1.7.8　基于风险文化的范式

心理学家詹姆斯·里森(1997 年)从几个方面发展了一种风险文化范式。他提出三种类型的风险文化，如表 1－5 所示。

表 1－5　风险文化类型

病态型文化	官僚型文化	创新型文化
不想知道有没有问题； 危险信息报告者受到批评打击； 回避责任； 出错要受到惩罚； 新思想遭强力抑制	可能发现不了问题； 如果有报告危险信息的也会被听取； 责任分散； 如有失误、故障会得到补救； 有新思想出现，但往往也导致新问题	积极发现问题； 危险信息报告者受到培训和奖励； 责任有人承担； 失误、故障的发生将会促进更深层次的改革； 欢迎新思想

这里，文化被看作有效风险管理的核心，如图 1－14 所示。

图 1－14 风险文化在风险管理中的地位

1.7.9 各种范式的综合运用

虽然有许多种风险评价方法可供使用，但只有三类通用方法可以让生产企业、团体在处理风险时继续推进它们的战略任务，这三类方法是：

来自专家、文献和研究的专业知识；

易于举行的专家会议和有这方面兴趣的团体研讨会；

有选择性的交谈。

上述每一种方法都有其优点和缺点，这取决于组织的文化和具体任务的性质。至于在执行每个范式的时候如何选择，如表 1－6 和图 1－15 所示。

表 1－6 各种范式的应用特点

方法 风险管理范式		专家意见	易于举办的研讨会	有选择性的谈话
0	法律法规	可以 （合法意见）	可以 （仲裁，模拟法庭）	可以 （皇家专门调查委员会）
1	基于保险的范式	可以 （对风险数据进行调查，保险精算研究）	可以 （风险预测会议）	可以 （尤其是道德风险）
2	基于财产的范式	可以 （定量风险评价，实用性和可靠性研究）	可以 （危险性和可操作性研究，故障模式及后果分析等）	困难
3	基于资产的范式	难以做到各个专家意见相互独立	可以 （SWOT 和易受攻击性分析）	可以 （谈话）
4	基于市场的范式	可以 （保险精算研究）	难以做到意见相互独立	可以 （实况调查活动）
5	基于最佳实践方案的范式	难以做到全面	难以做到全面	可以 （实况调查活动）
6	基于模拟的范式	可以 （计算机模拟）	可以 （危机模拟）	困难
7	基于风险文化的范式	可以 （效果监查）	困难	可以 （谈话）

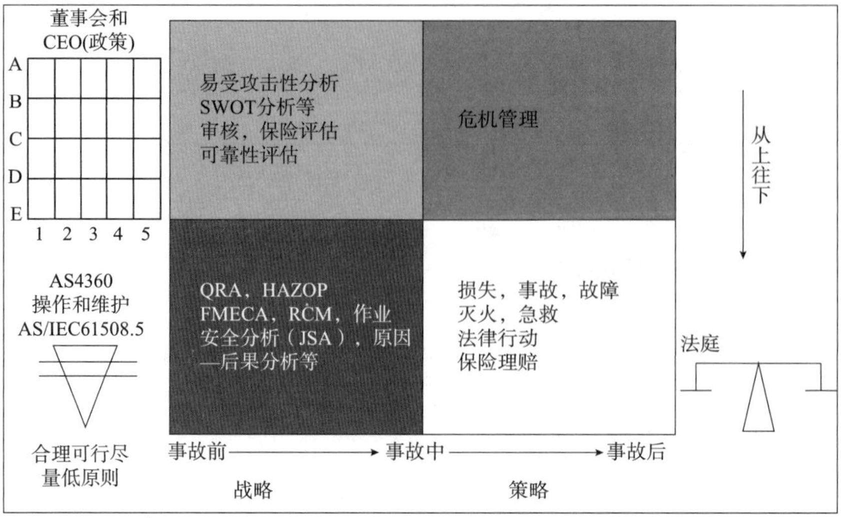

图 1－15　风险范式框架图

图 1－15 左上方显示的是要在一个较高组织水平的战略层次应用的范式，而左下方显示的一般是要在操作层次上应用的范式。右边显示的是面对事故后的策略问题。风险管理的目标是控制事故不发生，但完整的风险管理必须提供假定事故发生后的场景。

1.8　思考题

1. 风险的两个基本特征是什么？如何理解？
2. 风险因素、风险事件、风险损失之间有什么关系？
3. 风险的属性与风险的特征有哪些？
4. 简述风险产生的原因？
5. 简述风险辨识及其主要内容。
6. 简述隐患与风险的关系，并画出隐患、风险、事故的关系图。
7. 简述风险控制的含义。
8. 简述风险监测的 6 个原则。
9. 简述个人风险与社会风险的相关内容。
10. 在制定风险可接受准则时应遵循的原则有哪些？
11. 简述对“安全即为无风险”的认识。
12. 请结合《“十四五”国家安全生产规划》，谈谈如何建立健全重大安全风险体制机制。

第2章　风险辨识

2019年1月，中共中央总书记、国家主席、中央军委主席习近平在省部级主要领导干部坚持底线思维着力防范化解重大风险专题研讨班开班式上发表重要讲话。习近平在讲话中就防范化解政治、意识形态、经济、科技、社会、外部环境、党的建设等领域重大风险作出深刻分析、提出明确要求。他强调，面对波谲云诡的国际形势、复杂敏感的周边环境、艰巨繁重的改革发展稳定任务，我们必须始终保持高度警惕，既要高度警惕“黑天鹅”事件，也要防范“灰犀牛”事件；既要有防范风险的先手，也要有应对和化解风险挑战的高招；既要打好防范和抵御风险的有准备之战，也要打好化险为夷、转危为机的战略主动战。

风险辨识的目的在于为风险评估提供前提和决策依据，以保证控制风险在可接受程度或最大限度减少风险损失。深入学习习近平总书记讲话的重要精神，把握防范化解安全风险的思路，立足于工程领域背景，需要我们具备全面辨识安全风险的能力，厘清隐患、风险、事故的关系。透过现象看本质，科学预见已存在的风险和隐匿的风险，既要对重大风险保持警惕，也要密切关注风险的叠加、演变与升级。安全科学领域研究者和安全管理人员做到对潜在的风险有科学预判，知道风险在哪里，表现形式是什么，发展趋势会怎样，强化“红线意识”和培养“底线思维”，始终把人民群众的生命安全放在首位。

2.1　风险的分类

为了便于进行风险分析，可以将风险按照不同的标准进行分类。

1. 按风险后果分类

按风险所造成的不同后果可以将风险分为纯风险和投机风险。

纯风险是指只会造成损失而不会带来任何收益的风险，也叫特定风险。在现实生活中，纯风险是普遍存在的。例如，自然灾害，一旦发生将会导致重大损失，甚至人员伤亡；如果不发生，只是不造成损失而已，不会带来额外的收益。此外，政治、社会方面的风险一般也都表现为纯风险。

投机风险则是既可能造成损失也可能创造额外收益的风险，可能是与资产或商业行为有关的风险，也有可能是与资本或金融有关的风险。投机风险具有极大的诱惑力，人们常常只注意到其有利可图的一面，而忽视其带来厄运的可能。

纯风险和投机风险有一个重要的区别。在相同的条件下，纯风险重复出现的概率较大，表现出某种规律性，因而人们可能较成功地预测其发生的概率，从而相对容易地采取防范措施。而投机风险则不然，其重复出现的概率较小，所谓“机不可失，时不再来”，因而预测的准确性相对较差，也就较难防范。

2. 按风险影响范围分类

按风险影响范围的大小可将风险分为基本风险和特殊风险。

基本风险是指作用于整个经济或大多数人群的风险，具有普遍性，如战争、自然火灾、高通胀率等。显然，基本风险的影响范围大，后果严重。

特殊风险是指仅作用于某一特定单体(如个人或企业)的风险，不具有普遍性，例如，财产失窃、房屋失火等。特殊风险的影响范围小，虽然就个体而言，其损失有时也相当大，但相对整个经济而言，其后果不严重。在某些情况下，特殊风险与基本风险很难严格加以区分。基本风险与特殊风险的界定有时需要考虑具体的出发点。

3. 按损失承担主体分类

按损失承担主体可将风险分为：个人风险、家庭风险、企业风险、政府风险、社会风险。

个人风险，概指个人所面临的各种风险，包括人身伤亡、财产损失、情感圆满、精神追求、个人发展等。

家庭风险，概指家庭所面临的各种风险，包括家庭成员的精神身体健康、家庭的财产物质保证、家庭的稳定性等。

企业风险，概指企业所面临的各种风险。企业是现代经济的细胞，因此围绕企业发展的相关课题得到了广泛的研究，近些年来，随着市场竞争的日趋激烈，企业风险管理引起了学者和企业决策人员的高度重视。

政府风险，概指政府所面临的各种风险，如政府信任危机、政府丑闻、政府垮台等。

社会风险，概指整个社会所面临的各种风险，如环境污染、水土流失、生态环境恶化等。

4. 按风险的对象分类

按风险的对象可将风险分为：人身风险、财产风险、环境风险、责任风险。

人身风险，指人员伤亡、身体或精神的损害。

财产风险，包括直接风险和间接风险，例如由于业务和生产中断、信誉降低等造成的损失。

环境风险，指环境破坏，对空气、水源、土地、气候和动植物等所造成的影响和危害。

责任风险，是由于个人或团体违背法律、合同或道义上的规定，形成过失或侵权行为而造成他人财产损失、人身伤害，需要负法律责任和经济赔偿责任的风险。

5. 按风险存在的方式分类

按风险存在的方式将风险分为：潜在风险、延缓风险和突发风险。

潜在风险，是一种已经存在风险事故发生的可能性，且人们已经估计到损失程度与发生范围的风险。

延缓风险，是一种由于有利条件增强而抑制或改变了风险事故发生的风险。

突发风险，是由偶然发生的事件引起的人们事先没有预料到的风险。

6. 按风险来源分类

按风险的来源可将风险分为：自然风险、技术风险、社会风险、政治风险、经济风险、文化风险、行动风险。

自然风险，指自然界存在的可能危及人类生命财产安全的危险因素所引发的风险。如地震、洪水、台风、飓风、海啸、恶劣的气候、陨石、外星体与地球的碰撞、病毒、病菌等。

技术风险，泛指由于科学技术进步所带来的风险。包括各种人造物，特别是大型工业系统进入人类生活，带来了巨大的风险，如化工厂、核电站、水坝、采油平台、飞机轮船、汽车火车、建筑物等；直接用于杀伤人的战争武器，如原子弹、生化武器、火箭导弹、大炮坦克、战舰航母等；新技术对人类生存方式、伦理道德观念带来的风险，如在1997年引起轩然大波的“克隆”技术，Internet网络对人类的冲击等。

社会风险，指社会结构中存在不稳定因素带来的风险，包括政治、经济和文化等方面。

政治风险，指国内外的政治行为所导致的风险，如国家战争、种族冲突、国家动乱等。

经济风险，指在经济活动中所存在的风险，如通货膨胀、经济制度改变、市场失控等。

文化风险，如腐朽思想、不良生活习惯(如酗酒、吸烟、吸毒等)对人们身心健康的影响。

行动风险，指由于个人或团体的行为不当、过失及故意行为而造成的风险。一方面，人们面临的许多风险都是由自己的行为导致的；另一方面，人们为了追求某种利益，必须采取一定行动，并承担一定风险。

风险的类别划分不是绝对的，事实上，现在出现了“自然—技术—社会—行为风险”一体化的综合风险的趋势。例如环境污染，既有大自然变化的因素，也有技术进步带来的负面因素，更有一些社会经济决策失误的因素。

2.2 风险的状态

风险的状态可以理解为与人们现有的控制措施和能力相对应的风险水平。一方面，它与危险源在一定条件下导致事故发生的可能性和事故后果的严重性有关；另一方面，它又与人们现有的科学技术水平和安全管理水平及经济承受能力有关。

根据风险在人们现有综合能力的前提下是否处于可控范围内可以将风险状态分为：可

以控制的风险状态和不可控制的风险状态，如图 2－1 所示。可以控制的风险状态，也就是人们可以利用现有的科学技术，经济地采取相应措施消除、降低、控制风险。不可控制的风险状态，就是对现存的风险，无法用现有的科学技术去控制它，如地震、海啸、火山爆发、天体坠落等；或者技术上可以控制风险，但经济上却不可行，比如许多重工企业，炼钢厂、焦化厂、炼油厂、水泥厂等都要排放大量的烟雾，这就对大气环境构成了危害，要消除或降低这些烟雾，技术上比较可行的办法是燃油或燃气代替燃煤，但这样经济上却难以承受。

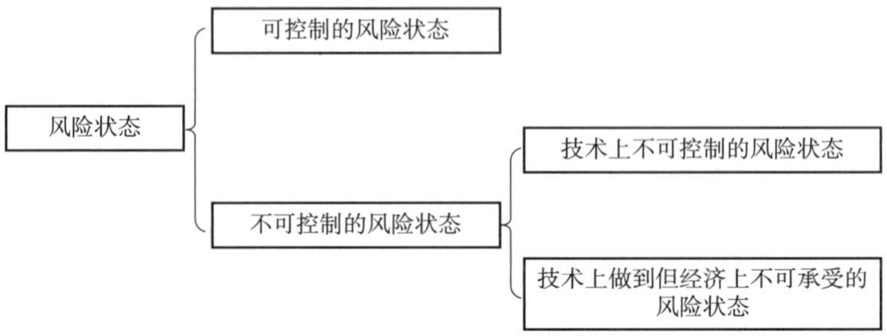

图 2－1　风险状态分类

从不同的角度来看，风险的状态也不一样。站在风险控制的角度，所要知晓的不仅是现时的风险怎样，更有实际意义的是风险的发展趋势，这实际上可以归结为风险是处于稳定的状态还是变化的状态(图 2－2)。严格地讲，风险总处于一个动态的变化过程之中，不存在绝对稳定的风险状态，所以，这里所说的稳定和变化是一个相对的概念。准确判定风险处于稳定的状态还是变化的状态，如果处在变化的状态，那么是恶化状态还是改善状态？这属于风险预测的范畴，在准确预测出风险的变化趋势后，就能够更加合理地采取对策和措施控制风险。

此外，根据风险的重要性和急迫性把风险状态分成四类(图 2－3)。

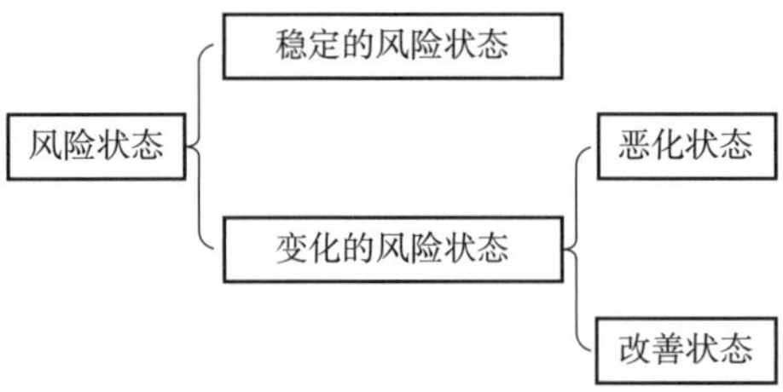

图 2－2　风险状态分类

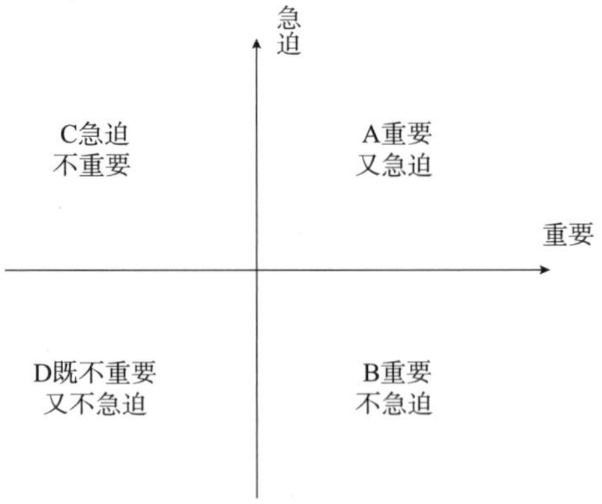

图 2－3　风险状态分类

A：重要又急迫的风险。比如燃气储罐发生泄漏而导致火灾爆炸的风险；生产过程发现中安全阀失灵。

B：重要不急迫的风险。比如安全阀生产企业在抽检过程中发现某批安全阀不能达到预期泄压效果；城市输气钢制管道的腐蚀。

C：急迫不重要的风险。比如生产作业场所无标志，标志不清楚或不规范。

D：既不重要又不急迫的风险。比如作业场所光照不足，通风欠佳等。

把风险分成A、B、C、D四种状态后，可以根据“要事优先”的原则，相应地采取措施应对不同的风险。

(1)如果风险处于可控制的状态，看它属于A、B、C、D哪种状态，分清轻重缓急，然后主要的工作是寻找适当的解决措施，消除、降低和控制风险。

(2)如果风险处于不可控制的状态，人们能做的是在假定事故发生的情况下，预测事故发生的时间、地点，制订应急救援预案，做好救援、抢险准备工作，事故发生过程中统一指挥，协调各个相关部门，有条不紊地开展救援、善后工作。

2.3　风险的层次

在了解了风险所处的状态后，我们想知道，影响风险的相关因素有哪些，我们可以做哪些工作来防范、降低、控制甚至消除风险。根据风险的定义，风险受事故发生的概率和事故后果的严重程度两者决定，这是从事故的角度出发，而且是具体考察某一事故的情况。我们要对以工厂为单位的总体风险进行考察，可以从多个不同的侧面或层次来进行(图2-4)。这些不同的层次分别揭示了我们对待、处理、降低风险的直接或间接的不同途径。

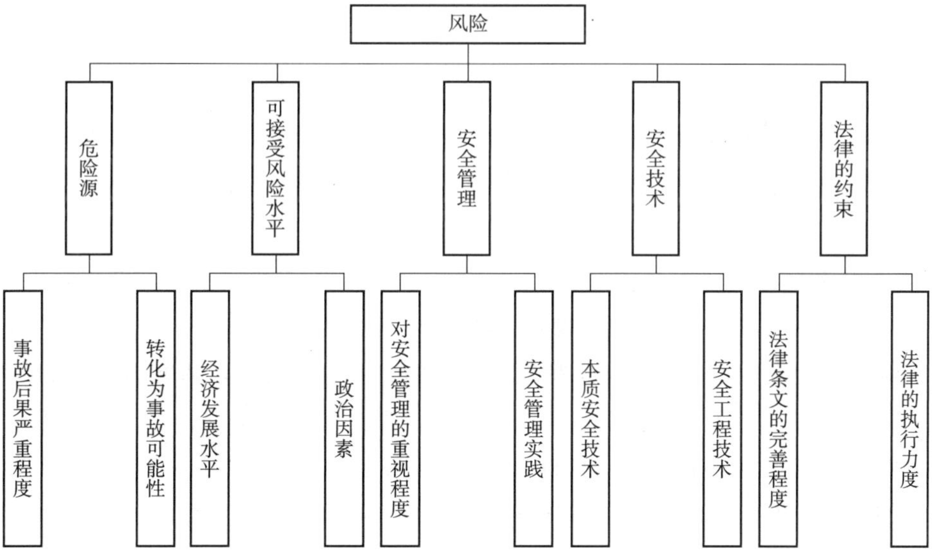

图2-4　风险的层次

这里把风险分为危险源、可接受风险水平、安全管理、安全技术和法律的约束等5个相互联系的不同侧面来进行考察。危险源是风险的根源所在；可接受风险水平是对风险的一个衡量，它决定着人们对待风险的态度，即要不要采取风险控制措施；安全管理和安全技术是风险控制措施的两种不同方法，前者主要从整体的角度系统地控制风险，后者是从个体的角度控制特定设备的特定风险，这两种方法都是以生产单位、企业为主体开展的；法律的约束则代表了社会对生产单位、企业在安全生产方面的监督。

2.3.1 危险源

从风险的定义可以看出，危险源是风险的根源，没有危险就无所谓风险，危险转化为事故的可能性及事故后果的严重性共同决定了风险的大小。这是风险问题研究的出发点，对危险源的辨识、分析、衡量和评价是风险分析、风险评价和风险控制的基础。所以说，危险源是风险的最重要方面之一。

2.3.2 可接受风险水平

我们知道，风险总是存在的，只是其大小不同，但什么样的风险可以接受，什么样的风险可以忽略？什么样的风险必须采取措施加以控制？这就是风险接受准则的问题。

风险的可接受水平取决于社会经济发展水平和政治因素。首先，它要受到经济发展水平的影响。对于风险分析和风险评价的结果，人们往往认为其越小越好。实际上，这是一种认识的误区。减少风险是要付出代价的，无论是减少风险发生的概率还是采取防范措施使风险造成的损失降低，都要投入资金、技术和劳务。通常的做法是将风险定在一个合理的、可接受的水平上，根据影响风险的因素，经过优化寻求最佳的投资方案。

2.3.3 安全管理

安全管理是保障企业安全生产、降低风险的最基本的手段之一，同时安全管理也是一种技术，安全管理方法得当，是保证安全管理效能的重要因素。安全管理水平受到企业决策层对安全管理重视程度和安全管理方法影响。

安全管理包含以下几个方面：

1. 安全文化

安全文化是企业文化的一个重要组成部分，也是企业安全管理的一项必要手段。安全文化是人类在社会发展过程中，为维护安全而创造的各类物态产品及形成的意识形态领域的总和；是人类在生产活动中所创造的安全生产、安全生活的精神、观念、行为与物态的总和；是安全价值观和安全行为标准的总和；是保护人的身心健康、尊重人的生命、实现人的价值的文化。安全观念、安全科学技术、安全法规都是构成安全文化的重要元素。

2. 安全教育

教育对人的发展具有必要性和主导性，这是由于人的生活是靠劳动改造自然和进行生产来维持生命并使之发展下去的，而要安全地生产决定了必须结合一定的社会关系，并在其中创造和运用安全生产手段和安全生产的技术以及与此相适应的各种制度、习惯、文化等复杂体系来进行。安全教育作为教育的重要部分，对人类的发展起着重要的作用。安全条件的实现是由人的安全活动去实现的，安全教育是安全活动的重要形式，在安全管理中是必不可少的要素之一。

3. 安全经济学

安全经济学是研究安全的经济(利益、投资、效益)形式和条件，通过对人类安全活动的合理组织、控制和调整，达到人、技术、环境的最佳安全效益的科学。

安全经济学在安全管理中的作用可以分为两个方面：一方面增强安全意识，可以让生产单位的决策者、管理者更加清楚地认识到，安全不仅仅是人们的希望和法律的约束，虽然安全本身不能创造效益，但安全是保障经济效益得以实现的重要手段；另一方面，优化资源配置，通过控制和调整人类的安全活动来实现人、技术和环境三者的最佳安全效益。

4. 安全行为科学

安全行为科学建立在社会学、心理学、生理学、人类学、文化学、经济学、语言学、法学等学科基础上，是分析、认识、研究影响人的安全行为因素及模式，掌握人的安全行为和不安全行为的规律，实现激励安全行为、防止行为失误和抑制不安全行为的应用性学科。安全行为科学的基本任务是通过对安全活动中各种与安全相关的人的行为规律的揭示，有针对性和实用性地建立科学的安全行为激励理论和不安全行为的控制理论和方法，并应用于指导安全管理和安全教育等安全对策，从而实现高水平的安全生产和安全生活。

2.3.4 安全技术

安全技术包括本质安全技术和安全工程技术两个方面。

本质安全技术通过设计、工艺、制造等方面的改进，从源头上减少危险。本质安全是安全技术追求的目标，是安全系统工程方法中的核心。

本质安全化理论认为由于受生活环境、作业环境和社会环境的影响，人的自由度增大，可靠性比机械差，因此要实现生产安全，必须有某种即使存在人为失误的情况下，也能确保人身及财产安全的机制和物质条件，使之达到“本质的安全化”，这是降低系统风险最根本的途径。系统达到本质安全实际上就是危险接近于零，没有危险也就无所谓风险，当然我们知道，风险总是存在的，危险也不可能为零，也就是说本质安全不能完全实现，本质安全化技术不能消除的那部分风险则由安全工程技术来进行防范。

安全工程技术是与安全管理相辅相成的保证企业安全，降低安全生产风险的手段，是防范和控制技术危险的科学，包括职业安全技术、职业健康、行业安全技术等。职业安全技术又包括防火防爆炸技术、压力容器安全、机械安全工程、电气安全工程、交通安全工程等；职业健康包括噪声与振动控制、工厂防尘、工业防毒、辐射安全、个体防火等；行业安全技术包括煤矿安全、冶金安全、建筑安全、化工安全、石油工业安全、电网安全技术等。

2.3.5 法律法规的约束

法律的约束是外在的强制行为规范，它对企业尤其是安全生产意识淡薄的企业实施生产管理的监督，对降低企业安全生产风险起着间接却十分重要的作用。法律的约束力又包含两个方面，即法律条文的完善程度和法律的执行力度。我国颁布并在用的有关安全生产、劳动保护的主要法律法规内容包括综合类、安全卫生类、“三同时”类、伤亡事故类、女工和未成年工保护类、职业培训考核类、特种设备类、防护用品类和检测检验类。其中以法的形式出现，对安全生产、职业健康具有十分重要作用的是《安全生产法》《矿山安全法》《中华人民共和国劳动法》《职业病防治法》，与此同时，还制定和颁布了数百余项安全卫生方面的国家标准。按目的和作用又可以分为安全技术法规、职业健康法规、安全管理法规。这些法律法规正逐步走向完善，但没有一成不变的法规，随着安全生产管理体制的变革，以及经济的发展和技术的进步，法规、规范、标准应不断地修订、改进和完善。

2.4 风险辨识的原理

风险辨识就是对尚未发生潜在的各种风险进行系统归纳和全面的识别。在这一阶段，应强调识别的全面性，要对客观存在、尚未发生的潜在风险加以识别，就需要做周密系统的调查分析，综合归类，揭示潜在的风险及其性质等。

2.4.1 风险辨识的基础

当要进行某项活动时，能引起风险的因素很多，后果的严重程度各异，完全不考虑这些因素或遗漏了主要因素是不对的，但每个因素都考虑会使问题复杂化，因而也是不恰当的。风险的辨识就是要合理地缩小这种不确定性，在辨识阶段主要是进行定性的分析。

风险的辨识要回答以下几个问题：

(1)有哪些风险应当考虑？

(2)引起这些风险的主要因素是什么？

(3)这些风险所引起后果的严重程度如何？

风险分类在上节已有详细说明，这里我们主要考虑的风险宜按损失标的物分成人身风险、财产风险和环境风险。而所有的风险均由危险导致的，危险是风险的前提，没有危险也就无所谓风险。正因为这样，风险的辨识主要就是危险源的辨识。

危险源是事故发生的前提，是事故发生过程中能量与物质释放的主体。因此，有效地管理和控制危险源，特别是重大危险源，对于确保安全生产与职业健康，保证生产经营单位的生产活动顺利进行具有十分重要的意义。

(一)危险源与危险因素

根据《职业健康安全管理体系要求及使用指南》(GB/T 45001—2020)可知，危险源是指可能导致人身伤害和(或)健康损害的根源、状态或行为，或其组合。

危险源由三个要素构成，即潜在危险性、存在条件和触发因素。危险源的潜在危险性是指一旦触发事故，可能带来的危害程度或损失，或者说危险源可能释放的能量强度或危险物质量的大小。危险源的存在条件是指危险源所处的物理状态、化学状态和约束条件状态，例如物质的压力、温度、化学稳定性，盛装容器的坚固性，周围环境障碍物等情况。触发因素虽然不属于危险源的固有属性，但它是危险源转化为事故的外因，而且每一类型的危险源都有相应的敏感触发因素。

危险源是指能使造成人员伤亡、影响人的身体健康、对物造成急性或慢性损坏的因素。严格地来说，可分为危险因素(强调突发性和短时性)和危害因素(长时间的累积效应)，但在此统称为危险因素。

(二)危险因素的分类

危险因素的分类方法，根据生产过程和伤亡事故的国家标准不同，可有两种分类方法。

1. 根据危害性质分类的方法

根据《生产过程危险和有害因素分类与代码》(GB/T 13861—2022)的规定，将生产过程的危险因素和有害因素分为四大类，分别是“人的因素”“物的因素”“环境因素”“管理因素”。该分类方法适用于各行业在规划、设计和组织生产时，对危险和有害因素的预测、预防，对伤亡事故原因的辨识和分析，也适用于职业安全卫生信息的处理与交换。

(1)人的因素

1)心理、生理性危险和有害因素。包括：①负荷超限，负荷超限包括体力负荷超限(指易引起疲劳、劳损、伤害等的负荷超限)，听力负荷超限，视力负荷超限，其他负荷超限；②健康状况异常，指伤、病期等；③从事禁忌作业；④心理异常，包括情绪异常，冒险心理，过度紧张，其他心理异常；⑤辨识功能缺陷，包括感知延迟，辨识错误，其他辨识功能缺陷；⑥其他心理、生理性危险和有害因素。

2)行为性危险和有害因素。包括：①指挥错误(包括生产过程中的各级管理人员的指挥)，包括指挥失误，违章指挥，其他指挥错误；②操作错误，包括误操作，违章操作，其他操作错误；③监护失误；④其他行为性危险和有害因素，包括脱岗等违反劳动纪律的行为。

(2)物的因素

1)物理性危险和有害因素

物理性危险和有害因素包括：

①设备、设施、工具、附件缺陷。包括：强度不够；刚度不够；稳定性差，抗倾覆、

抗位移能力不够(包括重心过高、底座不稳定、支承不正确等)；密封不良，指密封件、密封介质、设备辅件、加工精度、装配工艺等缺陷以及磨损、变形、气蚀等造成的密封不良；耐腐蚀性差；应力集中；外形缺陷，指设备、设施表面的尖角利棱和不应有的凹凸部分等；外露运动件，指人员易触及的运动件；操纵器缺陷，指结构、尺寸、形状、位置、操纵力不合理及操纵器失灵、损坏等；制动器缺陷；控制器缺陷；设备、设施、工具、附件的其他缺陷。

②防护缺陷。包括：无防护；防护装置、设施缺陷，指防护装置、设施本身安全性、可靠性差，包括防护装置、设施、防护用品损坏、失效、失灵等；防护不当，指防护装置、设施和防护用品不符合要求、使用不当，不包括防护距离不够；支撑不当，包括矿井、建筑施工支护不符要求；防护距离不够，指设备布置、机械、电气、防火、防爆等安全距离不够和卫生防护距离不够等；其他防护缺陷。

③电伤害。包括：带电部位裸露，指人员易触及的裸露带电部位；漏电；静电和杂散电流；电火花；其他电伤害。

④噪声。包括：机械性噪声；电磁性噪声；流体动力性噪声；其他噪声。

⑤振动危害。包括：机械性振动；电磁性振动；流体动力性振动；其他振动危害。

⑥电离辐射。包括：χ 射线、γ 射线、α 粒子、β 粒子、中子、质子、高能电子束等辐射。

⑦非电离辐射。包括：紫外辐射、激光辐射、微波辐射、超高频辐射、高频电磁场、工频电场。

⑧运动物伤害。包括：抛射物、飞溅物、坠落物、反弹物，土、岩滑动料堆(垛)滑动，气流卷动，其他运动物伤害。

⑨明火。

⑩高温物体。包括：高温气体、高温液体、高温固体、其他高温物体。

⑪低温物体。包括：低温气体、低温液体、低温固体、其他低温物体。

⑫信号缺陷。包括：无信号设施，指应设信号设施处无信号，如无紧急撤离信号等；信号选用不当；信号位置不当；信号不清，指信号量不足，如响度、亮度、对比度、维持时间不够；信号显示不准，包括信号显示错误、显示滞后或超前；其他信号缺陷。

⑬标志缺陷。包括：无标志，标志不清晰，标志不规范，标志选用不当，标志位置缺陷，其他标志缺陷。

⑭有害光照。包括直射光、反射光、眩光、频闪效应等。

⑮其他物理性危险和有害因素。

2)化学性危险和有害因素

化学性危险和有害因素包括：①爆炸品；②压缩气体和液化气体；③易燃液体；④易燃固体、自然物品和遇湿易燃物品；⑤氧化剂和有机过氧化物；⑥有毒品；⑦放射性物品；⑧腐蚀品；⑨粉尘与气溶胶；⑩其他化学性危险和有害因素。

3)生物性危险和有害因素

生物性危险和有害因素包括：①致病微生物，包括：细菌、病毒、真菌、其他致病微生物；②传染病媒介物，包括：致害动物、致害植物；③其他生物性危险和有害因素。

(3)环境因素

环境因素包括室内、室外、地上、地下(如隧道、矿井)、水上、水下等作业(施工)环境。

1)室内作业场所环境不良。包括：①室内地面滑，指室内地面、通道、楼梯被任何液体、熔融物质润湿，结冰或有其他易滑物等；②室内作业场所狭窄；室内作业场所杂乱；③室内地面不平；④室内梯架缺陷，包括楼梯、阶梯、电动梯和活动梯架以及这些设施的扶手、扶栏和护栏、护网等；⑤地面、墙和天花板的开口缺陷，包括电梯井，修车坑、门窗开口、检修孔、孔洞、排水沟等；⑥房屋地基下沉；⑦室内安全通道缺陷，包括无安全通道、安全通道狭窄、不畅等；⑧房屋安全出口缺陷，包括无安全出口、设置不合理等；⑨采光照明不良，指照度不足或过强、烟尘弥漫影响照明等；⑩作业场所空气不足，指自然通风差、无强制通风、风量不足或气流过大、缺氧、有害气体超限等；⑪室内温度，湿度，气压不适；⑫室内给、排水不良；⑬室内涌水；⑭其他室内作业场所环境不良。

2)室外作业场地环境不良。包括：①恶劣气候与环境，包括风、极端的温度、雷电、大雾、冰雹、暴雨雪、洪水、浪涌、泥石流、地震、海啸等；②作业场地和交通设施湿滑，包括铺设好的地面区域、阶梯、通道、道路、小路等被任何液体、熔融物质润湿，冰雪覆盖或有其他易滑物等；③作业场地狭窄；④作业场地杂乱；⑤作业场地不平，包括不平坦的地面和路面，有铺设的、未铺设的、草地、小鹅卵石或碎石地面和路面；⑥航道狭窄、有暗礁或险滩；⑦脚手架、阶梯和活动梯架缺陷，包括这些设施的扶手、扶栏和护栏、护网等；⑧地面开口缺陷，包括升降梯井、修车坑、水沟、水渠等；⑨建筑物和其他结构缺陷，包括建筑中或拆毁中的墙壁、桥梁、建筑物；⑩简仓、固定式粮仓、固定的槽罐和容器；⑪屋顶、塔楼等；⑫门和围栏缺陷，包括大门、栅栏、畜栏和铁丝网等；⑬作业场地基础下沉；⑭作业场地安全通道缺陷，包括无安全通道、安全通道狭窄、不畅等；⑮作业场地安全出口缺陷，包括无安全出口、设置不合理等；⑯作业场地光照不良，指光照不足或过强、烟尘弥漫影响光照等；⑰作业场地空气不良，指自然通风差或气流过大，作业场地缺氧，有害气体超限等；⑱作业场地温度、湿度、气压不适；⑲作业场地涌水；⑳其他室外作业场地环境不良。

3)地下(含水下)作业环境不良(不包括以上室内室外作业环境已列出的有害因素)。包括：①隧道/矿井顶面缺陷；②隧道或矿井正面或侧壁缺陷；③隧道或矿井地面缺陷；④地下作业面空气不良，包括通风差或气流过大、缺氧、有害气体超限等；⑤地下火；⑥冲击地压，指井巷(采场)周围的岩石(如煤体)等物质在外载作用下产生的变形能，当力学平衡状态受到破坏时，瞬间释放，将岩体、气体、液体急剧、猛烈抛(喷)出造成严重破坏的一种井下动力现象；⑦地下水；⑧水下作业供氧不当；⑨其他地下(含水下)作业环境不良。

4)其他作业环境不良。包括：①强迫体位，指生产设备、设施的设计或作业位置不符合人类工效学要求，而易引起作业人员疲劳、劳损或事故的一种作业姿势；②综合性作业环境不良，显示有两种以上作业环境致害因素，且不能分清主次的情况；③以上未包括的其他作业环境不良。

(4)管理因素

1)职业安全卫生组织机构不健全。包括：组织机构的设置和人员的配置。

2)职业安全卫生责任制未落实。

3)职业安全卫生管理规章制度不完善。包括：建设项目“三同时”制度未落实；操作规程不规范；事故应急预案及响应缺陷；培训制度不完善；其他职业安全卫生管理规章制度不健全，包括隐患管理、事故调查处理等制度不健全。

4)职业安全卫生投入不足。

5)职业健康管理不完善。

6)其他管理因素缺陷。

2. 根据事故形式分类的方法

参照《企业职工伤亡事故分类标准》(GB 6441—1986)，综合考虑起因物、引起事故先发的诱导性原因、致害物、伤害方式等，将危险因素分为以下 20 类。

①物体打击，是指物体在重力或其他外力的作用下产生运动，打击人体造成人身伤亡事故，不包括因机械设备、车辆、起重机械、坍塌等引发的物体打击；

②车辆伤害，是指企业机动车辆在行驶中引起的人体坠落和物体倒塌、飞落、挤压伤亡事故，不包括起重设备提升、牵引车辆和车辆停驶时发生的事故；

③机械伤害，是指机械设备运动(静止)部件、工具、加工件直接与人体接触引起的夹击、碰撞、剪切、卷入、绞、碾、割、刺等伤害，不包括车辆、起重机械引起的机械伤害；

④起重伤害，是指各种起重作业(包括起重机安装、检修、试验)中发生的挤压、坠落、(吊具、吊重)物体打击和触电；

⑤触电，包括雷击伤亡事故；

⑥淹溺，包括高处坠落淹溺，不包括矿山、井下透水淹溺；

⑦灼烫，是指火焰烧伤、高温物体烫伤、化学灼伤(酸、碱、盐、有机物引起的体内外灼伤)、物理灼伤(光、放射性物质引起的体内外灼伤)，不包括电灼伤和火灾引起的烧伤；

⑧火灾；

⑨高处坠落，是指在高处作业中发生坠落造成的伤亡事故，不包括触电坠落事故；

⑩坍塌，是指物体在外力或重力作用下超过自身的强度极限或因结构稳定性破坏而造

成的事故，如挖沟时的土石塌方、脚手架坍塌、堆置物倒塌等，不适用于矿山冒顶片帮和车辆、起重机械、爆破引起的坍塌；

⑪冒顶片帮；

⑫透水；

⑬放炮，是指爆破作业中发生的伤亡事故；

⑭火药爆炸，是指火药、炸药及其制品在生产加工、运输、储存中发生的爆炸事故；

⑮瓦斯爆炸；

⑯锅炉爆炸；

⑰容器超压爆炸、轮胎爆炸等；

⑱其他爆炸，包括化学性爆炸(指可燃性气体、粉尘等与空气混合形成爆炸性混合物，接触引爆能源时发生的爆炸事故)；

⑲中毒和窒息，包括中毒、缺氧窒息、中毒性窒息；

⑳其他伤害，是指除上述以外的危险因素，如摔、扭、挫、擦、刺、割伤和非机动车碰撞、轧伤等。

3. 根据职业健康影响危害性质分类的方法

参照原卫生部、原劳动部、总工会等颁发的《职业病危害因素分类目录》，将职业病危害因素分为粉尘、化学因素、物理因素、放射性因素、生物因素和其他因素等6类。

(三)危险源的分类

上述各种类型的危险因素是对人的身体健康甚至生命安全、设备设施可能构成威胁、破坏的因素，而危险源是由危险物质或能量及其传递能量或承载其物质的生产设备(或装置、设施、物体、场所或区域等)共同组成的一个体系，物质或能量和其传递能量或承载物质的生产设备(或装置、设施、物体、场所或区域等)二者缺一不可。危险源有以下五个基本特征：

(1)危险源是由危险物质或能量及其传递能量或承载其物质的生产设备(或装置、设施、物体、场所或区域等)共同组成的一个体系。

(2)一个危险源至少有一种及其以上危险物质或能量。例如一台在用锅炉，它是一个危险源。因为它所生产的蒸气具有较高的温度和压力，还有燃料及燃烧产生的物质和能量，还有机电传动设备的电能和机械能等。

(3)一个危险源至少有一种及其以上的事故模式，即同一个危险源有可能发生一种或几种类型的事故。如上述所讲的锅炉危险源可能发生的事故类型有锅炉爆炸、高温灼烫伤害、触电伤害和机械伤害等。

(4)事故的发生是多个危险因素耦合作用的结果，危险源的危险性大小受其危险因素的共同影响，其中危险物质、能量种类、数量、性质影响较大。

(5)危险源是生产系统中客观存在的实体，有一定的边界(其边界大小根据研究需要而定，一般企业研究危险源通常为一个车间或工段中具有相对独立功能的机械设备或设施或场所和其辅助系统），因此，危险源所具有的危险物质能量种类和数量是有限的，且危险物质能量数量达到或超过在其他危险因素共同作用下发生事故的量。

危险因素并不等于危险源，那么又如何对危险源进行分类呢？

(1)根据危险源主要危险物质能量类型，将危险源分为物质型危险源、能量型危险源和混合型危险源。

①物质型危险源。该类危险源具有一定量的危险化学品物质，其事故类型为危险化学品事故。如危险化学品贮罐、危险化学品仓库等。

②能量型危险源。该类危险源具有较高的能量(常见的能量类型有电能、热能、动能、势能、声能、光能等)，其事故类型如物理性爆炸、机械伤害、触电伤害、物体打击、高处坠落等。如锅炉、机械设备、电器设备、高空作业场所等。

③混合型危险源。该类危险源既存在危险物质，也具有危险能量。因此，该类危险源具有更大的危险性，其事故类型也多样。生产过程中的工艺设备、设施很多属于混合型危险源。如危险物质的传输管道，高温高压反应装置、设备，高压贮罐等。

以上各类危险源还可以根据物质类型和能量类型进一步分成若干类。例如物质型危险源可以根据国家标准《化学品分类和危险性公示通则》(GB 13690—2009)进一步分为爆炸物危险源、易燃气体危险源、易燃气溶胶危险源、氧化性气体危险源、压力下气体危险源、易燃液体、易燃固体、自反应物质或混合物、自燃液体、自燃固体、自热物质和混合物、遇水放出易燃气体的物质或混合物、氧化性液体、氧化性固体、有机过氧化物、金属腐蚀剂十六类。能量型危险源可根据主要致伤致害能量类型进一步分为电能危险源、声能危险源、光能危险源、高温高压内能危险源、势能危险源等。

(2)根据危险源主要危险物质能量存活时间长短，将危险源分为永久危险源和临时危险源两类。

①永久危险源，危险物质或能量存在的时间相对较长，一般与生产系统的生命周期相同。生产系统中正常工艺生产必需的装置、设备、设施等都为永久危险源。

②临时危险源，危险物质能量存在的时间相对较短，通常多为生产设备、设施安装、检修施工时形成的危险源或临时物品搬运存放形成的危险源。

永久危险源，危险因素相对较稳定，且一般危险物质较多，危险能量较大，设计者、管理者、操作者均较重视，危险因素的认识也较清楚、全面，安全技术措施也完善。而临时危险源由于具有临时性，所以很容易被人忽视，而且一般而言，临时危险源的危险因素比永久危险源多且易变。因此，临时危险源的危险因素更不容易被认识清楚，当然也就难以采取针对性的对策措施。所以，很多企业在设备设施安装检修时发生伤亡事故更多。

(3)根据危险源主要危险物质种类和数量及存在空间位置是否发生变化，将危险源分为静态危险源和动态危险源两类。

①静态危险源，危险物质或能量的种类、数量或存在位置，正常生产情况下不易发生

大的改变。如一般企业的生产装置、设备、设施。

②动态危险源，其危险物质或能量种类、数量或存在位置，随着生产作业过程的改变而改变。如建筑施工的高空作业场所、矿山井下开采的掘进工作面、地下巷道、回采工作面等。

(4)根据生产系统危险源现场有无人员操作，将危险源分为有人操作危险源和无人操作危险源两类。无人操作危险源实际上是自动控制、遥控操作的生产装置、设备、设施。这类危险源的危险因素分析及控制重点是物质、能量危险因素和物的缺陷及管理上存在的问题。而有人操作危险源危险因素分析和控制，除物质能量和物的缺陷及管理上存在的问题外，操作人员的不安全行为因素更应受到重视。

(5)两类危险源理论。

东北大学陈宝智教授提出了两类危险源理论：根据能量释放论，事故是能量或危险物质的意外释放，作用于人体的过量能量或干扰人体与外界能量交换的物质是造成人身伤害的直接原因，于是把系统中存在的可能发生意外释放的能量或危险物质称为第一类危险源；在生产、生活中，为利用能量，让能量按照人们的意图在系统中流动、转换和做功，必须采取措施约束、限制能量，导致约束、限制能量措施失效或破坏的各种不安全因素称为第二类危险源。西安科技学院田水承教授在两类危险源理论的基础上提出第三类危险源的概念，即由于安全管理决策、组织失误(组织程序、组织文化、规则、人不安全行为、失误)造成系统失衡的这种不安全因素称为第三类危险源。

两类危险源理论认为，任何事故的发生可归结于第一类危险源与第二类危险源共同作用的结果，第一类危险源是事故发生的能量主体，决定事故后果的严重程度；第二类危险源是第一类危险源造成事故的必要条件。评价危险源的危险性时，通过评价第一类危险源来确定事故后果的严重程度，通过评价第二类危险源出现情况来评价事故发生的可能性。而第三类危险源是潜藏在第一类危险源、第二类危险源背后的组织因素。

2.4.2 危险源辨识

危险源辨识(Hazard Identification)是发现、识别系统中危险源的存在并确定其特性的过程，它是风险分析、风险评价和风险控制的基础，只有辨识了危险源之后，才能进行风险分析和评价，才能有的放矢地考虑如何采取措施控制风险。

危险源的辨识在风险管理中是一个非常重要的环节。消除一个危险源需要一定的成本，成本的大小与危险源在什么阶段被识别出来息息相关。如果能在工艺规划阶段辨识出危险源，那么通过采用更安全的工艺流程就有可能消除一个危险源；到设计基本完成，可以进行详细的危险辨识时，要彻底消除危险源就很困难了。因此，根据各个阶段可以利用的信息及时进行危险源辨识很重要。比如，一旦知道了工艺过程中用到的原材料和直接产品，就应立即作危险辨识，确定危险的特性和影响区域以及需要哪些知识来应对，进一步研究怎样选择更安全的工艺路线。

长期以来，危险源辨识都被看作设计和操作过程中不可或缺的部分，但以前，人们把它看作一个非正式的过程，其成效取决于公司自身的经验和知识，这些经验和知识有：

(1)关于对象系统的详细知识，诸如系统的构造、性能、系统的运行条件、系统中能量、物质和信息的流动情况等；

(2)与系统设计、运行、维护等有关的知识、经验和各种标准、规范、规程等；

(3)关于对象系统中的危险源及其危害方面的知识。

1. 危险源辨识的方法

危险源辨识的目的就是通过对系统的分析，界定出系统中哪些部分、区域是危险源，其危险的性质、危害程度、存在状况、危险源能量与物质转化为事故的转化过程规律、转化条件、触发因素等。以便有效地控制能量和物质的转化，使危险源不至于转化为事故。它利用科学方法对生产过程中那些具有能量、物质的性质、类型、构成要素、触发因素或条件，以及后果进行分析与研究，作出科学判断，为控制事故发生提供必要、可靠的依据。

危险源辨识有多种方法，各种方法从切入点和分析过程上，都有各自的适用范围或局限性，在辨识危险源的过程中，使用一种方法有时并不足以全面地识别所存在的危险源，必须综合地运用两种或两种以上的方法。目前常用的危险源辨识方法包括询问交谈、问卷调查、现场观察、查阅有关记录、获取外部信息、工作任务分析、材料性质和生产条件分析和系统安全分析等多种方法，从某种程度上来说，安全检查表(SCL)、危险性与可操作性研究(HAZOP)、事件树分析(ETA)、事故树分析(FTA)和预先危险性分析(PHA)是比较规范的危险源辨识的方法。具体危险源辨识方法按实施过程可以粗略地分为经验分析法、系统安全分析法两大类。

(1)经验分析法

经验分析法有对照分析法和类比推断法两种方法。对照分析法就是应用安全检查表，依据有关标准、法规、检查表或依靠分析人员的经验能力，直观地分析指出危险、有害因素的所在。20 世纪 60 年代以后，国外开始根据标准、规范、规程和安全检查表辨识危险源。例如，美国职业安全卫生局(OSHA)等安全机构制定、发行了各种安全检查表，用于危险源辨识。安全检查表是集合以往事故经验形成的，其优点是目的明确，内容具体，简单易行，缺点是重点不突出，难免挂一漏万。对照分析法的最大缺点是，在没有可供参考的先例的新开发系统的场合不能应用，并且其很少被单独使用。

类比推断法即专家评议法，实质上就是集合专家的经验、知识和分析、推理能力，特别是对同类装置进行对比分析、辨识危险、有害因素。

(2)系统安全分析法

系统安全分析法是从安全角度进行的系统设计，通过揭示系统中可能导致故障或事故的各种因素及其相互关联来辨识系统中的危险源。系统安全分析方法经常被用来辨识可能带来严重事故后果的危险源，也可用于辨识没有事故经验系统的危险源。例如，拉氏姆逊教授在没有核电站事故先例的情况下预测了核电站事故，辨识了危险源，并被以后发生的核电站事故所证实。系统越复杂，越需要利用系统安全分析方法来辨识危险源。系统安全分析法常用于复杂系统或没有事故经验的新开发系统，常用的系统安全分析方法有预先危险性分析(PHA)、危险性与可操作性研究(HAZOP)和事件树分析(ETA)、事故树分析(FTA)。

2. 危险源辨识的程序

在介绍了危险源的定义、分类及其辨识方法后，就可以着手危险源的辨识工作。不同工厂危险源的分布、具体存在的形式有很大差异，但危险源辨识程序有其通用性，如图 2－5 所示。

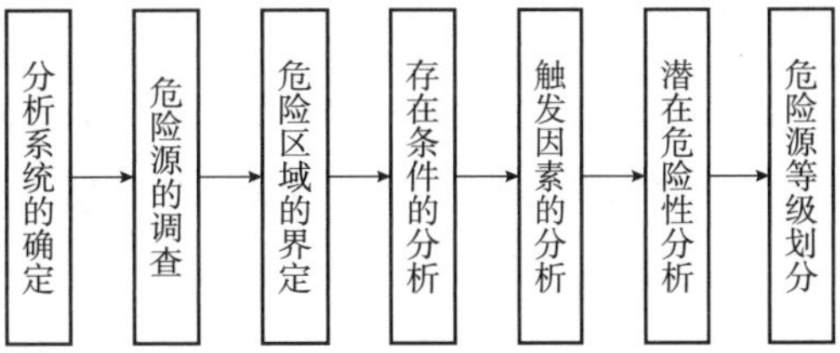

图 2－5　危险源辨识的程序

(1)分析系统的确定和危险源的调查

在进行危险源调查之前，首先确定所要分析的系统，例如，是对整个企业还是某个车间或某个生产工艺过程。然后对所分析系统进行调查，调查的主要内容如下：

①生产工艺设备及材料情况：工艺布置，设备名称、容积、温度、压力，设备性能，设备本质安全化水平，工艺设备的固有缺陷，所使用的材料种类、性质、危害，使用的能量类型及强度等。

②作业环境情况：安全通道情况，施工系统的结构、布局，作业空间布置等。

③操作情况：操作过程中的危险，工人接触危险的频度等。

④事故情况：过去事故及危害状况，事故处理应急方法，故障处理措施。

⑤安全防护：危险场所有无安全防护措施，有无安全标志，燃气、物料使用有无安全措施等。

(2)危险区域的界定

即划定危险源点的范围。首先对系统进行划分，可按设备、设施划分为子系统，也可按作业单元划分子系统。然后分析每个子系统中所存在的危险源点，一般将产生能量或具有能量、物质、操作人员作业空间、产生聚集危险物质的设备、容器作为危险源点。以危险源点为核心加上防护范围为危险区域，这个危险区域就是危险源的区域。在确定危险源区域时，可按以下方法界定：

①按危险源是固定还是移动界定。如运输车辆、车间内的搬运设备为移动式，其危险区域应随设备的移动空间而定。而锅炉、压力容器、储油罐等则是固定源，其区域范围也固定。

②按危险源是点源还是线源界定。一般线源引起的危害范围较点源的大。

③按危险作业场所来划定危险源的区域。如有发生爆炸、火灾危险的场所，有被车辆伤害的场所，有触电危险的场所，有高处坠落危险的场所，有腐蚀、放射、辐射、中毒和窒息危险的场所等。

④按危险设备所处位置作为危险源的区域。如锅炉房、油库、氧气站、变配电站等。

⑤按能量形式界定危险源。如化学危险源、电气危险源、机械危险源、辐射危险源和其他危险源等。

(3)存在条件及触发因素的分析

一定数量的危险物质或一定强度的能量，由于存在条件不同，所显现的危险性也不同，被触发转化为事故的可能性大小也不同。因此存在条件及触发因素的分析是危险源辨识的重要环节。存在条件分析包括：储存条件(如堆放方式、其他物品情况、通风等)，物理状态参数(如温度、压力等)，设备状况(如设备完好程度、设备缺陷、维修保养情况等)，防护条件(如防护措施、故障处理措施、安全标志等)，操作条件(如操作技术水平、操作失误率等)，管理条件等。

触发因素可分为人为因素和自然因素。人为因素包括个人因素(如操作失误、不正确操作、粗心大意、漫不经心、心理因素等)和管理因素(如不正确的管理、不正确的训练、指挥失误、判断决策失误、设计差错、错误安排等)。自然因素是指引起危险源转化的各种自然条件及其变化，如气候条件参数(气温、气压、湿度、大气风速)变化，雷电、雨雪、振动、地震等。

(4)潜在危险性分析

危险源转化为事故，其表现是能量和危险物质的释放，因此危险源的潜在危险性可用能量的强度和危险物质的量来衡量。能量包括电能、机械能、化学能、核能等，危险源的能量强度越大，表明其潜在危险性越大。危险物质主要包括燃烧爆炸危险物质和有毒、有害危险物质两大类。前者泛指能够引起火灾或爆炸的物质，如可燃气体、可燃液体、易燃固体、可燃粉尘、易爆化合物、自燃性物质、混合危险性物质等。后者是指直接加害于人体，造成人员中毒、致病、致畸、致癌等的化学物质。可根据使用的危险物质量来描述危险源的危险性。

(5)危险源等级划分

危险源分级一般按危险源在触发因素作用下转化为事故的可能性大小与发生事故后果的严重程度划分。危险源分级实质上是对危险源的评价。按事故出现可能性大小可分为非常容易发生、容易发生、较容易发生、不容易发生、难以发生、极难发生。根据危害程度可分为可忽略的、临界的、危险的、破坏性的等级别。也可按单项指标来划分等级。如高处作业根据高度差指标将坠落事故危险源划分为四级(一级 2～5m，二级 5～15m，三级 15～30m，特级 30m 以上)。按压力指标将压力容器划分为低压容器、中压容器、高压容器、超高压容器四级。

从控制管理角度，通常根据危险源的潜在危险性大小、控制难易程度、事故可能造成损失情况进行综合分级。表 2－1 企事业单位危险源的划分方法。Ⅰ级危险源是指可能造成多人死亡，设备系统造成重大损失的生产场所；Ⅱ级危险源是指可能造成死亡或多人重伤，导致设备造成较大损失的生产场所；Ⅲ级危险源指可能造成重伤，导致设备造成损失的生产现场。

表 2－1　企事业单位危险源的划分方法

典型Ⅰ级危险源	典型Ⅱ级危险源	典型Ⅲ级危险源
锅炉房	变配电站	冲床
氢（氧）气站	喷漆房	带锯
大、中型油库	起重吊车	剪床
硝盐槽	试车（飞）台（站）	油封间
弹（炸）药库	小型油库	木工平刨
空压站	汽油洗涤间	制冷间
煤气站	爆炸成型场所	落压床
液化气站	各种金属熔炉	
乙炔站	剧毒品库	
厂内运输主要交叉道	高处作业场所	
	气瓶库	

不同行业与不同企业采取的划分方法也各异，企业内部也可根据本企业的实际情况进行划分。划分的原则是突出重点，便于控制管理。

3．重大危险源

在工业和贸易中，危险化学品的使用不断增加，造成了越来越多的人，包括职工和外界人员的生命随时陷入可能由于这些危险化学品导致的事故危险当中。现代工艺过程的快节奏不允许通过试验或犯错来学习，所以就有必要在第一时间使设计和操作保持正确。以下就重大危险源的定义、类型以及后果做介绍。

（1）定义

根据1993年第80届国际劳工大会通过的《预防重大工业事故公约》和我国的有关标准，将重大危险源定义为：长期或临时地生产、加工、搬运、使用或储存危险物质，且危险物质的数量等于或超过临界量的单元。此处的单元是指一套生产装置、设施或场所；危险物质是指能导致火灾、爆炸或中毒、触电等危险的一种或若干物质的混合物；临界量是指国家法律、法规，标准规定的一种或一类特定危险物质的数量。

（2）后果

重大危险源一般与火灾、爆炸的潜能和有毒化学品的扩散有关。重大危险源引发的事故包括：

①易燃物质泄漏后与空气混合，形成可燃蒸气云，蒸气云飘流到点火源，引发火灾、爆炸，从而影响事故发生地及其附近区域。

这种情况下，最大的危险来自爆炸性液体、气体的大量外泄，形成大规模的易燃易爆的蒸气云。当蒸气云被点燃时，其燃烧后果取决于许多因素，包括风速，蒸气云被空气稀释的程度。这样的危险可能导致大量的人员伤亡和场所的严重破坏。当然，这种严重的事故影响区域也仅限于距离发生现场几百米的范围。

②毒性物质泄漏，形成毒性蒸气云，直接影响飘流地及附近区域。与前一种情况相比，大量毒性物质突然泄漏可能导致更大范围内的伤亡。理论上，这种毒性蒸气云在一定的天气条件下，在距离泄漏点数千米的地方形成致命区域。当然实际伤亡情况还取决于毒性蒸气云流经区域的人口密度和紧急情况下处理措施(包括疏散人群)的效果。

③有些装置或成组的装置可能同时引发两种事故。而且，某些装置的爆炸产生的碎片可能会影响其他存放易燃易爆或有毒物质的容器，从而造成事故的升级，这就是“多米诺”效应。这种情况多发生在由于能源、水源、运输等造成的工厂集中区域。

(3)典型重大危险源

工业的类型多样而复杂，因此难以将重大危险源确定到具体的工业活动中。但是，根据经验可以知道重大危险源通常与下面几种活动相联系：①石化工厂和精炼厂；②化学行业和化工厂；③LPG储罐及其终端站；④化学品储运中心；⑤大型肥料仓库；⑥可能发生爆炸的工厂；⑦大量使用氯的工厂。表2－2为欧共体建议用于鉴别重大危险源装置的重点物质。

表2－2　欧共体建议用于鉴别重大危险源装置的重点物质

物质名称	数量(≥)	物质名称	数量(≥)
一般易燃物质：		氨	500t
易燃气体	200t	氯	25t
高易燃气体	5000t	二氧化硫	250t
特种易燃气体：		硫化氢	50t
氢	50t	氢氰酸	20t
环氧乙烷	50t	二硫化碳	200t
特种炸药：		氟化氢	50t
硝酸铵	2500t	氯化氢	250t
硝酸甘油	10t	三氧化硫	75t
三硝基甲苯	50t	特种剧毒物质：	
特殊有毒物质：		甲基异氰酸盐	0.15t
丙烯腈	200t	光气	0.75t

(4)重大危险源的辨识

自1982年欧共体颁布《工业活动中重大事故危险法令》以来，美国、加拿大、印度、泰国等国家也颁布了相应的标准，1996年澳大利亚颁布了“重大危险源控制国家标准”[NOHC：1014(1996)]。这些法规或标准中辨识重大危险源的依据都是物质的危险性及临界量。我国辨识重大危险源的依据是国标《危险化学品重大危险源辨识》(GB 18218—2018)。

若单元内存在危险物质的数量等于或超过《危险化学品重大危险源辨识》(GB 18218—2018)中规定的临界量，即被定为重大危险源。单元内存在危险物质的数量根据处理物质种类的多少区分为以下两种情况：单元内存在的危险物质为单一品种，则该物质的数量即为单元内危险物质的总量；若等于或超过相应的临界量，则定为重大危险源。单元内存在的危险物质为多品种时，则按式(2-1)计算，若满足下面公式，则定为重大危险源。

$$a=\frac{q_1}{Q_1}+\frac{q_2}{Q_2}+\cdots+\frac{q_n}{Q_n}\geqslant 1 \tag{2-1}$$

式中　a——辨识指标；

q_1，q_2，…，q_n——每种物质的实际存储量；

Q_1，Q_2，…，Q_n——各危险物质对应的生产场所或储存区的临界量。

2.5　风险辨识的分析

2.5.1　风险辨识的程序

风险辨识的目的在于找出所有需要管理的风险，完整的风险辨识必须借助一个良好的、系统性的执行程序，通常风险辨识的详细步骤如下。

① 在危险源辨识的基础上，确认危险、危害的种类，发生的概率以及危害或危险程度；

② 辨识与各种危险、危害相关的作业、活动或计划；

③ 辨识所有潜在、可能的意外事件发生的过程或风险情况；

④ 建立完整的危害及风险清单；

⑤ 确认危害相关者、可能波及的人员；

⑥ 选择并定义所有可能发生的状况，甚至包括最严重的情况；

⑦ 在所选择的情况中，定义出所有的危害、风险因素和现有的风险控制机制；

⑧ 以文字或图解说明所选择的风险情况；

⑨ 说明并建立相关的危害及风险因素清单。

2.5.2　风险辨识的范围

与各类危害相关的作业、活动或计划，都必须予以确认与辨识，比如，所有涉及危害性化学物质的作业、工作或活动都必须予以辨识，所有可能造成坠落、滑倒或肌肉关节受伤的工作，也必须予以辨识。

当有新的作业、活动或计划时，通常都会进行差异性风险分析，差异性风险分析适用于新系统和既有系统风险因素极为类似的情况，例如，辨识操作新设备或系统时，可先参考既有设备或系统的操作风险，再针对两者之间的差异，辨识可能存在的风险或危害。使用这样的方式，许多的危险因素都能够被辨识；而且在后续的风险分析、评估和处理阶段，就可以集中辨识少数不同的风险或差异和改变所衍生的风险。

2.5.3 风险辨识的方法

由于针对一个企业所有相关活动而进行的风险管理，是一项非常繁重的工作，因此必须以系统的方法分阶段执行。这期间首先要考虑利用该组织中或相关产业中，过去曾经发生过的意外事故数据库，辨识事故、未遂事件并记录相关事件或事故的风险等级，风险等级的判定必须根据事故资料和执行人员的知识和经验，因此执行定性风险评估时须考虑执行人员的能力。其次，风险辨识必须包括可能发生的重大意外事件或事故，特别是高危环境下的操作、机械设备或工具的使用、危害性化学物质的使用及储存。这实际上是一个风险信息的获取过程，在这一过程中，可以用到的方法有：智暴法或称集思广益法(Brainstorming)、德尔菲(Delphi)法和情景分析(Scenarios Analysis)方法。

1. 智暴法或集思广益法

美国学者阿里克斯奥斯本于1939年提出采用BS进行风险分析时，企业从不同部门选出7～12人组成讨论小组，大家自由发言，提出各自的意见和想法，相互不批评也不作任何讨论。经过自由、宽松的讨论后，来自不同部门的信息被汇总起来，经整理企业可从整体上把握风险及其相互关系。它可充分发挥集体的智慧，提高风险识别的正确性和全面性。

智暴是一种刺激创造性、产生新思想的技术。一般用会议的形式在一个小组内进行，也可以由各个单位人完成，然后将他们的意见汇集起来。提倡畅所欲言，新思想、新看法的数量愈多愈好。组织者要善于提出问题，并及时整理公布，以促使参加人不断产生新的思想。

对于风险辨识来讲，往往要提出类似这样的问题：如果进行某项活动，会遇到哪些危险？其危害程度如何？为了避免重复和提高效率，应当首先将已进行的分析结果向大家说明，使会议不必花很多时间去分析问题本身或在经过初步分析即可想到的问题上滞留太久，而使与会者迅速地打开思想去寻找新的危险和危害。

这种方法的特点是邀集一批专家，针对所要解决的问题，放开思想，各抒己见，畅所欲言，言无不尽。为了做到这一点，还要作如下规定：

(1)与会者没有上下级之分，要平等相待；

(2)允许妙想天开；

(3)不回避矛盾，不允许否定和批评别人的意见；

(4)可对别人的意见做补充和发表相同意见。

智暴方法比较适合于问题单一、目标明确的情况。如果问题牵扯面太广，包含的因素太多，那就首先对问题进行分解。对智暴的结果还要进行详细的分析，只要有少数几点意见得到接受就算很有成绩了。即便所有新的思想和所发现的危险都被证明不需要考虑，那么，作为对原有分析结果的一种讨论和论证，对领导决策也是很有好处的。

2. 德尔菲法

德尔菲法在国内外被广泛应用于决策过程的各个环节，这个方法最初就是为了解决一个典型的风险辨识问题，并由美国著名咨询机构兰德公司于20世纪50年代初发明。当时美国空军委托该公司研究一个风险辨识课题：若苏联对美国发动核袭击，哪一个城市被袭击的危险最大？后果怎样？这个课题很难用数学模型描述，很难进行计算，因此设计了一种专家估计方法。

德尔菲法是一种专家咨询方法：在参加者之间相互匿名，对各种反应进行统计处理以及带有反馈反复地进行意见测验。德尔菲法的本质是利用专家的知识、经验、智慧等无法数量化的带有很大模糊性的信息，通过通信的方式进行信息交换，逐步地取得较一致的意见，达到认识问题的目的。其过程是：利用一系列简明扼要的征询表和对征得意见有控制的反馈，从而取得一组专家最可靠的统一意见。

在一般情况下，德尔菲法的实施需要以一些组织工作作为基础。首先应有一个管理小组，人数从二人至十几人，随工作量大小而定。管理小组应该对德尔菲法的实质和过程有正确的理解，了解专家们的情况，具备必要的专业知识和统计学、数据处理等方面的知识。

管理小组对利用德尔菲法进行风险辨识的工作过程有了一个大致设计以后，选出一份专家名单。管理小组掌握着可供选择的专家名单，从中选择参加预测的专家，称为应答小组，人数由十几人到一二百人。专家的情况各不相同，有专业、水平、年龄、职务、性格、社会背景等诸方面的差别，这些都会影响他们对某一问题的认识，影响他们的回答，影响风险辨识的结果。所以，应仔细研究选择应答小组名单，使这个小组的结构足以对研究的问题有全面的考虑，不致遗漏重要的信息。为此，名单中要有有关课题各专业的专家，也要有其他专业的专家。最好安排几个善于进行跨学科思考的人，或者喜欢争论，喜欢提出问题的人。拟邀请的专家应事先征得同意，否则回收率太低。

德尔菲法是一个可控制的组织集体思想交流的过程，由许多专家组成的集体，作为一个整体解答某个复杂问题。它有如下特点：

(1)应答者有某种程序的匿名性。虽然征询表可以不是匿名的，但征询与应答必然“背靠背”进行，应答者只能在信息反馈时才知道全体专家的倾向。他不知道具体个人的回答也不知道作出某答复的人是谁。这样，某一个答复不会因权威、资历、才能等其他原因而“冲击集体”的信息交流。

(2)在统计评估的基础上建立集体的判断和见解。

(3)征得的答复经过统计处理，至少一次及以上反馈给参加应答的专家，每个人可以知道集体答复的分布以及持与众不同意见者的理由。

(4)每个应答者至少有一次机会修改自己的意见，不会因此产生任何其他顾虑。

德尔菲法适用于以下情况：

(1)问题应借助精确的分析技术处理，但是建立在集体基础上的直观判断可以给出某些有用的结果；

(2)面对一个庞大且复杂的问题，专家们以往没有交流思想的历史，因为他们的经验与专业有着十分不同的背景；

(3)专家人数众多，面对面交流思想的方法效率很低；

(4)时间与费用的限制使得经常开会商讨成为办不到的事；

(5)专家之间分歧隔阂严重，或出于其他政治原因不宜当面交流思想；

(6)需要保持参加者的多种成分，提出各种不同意见，避免因权威作用或人数众多而压倒其他意见，这叫作“乐队效应”，也就是随大流的倾向。

实际上，德尔菲法就是将许多专家的意见互相独立地(因为相互之间匿名)集中起来的一种方法，这比某一个人的意见接近客观实际的概率要大，但从理论上并不能证明众人的意见能收敛于客观实际，也没有算出有多少人参加最为合理。美国加利福尼亚大学等机构采用试验的方法来检验德尔菲法预测结果的准确性(或信度)和可靠性(或效度)，检验表明，用此方法所得结果是具有一定参考价值的。

3. 情景分析方法

(1)情景分析方法的原理及用途

在进行风险分析时，需要有一种能辨识引起危险的关键因素及其影响程度的方法。情景分析便是这样一种方法。一个情景就是一项事业或某个企业未来某种状态的描绘。这种描绘可用图表或曲线等形式进行描述。由于计算过程复杂和方案众多，一般都在计算机上进行。研究的重点是：当某种因素作各种变化时，整个情况会是怎样的？会有什么危险发生？它的后果怎样？像电影里一幕一幕的场景一样，供人们进行研究比较。情景分析的结果，都是以通俗易懂的方式表示出来，便于人-机对话。结果大致可分两类：一类是对未来某种状态的描述；另一类是描述一个发展过程，即未来若干年某种情况的变化链。例如，它可向决策人员提供未来某种活动的最好、最可能发生的和最坏的前景，并且可详细给出这三种不同情况下可能发生的事件和风险，供决策时参考。

情景分析方法对以下情况是特别有用的：

① 提醒决策者注意措施或政策(作为影响因素)可能引起的风险或危机性的后果多；

② 建议需要进行监视的风险范围；

③ 研究某些关键性因素对未来过程的影响；

④ 在技术飞速发展的今天，提醒人们注意某种技术的发展会给人民生活带来哪些风险(如环境污染)；

⑤ 当有各种互相矛盾的结果时，情景分析就显得格外有用，一般在两个和六个情景中进行选择，每端有两个情景，中间是两个最可能的情况，通常把这两个选作基本情况。

由上述可见，情景分析是扩展决策者的视野、增强精确分析未来能力的一种思维程序。但这种方法也有局限性，即所谓“隧道视野”(Tunnel Vision)现象(好像沿着一条隧道观察外界事物一样，看不到各种可能的情况)，这是因为所有情景分析都是围绕着分析者目前的考虑、价值观和信息水平进行的，因此就可能产生偏差。这一点需要分析者和决策者有清醒的估计，必要时可与其他方法结合使用。

(2)情景分析法的实施

情景分析法告诉我们，在风险辨识的过程中，很重要的一点是不仅要辨识风险因素，还必须要辨识各种可能发生的危险情况，以及由于危害暴露所导致的危害事件，也就是说必须明确定义风险情况中所有的过程和结果。比如说，在辨识某位员工由梯子坠落的风险时，伤害的严重性也必须考虑，以确保这种风险情境的完整性。

另外还应就每一个风险情境，辨识所有的风险因素和现有的风险控制机制。对于每一个风险情境，辨识有可能导致该情境的风险因素或危害，就“某人可能碰到悬挂的管线或水管，造成前额受伤”的情境而言，可能的风险因素有：

① 通道照明不佳，因此不易看见悬挂的管线；

② 通道总是散乱、堆积各种杂物，因此人员通过时必须绕路经过不易察觉的管线；

③ 管线上突出的灭火器洒水阀，尖锐的边缘容易割伤经过的人员。

当辨识风险情境时，目前既有的危险控制方式也必须纳入考虑之列，就本例而言，可能设计的控制方法是：“小心您的头”之类的警告标示；工作人员在安全会议时，常相互提醒应注意已辨识的管线风险。辨识风险因素和控制方式时，也应该包括所有合理和可能影响串联事件发生与否及其后果的因素。

在运用上述方法进行风险信息的收集之后就要初步对辨识结果做汇总和说明。所有风险辨识的结果，经汇总后必须并入已经建立的危害及风险清单，以确保风险辨识资料的完整和及时更新。此外，所建立的清单必须分发到组织各阶层，包括基层、部门、营业单位和总公司，这种流程的设计包括产生新的清单或更新既有但已不符合现况的清单。

就每一个辨识的风险情境，必须确认利害相关者及可能暴露的人员，这些人员必须不断地参与咨询、沟通并让他们充分了解风险的表现和本质，即使非雇用的相关人员也应包括在内。

在这个阶段，只要进行初步的危险辨识即可，并不需要完整的分析。另外，用“需注意的状况”取代了先前“最可能发生的状况”，因为在任何完整的分析尚未进行之前，不太适合果断地陈述一连串事件所引发意外的后果严重性。而且，大部分最可能发生的状况，都只会导致轻微的损失或伤害而已。

风险情境的辨识可能有很多种，不同的过程和情况都可能导致不同的后果，所以，针对每一个风险状况，都必须对“所导致的后果或结果”，“相关的风险因素”，“现有的控制方式”给出定义。若没有上述信息，一个风险情境的探讨是不完整的，所有的信息必须汇总并以适当的文字或图表说明，并评估所辨识的风险情境的风险等级。

在执行下一个步骤之前，必须确认风险情境或状况的说明是否充分，风险评估人员也必须确认所有辨识的危险因素都已被列入风险清单和相关的数据库。

任何需要更进一步分析和评估的风险情境都必须要给予定义并详加说明，以便得到精确的评估，而文字描述是风险状况说明最基本的要求。为了协助所有危害相关者了解风险情境以发挥咨询和沟通的功能，说明必须有一定的格式，并包括所有有关的信息，以利于相关人员对于风险情境的了解，可采用的方式包括：情境图和流程图；时间顺序或事件图标；事故树(Fault Tree)；图表或图形；相片、录像带、计算机仿真等。

4. 其他方法

(1)表格分析法

通过采用标准表格辨识风险，常用的表格有风险分析调查表：借用保险业及有关团体就企业可能遭受的风险加以详尽的调查与分析做成的报告书来发现企业的潜在风险。它针对一般企业组织设计的，列举企业有可能涉及各方面的问题，对照表格中的问题可辨识企业重大风险因素。如保单检视表，由保险公司将其现行出售的保单种类与风险分析调查表融合改成问卷式的表格，通过列举企业中存在的可保的相关问题，与企业已有的保单加以对照分析，发现可能的风险因素和来源；资产暴露分析表，由美国管理协会(AMA)设计，罗列企业的资产目录及与之相对应的暴露因素，从企业整体出发分析所有风险。

(2)风险列举法

常用的风险列举法有财务分析法、流程图分析法和层次结构分析法。财务分析法根据财务报表和其他财务资料来辨识企业的经营风险、财务风险和信用风险。流程图分析法将企业生产和管理中的要素及要素之间的关系在流程图中详细地标示出来，分析可能对企业经营目标产生不利影响的要素及关系，将其看作企业所面临的风险。层次结构分析法将风险进行逐层分类、不断细化，直到每类风险都有具体的对象与之对应。

(3)常识、经验和判断法

以前所做的风险管理积累的资料、数据、经验和教训，在风险识别时非常有用。对于那些采用新技术、无先例可循的工程，更是如此。另外，把工程有关各方找来，同他们就风险识别进行面对面的讨论，有可能触及一般规划活动中未曾或不能发现的风险。

(4)实验和试验结果法

利用实验或试验结果识别风险实际上是花钱买信息。如在地震区建设高耸的电视塔，预先做一个模型，放在振动台上进行抗震实验等。实验或试验还包括数学模型、计算机模型或市场调查等方法，进行文献调查也属于这种方法。

2.6 事故易发性原因分析

2.6.1 事故致因理论

随着生产力的发展，科学技术在人类的生产活动中应用日趋规模化、普遍化和复杂化，同时给人类带来的收益与损失之间的矛盾也越来越激烈和尖锐。为了更好地解决这一矛盾，人们进行了大量的探索性研究，并积累了丰富的安全生产经验，其中事故致因理论就是人们长期生产经验和智慧的结晶之一，是系统安全科学的基石。事故致因理论能够为事故原因的定性、定量分析，为事故的预测预防和改进安全管理工作，提供科学和完整的理论依据。

1. 事故因果连锁理论

1931 年海因里希首先提出了事故因果连锁论，他引用多米诺效应的基本含义，认为伤亡事故的发生不是一个孤立的事件，而是一系列原因事件相继发生的结果，即伤害与各原因之间具有连锁关系。

海因里希提出事故因果连锁过程包括如下 5 个因素，如图 2－6 所示。

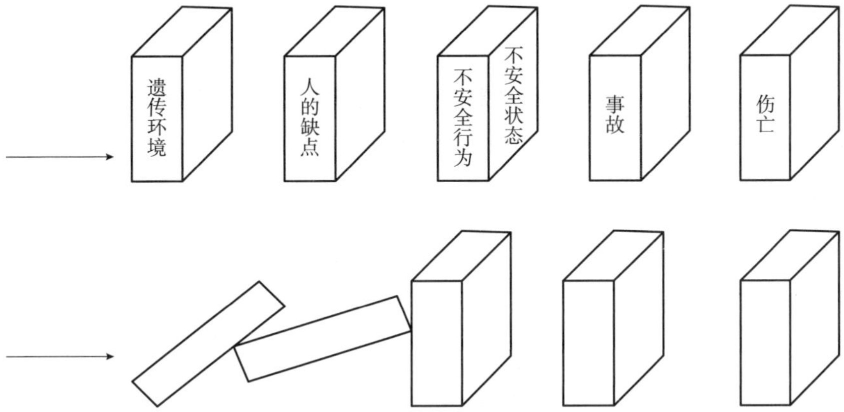

图 2－6 海因里希模型

(1)遗传及社会环境(M)。遗传及社会环境是造成人的缺点的原因。遗传因素可能使人具有鲁莽、固执、粗心等不良性格；社会环境可能妨碍教育，助长不良性格的发展。这是事故因果链上最基本的因素。

(2)人的缺点(P)。人的缺点是由遗传和社会环境因素所造成的，是使人产生不安全行为或使物产生不安全状态的主要原因。这些缺点既包括各类不良个性，也包括缺乏安全生产知识和技能等后天的不足。

(3)人的不安全行为和物的不安全状态(H)。即造成事故的直接原因。

(4)事故(D)。即由物体、物质或放射线等对人体发生作用，使人员受到伤害或可能受到伤害的、出乎意料的、失去控制的事件。

(5)伤害(A)。直接由于事故而产生的人身伤害。

该理论从物理学的作用和反作用角度阐明了导致死亡事故的各种因素之间以及这些因素与伤害之间的关系；最先提出了人的不安全行为和物的不安全状态的概念；指出企业安全工作的中心是防止人的不安全行为或消除物的不安全状态，即移去因果连锁中的任一骨牌，将连锁破坏，中断事故连锁进程，从而达到预防伤害事故的目的。

多米诺骨牌理论确立了正确分析事故致因的事件链概念，简单明了、形象直观地显示了事故发生的因果关系。从模型中可以看出，海因里希认为事故原因首先是人本身的素质，如生理、心理上的缺陷和知识、意识、技能方面的问题，这些缺点导致了在设计、制造、操作、维护方面的错误；由人的动作引起的设备不安全状态和人的不安全行为组成了潜在危险，在一定条件下这种潜在危险将引起事故，造成伤害。

明显的不足是，对事故致因连锁关系的描述过于绝对化、简单化。事实上，各因素之间的连锁关系是复杂的、随机的，前面的牌倒下，后面的牌可能倒下，也可能不倒下；事故并不总是造成人身伤害，还有物的损失；不安全行为或不安全状态也并不是必然造成事故；没有考虑时代背景，虽然强调人的不安全行为和物的不安全状态在事故原因中的重要作用，但仍将物的不安全状态产生的原因完全归因于人的缺陷，追究人的遗传因素和社会环境方面的问题，表现出了认识的局限。

2. 事故—事件原因模型

在海因里希研究的基础上，彼得森（Petersen，1971 年）等安全管理专家对事故发生原因问题进行了进一步探索，并在人为因素事故理论（图 2－7）的基础上，建立了事故—事件原因理论模型（Accident－Incident Causation Model）（图 2－8）。

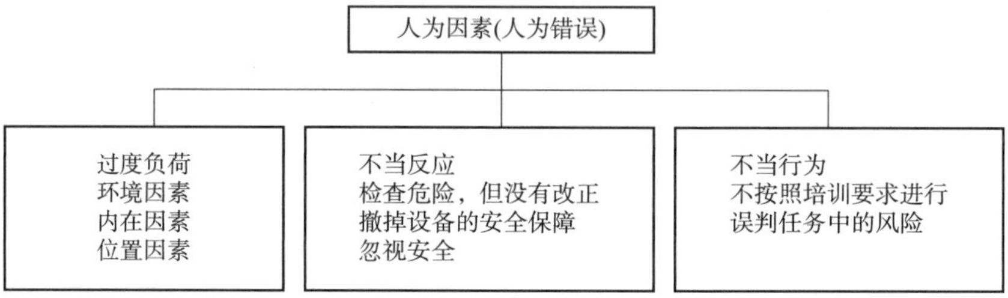

图 2－7　人为因素事故理论模型

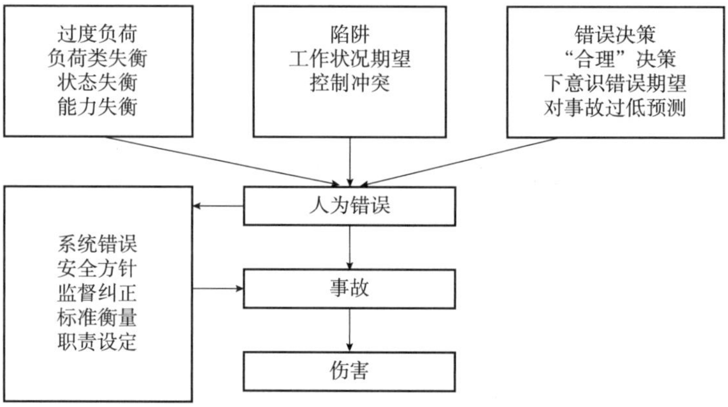

图 2－8　事故—事件原因理论模型

事故-事件原因理论模型认为，引发事故的原因并非如“多米诺事故理论”所认为是单一的，而是存在许多因素，其中人为错误和系统错误是导致事故发生的直接原因。

3. 能量转移理论

能量转移理论是美国安全专家哈登（Haddon）于 1966 年提出的一种事故致因理论。其基本观点是：不希望或异常的能量转移是导致伤害事故的原因。即人受伤害的原因只能是某种能量意外向人体的转移，而事故则是一种能量的不正常或不期望的释放。

能量按其形式可分为动能、势能、热能、电能、化学能、原子能、辐射能、声能等。在生产生活中，人们利用这些能量做功为人类服务，通过控制措施使能量按照人们意图产生、转换和做功。如果由于某种原因导致能量失去控制，意外释放的能量作用于人体且能量的作用超过人体的承受能力，则将造成人员伤害；若意外释放的能量作用于设备、建筑物、物体等且能量作用超过它们的承受能力，则将造成设备、建筑物、物体的破坏。在能量转移论中，哈登把能量引起的人员伤害分为两大类：

第一类是由于施加了局部或全身性的损失阈值的能量而产生的。人体各部分对每一种能量都有一个损失阈值。当施加于人体的能量超过该阈值时，就会对人体造成损伤。大多数伤害均属于此类伤害。

第二类是由于影响了局部或全身性能量交换引起的。譬如因物理因素或化学因素引起的窒息(如溺水、一氧化碳中毒等)。

该理论的不足之处是：由于意外转移的机械能是造成工业伤害的主要能量形式，这就使得按能量转移观点对伤亡事故进行统计分类的方法，尽管具有理论上的优越性，然而在实际应用上却存在困难，它的实际应用尚有待于对机械能的分类进行更加深入细致的研究，以便对机械能造成的伤害进行分类。另外，没有揭示导致能量意外释放的深层次原因，不能从根本上采取措施，防止事故的发生。

4. 系统理论

系统理论把人、机和环境作为一个系统，研究人、机、环境之间的相互作用、反馈和调整，着重考虑人与其工作任务之间相互关系的细节，说明在这种相互作用中人的认知和反应能力，从中发现事故的致因，揭示出预防事故的途径。

系统理论有多种事故致因模型，虽然形式不同，但是它们涉及的内容大致相同，其中具有代表性的模型是瑟利模型和安德森模型。

瑟利模型中把事故发生的过程分为危险出现和危险释放两个阶段。这两个阶段中都包含三个心理学的成分：对事件的感知、对事件的理解、行为响应。在这两个阶段，只要任何一个环节出错，危险将转化成损坏或伤害，如图 2－9 所示。

每个阶段中三个心理学成分又可以分为六个问题，按感觉—认识—行为响应的顺序排列。如果对前面任何一个问题的处理失败，都立即导致不希望的形式(危险迫近、造成伤害或物质损坏)出现；如果每步都处理成功，则最后导致无危险损坏(损伤)。在第一阶段中如果处理成功，使危险不能构成，就不存在第二阶段的问题(危险释放)。当危险构成部分(第一阶段)处理失败之后，在危险释放期间尚能处理成功，也不会导致人受伤或物质受损。

从瑟利模型可以看出，该模型结合人、机、环境对危险从潜在到显现，从而导致事故和伤害，进行了深入细致的分析。这将给人以多方面的启示，譬如为了防止事故，关键在于发现和识别危险。这涉及操作者的感觉能力、环境的干扰、避免危险的知识和技能等。改善安全管理就应该致力于这些方面问题的解决。安全是生产的前提条件，当安全与生产产生矛盾时，危险迫近，如果不立即采取措施，就会发生事故，造成伤害和损失。那么宁肯生产暂时受到影响，也要保证安全。反之，如果恰当预测危险显现的可能，只要适当采取措施，就能做到生产安全两不误，避免生产遭受损失。

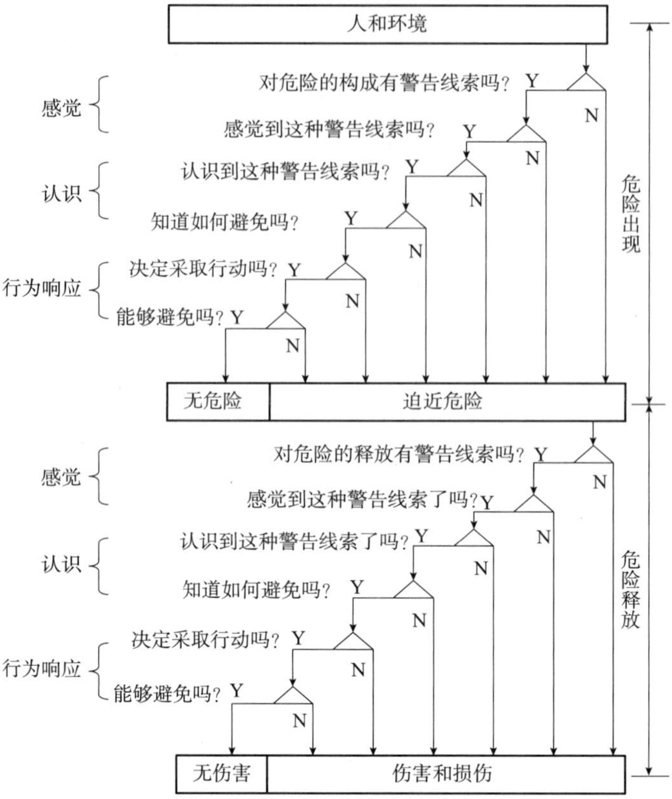

图 2－9　瑟利模型

5. 轨迹交叉论

轨迹交叉论综合了各种事故致因理论的积极方面，认为在一个系统中，人的不安全行为和物的不安全状态各自发展，一旦它们发生时间和空间的运动轨迹交叉，能量“逆流”于人体，就会造成事故。人的不安全行为和物的不安全状态之所以产生和发展，又是受多种因素作用的结果，其事故模型如图 2－10 所示。

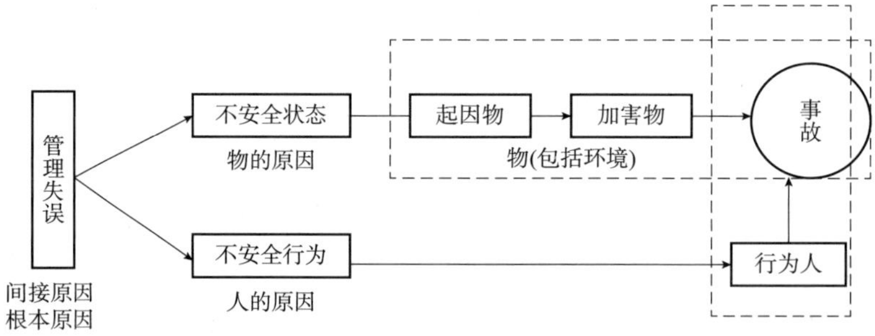

图 2－10　轨迹交叉事故模型

人的事件链为：生理、心理缺陷；社会环境、企业管理上的缺陷；后天的身体缺陷；视、听、嗅、味、触五个感官能量分配上的差异；行为失误。物的事件链为：设计的缺陷；制造、工艺流程的缺陷；维修保养的缺陷；使用、运转的缺陷；作业场所环境的缺陷。两条事件链交叉构成事故。

人的不安全行为和物的不安全状态是引起工业事故的直接原因。关于人的不安全行为和物的不安全状态在事故致因中地位的认识，是事故致因理论中的一个重要问题，而导致人的不安全行为和物的不安全状态的深层原因是管理方面的失误，管理失误是事故的间接原因，但也是根本原因。在多数情况下，由于管理缺陷使工人缺乏教育和训练或者使机械设备缺乏维护、检修以及安全防护设备不完善，导致人的不安全行为和物的不安全状态。

事故致因理论模型总结见表 2－3。

表 2－3 事故致因理论模型总结

模型名称	提出时间	提出者	模型简介	优缺点
事故因果连锁理论	1931 年	海因里希	伤亡事故的发生不是一个孤立的事件，而是一系列原因事件相继发生的结果	首先提出人的不安全行为和物的不安全状态的概念。局限性：把人的不安全行为和物的不安全状态产生的原因完全归因于人的缺点
事故—事件原因模型	1992 年	彼得森	引发事故的原因是多因素的，其中人为错误和系统错误是导致事故发生的直接原因	从人为错误和系统错误两方面分析事故原因，认为多因素作用是导致事故的原因
能量转移理论	1961 年 1966 年	吉布森 哈登	人为事故是一种不正常或不希望的能量释放。吉布森提出，哈登引申	把各种能量对人体的伤害归结为事故的直接原因，从而决定了对能量源加以控制作为防止或减少伤害发生的最佳手段。缺点：依赖于按能量转移观点对伤亡事故进行统计分类的方法，在理论上具有优越性，实际应用中存在困难
瑟利模型	1969 年	美国 瑟利	根据人的认知过程分析事故致因的理论。把事故发生过程分为危险出现和危险释放两个阶段，这两个阶段各自包括一组类似的人的信息处理过程，即感觉、认识和行为响应	瑟利模型不仅分析了危险出现、释放直至导致事故的原因，而且还为事故预防提供了一个良好的思路。缺点：仅考虑了人的因素
轨迹交叉论	—	—	当人的不安全行为和物的不安全状态在各自发展过程(轨迹)中，在一定时间、空间发生了接触(交叉)，能量转移于人体时，伤害事故就会发生	事故的发生并不是简单地按照人、物两条轨迹独立地运行，呈现较为复杂的因果关系。另外，没有体现出导致人的不安全行为和物的不安全状态的深层次原因

2.6.2 事故易发的设施和设备

1．储罐

(1)溢流形成地面液池

溢流是储罐发生最常见的事故之一，通常发生在敞开的储罐。但在密闭储罐中也可能由于各种各样安全仪器的失效，如阀门发生泄漏。储罐内储存物质的种类、物理性质及化学性质有所不同，可能会引起火灾，爆炸及中毒等。另外，人为操作失误、更换或修理失效的设备部件不及时也可能导致储罐内物质溢出。

(2)超压或低压引起泄漏

每一种类型储罐都有其相应的设计压力。且大多数储罐在其顶部或者壁上焊接处会安装爆破片。但由于腐蚀或疲劳等原因，储罐底部的焊接处很容易发生失效。当储罐内压力增加，超过它的设计压力时，储存的液体都很可能溢出，导致泄漏事故的发生。

(3)气体爆炸混合物

爆炸性混合物指的是在大气条件下，气体、蒸气、薄雾、粉尘或纤维状的易燃物质与空气混合，点燃后，燃烧将在整个范围内快速传播形成爆炸的混合物。

当储罐未满时，蒸气存在于液体表面上方的空间。如果气体找到了裂缝或孔，那么很可能形成爆炸性混合物。在浮顶罐内，蒸气通常会通过浮顶溢出，这些蒸气也可以形成爆炸性混合物；可燃液体蒸气容易通过部分损坏的阀门从一个罐被输送到另一个罐，这是非常危险的，因为爆炸性气体混合物很可能在罐内最意想不到的地方形成；易燃液体(例如汽油)能被引入包含不燃液体的罐内，通过曾经用于运输汽油的管道，那么遗留下来的汽油蒸发并形成易燃蒸气。

危险物质存在于罐内很多地方(如开的管道、划痕、焊接处、腐蚀或脏的位置)，甚至在冲洗和清洁之后危险物质依然残留在罐内；当液面很低时，储罐内需要很长时间才能达到平衡，这意味当液面高时很少有蒸气形成，但当液面低时液面上方充满蒸气，很不稳定；在一些情况下，爆炸性混合物甚至可以在没有危险物质的密闭罐内形成，例如，通过生物或化学反应产生可燃性气体(如氢气)是可能的。

2. 管道、阀门及相关设备

(1)管道腐蚀

压力管道在使用中可能发生腐蚀、疲劳、蠕变、低温脆断、材质劣化等破坏形式，其中腐蚀破坏最具有普遍性。

压力管道的腐蚀是由于受到内部输送物料及外部环境介质的化学或电化学作用(也包括机械等因素)而发生的破坏。腐蚀是金属与周围介质发生化学、电化学或物理作用成为金属混合物而受到破坏的一种现象。

化学腐蚀是指金属表面与非电解质直接发生纯化学作用而引起的破坏。而电化学腐蚀是指金属与电解质因发生电化学反应而发生破坏的现象。

(2)金属疲劳

金属疲劳是指材料、零部件在循环应力或循环应变作用下，在一处或几处逐渐产生局部永久性累积损伤，经一定循环次数后产生裂纹或突然发生完全断裂的过程。金属疲劳产生破坏作用的原因是金属内部结构不均匀，从而造成应力传递的不平衡，有的地方会成为应力集中区。与此同时，金属内部的缺陷处还存在许多微小的裂纹。在力的持续作用下，裂纹会越来越大，材料中能够传递应力部分越来越少，直至剩余部分不能继续传递负载时，金属构件就会全部损坏。

(3)水锤

水锤又称水击。水(或其他液体)输送过程中，由于阀门突然开启或关闭、水泵突然停车、骤然启闭导叶等原因，使流速发生突然变化，同时压强产生大幅度波动的现象。

水锤效应是一种形象的说法，它是指水泵在启动和停车时，水流冲击管道，产生的一种严重水击。由于在水管内部，管内壁是光滑的，水流动自如。当打开的阀门突然关闭或给水泵停车，水流对阀门及管壁，主要是阀门或泵会产生一个压力。由于管壁光滑，后续水流在惯性的作用下，水力迅速达到最大，并产生破坏作用，这就是水利学当中的“水锤效应”，也就是正水锤。相反，关闭的阀门在突然打开或给水泵启动后，也会产生水锤，叫作负水锤，但没有前者大。

水锤效应有极大的破坏性：压强过高，将引起管道的破裂，反之，压强过低又会导致管道的瘪塌，还会损坏阀门和固定件。

(4)管道重用性

在工业活动中，特别是保养和维修，常常重用那些由于各种原因而被废弃的旧管道，这样大大减少了成本。人们往往忽略甚至根本不考虑重用管道的质量、材质及之前的用途等。首先，不同的用途需要不同型号的材料，例如正确的钢型号等级；其次，即使管道的材质符合规定，还必须考虑很多其他因素，如管道是否在腐蚀环境中使用过，是否已经发生疲劳等。

(5)弹性橡胶管

橡胶或有弹性的金属管的使用在工业领域并不常见。然而，它们确实存在并且构成危险源，如用于金属管道之间起挠性连接作用的中空橡胶制品等。橡胶管和金属管有相同的危险，但其失效频率更高。由于可以直接使用且方便，在广泛使用的过程中，不对其进行检测，很容易忽略其强度。另外，橡胶管很容易损坏，从而导致储存运输中气体或液体泄漏。

(6)阀门和其他设备

阀门、测量和控制仪器是管道上常见的设备。它们都有自己的作用，但它们自身的存在和操作又会增加事故发生的可能性。任何管道系统循环中，管道、阀门和仪器的连接方式很重要，因为每一个设备或仪器都能破坏管道的连续性，称为系统的薄弱点。

3. 烟囱

烟囱如今在工业厂房很常见，它们是释放和排出废气的唯一方法。因此，烟囱包含了所有可能的危害，即表征气体性质的如可燃性、爆炸性和毒性。另外，由于它们有广泛的影响半径，烟囱有更高的风险。这意味着当气体从烟囱释放，由于空气传播，它能影响到很多人甚至产生可以在距离烟囱很远处爆炸的可燃性混合物。

当排放的废气燃烧时，烟尘内的温度将会大幅提高，散发出大量热量。由于热辐射的作用，极易引起周围的建筑、材料受到损害，发生火灾爆炸。甚至由于温度过高，导致烟囱倒塌，砸坏周围的建筑等。

4. 其他设备

(1)泵和离心系统

泵的最大危险是密封问题，有时轴承故障带来的结果是泄漏出大量可燃有毒或腐蚀性物质。泵的另一个常见事故类型是憋泵，即关闭泵的出口阀使泵运行。这样做会导致温度升高，损坏泵的密封，接下来就会发生泄漏。当泵里的物质在高温下分解时，引起爆炸事故发生。泵出现危险或故障的原因可归纳为：安装或修理没有正确，尤其是在安装轴承和密封时；改变操作温度或压力或液体的组成使腐蚀增加；没有正确维护，如在排出所有的空气前启动泵；当出口阀开启，入口阀关闭时启动泵；当有阻塞或不知滤网放在何处时，或者不注意润滑时启动泵等。

(2)热交换器

热交换器是将热流体的部分热量传递给冷流体的设备，又称热交换设备。热交换器是化工、石油、动力、食品及其他许多工业部门的通用设备，在生产中占有重要地位。在化工生产中热交换器可作为加热器、冷却器、冷凝器、蒸发器和再沸器等，应用十分广泛。

由于热交换器管板受水分冲刷、气蚀和微量化学介质的腐蚀，管板裂缝处容易出现裂孔，导致循环中的物质泄漏。另外，循环中的液化气体的闪蒸导致温度相应的降低，这将会影响接触到的金属并增加它们的易碎性；还会引起其他循环中水或蒸气的凝固或凝华并使换热器失效。

(3)加热炉

加热炉是石油化工生产中的主要设备之一，在石油炼制和石油化工生产中得到广泛应用，它利用直接火焰加热物料，可将物料加热到很高的温度。然而，由于所处理的物料易燃易爆，加上明火作业，危险性很大，很容易发生各种意外事故。

由于管壁烧穿，管材腐蚀和磨损，炉管压力高于规定压力等原因，加热炉炉管很容易损坏，从而导致管内物料流入炉膛发生火灾。当供料管道的燃料或管式加热炉炉管内的可燃物泄漏进入炉膛，很可能与空气形成混合物，进而发生爆炸。当燃烧器或喷嘴的火焰突然熄灭而燃料继续供应时也很可能发生爆炸。另外，加热炉明火、加热炉高温表面、高温物料输送管线都可成为可燃物的引火源。

2.6.3 点火源

1. 点火源

(1)建设和维修工具

用于建设或维修的各种工具(如焊接设备，切割设备等)很可能构成工业厂房中最严重的点火源。这是因为这类设备在工厂中的许多不同地方被使用，特别是在密闭空间内，它们靠近危险设备，以及被非熟练人员操作，从而导致意外事故发生。所有设备中最具特色的是使用电力或带有明火的焊接设备。当使用带有明火的设备时，很明显构成了点火源。另外，当使用电力机器切割时，因为它产生了高温和到处飞溅的小炽热金属块，所以它也是相当危险的点火源。

(2)热和电设备

大多数设备都是依靠电力来驱动工作，并且会伴随大量热量产生。当接触可燃物质时它们很容易成为点火源。电器都是通过电缆来接通电路的。如果接触不良和电缆没有正确固定至接口，就会出现小电火花，一旦接触到了可燃物质，足够引起其燃烧。此外，大多数电气设备有移动部件。如果是金属，这些部件在移动过程中也能产生足以点燃某些可燃物质的电火花。

(3)自然现象

自然界中有许多自然现象一定程度上能够导致足以引燃的高温或火花现象。一个非常明显的现象是闪电，它本身就是天空和大地间一种非常强烈的放电。通常它们的目标是高建筑物，像烟囱。另一个很容易产生火花的现象是静电。两个表面不断运动的电荷积累接触产生静电(一面负电荷，另一面正电荷)，如管道内的流体流动，空气中液滴或粒子的运动等。当静电被积累在接地不正确的非导电材料(如塑料，碳氢化合物)或导电材料(如金属，水等)上，在一定时间内静电会保持在其表面。但如果静电很大时，会找到方式向地面运动，形成电火花，有时强大到足以点燃大多数可燃气体混合物。此外，能引起火花的自然现象还有太阳辐射。特别在夏天，太阳辐射很容易加热金属板至高温。

2. 点火特性

如果原料浓度是在一定极限值(燃烧极限)之间时和存在点火源或混合物的温度上升时，燃料—空气混合物将发生燃烧。第一种情况中，外部源提供必要的能量，例如，火焰或火花，而在第二种情况中气体达到它的自燃温度。

(1)燃烧极限

只有当燃料浓度是在特定浓度极限(最小和最大)间时可燃气体才能燃烧。在最小燃料浓度之下(燃烧下限-LFL)，认为燃料—空气混合物“匮乏”将不会点燃。相对应地，在最大燃料浓度(燃烧上限-UFL)之上，认为燃料—空气混合物“太富”也将不会点燃。

(2)混合物燃烧极限

从以下两个公式计算由许多易燃成分组成的气体混合物的燃烧极限。对于燃烧下限：

$$LFL_m = \frac{1}{\sum_n (y_i / LFL_i)} \tag{2-2}$$

式中 LFL_m(体积分数,%)——混合物燃烧下限；

LFL_i(体积分数,%)——每一组分 i 的燃烧下限；

y_i——燃料混合物中组分 i 的摩尔分数(没有考虑空气)。

对于燃烧上限：

$$UFL_m = \frac{1}{\sum_n (y_i / UFL_i)} \tag{2-3}$$

式中 UFL_m(体积分数,%)——混合物燃烧上限；

UFL_i(体积分数,%)——混合物中每一组分 i 的燃烧上限；

y_i——燃料混合物中组分 i 的摩尔分数(没有考虑空气)。

(3)自燃温度

当可燃混合物的温度均匀增加时，将会到达燃烧反应瞬时开始的一定温度。对每一个燃料—空气混合物，有对应于混合物点燃的最低温度。这个温度被称为“自燃温度”。表 2 - 4 列出了各种物质的自燃温度。

表 2 - 4 部分物质的燃烧极限，自燃点和闪燃温度

物质名称	燃烧极限 LFL(体积分数,%)UFL		自燃温度/℃	闪燃温度/℃
丙酮	2.6	13	465	-18
乙炔	2.5	100	305	—
合成氨	15	28	651	—
苯	1.4	8	562	-11
正丁烷	1.8	8.4	405	-60
二硫化碳	1.3	50	90	-30
一氧化碳	12.5	74	—	—
环己烷	1.3	7.8	245	-20
乙烷	3	12.4	515	-135
乙烯	2.7	36	490	-121
二氯乙烷	6.2	15.9	413	13
环氧乙烷	3	100	429	—
氢	4	75	400	—
甲烷	5	15	540	—
丙烷	2.1	9.5	450	<-104
丙烯	2.4	11	460	-108
苯乙烯	1.1	6.1	490	32
甲苯	1.3	7	536	4
氯乙烯	4	22	472	—

注：闪燃温度是闭杯值(closed cup values)，可燃液体挥发的蒸气与空气混合达到一定浓度遇明火发生一闪即逝的燃烧称为闪燃。而发生闪燃的最低温度称为闪点，即闪燃温度。

自燃温度很大程度上依赖混合物接触的热表面的特性。注意干净表面的自燃温度能够从表面有灰尘或不平坦的 200℃下降到 100℃。

(4)闪燃温度

闪燃温度是燃料在靠近液体的表面或使用的容器内(在所有地点)蒸发出足够蒸气与空气形成可燃混合物的最低温度。操作温度比液体燃料的闪燃温度更低时将不会导致可燃混合物的形成，除非产生云雾(例如由于飞溅)。表 2 - 4 列出了部分物质的燃烧极限、自燃温度和闪燃温度。

2.6.4 人为因素

从安全学的角度来看，在人—机—环系统中，人是作为主体而存在的，因此，理所当然地应该把人的因素放在首位，这是安全系统工程与其他工程系统存在的显著差异之处。这里的人，包括了操作工人、管理人员、事故现场的在场人员以及其他有关人员，他们的不安全行为是事故的重要致因。在生产过程中，人的不安全行为可能充斥在各个环节，在人机系统失效中人失误占很高比例。

人是安全生产的主体，能够有意识，有目的地操作机器和控制环境，同时又接受其反作用。不管机械化和自动化程度有多高，人总是与复杂外界之间相互作用链条上的关键一环，人也是其所创造的并为自己服务的任何系统的安全主导。因此，人的不安全行为直接影响人的操作可靠性，进而影响系统的整体安全性，为事故隐患最终导致事故提供了直接的推动力。

人的不安全行为贯穿在整个生产过程中，从接收信息、处理信息到决策行动等各个阶段都可能产生不安全行为；不安全行为不但有操作工人的判断失误、操作失误，还包括设计人员、管理人员以及监督人员在设计、维修、监督、管理等环节的错误决策。人的不安全行为在生产过程中是不可避免的，它具有随机性和偶然性，往往是不可预测的意外行为。通过对发生失误的规律和失误率的观测、统计分析，人的不安全行为大都是由于态度不端正、技能和知识不足、健康或生理状态不佳和劳动条件恶劣等引发的。

《企业职工伤亡事故分类标准》(GB/T 6441—1986)附录中将不安全行为归纳为13类：操作错误、忽视安全、忽视警告，主要包括未经许可进行操作，如开动、关停、移动机器，忽视警告标志、警告信号，违章作业，冒险作业或高速操作，采取不安全的作业姿势或方位；人为地使安全装置失效，主要包括拆除了安全装置，安全装置堵塞，失去作用，调整的错误造成安全装置失效；使用不安全设备，如临时使用不牢固的设施，使用无安全装置的设备等；用手代替工具进行操作或违章作业；物体存放不当；不安全地装卸、堆放、组合物体；冒险进入危险场所；攀、坐不安全位置(如平台护栏、汽车挡板、吊车吊钩)；在起吊物下作业、停留。在有危险的运转设备装置上或在移动的设备上进行工作；机器运转时加油、修理、检查、调整、焊接、清扫等工作；有分散注意力行为，如嬉闹、恐吓等；在必须使用个人防护用品用具的作业或场合中，忽视其使用，主要有未佩戴安全帽、安全带、安全手套、护目镜、面罩等防护用品；不安全装束，包括在有旋转零部件的设备旁穿过于肥大的服装，操纵带有旋转零部件的设备时戴手套；对易燃、易爆等危险品处理错误。

统计分析表明，引起这些不安全行为的原因主要有以下几点：缺乏安全知识和经验，或感觉不到危险；存在生理缺陷或生病、反应迟钝、精神状态不佳、体力不足；过度疲劳、睡眠不足；注意力不集中，操作时心不在焉；劳动态度不端正等。总之，引起人的不安全行为与人的素质、教育、培训等因素有关。

人的不安全行为不是独立存在的，除了与工人的素质有关，还与设备、工艺、环境、管理因素密切相关。管理缺陷是各种不安全因素的温床，工业建、构筑物及机械设备、仪器仪表等的设计、选材、布置、维护维修有缺陷，或工艺流程、操作方法方面存在问题，可能导致操纵不便，易疲劳等；作业环境恶劣或变化会刺激人的心理，影响人的情绪，诱发人的操作失误。劳动组织不合理，对现场工作缺乏检查指导，或检查指导失误可能使工人放松警惕，违规操作。没有安全操作规程或操作规程不健全，挪用安全措施费用，不认真实施事故防范措施，对安全隐患整改不力，这将导致生产场所安全设施缺乏，增加不安全行为导致事故的概率。教育培训不够，工作人员不懂操作技术知识或经验不足，缺乏安全知识，人员选择和使用不当，生理或身体有缺陷等都会引起人的不安全行为产生。

以上分析表明，造成人的不安全行为的原因十分复杂，而且各原因之间可能有相互交叉影响的情况，在操作人员身上反映出来的不安全行为，都是多种因素的综合结果。要保障人的安全行为，一般从技术和管理两个方面采取措施。

2.7 思考题

1. 如何准确理解“预判风险所在是防范风险的前提，把握风险走向是谋求战略主动的关键”？

2. 简述风险的分类。

3. 简述风险的层次及构成。

4. 解释风险可接受水平。

5. 根据风险的重要性和急迫性可以把风险状态分成哪几类，画出风险状态分类图。

6. 简述安全技术的两个方面，比较异同。

7. 举例说明我国安全生产和职业健康相关的法律法规。

8. 什么是风险辨识？风险辨识要解决哪几个问题？

9. 根据《生产过程危险和危害因素分类与代码》，将生产过程的危险因素和危害因素分为哪五大类？

10. 根据危险物质能量类型对危险源进行分类，并简述什么是两类危险源理论？

11. 画出危险源辨识程序流程图。

12. 阐述风险辨识的详细步骤。

13. 什么是重大危险源？重大危险源与哪些活动相联系？

第3章　定性风险分析方法

习近平总书记指出，各种风险往往不是孤立出现的，很可能是相互交织并形成一个风险综合体。各种矛盾风险挑战源、各类矛盾风险挑战点都是相互交织、相互作用的。如果防范不及、应对不力，就会传导、叠加、演变、升级，使小的矛盾风险挑战发展成大的矛盾风险挑战，局部的矛盾风险挑战发展成系统的矛盾风险挑战。为统筹发展和安全，有效防范化解重点领域风险，须贯彻落实习近平总书记关于安全生产和防灾减灾救灾的重要论述精神，坚持人民至上、生命至上，充分认识当前安全生产、防灾减灾和应急管理工作面临的严峻复杂形势，把问题考虑得再周全一些，把风险隐患的关联度想的再多一点，提前全面深入分析研判各类安全风险，严防多种风险交织叠加碰头。不同行业和不同部门的风险分析研判需要制定不同的定性风险分析方法做支撑。

定性风险评价是借助于对事物的经验、知识、观察及对发展变化规律的了解，科学地进行分析、判断的一类方法。找出系统中存在的危险、有害因素，进一步根据这些因素从技术上、管理上、教育上提出对策措施，加以控制，达到系统安全的目的。通过定量风险评价方法，提前全面深入分析研判各类安全风险，提前做好风险防控措施，可有效防范化解各类风险。

3.1　故障假设分析

故障假设分析是对某一生产过程或工艺过程的创造性分析方法，是识别危险有害因素，并提出由此可能产生意想不到的结果。通常由经验丰富的人员完成，用“What…If”作为开头对有关问题进行考虑，任何与工艺安全有关或与之不太相关的问题都可提出并加以分类讨论，并根据存在的安全措施等条件提出降低危险性的建议。

1. 适用范围

该方法包括检查设计、安装、技改或操作过程中可能产生的偏差。要求评价人员对工艺规程熟知，并对可能导致事故的设计偏差进行整合。

故障假设分析方法较为灵活，适用范围很广，它可以用于工程、系统的任何阶段，因此，与工艺过程有关的资料都有可能用到，对于工艺的具体过程，一般2～3名评价人员即可完成。复杂工艺可分解、分块处理。

2. 故障假设分析步骤

故障假设分析很简单，它首先提出一系列问题；然后再回答这些问题。具体来说，故障假设分析法由三个步骤组成，即分析准备、完成分析、编制结果文件。

(1)分析准备

①人员组成。进行该分析应由2～3名专业人员组成小组。要求成员要熟悉生产工艺，有评价危险经验。

②确定分析目标。首先要考虑的是以什么样的结果作为目标，目标又可以进一步加以限定。目标确定后就要确定分析哪些系统。在分析某一系统时应注意与其他系统的相互作用，避免遗漏危险因素。

③资料准备。

(2)完成分析

①了解情况，准备故障假设问题。分析会议开始应该由熟悉整个装置和工艺的人员阐述生产情况和工艺过程，包括原有的安全设备及措施。参加人员还应该说明装置的安全防范、安全设备、卫生控制规程。

②分析人员要向现场操作人员提问，然后对所分析的过程提出有关安全方面的问题。有两种会议方式可以采用。一种是列出所有的安全项目和问题，然后进行分析；另一种是提出一个问题，讨论一个问题，即对所提出的某个问题的各个方面进行分析后，再对分析组提出的下一个问题(分析对象)进行讨论。上述两种方式都可以，但通常最好是在分析之前列出所有的问题，以免打断分析组的“创造性思维”。

③按照准备好的问题，从工艺进料开始，一直进行到成品产出为止，逐一提出如果发生哪种情况，操作人员应该怎么办？分别得出正确答案。

(3)编制结果文件

故障假设分析法比较简单，评价结果一般以表格形式表示，主要内容有：提出的问题、回答可能的后果、降低或消除危险性的安全措施。

3.2 安全检查表

3.2.1 概述

安全检查表分析方法(Safety Checklist Analysis)是进行系统危险分析和辨识的基本方法，也是进行系统安全评价的重要技术手段。该方法主要是将一系列内容列出检查表进行分析以确定系统的状态，这些内容包括设计、装置、工艺、储运、操作、管理等各个方面。

安全检查表法是将被评价系统剖析，分成若干个单元或层次，列出各单元或层次的危险因素和隐患，然后确定检查项目，把检查项目按单元或层次的组成顺序编制成表格，以提问或现场观察方式确定各检查项目的状况并填写到表格对应的项目上，从而对系统的安全状态进行评价。传统的安全检查表分析方法是分析人员列出一系列危险项目，识别与一般工艺设备和操作有关的已知类型的危险、设计缺陷以及事故隐患，由于检查目的和任务不同，所列的检查项目一般差别较大，通常用于检查对于各种规范、规程、标准的执行情况。

3.2.2　安全检查和安全检查表

1. 安全检查

安全检查是对企业生产进行常规、例行的安全管理工作进行检查监督，通过对过程设计、装置条件、实际操作、维修等进行详细的检查以识别所存在的危险。安全检查可以识别可能导致人员伤亡、财产损失等事故灾害的装置、工艺和操作程序，保证设计、装置和操作以及维修符合设计要求和建设标准，能够用于工艺过程的各个阶段。安全检查的主要内容是查理念、查管理、查隐患、查事故处理。根据不同的检查内容和方式，安全检查可以分为不同的类别，按检查的性质可以分为常规检查、专业检查和季节性检查等；按检查表的对象可以分为设计阶段安全检查、厂级安全检查、车间安全检查、岗位安全检查和专业性安全检查。

安全检查是对生产过程潜在的安全问题的定性描述，通过检查和评价，可以找出不安全因素，并提出改正措施。安全检查目的：

①让生产过程的相关人员对工艺过程的可能危险性保持警惕；

②对控制和安全系统的设计依据进行评估；

③发现设备和工艺改变带来的潜在危险；

④对采用的新安全技术进行可靠性分析。

安全检查应吸取其他工艺的安全经验，尤其是类比工程或以往的事故经验和教训。典型的安全检查包括对设计文件给出的图纸进行安全检查和对类比工程进行的安全检查。安全检查比较直观、现实，能发现事故隐患，督促人们采取有效措施，防止事故发生。但是，安全检查过程中受经验等人为因素影响较大，检查效果根据不同经验、方法、手段等存在较大差异。

2. 安全检查表

安全检查表是一份进行安全检查和诊断的清单，其内容包括法规、标准、规范和规定，它由一些有经验并且对工艺过程、机械设备和作业情况熟悉的人员，事先对检查对象共同进行详细分析、充分讨论，列出检查项目和检查要点并编制成表，以便进行检查或评审。

安全检查表的编制依据为：

(1)国家、地方的相关安全法规、规定、规程、规范和标准，行业、企业的规章制度、标准及企业安全生产操作规程。

(2)国内外行业、企业事故统计案例，经验教训。

(3)行业及企业安全生产的经验，特别是本企业安全生产的实践经验，引发事故的各种潜在的不安全因素及成功杜绝或减少事故发生的成功经验。

(4)系统安全分析的结果。为防止重大事故发生，采用事故树分析方法对系统进行分析得出能导致引发事故的各种不安全因素的基本事件，据此作为防止事故控制点源列入检查表。

安全检查表的编制程序：

(1)建立一个编制小组，包括熟悉项目的各方面人员(相关部门领导、企业管理部门、工程技术人员以及企业工人等)。

(2)熟悉项目，包括项目的结构、功能、工艺流程、操作条件、布置和已有的安全设施。

(3)收集有关安全法律、法规、规程、标准、制度及过去发生的事故资料，作为编制安全检查表的依据。

(4)判断危险源，按功能或结构将系统分为子系统或单元，逐个分析潜在的危险因素。

(5)列出安全检查表。针对危险因素和有关规章制度、以往的事故教训以及本单位的经验，确定安全检查表的要点和内容，然后按一定的要求列出表格。

安全检查表可以应用于工程项目的设计、实施、竣工验收和总结评价阶段，根据安全检查的目的、对象不同，检查表的内容和使用范围也有所区别，可以将安全检查表分为以下几种类型：

(1)设计审查阶段安全检查表。新建、改建和扩建的厂矿企业，以及技术设备等革新、挖潜的项目，必须根据“三同时”原则对安全卫生设施进行系统、全面的审查。安全检查表中应包括企业选址、平面布置、工艺过程、装置分布、建筑物与构筑物、安全设施、操作规程、危险物品存放以及消防设施等内容。

(2)厂级安全检查表。主要用于全厂性安全检查，包括生产、储运、消防、检修等内容，也可作为安全技术、消防等部门的日常检查。检查表中主要包括安全设施、危险物品的储存和使用、消防通道和设施、操作管理及操作规程等方面。

(3)车间安全检查表。用于车间的定期检查和预防性检查，检查装置操作、设备、劳动保护等，重点放在人身和设备、运输、加工等不安全行为和不安全状态方面。主要内容包括工艺安全、设备布置、安全通道、通风照明、安全标志、尘毒和有害气体、消防措施和安全管理等。

(4)岗位安全检查表。用于岗位的自检、互检和安全教育。其内容根据岗位的操作要求和设备性能确定，包括操作规程、设备、巡检等内容，要求检查内容具体、易行。

(5)专业性安全检查表。此类表格由专业机构或职能部门编制和使用，主要用来进行定期的或季节性的安全检查，如对电器设备、起重设备、压力容器、其他特种设备、装置等的专业性检查。

目前，典型的行业和工艺过程都编制了标准的检查表，即典型行业和工艺其安全检查表的内容是一定的，这些安全检查表可以直接应用到安全评价之中。但是，各个企业根据生产和管理需要也编制符合本企业的安全检查任务的检查表，用于检查日常生产管理和工人的操作规程。

3.2.3　分析步骤

使用安全检查表分析方法，首先要对被检查项目进行系统的全面分析，结合有关资料和经验，找出易发生危险的隐患部位或操作行为等，根据相关法律、规范和规定确定检查项目，相关的工程技术人员要熟悉被检查系统和项目内容，相互协调，完整全面地确定需检查的项目。根据对系统的分析以及相应法律、法规选择合适的安全检查表，如果无法获得相关的安全检查表，评价人员要根据自己的经验和可靠的资料编制合适的安全检查表。

安全检查表分析方法的程序主要有以下五个方面：

(1)成立检查小组；

(2)分析评价对象，确定评价项目；

(3)选择或制定合适的安全检查表；

(4)根据检查表逐项完成分析；

(5)编制分析结果文件。

评价人员通过确定标准的设计或操作以建立安全检查表，然后用它发现一系列基于缺陷或差异的问题。定性地分析结果随不同的分析对象而变化，但都应做出与标准或规范是否一致的结论，此外，安全检查表分析通常提出一系列提高安全性的措施并提供给管理者考虑。

3.2.4　方法特点

安全检查表要求在对危险源进行充分分析的基础上，对系统的各个单元列出所有的危险因素，确定需要检查的项目，其特点主要有以下几点：

(1)安全检查表是根据对检查对象的详细调查和分析的基础上制定出来的，能够系统完整地描述被检查对象中影响安全生产的各种因素，可以避免检查过程中走过场和盲目性，提高安全检查的效果和质量；

(2)安全检查表是根据有关法规、条例、规范和标准制定的，因此检查的目的明确，内容具体，通过问答的形式，使用简单明确的“是/否”的描述方式，操作方便，可实现安全检查的标准化、规范化；

(3)通过对安全检查表中规定各项目的检查，可以更准确地对系统中危险因素进行辨识、评价和制定相关措施，既能准确地查出隐患，又能得出确切的结论，从而保证法律法规的贯彻落实；

(4)安全检查表是与生产经营单位紧密相连的，既可以作为职工的操作规范，也可以作为管理者的决策依据，有利于推行安全生产责任制，检查后能够做到事故清、责任明、整改措施落实快。

安全检查表评价方法简单易行，广泛适用于工矿企业各生产环节中，通常用于安全生产管理，对工艺过程、物料、设备和操作等进行分析，可以实现生产过程中的危险辨识、评价和控制，同时实现行业标准化作业和安全教育等功能。在安全检查表实施过程中，由于各编制企业和编制人员素质、经验等的差异，也导致不同企业之间检查表项目差别大、容易漏项等缺点。

3.3 预先危险性分析

3.3.1 方法介绍

在每项生产活动之前，特别是在设计开始阶段，预先对系统中存在的危险类别、危险产生条件、事故后果等概略地进行分析称为预先危险性分析（Preliminary Hazard Analysis）。预先危险性分析应该在系统或设备研制的初期进行，分析工艺设计、装置、物料、能量等可能存在的危害类别、出现条件、事故后果等。随着设计研制工作的进展，这种分析应不断进行，分析结果用于改进设计和制造。对于现役的系统或设备也可采用预先危险性分析，考察其安全性。

该方法也是一份实现系统安全危害分析的初步计划，是在方案开发初期阶段或设计阶段完成的，其目的是判别系统内的潜在危险，确定其危险等级，防止危险因素发展为事故，造成伤害或损失。图 3-1 表明了在系统寿命周期中执行 PHA 分析的各个阶段。

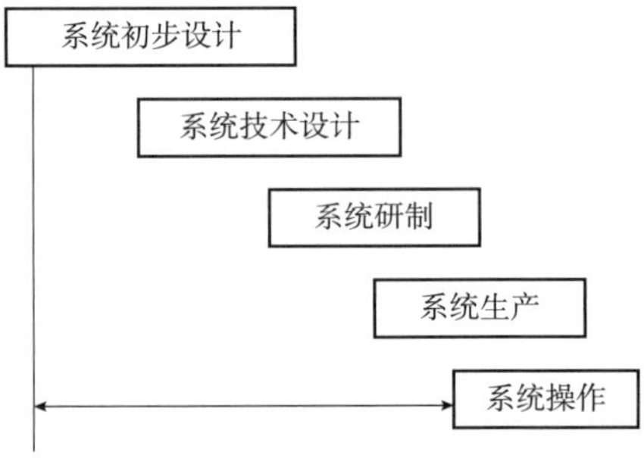

图 3-1　系统寿命周期中的 PHA 分析阶段

通过预先危险性分析，应力求达到四项基本目标：

(1)大体识别与系统有关的主要危害，在初始识别中暂不考虑事故发生的概率；

(2)鉴别危险因素产生危害的致因；

(3)假设危害确实出现，估计和鉴别对系统的影响，包括人员伤害和系统破坏、物质损失等；

(4)将已经识别的危害分级，提出消除和控制危险的措施。

系统中危险因素一般有很多种，根据事故原因和事故后果严重度，可以把这些危险因素进行等级划分，通常可以划分为四个等级，如表 3-1 所示。

表 3-1　危险性等级划分表

等级	危险程度	可能导致后果
Ⅰ级	安全的	人员无损伤，系统无损失，可以忽略
Ⅱ级	临界的	处于事故的边缘状态，暂时不会造成人员的伤亡或财产损失，应该进行预防
Ⅲ级	危险的	可能导致事故，并造成人员伤亡和财产损失，必须采取措施进行预防
Ⅳ级	灾难性的	会导致事故，造成严重的人员伤亡和财产损失，必须立即消除和重点防范

3.3.2 分析步骤

预先危险性分析方法是用来识别系统中的主要危险、危害因素，并对其发生的可能性和后果严重性进行定性分析评估，从而提出改进系统、预防事故发生的安全措施。其分析的步骤可概括如下：

(1)熟悉分析对象的功能、构成、工作原理及工艺流程、环境条件等，调查了解与人身安全、环境危害及有毒物质等有关的安全要求与规范、规程等，通过经验判断、技术诊断或其他方法确定可能的危险源；

(2)调查、分析类似的系统过去有关事故的教训和安全生产的经验，查找分析系统中造成系统故障、物质损失和人员伤亡的危险因素，分析事故或灾害的可能类型；

(3)对确定的危险源，编制预先危险性分析表；

(4)确定系统中导致危险发生的起因事件，即危险因素转变为危险状态或事故的触发条件和转化条件；进一步寻求对策措施，检验对策措施的有效性；

(5)分析系统故障状态，危险发生的可能性及其后果的严重性等，进行危险等级划分；

(6)找出消除或控制危险或危害的对策措施，对不能控制的危险要分析需采用合理的预防措施。

应用预先危险性分析方法时，由于分析系统处于设计开始阶段，装置的资料是有限的，分析人员在利用该方法进行风险评价时，首先要获得评价系统的设计标准、设计说明、材料说明及其他资料，另外要广泛吸取相关经验，包括相似设备、工艺过程、系统等危险性分析、操作经验和事故教训。为了达到分析的预期目的，分析评价人员必须了解工艺过程的设备类型、工艺参数、原料、反应过程，还要熟悉基本操作和操作目标的说明，掌握设备的危险类型和环境条件。

在使用预先危险性分析时，要注意以下分析要点：

1. 应考虑工艺特点，列出其危险性和危险状态：①原料、中间和最终产品，以及它们的反应活性；②操作环境；③装置设备；④设备布置；⑤操作活动；⑥系统之间的连接；⑦各单元之间的联系；⑧防火及安全设备。

2. 评价组在完成PHA分析过程中应考虑以下因素：

(1)危险设备和物料，如燃料、高反应活性物质、有毒物质、爆炸、高压系统、其他储存系统；

(2)设备与物料之间与安全有关的隔离装置，如物料的相互作用、火灾、爆炸产生和发展、控制、停车系统；

(3)影响设备和物料的环境因素，如地震、振动、洪水、极端环境温度、静电、放电、湿度；

(4)操作、测试、维修及紧急处置规程，如人为失误的可能性、操作人员的作用、设备布置、可接近性、人员的安全保护；

(5)辅助设施，如贮槽、测试设备、公用工程；

(6)与安全有关的设备，如调节系统、备用设备、灭火及人员保护设备。

3.3.3 特点和适用范围

预先危险性分析是一种定性方法，能够为后续进行更深入的危险分析提供参考，其主要优点如下：

(1)在产品设计或系统开发之初，可以利用危险分析的结果，识别、控制危险因素，提出应遵循的注意事项和规程。

(2)由于在最初设计阶段，即可指出存在的主要危险，从一开始便可采取措施排除、降低和控制危险，降低因产品质量造成危险的可能性和严重度，为制定整个系统寿命周期的安全操作规程等提供依据。

(3)可用来制定设计管理方法和制定技术责任，并可编制成安全检查表以保证实施。该方法既可作为设计施工阶段的评价，也可作为操作岗位设计的评价；既可用来编制、完善安全规程，又可作为操作的安全教育材料。

预先危险性分析主要用于系统的可行性研究或初步设计阶段，在人们还没有掌握系统详细资料时，用来分析、评价系统开发初期阶段存在的可能危险因素，评估各种潜在危险的程度，并根据评价结果确定安全性设计准则，提出消除或控制危险的措施。该方法也可用于系统竣工后的运行阶段。对原有系统中采用新操作方法、接触新危险性物质、工具和设备时，使用该方法进行分析也比较适合。

3.4 危险和可操作性分析

3.4.1 概述

危险和可操作性分析(Hazard and Operability Study，HAZOP)是英国帝国化学工业公司在1974年开发的，开发初期的目的是用于热力-水力系统等化工装置的安全分析。HAZOP分析可以系统、详细地对工艺过程和操作进行检查，以确定过程的偏差(二者产生的偏差)是否导致不希望的后果。该方法开发早期主要用于连续的化工过程，在连续过程中管道内物料工艺参数的变化反映了各单元设备的状况。因此，在连续过程中分析的对象确定为管道，通过对管道内物料状态和工艺参数产生偏差的分析，查找系统存在的危险。在经过改进以后，它也可以很好地应用于间歇过程的危险性分析，分析的对象为主体设备。根据间歇生产的特点，分成三个阶段：进料、反应、出料，分别对反应器加以分析。同时，在这三个阶段内不仅要按照引导词来确定工艺状态及参数产生的偏差，还需要考虑操作顺序等因素可能出现的偏差。

应用危险和可操作性分析应用系统的方法来审查新设计或已有工厂的生产和工程总图，评价因装置、设备个别部位的误操作或机械故障引起的潜在危险，并评价其对整个工厂的影响。该方法不单纯是对设计的评估，而是要挖掘设计和操作中的安全隐患，分析事故发生的原因和事故发生的后果。进行危险和可操作性分析时，应全面系统地审查工艺过程，对任何可能偏离设计意图的情况，分析其产生的原因及其后果，以便有效地采取控制措施。

HAZOP分析是由有经验的跨专业的专家小组对装置或系统的设计、操作等提出有关安全方面的问题，共同讨论解决问题的方法。其分析是由专家小组来完成的，该小组应该有设计方案权。小组成员必须具有丰富的工作经验和广泛的知识，对设计意图有详细了解，或是在设计中具有专业身份的专业人员以及那些熟悉相似装置和系统的人员，利用他们在创造性、系统性和风格上相互影响和启发，发现和鉴别更多的问题。

3.4.2 引导词、工艺参数、偏差

危险性和可操作性分析研究的基本过程是将连续的工艺流程分成许多片段，根据相关的设计工艺参数建立引导词，以此为引导，找出系统中工艺过程或状态参数的偏离及操作控制中的偏差，然后找出造成这种变化或偏差的原因、后果及其采取的措施。

引导词的主要目的之一是能够使所有相关偏差的工艺参数得到评价。为保证分析详尽而不发生漏项，分析时应按照引导词表逐一进行，引导词可以根据研究对象和环境确定。表3-2和表3-3所示为两个引导词定义表。

表3-2 引导词定义表(一)

引导词	意义	说明
空白	设计与操作要求的事件完全没发生	没有物料输入，流量为零
过量	与标准值相比数量增加	流量或压力过大
减量	与标准值相比数量减少	流量或压力过小
部分	只完成功能的一部分	物料输送过程中某种成分消失或输送一部分
伴随	在完成规定功能的同时，有其他事件发生	物料输送过程中发生组分及相的变化
相逆	出现与设计和操作相反的事件	发生反向的输送
异常	出现与设计和操作不相干的事件	异常事件发生

表3-3 引导词定义表(二)

引导词	意义	说明
没有(否)	完全否定标准值的要求	规定功能完全没有实现
多(大)	数量增加	数量的增加或减少
少(小)	数量减少	完成功能的高与低
而且(又)	质的增加	完成规定功能，但有其他事情发生
部分	质的减少	完成部分功能
相反	功能相反	与规定功能相反的过程或物质
其他	其他运行状况	其他不适宜的运行过程或物理过程

在 HAZOP 中，工艺参数分为两类：一类是概念性参数，如反应、转化、混合、分离等；另一类是具体参数，如温度、压力、流量、液位、时间、pH 值等。

危险和可操作性研究过程是分析组成员根据以上标准引导词表，结合适当的工艺参数，并给出合理的解释，并针对装置或流程的某段提出问题。但是，只有当引导词和工艺过程参数相结合有意义时，问题才可以被采用，其他成员根据问题深入研究其产生的原因和可能导致的后果。

3.4.3 分析步骤

危险和可操作性分析流程如图 3-2 所示，其分析步骤为：

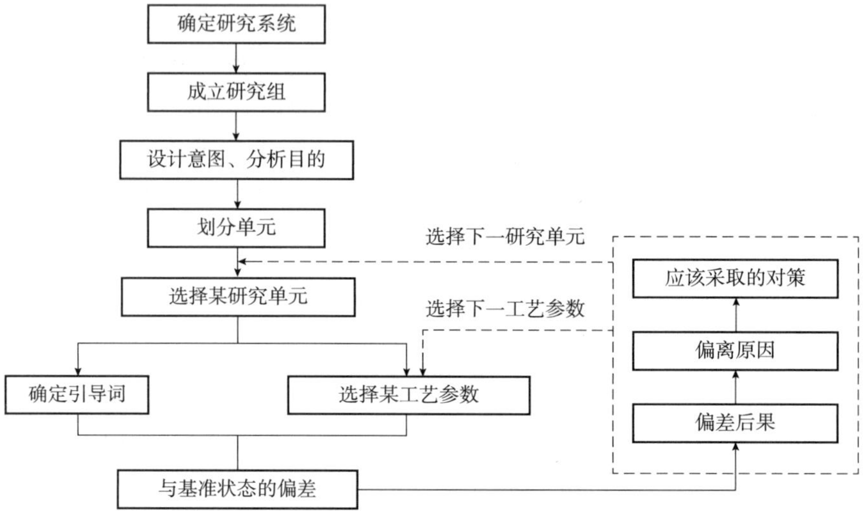

图 3-2 危险和可操作性分析流程

(1)确定研究目的、对象和范围。进行危险性和可操作性研究时，对所研究的对象要有明确的目的，即要查找系统危险源，保证系统安全运行，或审查现行的指令、规程是否完善等，防止操作失误，同时要明确研究对象的边界、研究的深入程度等。

(2)建立研究组，确定任务和研究对象。对于大型、复杂的工艺过程，研究组一般由 5～7 人组成较为理想，对于较小的工艺过程 3～4 人一般可以满足需求。研究组的人员应该包括：设计、管理、使用和监察等各方面的人员，评价人员要有相关的安全评价研究经验；研究组的任务要明确。充分了解分析对象，准备有关资料，包括各种设计图纸、流程图、工程平面图、等比例图和装配图，以及操作指令、设备控制顺序图、逻辑图或计算机程序，有时还需要工程和设备的操作规程和说明书。

(3)划分单元，制定研究计划。将系统划分为若干单元，明确其功能并说明它的运行状态和过程，组织者根据各单元的情况，制定相关计划，确定每个生产工艺或操作步骤分析所要花费的时间和研究内容。

(4)确定引导词，根据研究对象和环境因素，建立引导词表，按照引导词逐个分析每个单元可能产生的偏差。

(5)综合审查，分析系统中产生偏差的原因和后果，确定应该采取的措施，制定相应的对策。在综合审查过程中要尽量减少悬而未决的问题，一般在一个偏差的分析及建议措施完成之后再进行下一个偏差分析。

3.4.4　特点和适用范围

危险和可操作性研究是从系统的中间状态参数的偏差开始，找出导致偏差的原因，判明其可能导致的事故后果，是从中间向两头分析的一种方法。通过该方法对工艺设计进行全面系统的分析研究和审查，能够探明装置及过程存在的危险，根据危险带来的后果明确系统中的主要危害。如果需要，可以利用事故树对主要危险继续分析，因此它可以作为确定事故树“顶上事件”的一种方法。

HAZOP方法作为一种定性风险评估方法，得到了广泛应用，具有以下优点：

(1)能对工艺设计进行全面系统的分析研究和审查，分析审查的质量取决于审查小组的人员组成和素质、组长的能力和工艺安全文件的精确性。

(2)能对生产操作人员的操作错误及由此而产生的后果进行分析研究，对那些由于人为的操作错误导致的严重后果进行某些预测，并针对性地提出措施，以确保装置的生产安全。

(3)针对工艺设计中的潜在危险进行分析研究，HAZOP可以有效地发现这种潜在危险，甚至更微小隐蔽又可导致从来没有发生过的事故隐患，并采取措施消除。

(4)通过HAZOP的分析审查，排除工艺装置在设计和操作中可能发生的突然停车、设备破坏、产品不合格以及爆炸、火灾、中毒等恶性事故，从而提高装置的生产效率和经济效益。

(5)通过HAZOP的分析研究，可以使设计和操作人员更加全面深入地了解装置的性能，既完善设计，保证装置的生产安全，又能充实生产操作规程，提高操作人员的培训质量。

危险和可操作性分析是从英国帝国化学工业公司发展而来，适合于类似化学工业系统的安全性分析，现在随着其逐渐发展和完善，适应范围越来越广，已经应用于生产过程的各个方面。该方法应用于设计审查阶段和现有的生产装置的安全评价，主要是应用于连续的化工过程。对现有生产装置进行分析时，应吸收熟悉生产装置有操作经验和管理经验的人员参加，这样会收到更好的效果。

3.5　故障模式、影响及致命度分析

3.5.1　概述

故障模式和影响分析(Failure Model and Effects Analysis，FMEA)是美国在20世纪

50 年代提出的，主要为了分析飞机发动机故障。目前，该方法被广泛应用于核电、化工、机械、电子以及仪表工业中，是风险分析中重要的分析方法。FMEA 方法是根据系统可以分成子系统、设备或元件这一特点，按实际需要，将系统进行分割，从下向上依次查找可能的故障模式，并逐级归纳到整个系统中，考察系统内部单元的各类型故障对其他单元或子系统的影响，最终确定对系统的影响以及提出消除或控制这些影响的方法。

早期的故障模式和影响分析只能做定性分析，后来在分析中包括了故障发生难易程度的评价或发生的概率，从而把它与致命度分析结合起来，构成故障模式和影响、致命度分析方法。这样，若确定了每个元件的故障发生概率，就可以确定设备、系统或装置的故障发生概率，从而定量地描述故障的影响。

3.5.2 方法介绍

所谓故障，就是元件、子系统、系统在运行过程中由于性能低劣，不能完成规定功能。系统或元件发生故障的机理十分复杂，不同故障对系统的影响也存在很大差异，并非所有故障都会造成严重的事故。故障出现的状况即称为故障模式，如变形、磨耗、破损、腐蚀、松动、摇晃、脱落、咬紧、烧坏、杂物、渗漏、变质、开路、短路等都是不同的故障模式。

一般情况下，一个元素存在的故障模式可以分为以下四种：

Ⅰ　意外运行；

Ⅱ　运行不准时；

Ⅲ　停止不及时；

Ⅳ　运行过程故障。

通常情况下，对元件或系统的故障进行分类要考虑故障发生的原因，首先对发生故障的原因进行分析，然后确定系统元件的故障模式。在确定过程中，可以根据已有经验或数据确定元件的故障类型，对于新元素可以参考相关类似元素的故障分类，也可以对元素进行可靠性分析来确定其类型。

故障模式及影响分析的主要作用有以下几点：

①明确设备所有元件的失效途径及产生的影响，尤其是可能导致的危险及危害；

②提出各类故障的检测方法和处理措施；

③确定影响系统安全运行的故障及薄弱环节，为改进设计而进行系统安全分析和加强安全管理提供资料；

④为合理组织和实施维修提供科学依据。

故障模式和影响分析步骤为：

(1)熟悉系统，明确分析系统的功能、特性和运行条件，对系统进行功能划分，确定若干子系统，找出各子系统的功能。

(2)分析系统中元件的故障类型和原因，通过对系统功能的说明，查找元件存在的故障，根据各故障的产生原因进行分类。

(3)分析各种故障模式对系统的影响，利用系统功能框图确定各个子系统故障，简单的系统可以用流程图代替系统图。从系统图可以继续画出可靠性框图，它表示各元件的连接方式以及输入输出情况。然后从这些故障中选出对子系统以至整个系统有影响的故障类型，深入分析其影响后果、故障等级及应采取的措施。

(4)按照可靠性框图，根据过去的经验和有关的故障资料，列举出所有的故障类型，确定故障模式危险等级，填入 FMEA 表内，对系统中影响安全运行的故障和薄弱环节采取技术和管理措施。

(5)列出造成故障的原因及进行致命度分析，对于系统以至系统有影响的故障类型要深入分析造成故障的原因。危险性特别重大的故障类型，例如故障等级为Ⅰ级时，还要进行致命度分析。

3.5.3 故障分级

(1)简单划分法

根据故障模式对系统或子系统影响程度的不同，定性地或半定量地划分成不同的等级。定性的等级划分是从危险的严重程度出发，将系统的故障模式分为四个等级，如表 3-4 所示。

表 3-4 故障模式的等级

等级	等级说明	事故后果说明
Ⅰ级	致命的	可能造成死亡或系统损失
Ⅱ级	严重的	可能造成重伤、严重职业病或主系统损坏
Ⅲ级	临界的	可能造成轻伤、轻度职业病或次系统损坏
Ⅳ级	可忽略的	不会造成伤害和职业病，系统不会损坏

(2)评点法

在难以取得可靠性数据的情况下，可以采用评点法划分等级。利用公式求评点数，即

$$C_s = \sqrt[i]{C_1 C_2 C_3 \cdots C_i} \tag{3-1}$$

式中 C_s ——总评点数；

C_i——因素系数，评点因素一般考虑以下五个方面：

①故障影响大小；

②对系统影响的程度；

③故障发生的频率；

④防止故障的难易；

⑤是否新设计的工艺。

确定因素系数 C_i 的方法：

第一种是头脑风暴法(Brain Storming)，即专家座谈会法，由三到五位有经验的专家

座谈讨论给出 C_i 相应数值；

第二种是德尔菲法(Delphi Technique)，即函询调查法，将提出的问题和必要的背景材料，用通信的方式交给有经验的专家，然后把他们答复的意见进行综合，再反馈给他们，如此反复多次，直到认为合适为止。

此外，还可以采用参考点数法，根据表3－5所列出的评点因素的点数参考值求出 C_i。

表3－5 评点参考表

评点因素	内容	点数
故障严重程度	造成生命损失	5.0
	造成相当程度的损失	3.0
	元件功能有损失	1.0
	无功能损失	0.5
对系统影响程度	对系统造成两处以上的重大影响	2.0
	对系统造成一处以上的重大影响	1.0
	对系统无过大影响	0.5
发生频率	容易发生	1.5
	能够发生	1.0
	不易发生	0.7
防止故障的难易程度	不能防止	1.3
	能够防止	1.0
	易于防止	0.7
是否新设计的工艺	内容相当新的设计	1.2
	内容和过去相类似的设计	1.0
	内容和过去同样的设计	0.8

定出因素系数 C_i 后，根据式(3－1)计算总评点数 C_s，便可按照表3－6评选故障等级。

表3－6 按 C_s 划分故障等级

C_s 值	等级	等级说明	内容	应采取的措施
≥7	Ⅰ级	致命的	完不成任务，人员死亡	变更设计
4～7	Ⅱ级	严重的	大部分任务完不成	重新讨论设计或变更设计
2～4	Ⅲ级	临界的	一部分任务完不成	完善设计
<2	Ⅳ级	可忽略的	无影响	无

(3)风险矩阵法

将故障发生可能性和故障发生后引起的后果综合考虑后会得出比较准确的衡量标准，称为风险率(也称危险度)，它是在考虑故障发生概率和严重度两方面基础上的综合评价。

①严重度，指故障类型对系统功能的影响程度，它分为四个等级，见表3－7。

表 3-7　严重度的等级与内容

严重度等级	内容
Ⅰ　低的	对系统任务无影响 对子系统造成的影响可忽略不计 通过调整故障易于消除
Ⅱ　主要的	对系统的任务虽有影响，但可忽略 导致子系统的功能下降 出现的故障能够立即修复
Ⅲ　严重的	系统的功能有所下降 子系统功能严重下降 出现故障不能立即通过检修予以修复
Ⅳ　灾难性的	系统的功能严重下降 子系统功能全部丧失 出现的故障须经彻底修理才能消除

②故障概率，指在特定的时间(如一年)故障类型所出现的次数。单个故障类型的概率可以使用定性和定量的方法确定。定性方法参考表 3-8 给故障概率分级，定量方法参考表 3-9 给故障概率分级。

表 3-8　故障概率的定性分级

故障概率定性分级	内容
Ⅰ	故障概率很低，元件操作期间出现的机会可忽略
Ⅱ	故障概率低，元件操作期间不易出现
Ⅲ	故障概率中等，元件操作期间出现的机会为 50%
Ⅳ	故障概率高，元件操作期间易于出现故障

表 3-9　故障概率的定量分级

故障概率定量分级	内容
Ⅰ	在元件操作期间，任何单个故障的概率少于全部故障概率的 0.01
Ⅱ	在元件操作期间，任何单个故障的概率多于全部故障概率的 0.01，但少于 0.1
Ⅲ	在元件操作期间，任何单个故障的概率多于全部故障概率的 0.1，但少于 0.2
Ⅳ	在元件操作期间，任何单个故障的概率大于全部故障概率的 0.2

有了严重度和故障概率的数据以后，就可以运用风险矩阵的评价法表示故障类型的实际影响。有的故障类型虽有较高的发生概率，但其造成的危害严重度很低，风险则很低，有的故障类型的严重度虽然很低，但却发生得很频繁，风险也就很大；反之亦然。为了综合这两个特性，以故障概率为纵坐标，严重度为横坐标，画出风险矩阵图，如图 3-3 所示。沿矩阵原点到右上角画一条对角线，并将所有故障类型按其严重度和发生概率填入矩阵图中，从中可以看出系统风险的密集情况。处于风险矩阵右上角方块中的故障类型的风

险最高，沿着对角线向左风险逐渐降低。

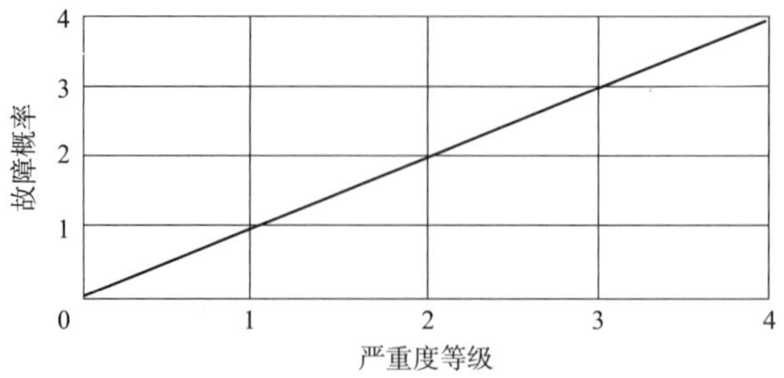

图 3-3 风险矩阵

3.5.4 评价结果

对于复杂的系统，为了说明子系统之间功能的传输情况，可以用可靠性框图表示系统的状况，如图 3-4 所示。从可靠性框图中可以明确地看出系统、子系统和元件之间的层次关系，系统以及子系统间的功能输入和输出、连接方式。可靠性框图和流程图或设备布置图不同，它只是表示系统与子系统间功能流动情况，而且可以根据实际需要，对风险度大的子系统进行深入分析，问题不大的则可放置一边，可靠性框图的各层次要进行编码，以便和制表的项目编码相对应。

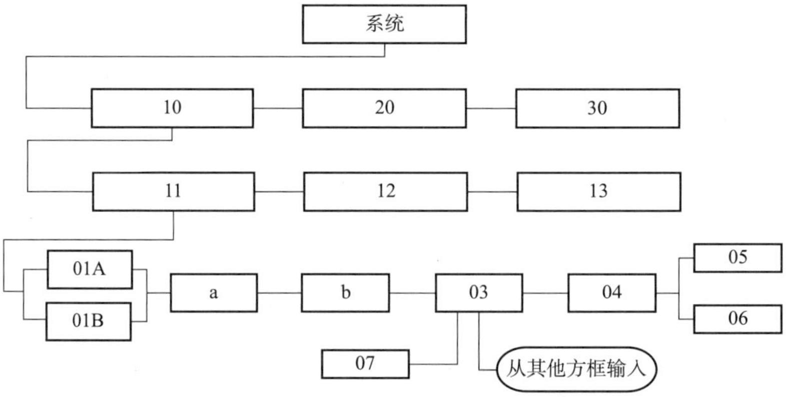

图 3-4 可靠性框图

注：1. 系统包括子系统 10、20、30；2. 子系统 10 包括组件 11、12、13；
3. 组件 11 包括元件 01A、01B、02、03、04、05 和 06；4. 元件 01A 和 01B 相同，是冗余设计；
5. 元件 02 由 a 及 b 组成，只用一个编码；6. 从功能上来看，元件 03 同时受到 07 和来自其他系统的影响；
7. 元件 05 和 06 是备用品回路；05 发生故障，06 即投入运行；8. 正常运行时，元件 07 不工作。

制表是 FMEA 方法的特点之一。为了表格便于编码、分类、查阅、保存，各部门可根据各自的不同情况拟出表格，但其基本内容相似。表 3-10～表 3-12 给出了三种不同的式样。

表 3-10 故障类型影响分析表格(格式一)

<table>
<tr><td colspan="4">系 统
子系统
组 件</td><td colspan="6">故障类型影响分析</td><td colspan="4">日期 制表
主管 审核</td></tr>
<tr><td colspan="4">分析项目</td><td rowspan="2">功能</td><td rowspan="2">故障类型及造成原因</td><td rowspan="2">任务阶段</td><td colspan="3">故障影响</td><td rowspan="2">故障检测方法</td><td rowspan="2">改正处理所需时间</td><td rowspan="2">故障等级</td><td rowspan="2">修改</td></tr>
<tr><td>名称</td><td>项目号</td><td>图纸号</td><td>框图号</td><td>组件</td><td>子系统</td><td>系统(任务)</td></tr>
<tr><td></td><td></td><td></td><td></td><td></td><td></td><td></td><td></td><td></td><td></td><td></td><td></td><td></td><td></td></tr>
</table>

表 3-11 故障类型影响分析表格(格式二)

<table>
<tr><td colspan="2" rowspan="4">系 统
子系统</td><td colspan="3" rowspan="4">故障类型影响分析</td><td colspan="2">日期</td></tr>
<tr><td colspan="2">制表</td></tr>
<tr><td colspan="2">主管</td></tr>
<tr><td colspan="2">审核</td></tr>
<tr><td>框图号</td><td>子系统项目</td><td>故障类型</td><td>推断原因</td><td>对子系统影响</td><td>对系统影响</td><td>故障等级</td></tr>
<tr><td></td><td></td><td></td><td></td><td></td><td></td><td></td></tr>
</table>

表 3-12 故障类型影响分析表格(格式三)

<table>
<tr><td colspan="3" rowspan="3">系 统
子系统</td><td colspan="4" rowspan="3">故障类型影响分析</td><td colspan="3">日期</td></tr>
<tr><td colspan="3">制表</td></tr>
<tr><td colspan="3">主管</td></tr>
<tr><td rowspan="2">(1)
项目号</td><td rowspan="2">(2)
分析项目</td><td rowspan="2">(3)
功能</td><td rowspan="2">(4)
故障类型</td><td rowspan="2">(5)
推断原因</td><td colspan="2">(6)影响</td><td rowspan="2">(7)
故障检测方法</td><td rowspan="2">(8)
故障等级</td><td rowspan="2">(9)
备注</td></tr>
<tr><td>子系统</td><td>系统</td></tr>
<tr><td></td><td></td><td></td><td></td><td></td><td></td><td></td><td></td><td></td><td></td></tr>
</table>

3.5.5 致命度分析

对于特别危险的故障类型，例如故障等级是Ⅰ级的故障类型，有可能导致人身伤亡或全系统损坏。因此，对这类元件要特别注意，可采用致命度分析方法(CA)进一步分析。致命度分析一般是与故障类型影响分析合用。致命度指数 C_r 的计算公式为：

$$C_r = \sum_{n=l}^{j} (\alpha \cdot \beta \cdot k_A \cdot k_E \cdot \lambda_G \cdot t \times 10^6)_n \tag{3-2}$$

式中 n——致命度故障类型序号；

j——致命故障类型总数；

k_A——实际运行修正系数；

k_E——环境修正系数；

λ_G——10^6 h 致命故障次数；

t——运行周期，h；

α——该故障类型在总故障中所占的比例；

β——该故障造成致命影响的发生概率。β 值与致命影响的关系如表 3－13 所示。表 3－14 为致命度分析表格样式。

表 3－13　造成致命影响的故障发生概率

影响	发生概率
实际损失	$\beta=1.00$
可预计损失	$0.10\leqslant\beta<1.00$
可能损失	$0<\beta<0.1$
无影响	$\beta=0$

表 3－14　致命度分析

<table>
<tr><td colspan="4">系统/子系统</td><td colspan="6">致命度分析</td><td colspan="4">日期/制表/主管</td></tr>
<tr><td rowspan="2">(1)
项目
编号</td><td colspan="3">致命故障</td><td colspan="10">致命度计算</td></tr>
<tr><td>(2)
故障
类型</td><td>(3)
运行
阶段</td><td>(4)
故障
影响</td><td>(5)
项目
数</td><td>(6)
实际
运行
修正
系数
k_A</td><td>(7)
环境
修正
系数
k_E</td><td>(8)
10^6 h
致命
故障
次数
λ_G</td><td>(9)
故障
率数
据来源</td><td>(10)
运转
时间或
周期
t</td><td>(11)
可靠性
指数
$nk_Ak_E\lambda_Gt$</td><td>(12)
α</td><td>(13)
β</td><td>(14)
C_r</td></tr>
</table>

3.6　风险矩阵分析法

风险矩阵是在系统管理过程中识别风险（风险集）重要性的一种结构性方法，并且还是对系统风险（风险集）潜在影响进行评估的一套方法论。这种方法是美国空军电子系统中心（Electronic Systems Center，ESC）的采办工程小组于 1995 年 4 月提出的。自 1996 年以来，ESC 的大量工程都采用风险矩阵法对潜在风险进行评估。

风险矩阵法作为一种简单、易用的结构性风险管理方法，具有以下优点：

(1)可识别哪一种风险是对系统影响最为关键的风险；

(2)加强系统要求、技术和风险之间相互关系的分析；

(3)允许工业部门在风险管理前期就加入进来；

(4)风险矩阵方法是在项目全周期过程中评估和管理风险的直接方法；

(5)为工程项目风险和风险管理提供了详细的可供进一步研究的历史记录。

风险矩阵法的评价流程如图 3－5 所示。

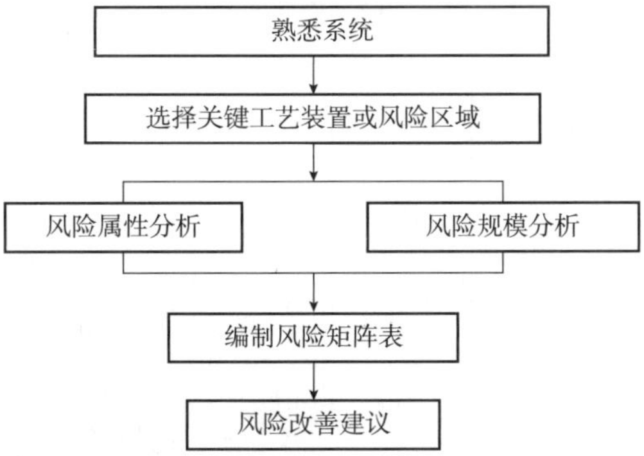

图 3－5　风险矩阵法评价流程

(1)熟悉系统：搜集系统有关资料，熟悉系统的各个组成部分以及工艺流程等相关参数。

(2)选择关键的工艺装置或风险区域，评定风险的属性和规模：

①风险属性

风险属性是指采用风险评价技术对各种安全设计、紧急情况控制以及管理等内容进行风险评价和核查。

②风险规模

风险规模是指使用风险分析法对下列内容进行评价和测定：

①泄漏着火；

②蒸气云爆炸；

③毒气泄漏(氟化氢、氨气)；

④运行中断(利润损失包括不可预见的结果)；

⑤第三方责任。

(3)编制风险矩阵表(表 3－15)

根据每个工艺装置总体风险系数编制风险矩阵表。此步骤是采取安全对策措施和改善各组成部分安全状态的依据。

(4)风险改善建议

风险改善建议包括：

A 型建议：工艺装置/区域的具体建议。

B 型建议：工艺装置/区域的具体建议，但可在系统总体基础上使用。

C 型建议：对将来项目安全设计原理或标准变更方面的建议。

Ⅰ区：一般风险，需加强管理不断改进；

Ⅱ区：中度风险，需制定风险削减措施；

Ⅲ区：重大风险，不可忍受的风险，纳入目标管理或制定管理方案。

评价为一般风险和中度风险的危害因素应列入危害因素清单，评价为重大风险的危害因素应列入重要危害因素清单。

表 3－15　风险矩阵表

严重级别	风险后果				概率增加				
	人员	财产	环境	名誉	A	B	C	D	E
	P	A	R	E	从没有发生过	本行业发生过	本组织发生过	本组织容易发生	本组织经常发生
0	无伤害	无损失	无影响	无影响					
1	轻微伤害	轻微损失	轻微影响	轻微影响		(Ⅰ区)			
2	小伤害	小损失	小影响	有限影响					
3	重大伤害	局部损失	局部影响	很大影响			(Ⅱ区)		
4	一人死亡	严重损失	严重影响	全国影响					(Ⅲ区)
5	多人死亡	特大损失	巨大影响	国际影响					

风险矩阵表中对人员、财产、环境、名誉的损害和影响的判别准则分别见表 3－16～表 3－19。

表 3－16　对人的影响

潜在影响		定义
0	无伤害	对健康没有伤害
1	轻微伤害	对个人受雇和完成目前劳动没有伤害
2	小伤害	对完成目前工作有影响，如某些行动不便或需要一周以内的休息才能恢复
3	重大伤害	导致对某些工作能力的永久丧失或需要经过长期恢复才能工作
4	一人死亡	一人死亡或永久丧失全部工作能力
5	多人死亡	多人死亡

表 3－17　对财产的影响

潜在影响		定义
0	无损失	对设备没有损坏
1	轻微损失	对使用没有妨碍，只需要少量的修理费用
2	小损失	给操作带来轻度不便，需要停工修理
3	局部损失	装置倾倒，修理可以重新开始
4	严重损失	装置部分丧失停工
5	特大损失	装置全部丧失，大范围损失

表 3-18　对环境的影响

潜在影响		定义
0	无影响	没有环境影响
1	轻微影响	可以忽略的环境影响，当地环境破坏在小范围内
2	小影响	破坏大到足以影响环境，单项超过基本或预定的标准
3	局部影响	环境影响多项超过基本的或预设的标准，并超出了一定范围
4	严重影响	严重的环境破坏，承包商或业主被责令把污染的环境恢复到污染前水平
5	巨大影响	对环境(商业、娱乐和自然生态)的持续严重破坏或扩散到很大的区域，对承包商或业主造成严重经济损失，持续破坏预先规定的环境界限

表 3-19　对名誉的影响

潜在影响		定义
0	无影响	没有公众反应
1	轻微影响	公众对事件有反应，但是没有公众表示关注
2	有限影响	一些当地公众表示关注，受到一些指责；一些媒体有报道和一些政治上的重视
3	很大影响	引起整个区域公众的关注，大量的指责，当地媒体大量负面的报道；国家媒体或当地/国家政策的可能限制措施或许可证影响；引发群众集会
4	全国影响	引起国内公众的反应，持续不断的指责，国家级媒体的大量负面报道；地区/国家政策的可能限制措施或许可证影响；引发群众集会
5	国际影响	引起国际影响和国际关注；国际媒体大量负面报道或国际政策上的关注；可能对进入新的地区得到许可证或税务上有不利影响，受到群众的压力；对承包方或业主在其他国家的经营产生不利影响

3.7　思考题

1. 结合风险工程领域专业知识谈谈如何贯彻安全生产和防灾减灾救灾的重要精神。
2. 写出定性风险分析方法的中英文全称。
3. 什么是安全检查？什么是安全检查表法？
4. 安全检查表的编制依据有哪些？
5. 预先危险性分析将危险因素的等级划分为几类？
6. 预先危险性分析的优点有哪些？
7. 危险性和可操作性研究方法的步骤是什么？
8. 危险性和可操作性研究的引导词有哪些？其意义是什么？
9. 人因失误及可靠性分析中，如何确定操作的基本可靠度和操作可靠度？
10. 简述作业条件危险性评价法的特点与适用范围。
11. 故障模式及影响分析的主要作用有哪些？
12. 画出风险矩阵法的评价流程图。

第4章　定量风险评价方法

习近平总书记在中央全面深化改革委员会第四次会议上强调要理顺管理体制，加强党对基层应急管理工作的领导，发挥应急管理部门综合优势以及相关部门和有关方面专业优势，衔接好“防”和“救”的责任链条，健全大安全大应急框架。要完善工作机制，推动形成隐患排查、风险识别、监测预警、及时处置闭环管理，做到预防在先、发现在早、处置在小。健全保障机制，加大基础性投入，根据地区人口数量、经济规模、灾害事故特点、安全风险程度等因素，配齐配强应急救援力量。要强化对基层干部教育培训，提升社会公众风险防范意识和自救互救能力。定量风险评价是准确确定危险源现实安全状况，提高危险源安全监控与管理水平的有效手段。在生产中，合理地选择定量风险评价方法评估危险源，能为风险控制与管理者决策提供科学依据，并能够制定科学、合理的风险控制措施。

风险(R)是指一起事故或一组事故发生的期望频率和后果的函数，表征为事故的频率(F)和危害后果(C)的综合作用，即：

$$R=F\cdot C$$

对化工园区或企业(可看作一个系统)实施定量风险评价的目的就是从系统安全的角度出发，按照科学的程序和方法，对系统中的危险因素进行识别，对潜在事故的可能性和危害程度进行估算，并将计算得出的风险和风险标准相比较，判断风险的可接受性，并提出降低风险的措施建议。

4.1　事件树分析法

4.1.1　概述

事件树分析(Event Tree Analysis，ETA)起源于决策树分析(DTA)，它是一种按事故发展的时间顺序由初始事件开始推论可能的后果，从而进行危险源辨识的方法。

一起事故的发生，是许多原因事件相继发生的结果，其中，一些事件的发生是以另一些事件首先发生为条件的，而一事件的出现，又会引起另一些事件的出现。在事件发生的顺序上，存在着因果的逻辑关系。事件树分析法是一种时序逻辑的事故分析方法，它以一初始事件为起点，按照事故的发展顺序，分成若干阶段，一步一步地进行分析，每一事件可能的后续事件只能取完全对立的两种状态(成功或失败，正常或故障，安全或危险等)之一，逐步向结果方面发展，直到达到系统故障或事故为止。因将所分析的情况用树枝状图表示，故叫事件树。它既可以定性地了解整个事件的动态变化过程，又可以定量计算出各阶段的概率，最终了解事故发展过程中各种状态的发生概率。

ETA 的功能：

(1)ETA 可以事前预测事故及不安全因素，估计事故的可能后果，寻求最经济的预防手段和方法。

(2)事后用 ETA 分析事故原因，十分方便明确。

(3)ETA 的分析资料既可作为直观的安全教育资料，也有助于推测类似事故的预防对策。

(4)当积累了大量事故资料时，可采用计算机模拟，使 ETA 对事故的预测更为有效。

(5)在安全管理上用 ETA 对重大问题进行决策，具有其他方法所不具备的优势。

事件树分析主要应用于：

(1)搞清楚初始事件到事故的过程，系统地图示出种种故障与系统成功、失败的关系。

(2)提供定义故障树顶上事件的手段。

(3)可用于事故分析。

4.1.2　评价方法与步骤

事件树的编制步骤如下：

(1)确定初始事件

事件树分析是一种系统地研究作为危险源的初始事件如何与后续事件形成时序逻辑关系而最终导致事故的方法。正确选择初始事件十分重要。初始事件是事故在未发生时，其发展过程中的危害事件或危险事件，如机器故障、设备损坏、能量外逸或失控、人的误动作等。可以用两种方法确定初始事件：

①根据系统设计、系统危险性评价、系统运行经验或事故经验等确定；

②根据系统重大故障或事故树分析，从其中间事件或初始事件中选择。

(2)判定安全功能

系统中包含许多安全功能，在初始事件发生时消除或减轻其影响以维持系统的安全运行。常见的安全功能列举如下：

①对初始事件自动采取控制措施的系统，如自动停车系统等；

②提醒操作者初始事件发生了的报警系统；

③根据报警或工作程序要求操作者采取的措施；

④缓冲装置，如减振、压力泄放系统或排放系统等；

⑤局限或屏蔽措施等。

(3)绘制事件树

从初始事件开始，按事件发展过程自左向右绘制事件树，用树枝代表事件发展途径。

首先考察一旦发生初始事件最先起作用的安全功能，把可以发挥功能的状态画在上面的分枝，不能发挥功能的状态画在下面的分枝。然后依次考察各种安全功能的两种可能状态，把发挥功能的状态(又称成功状态)画在上面的分枝，把不能发挥功能的状态(又称失败状态)画在下面的分枝，直到到达系统故障或事故为止。

(4)简化事件树

在绘制事件树的过程中，可能会遇到一些与初始事件或与事故无关的安全功能，或者其功能关系相互矛盾、不协调的情况，需用工程知识和系统设计的知识予以辨别，然后从树枝中去掉，即构成简化的事件树。

在绘制事件树时，要在每个树枝上写出事件状态，树枝横线上面写明事件过程内容特征，横线下面注明成功或失败的状况说明。

4.1.3 事件树定性分析

事件树定性分析在绘制事件树的过程中就已进行，绘制事件树必须根据事件的客观条件和事件的特征作出符合科学性的逻辑推理，用与事件有关的技术知识确认事件可能状态，所以在绘制事件树的过程中就已对每一发展过程和事件发展的途径作了可能性的分析。

事件树画好之后的工作，就是找出发生事故的途径和类型以及预防事故的对策。

(1)找出事故连锁

事件树的各分枝代表一旦发生初始事件其可能的发展途径。其中，最终导致事故的途径即为事故连锁。一般地，导致系统事故的途径有很多，即有许多事故连锁。事故连锁中包含的初始事件和安全功能故障的后续事件之间具有“逻辑与”的关系，显然，事故连锁越多，系统越危险；事故连锁中事件树越少，系统越危险。

(2)找出预防事故的途径

事件树中最终达到安全的途径指导我们如何采取措施预防事故。在达到安全的途径中，发挥安全功能的事件构成事件树的成功连锁。如果能保证这些安全功能发挥作用，则可以防止事故。一般地，事件树中包含的成功连锁可能有多个，即可以通过若干途径来防止事故发生。显然，成功连锁越多，系统越安全，成功连锁中事件树越少，系统越安全。

由于事件树反映了事件之间的时间顺序，所以应该尽可能地从最先发挥功能的安全功能着手。

4.1.4 事件树定量分析

事件树定量分析是指根据每一事件的发生概率，计算各种途径的事故发生概率，比较各个途径概率值的大小，作出事故发生可能性序列，确定最易发生事故的途径。一般地，当各事件之间相互统计独立时，其定量分析比较简单。当事件之间相互统计不独立时(如共同原因故障，顺序运行等)，则定量分析变得非常复杂。这里仅讨论前一种情况。

(1)各发展途径的概率

各发展途径的概率等于自初始事件开始的各事件发生概率的乘积。

(2)事故发生概率

事件树定量分析中，事故发生概率等于导致事故的各发展途径的概率和。

定量分析要有事件概率数据作为计算的依据，而且事件过程的状态又是多种多样的，一般都因缺少概率数据而不能实现定量分析。

(3)事故预防

事件树分析把事故的发生发展过程表述得清楚且有条理，为设计事故预防方案，制定事故预防措施提供了有力的依据。

从事件树上可以看出，最后的事故是一系列危害和危险的发展结果，如果中断这种发展过程就可以避免事故发生。因此，在事故发展过程的各阶段，应采取各种可能措施，控制事件的可能性状态，减小危害状态出现概率，增大安全状态出现概率，把事件发展过程引向安全的发展途径。

采取在事件不同发展阶段阻截事件向危险状态转化的措施，最好在事件发展前期过程实现，从而产生阻截多种事故发生的效果。但有时由于技术经济等原因无法控制，这时就要在事件发展后期过程采取控制措施。显然，要在各条事件发展途径上都采取措施才行。

4.2 事故树分析法

4.2.1 概述

事故树分析(Fault Tree Analysis，FTA)是安全系统工程的重要分析方法之一，是一种演绎推理法，这种方法把系统可能发生的某种事故与导致事故发生的各种原因之间的逻辑关系用一种称为事故树的树形图表示，通过对事故树的定性与定量分析，找出事故发生的主要原因，为确定安全对策提供可靠依据，以达到预测与预防事故发生的目的。用它描述事故的因果关系直观、明了，思路清晰，逻辑性强。

20 世纪 60 年代初期，很多高新产品在研制过程中，因对系统的可靠性、安全性研究不够，新产品在没有确保安全的情况下就投入市场，造成大量使用事故的发生，用户纷纷要求厂家进行经济赔偿，从而迫使企业寻找一种科学方法确保安全。

事故树分析首先由美国贝尔电话研究所于 1961 年为研究民兵式导弹发射控制系统时提出来，1974 年美国原子能委员会运用 FTA 对核电站事故进行了风险评价，发表了著名的《拉姆逊报告》。该报告对事故树分析作了大规模有效的应用。此后，在社会各界引起了极大的反响，受到了广泛的重视，从而迅速在许多国家和许多企业应用和推广。我国开展事故树分析方法的研究是从 1978 年开始的。目前已有很多部门和企业正在进行普及和推广工作，并已取得一大批成果，促进了企业的安全生产。20 世纪 80 年代末，铁路运输系统开始把事故树分析方法应用到安全生产和劳动保护上来，也已取得了较好的效果。

4.2.2 评价方法与步骤

1. 事故树基本符号

事故树是由各种符号和其连接的逻辑门组成的。最简单、最基本的符号有：

(1)事件符号

①矩形符号。用它表示顶上事件或中间事件。将事件扼要记入矩形框内。必须注意，顶上事件一定要清楚明了，不要太笼统，例如“交通事故”“爆炸着火事故”，对此人们无法下手分析，而应当选择具体事故，如“机动车追尾”“机动车与自行车相撞”“建筑工人从脚手架上坠落死亡”“道口火车与汽车相撞”等。

②圆形符号。它表示基本(原因)事件，可以是人的差错，也可以是设备、机械故障、环境因素等。它表示最基本的事件，不能再继续往下分析了。例如，影响司机瞭望条件的“曲线地段”“照明不好”，司机本身问题影响行车安全的“酒后开车”“疲劳驾驶”等原因，将事故原因扼要记入圆形符号内。

③屋形符号。它表示正常事件，是系统在正常状态下发生的正常事件。如：“机车或车辆经过道岔”“因走动取下安全带”等，将事件扼要记入屋形符号内。

④菱形符号。它表示省略事件，即表示事前不能分析，或者没有再分析下去的必要的事件。例如，“司机间断瞭望”“天气不好”“臆测行车”“操作不当”等，将事件扼要记入菱形符号内。

图 4-1 事件树基本符号

各事件符号具体形状如图 4-1 所示。

(2)逻辑门符号

即连接各个事件，并表示逻辑关系的符号。其中主要有：与门、或门、条件与门、条件或门以及限制门。

①与门符号。与门连接表示输入事件 B_1、B_2 同时发生的情况下，输出事件 A 才会发生的连接关系。二者缺一不可，表现为逻辑积的关系，即 $A=B_1\cap B_2$。在有若干输入事件时，也是如此，如图 4-2 所示。

②或门符号。表示输入事件 B_1 或 B_2 中，任何一个事件发生都可以使事件 A 发生，表现为逻辑和的关系即 $A=B_1\cup B_2$。在有若干输入事件时，情况也是如此，如图 4-3 所示。

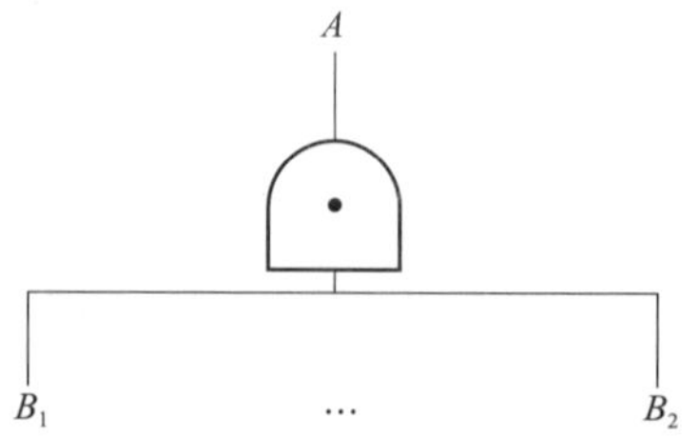

图 4-2 与门符号

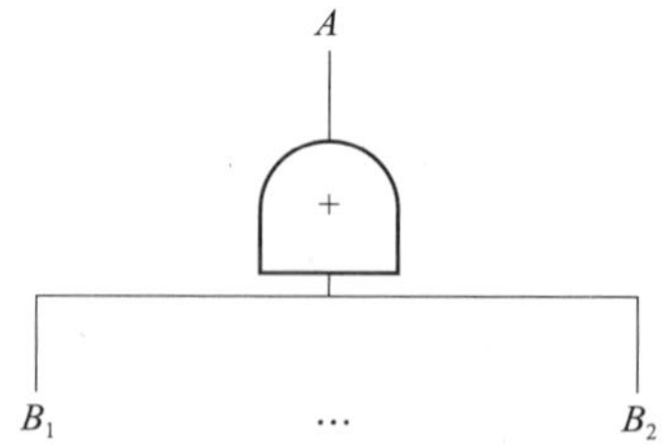

图 4-3 或门符号

③条件与门符号。表示只有当 B_1、B_2 同时发生，且满足条件 α 的情况下，A 才会发

生，相当于三个输入事件的与门。即 $A=B_1\cap B_2\cap\alpha$，将条件 α 记入条形内，如图 4－4 所示。

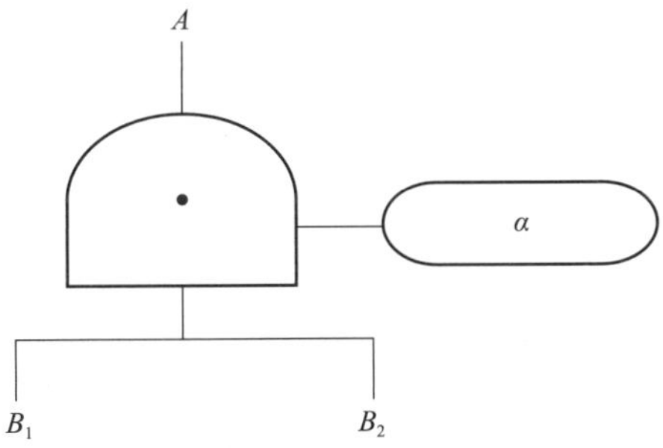

图 4－4 条件与门符号

④条件或门符号。表示 B_1 或 B_2 任何一个事件发生，且满足条件 β，输出事件 A 才会发生，将条件 β 记入条形内，如图 4－5 所示。

⑤限制门符号。它是逻辑上的一种修正符号，即输入事件发生且满足条件 γ 时，才产生输出事件。相反，如果不满足，则不发生输出事件，条件 γ 写在椭圆形符号内，如图 4－6 所示。

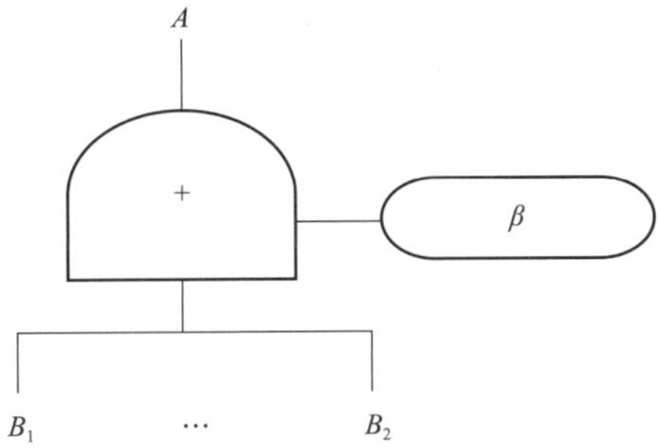

图 4－5 条件或门符号

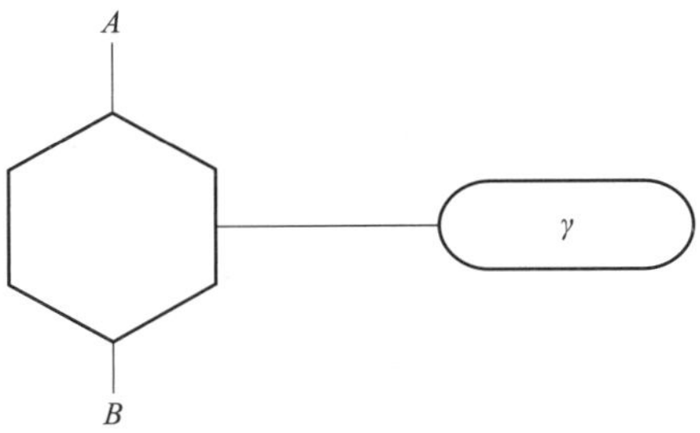

图 4－6 限制门符号

(3)转移符号

当事故树规模很大时，需要将某些部分画在别的纸上，这就要用转出和转入符号，以标出向何处转出和从何处转入。

①转入符号。它表示从其他部分转入，倒"△"内记入从何处转入的标记，如图 4－7(a) 所示。

②转出符号。它表示向其他部分转出，"△"内记入向何处转出的标记，如图 4－7(b) 所示。

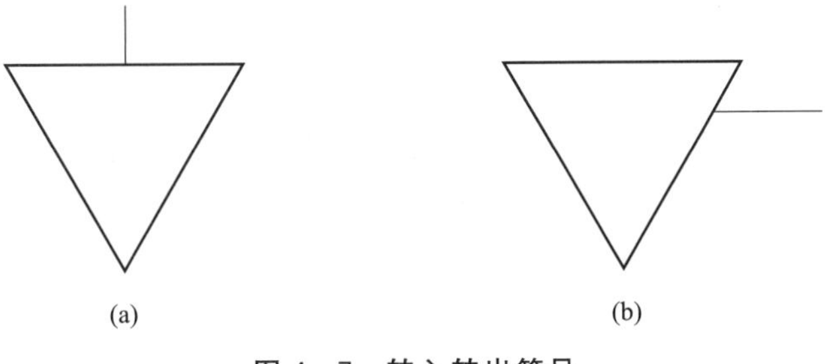

图 4－7 转入转出符号

2. 事故树分析程序

事故树分析虽然根据对象系统的性质、分析目的的不同，分析的程序也不同，但是，一般都有下面的 10 个基本程序，如图 4－8 所示。

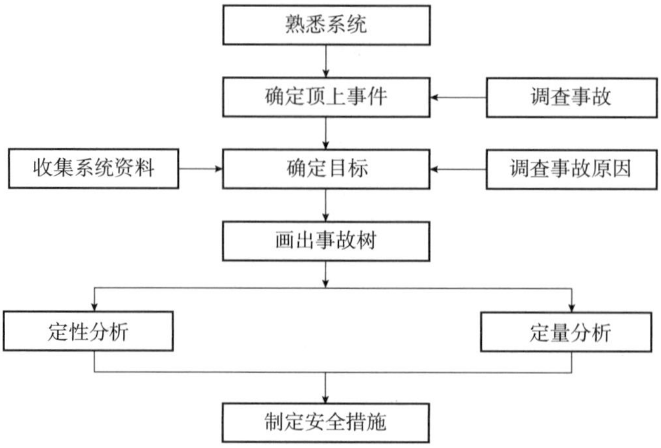

图 4-8 事故树分析程序

(1)熟悉系统。了解系统情况，包括工作程序、各种重要参数、作业情况。必要时画出工艺流程图和布置图。

(2)调查事故。要求在过去事故实例、有关事故统计基础上，尽量广泛地调查所能预想到的事故，即包括已发生的事故和可能发生的事故。

(3)确定顶上事件。所谓顶上事件，就是我们所要分析的对象事件。分析系统发生事故的损失和频率大小，从中找出后果严重，且较容易发生的事故，作为分析的顶上事件。

(4)确定目标。根据以往的事故记录和同类系统的事故资料，进行统计分析，求出事故发生的概率(或频率)，然后根据这一事故的严重程度，确定我们要控制的事故发生概率的目标值。

(5)调查原因事件。调查与事故有关的所有原因事件和各种因素，包括设备故障、机械故障、操作者的失误、管理和指挥错误、环境因素等，尽量详细查清原因和影响。

(6)画出事故树。根据上述资料，从顶上事件起进行演绎分析，一级一级地找出所有直接原因事件，直到所要分析的深度，按照其逻辑关系，画出事故树。

(7)定性分析。根据事故树结构进行化简，求出最小割集和最小径集，确定各基本事件的结构重要度排序。

(8)计算顶上事件发生概率。首先根据所调查的情况和资料，确定所有原因事件的发生概率，并标在事故树上。根据这些基本数据，求出顶上事件(事故)发生概率。

(9)进行比较。要根据可维修系统和不可维修系统分别考虑。对可维修系统，把求出的概率与通过统计分析得出的概率进行比较，如果二者不符，则必须重新研究，看原因事件是否齐全，事故树逻辑关系是否清楚，基本原因事件的数值是否设定得过高或过低等等。对不可维修系统，求出顶上事件发生概率即可。

(10)定量分析。

定量分析包括下列三个方面的内容：

①当事故发生概率超过预定的目标值时，要研究降低事故发生概率的所有可能途径，

可从最小割集着手，从中选出最佳方案。

②利用最小径集，找出根除事故的可能性，从中选出最佳方案。

③求各基本原因事件的临界重要度系数，从而对需要治理的原因事件按临界重要度系数大小进行排队，或编出安全检查表，以求加强人为控制。

事故树分析方法原则上是这 10 个步骤。但在具体分析时，可以根据分析的目的、投入人力物力的多少、人的分析能力的高低，对基础数据的掌握程度等，分别进行到不同步骤。如果事故树规模很大，也可以借助电子计算机进行分析。

3. 事故树的定性分析

①相关概念

割集——也叫截集或截止集，它是导致顶上事件发生基本事件的集合。也就是说，事故树中一组基本事件的发生，能够造成顶上事件发生，这组基本事件就叫割集。引起顶上事件发生的基本事件的最低限度的集合叫最小割集。

径集——也叫通集或导通集，即如果事故树中某些基本事件不发生，顶上事件就不发生。那么，这些基本事件的集合称为径集。不引起顶上事件发生的最低限度的基本事件的集合叫最小径集。

②最小割集的求解方法

求最小割集常用的方法有行列法、布尔代数化简法等。

a. 行列法

行列法是 1972 年福塞尔提出的方法，所以也称其为福塞尔法。其理论依据是："与门"使割集容量增加，而不增加割集的数量；"或门"使割集的数量增加，而不增加割集的容量。这种方法是从顶上事件开始，用下一层事件代替上一层事件，把"与门"连接的事件，按行横向排列；把"或门"连接的事件，按列纵向排开。这样，逐层向下，直至各基本事件，列出若干行，最后利用布尔代数化简。化简结果，就得出若干最小割集。

b. 布尔代数化简法

任何一个事故树都可以用布尔函数来描述。化简布尔函数，其最简析取标准式中每个最小项所属变元构成的集合，便是最小割集。若最简析取标准式中含有 m 个最小项，则该事故树有 m 个最小割集。

根据布尔代数的性质，可把任何布尔函数化为析取和合取两种标准形式。析取标准形式为：

$$f=A_1+A_2+\cdots+A_n=\sum_{i=1}^{n}A_i \tag{4-1}$$

合取标准形式为：

$$f=B_1\cdot B_2\cdot\cdots\cdot B_n=\prod_{i=1}^{n}B_i \tag{4-2}$$

可以证明，A_i 和 B_i 分别是事故树的割集和径集。如果定义析取标准式的布尔项之和 A_i 中各项之间不存在包含关系，即其中任意一项基本事件布尔积不被其他基本事件布尔积所包含，则该析取标准式为最简析取标准式，那么 A_i 为结构函数 f 的最小割集。同理，可以直接利用最简合取标准式求取事故树的最小径集。

③结构重要度分析

结构重要度分析是从事故树结构上入手分析各基本事件的重要程度。结构重要度分析一般可以采用两种方法：一种是精确求出结构重要度系数；另一种是用最小割集或用最小径集排出结构重要度顺序。

在事故树分析中，各个事件都是两种状态：一种状态是发生，即 $X_i=1$；另一种状态是不发生，即 $X_i=0$。各个基本事件状态的不同组合，又构成顶上事件的不同状态，即 $\Phi(X)=1$ 或 $\Phi(X)=0$。

若某个基本事件 X_i 的状态由 0 变成 1(即 $0_i\rightarrow 1_i$)，其他基本事件的状态保持不变，顶上事件的状态变化可能有三种情况：

$\Phi(0_i,\ X)=0\rightarrow\Phi(1_i,\ X)=0$，则 $\Phi(1_i,\ X)-\Phi(0_i,\ X)=0$；

$\Phi(0_i,\ X)=0\rightarrow\Phi(1_i,\ X)=1$，则 $\Phi(1_i,\ X)-\Phi(0_i,\ X)=1$；

$\Phi(0_i,\ X)=1\rightarrow\Phi(1_i,\ X)=1$，则 $\Phi(1_i,\ X)-\Phi(0_i,\ X)=0$。

第一种情况和第三种情况都不能说明 X_i 的状态变化对顶上事件的发生起什么作用，唯有第二种情况说明 X_i 的作用，即当基本事件 X_i 的状态从 0 变到 1，其他基本事件的状态保持不变，顶上事件的状态 $\Phi(0_i,\ X)=0$ 变到 $\Phi(1_i,\ X)=1$，也就说明，这个基本事件 X_i 的状态变化对顶上事件的发生与否起了作用。我们把所有这样的情况累加起来乘以一个系数 $1/2^{n-1}$，就是结构重要度系数 $I\Phi(i)$(n 是该事故树的基本事件的个数)。

结构重要度分析属于定性分析，要排出各基本事件的结构重要度顺序，不一定非求出结构重要度系数不可，因而大可不必花那么大的精力编排基本事件状态值和顶上事件状态值表，而一个个去数去算。如果事故树结构很复杂，基本事件很多，列出的表就很庞大，基本事件状态值的组合很多(共 2^n 个)，这就给求结构重要度系数带来很大困难。因此，一般用最小割集或最小径集来排列各种基本事件的结构重要度顺序。

4. 事故树定量分析

事故树定量分析的目的：一是在给定基本事件发生概率的情况下，求出顶上事件发生的概率，这样就可以根据所得结果与预定的目标值进行比较。如果计算值超出了目标值，就应采取必要的系统改进措施，使其降至目标值以下。二是计算每个基本事件对顶上事件发生概率的影响程度，以便更切合实际地确定各基本事件对预防事故发生的重要性，使我们更清楚地认识到要改进系统应重点从何处着手。

(1)顶上事件发生概率的计算

当给定各基本事件的发生概率，各基本事件又是独立事件时，就可以计算顶上事件的发生概率。

对顶上事件状态 $\Phi(X)=1$ 的所有基本事件的状态组合，求各个基本事件状态($X_i=1$ 或 0)的概率积之和，用公式表达为：

$$P(T)=\sum_{p=1}^{2^n}\Phi_p(X)\prod_{i=1}^{n}q_i^{Y_i}(1-q_i)^{1-Y_i} \tag{4-3}$$

式中 p——基本事件状态组合序号；

$\Phi_p(X)$——顶上事件状态值，$\Phi(X)=0$ 或 $\Phi(X)=1$；

Y_i——第 i 个基本事件的状态值，$Y_i=0$ 或 $Y_i=1$；

q_i——第 i 个基本事件的发生概率。

(2)概率重要度分析

结构重要度分析是从事故树的结构上，分析各基本事件的重要程度。如果进一步考虑基本事件发生概率的变化会给顶上事件发生概率以多大影响，就要分析基本事件的概率重要度。利用顶上事件发生概率函数是一个多重线性函数这一性质，只要对自变量 q_i 求一次偏导数，就可得出该基本事件的概率重要度系数：

$$I_g(i)=\frac{\partial P(T)}{\partial q_i}\quad (i=1,\ 2,\ \cdots,\ n) \tag{4-4}$$

当利用式(4-4)求出各基本事件的概率重要度系数后，就可以知道：诸多基本事件，减少哪个基本事件的发生概率可以有效地降低顶上事件的发生概率。

(3)关键重要度(临界重要度)分析

当各基本事件发生概率不等时，一般情况下，改变概率大的基本事件比改变概率小的基本事件容易，但基本事件的概率重要度系数并未反映这一事实，因而它不能从本质上反映各基本事件在事故树中的重要程度。关键重要度分析，表示第 i 个基本事件发生概率的变化率引起顶事件发生概率的变化率，比概率重要度更合理、更具有实际意义。其表达式为：

$$\begin{aligned}I_g^c(i)&=\lim_{\Delta q_i\to 0}\frac{\Delta P(T)/P(T)}{\Delta q_i/q_i}\\&=\frac{q_i}{P(T)}\cdot\lim_{\Delta q_i\to 0}\frac{\Delta P(T)}{\Delta q_i}\\&=\frac{q_i}{P(T)}\cdot I_g(i)\end{aligned} \tag{4-5}$$

式中 $I_g^c(i)$——第 i 个基本事件的关键重要度系数；

$I_g(i)$——第 i 个基本事件的概率重要度系数；

$P(T)$——顶事件发生概率；

q_i——第 i 个基本事件的发生概率。

4.2.3 优点和适用范围

FTA 的优点：

(1)它能识别导致事故的基本事件(基本的设备故障)与人为失误的组合，可为人们提供设法避免或减少导致事故基本原因的线索，从而降低事故发生的可能性；

(2)对导致灾害事故的各种因素及逻辑关系能作出全面、简洁和形象的描述；

(3)便于查明系统内固有的或潜在的各种危险因素，为设计、施工和管理提供科学依据；

(4)便于进行逻辑运算，进行定性、定量分析和系统评价。

FTA 步骤较多，计算也较复杂；在国内数据较少，进行定量分析还需要做大量工作。FTA 应用比较广泛，非常适合于高度重复性的系统。

4.3 危险指数评价法

危险指数评价法是通过评价人员对几种工艺现状及运行的固有属性(以作业现场危险度、事故概率和事故严重度为基础，对不同作业现场的危险性进行鉴别)进行比较计算，确定工艺危险特性重要性大小及是否需要进一步研究的安全评价方法。

危险指数评价可以运用在工程项目的各个阶段(可行性研究、设计、运行等)，可以在详细的设计方案完成之前运用，也可以在现有装置危险分析计划制定之前运用。当然它也可用于在役装置，作为确定工艺操作危险性的依据。

本章主要介绍道化学公司火灾、爆炸危险指数评价法、ICI 蒙德法、易燃易爆有毒重大危险源评价法，以及肯特长输管道风险评价法等常见的几种典型危险指数评价法。

4.3.1 道化学公司火灾、爆炸危险指数评价法

4.3.1.1 概述

1964 年，美国道化学公司提出了以物质系数为基础的安全评价方法。1966 年，进一步提出了火灾、爆炸指数的概念，表示火灾、爆炸的危险程度。1972 年，该公司又提出了以物质的闪点(或沸点)为基础，代表物质潜在能量的物质系数，结合物质的特定危险值、工艺过程及特殊工艺的危险值，计算出系统的火灾、爆炸指数，以评价该系统火灾、爆炸危险程度的方法(第三版)。以第三版为蓝本，1976 年日本劳动省公布了“化学联合企业安全评价”六阶段评价法，以及疋田法等。1979 年，英国帝国化学工业公司蒙德部结合道化法第三版并加以扩充，提出了 ICI Mond 火灾、爆炸、毒性指标评价法。道化学公司在引进了毒性、改进了确定物质系数的方法，提出了计算火灾、爆炸最大可能损失(*MPPD*)的方法后，于 1976 年发表了第四版评价法。1980 年，提出用最大可能停工日数(*MPDO*)计算经营损失(*BI*)，发表了第五版。1987 年，在调整了物质系数，增加了毒性补偿内容，简化了附加系数和补偿系数的计算方法后，发表了第六版。在对第六版进行了修改并给出了美国消防协会(NFPA)的最新物质系数后，于 1993 年推出了第七版。

4.3.1.2 评价范围

道化学公司火灾、爆炸危险指数评价法(第七版)历经 29 年不断进行补充、修改、完善，是一种比较新、成熟、可靠的方法，由于其方法独特、有效且容易掌握，受到了世界各国的重视。为生产、储运、处理易燃、易爆活性物质的操作过程提出了一个十分有效的安全评价方法。除此之外，也可用于分析污水处理设施、公用工程系统、管路、整流器、

变压器、锅炉、热氧化器，以及发电厂一些单元的潜在损失。该系统还可用于潜在危险物质库存量较小的工艺过程的风险评价，特别是用于实验工厂的风险评价。该评价方法的适用范围是易燃或活性化学物质的最小处理量为454kg左右的系统。

4.3.1.3　评价方法与步骤

道化学公司火灾、爆炸危险指数评价法评价的目的：①真实地量化潜在火灾、爆炸和反应性事故的损失预测；②确定可能引起事故发生或使事故扩大的设备(或单元)；③向管理部门通报潜在的火灾、爆炸危险性；④使工程技术人员了解各工艺部分可能造成的损失，并帮助确定减轻潜在事故严重性和总损失的有效而又经济的途径，这是该评价方法的最重要目的。评价的基本程序如图4－9所示。在评价之前首先要准备如下资料：

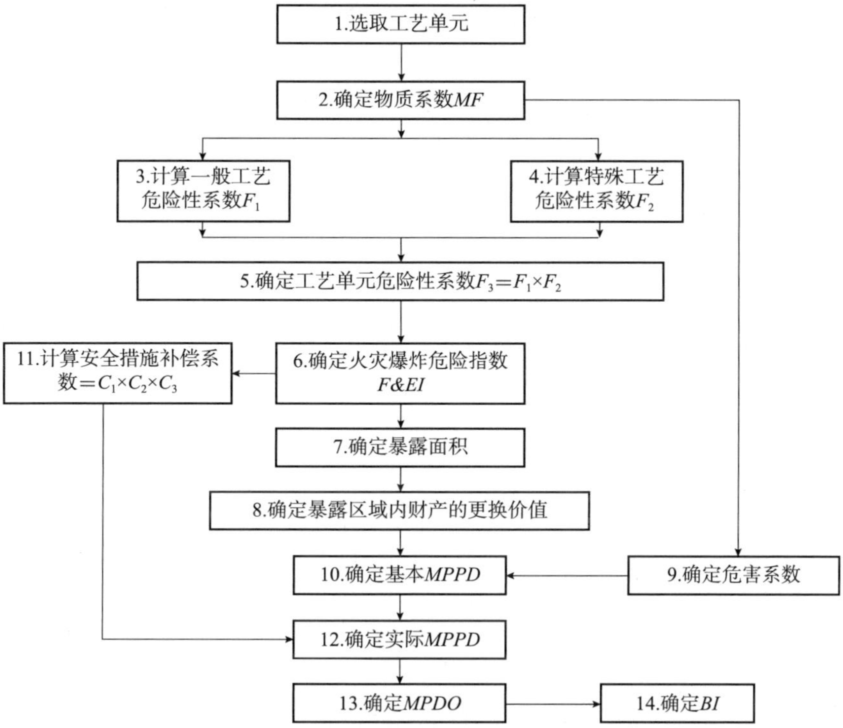

图4－9　DOW火灾、爆炸危险指数评价程序框图

(1)装置或工厂的设计方案；

(2)火灾、爆炸指数危险度分级表；

(3)火灾、爆炸危险指数计算表(表4－1)；

表4－1　火灾、爆炸危险指数($F\&EI$)计算表

地区/国家：	部门：	场所：	日期：
位置：	生产单元：	工艺单元：	
评价人：	审定人(负责人)：		建筑物：
检查人(管理部)：	检查人(技术中心)：		检查人(安全和损失预防)：
工艺设备中的物料：			

续表

操作状态：☞设计☞开车☞正常作业☞停车		确定 MF 的物质
操作温度：	物质系数：	
1. 一般工艺危险性	危险系数范围	采用危险系数
基本系数	1.00	1.00
(1)放热反应	0.3～1.25	
(2)吸热反应	0.2～0.4	
(3)物质的处理和输送	0.25～1.05	
(4)封闭式结构的单元	0.25～0.9	
(5)通道	0.20～0.35	
(6)排放和泄漏控制	0.25～0.5	
一般工艺危险性系数 F_1		
2. 特殊工艺危险性		
基本系数	1.00	1.00
(1)毒性物质	0.2～0.8	
(2)负压(≤66.5kPa)	0.50	
(3)接近易燃范围内的操作 惰性化　未惰性化		
a. 罐装可燃性液体	0.5	
b. 过程失常或吹扫故障	0.30	
c. 一直在燃烧范围内	0.80	
(4)粉尘爆炸	0.25～2.00	
(5)压力 操作压力(kPa)(绝对压力) 释放压力(kPa)(绝对压力)		
(6)低温	0.2～0.3	
(7)易燃及化学活泼性物质的重量 物质重量(kg) 物质燃烧热 Hc(J/kg)		
a. 工艺中的液体及气体		
b. 储存中的液体和气体		
c. 储存中的可燃性固体及工艺中的粉尘		
(8)腐蚀与磨损	0.10～0.75	
(9)泄漏(接头与密封)	0.10～1.50	
(10)使用明火		
(11)油热交换系统	0.15～1.15	
(12)转动设备	0.50	
特殊工艺危险性系数(F_2)		
工艺单元危险性系数($F_1 \times F_2 = F_3$)		
火灾、爆炸危险指数($F_3 \times MF = F\&EI$)		

注：无危险时系数用 0.00。

（4）安全措施补偿系数表（表 4－2）；

表 4－2 安全措施补偿系数表

项目	补偿系数	实际补偿系数
1．工艺控制（C_1）		
（1）紧急状态动力源	0.98	
（2）骤冷装置	0.97～0.99	
（3）抑爆装置	0.84～0.98	
（4）紧急切断装置	0.96～0.99	
（5）计算机控制	0.93～0.99	
（6）惰性气体保护系统	0.94～0.96	
（7）操作仪表	0.91～0.99	
（8）化学活泼性物质的评价	0.91～0.98	
C_1合计		
2．危险物质隔离（C_2）		
（1）远距离控制阀	0.96～0.98	
（2）切断/排放装置	0.96～0.98	
（3）排污系统	0.91～0.97	
（4）联锁装置	0.98	
C_2 合计		
3．防火设施		
（1）泄漏气体检测装置	0.94～0.98	
（2）钢质结构	0.95～0.98	
（3）地下贮罐	0.84～0.91	
（4）供水系统	0.94～0.91	
（5）特殊灭火系统	0.91	
（6）自动洒水系统	0.74～0.97	
（7）防火水幕	0.97～0.98	
（8）泡沫灭火装置	0.92～0.97	
（9）手提式灭火器/水枪	0.95	
（10）电缆屏蔽	0.94～0.98	
C_3合计		
安全措施补偿系数：$C_1 \times C_2 \times C_3$		

注：无安全措施补偿系数时，填入 1.00。

（5）工艺单元风险分析汇总表；

（6）工厂风险分析汇总表；

（7）有关装置的更换费用数据。

在资料准备齐全和充分熟悉评价系统的基础上再按图 4－9 所示的程序进行。

1. 选择工艺(评价)单元

一套生产装置包括许多工艺单元，但计算火灾、爆炸指数(表 4－1)时，只评价那些从损失预防角度来看影响比较大的工艺单元，这些单元称为评价单元。

选择评价单元时可以从以下几个方面考虑：①潜在化学能(物质系数)；②工艺单元中危险物质的数量；③资金密度(每平方米美元数)；④操作压力和操作温度；⑤导致火灾、爆炸事故的历史资料；⑥对装置操作起关键作用的单元。一般情况下，这些方面的数值越大，该工艺单元越需要评价。安全措施补偿系数见表 4－2。

2. 确定物质系数(MF)

在火灾、爆炸指数的计算和其他危险性评价时，物质系数(MF)是最基础的数值，它是表述物质由燃烧或其他化学反应引起的火灾、爆炸中释放能量大小的内在特性。

物质系数根据美国消防协会规定的物质可燃性 N_f 和化学活性(或不稳定性)N_r，从表 4－3 中求取。此外，许多物质的物质系数直接由物质系数表查得。

表 4－3　物质系数表

气体及液体的可燃性包括挥发性固体	NFPA325M 及 49	$N_r=0$	$N_r=1$	$N_r=2$	$N_r=3$	$N_r=4$
不燃物(暴露在 816℃热空气中 5min 不燃烧)	$N_f=0$	1	14	24	29	40
$F.P>93$℃	$N_f=1$	4	14	24	29	40
93℃$\geqslant F.P\geqslant 38$℃	$N_f=2$	10	14	24	29	40
$F.P<38$℃ $B.P\geqslant 38$℃	$N_f=3$	16	16	24	29	40
$F.P<23$℃ $B.P<38$℃	$N_f=4$	21	21	24	29	40
可燃性粉尘(K_{st}是指在 16L 或稍大的密封容器中，用强点火源作的试验值)						
St－1($K_{st}<200$bar·m/s)	16	16	24	29	40	
St－2($K_{st}=201\sim300$bar·m/s)	21	21	24	29	40	—
St－3($K_{st}>300$bar·m/s)	24	24	24	29	40	
可燃性固体						
厚度＞40mm(木板、镁锭、纸卷)	$N_f=1$	4	14	24	29	40
厚度＜40mm(粒状非粉尘物质)	$N_f=2$	10	14	24	29	40
多孔物、纤维、粉状物	$N_f=3$	16	16	24	29	40

注：表中 $F.P$ 为闭杯闪点；$B.P$ 为标准温度和压力下的沸点；St 为可燃性粉尘等级；N_f 为物质可燃性等级；N_r 为物质化学活泼性。

$N_r=1$，加温加压条件下稳定性较差的物质；$N_r=2$，加温加压下易于发生剧烈化学反应变化的物质；$N_r=3$，本身能发生爆炸分解或爆炸反应，但需强引发源或引发前必须在密闭状态下加热的物质；$N_r=4$，在常温常压下自身易于引发爆炸分解或爆炸反应的物质。

3. 计算一般工艺危险系数(F_1)

一般工艺危险系数是确定事故损害大小的主要因素，共包括六项内容，即放热反应、吸热反应、物料处理和输送、封闭单元或室内单元、通道、排放和泄漏。

一个评价单元不一定每项都包括，要根据具体情况选取恰当的系数，填入表 4－1 中，并将这些危险系数相加，得到单元一般工艺危险系数。

4. 计算特殊工艺危险系数(F_2)

特殊工艺危险性是影响事故发生概率的主要因素，包括十二项内容，即毒性物质、负压物质、在爆炸极限范围内或其附近的操作、粉尘爆炸、释放压力、低温、易燃和不稳定物质的数量、腐蚀、泄漏、明火设备、油热交换系统、转动设备。

每一个评价单元不一定每项都要取值，有关各项按规定求取危险系数。如“易燃和不稳定物质的数量”分三种情况确定危险系数：

(1)工艺过程中的液体和气体，求出评价单元中可燃或不稳定物质总量后乘以燃烧热 Hc(J/kg)，得到总热量，然后从图 4－10 中查得危险系数。

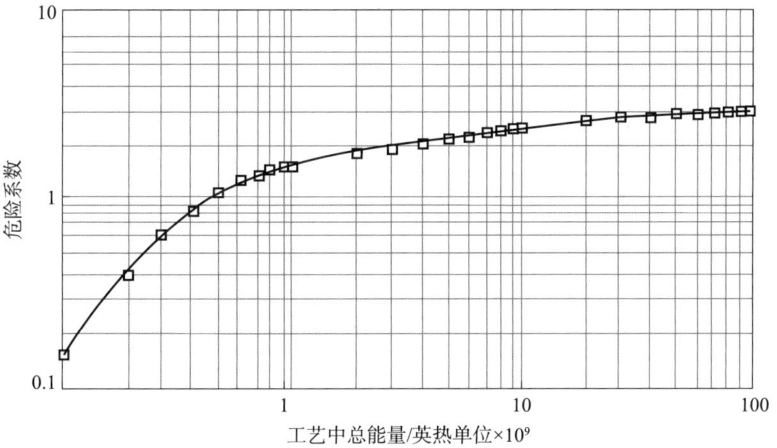

注：1英热单位＝1.055×10^3J。

图 4－10　工艺中的液体和气体

(2)储存中的液体和气体，求得总燃烧热，由图 4－11 查出危险系数。

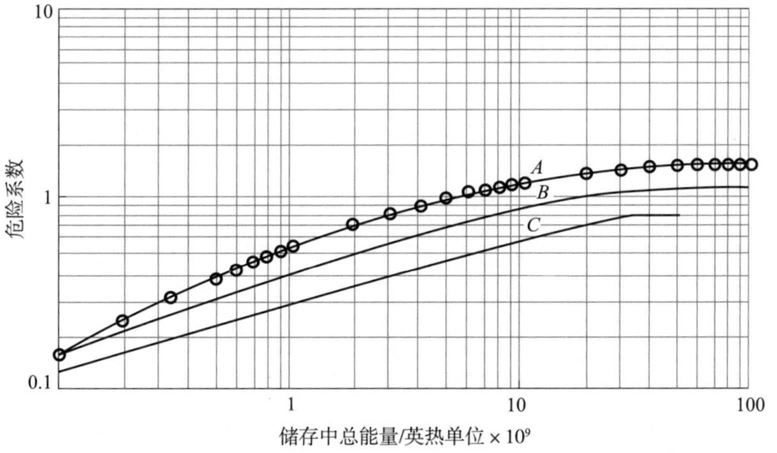

注：1英热单位=1.055×10^3J。

图 4－11　储存中的液体和气体

(3)储存中的可燃固体和工艺过程中的粉尘，则用储存固体总量(kg)或工艺单元中粉尘总量(kg)，由图 4-12 查得危险系数。将各项取值填入表 4-1 中，相加后即为单元特殊工艺危险系数。

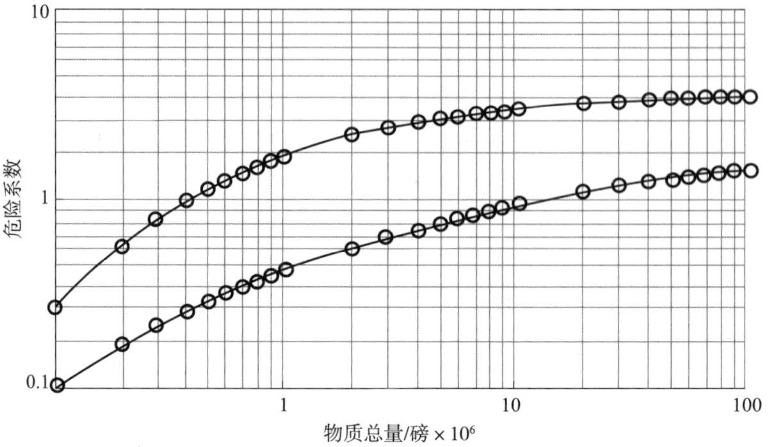

图 4-12 储存中的可燃固体/工艺过程中的粉尘

5. 确定单元危险系数(F_3)

单元危险系数(F_3)等于一般工艺危险系数(F_1)和特殊工艺危险系数(F_2)的乘积。

6. 计算火灾、爆炸指数(*F*&*EI*)

火灾、爆炸指数用来估算生产过程中事故可能造成的破坏情况，它等于物质系数(*MF*)和单元危险系数(F_3)的乘积。

道七版还将火灾、爆炸指数划分成 5 个危险等级(见表 4-4)，以便了解单元火灾、爆炸的严重度。

表 4-4 *F*&*EI* 及危险等级

F&*EI* 值	危险等级
1～60	最轻
61～96	较轻
97～127	中等
128～158	很大
＞159	非常大

7. 确定暴露面积

用火灾、爆炸指数乘 0.84，即可求出暴露半径 *R*(英尺)。它的单位可以是英尺或米，这个暴露半径表明了生产单位危险区域的平面分布，它是一个以工艺设备的关键部位为中心，以暴露半径为半径的圆。根据暴露半径计算出暴露区域面积($S=\pi R^2$)。

8. 确定暴露区域内财产的更换价值

$$更换价值=原来成本\times 0.82\times 价格增长系数 \tag{4-6}$$

式中，系数 0.82 是考虑事故时有些成本不会被破坏或无须更换，如场地平整、道路、地下管线和地基、工程费等。如果更换价值有更精确的计算，这个系数可以改变。

9. 确定危害系数

危害系数由单元危险系数(F_3)和物质系数(MF)按图 4-13 来确定。如果 F_3 数值超过 8.0，以 8.0 来确定危害系数。

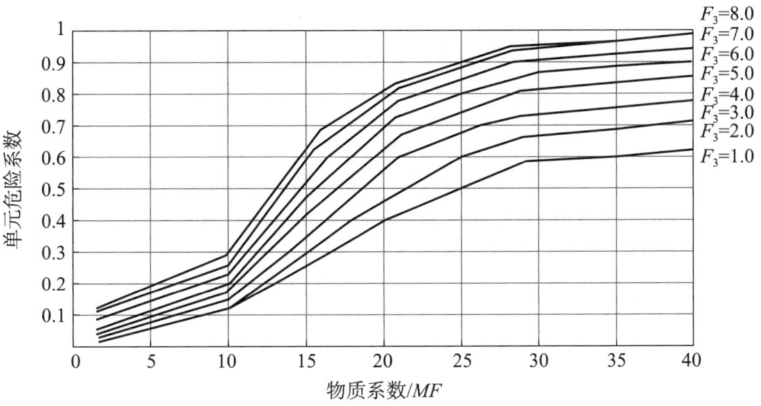

图 4-13 单元危害系数计算

10. 计算最大可能财产损失(基本 $MPPD$)

确定了暴露区域面积(实际为体积)和危害系数后，就可以计算事故造成的最大可能财产损失。

$$\text{基本 } MPPD = \text{暴露区域的更换价值} \times \text{危害系数} \tag{4-7}$$

11. 安全措施补偿系数(C)的计算

道七版考虑的安全措施分成三类：工艺控制(C_1)、物质隔离(C_2)、防火设施(C_3)。每一类的具体内容及相应补偿系数见表 4-2，其总的补偿系数是该类中所有选取系数的乘积。单元安全措施补偿系数 C 等于 C_1、C_2、C_3 的乘积。

12. 确定实际最大可能财产损失(实际 $MPPD$)

基本最大可能财产损失与安全措施补偿系数的乘积就是实际最大可能财产损失。它表示采取适当的(但不完全理想)防护措施后事故造成的财产损失。

13. 最大可能工作日损失($MPDO$)

估算最大可能工作日的损失是为了评价停产损失(BI)。$MPDO$ 可由图 4-14 根据实际 $MPPD$ 查出。

14. 停产损失(BI)估算

$$BI = \frac{MPDO}{30} \times VPM \times 0.7 \tag{4-8}$$

式中 VPM——月产值；

0.7——固定成本和利润。

最后根据造成损失的大小确定其安全程度。

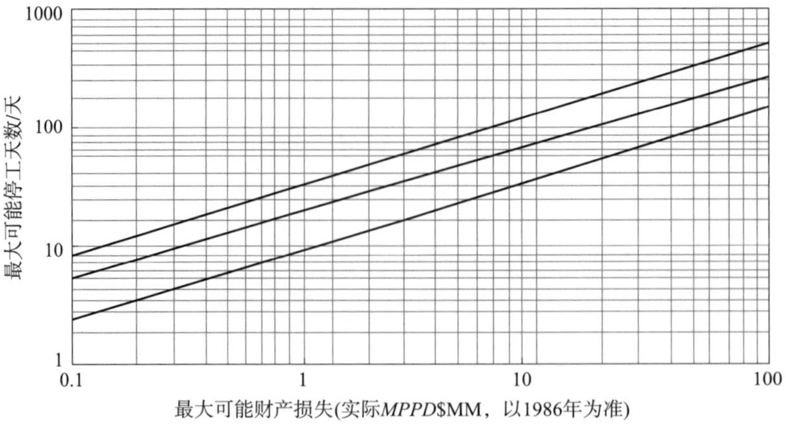

图 4－14　最大可能停工天数(*MPDO*)计算

4.3.2　ICI 蒙德法

4.3.2.1　概述

英国帝国化学工业公司(ICI)蒙德(Mond)工厂，在美国道化学公司安全评价法的基础上，提出了一个更加全面、更加系统的安全评价法，称为 ICI Mond 法，或英国帝国化学工业公司蒙德法。

该方法与道化学公司的方法原理相同，都是基于物质系数法。在肯定道化学公司的火灾、爆炸危险指数评价法的同时，又在其定量评价基础上对道三版作了重要的改进和扩充。其中在考虑对系统安全的影响因素方面更加全面、更注意系统性，而且注意到在采取措施、改进工艺以后根据反馈的信息修正危险性指数，突出了该方法的动态特性。扩充内容主要有以下几点：

(1)增加了毒性的概念和计算；

(2)发展了某些补偿系数；

(3)增加了几个特殊工程类型的危险性；

(4)能对较广范围内的工程及储存设备进行研究。

4.3.2.2　评价特点与适用范围

ICI 蒙德法突出了毒性对评价单元的影响，在考虑火灾、爆炸、毒性危险方面的影响范围及安全补偿措施方面都较道化学(七版)法更为全面，在安全措施补偿方面强调了工程管理和安全态度，突出了企业管理的重要性。因而可对较广的范围进行全面、有效、更接近实际的评价。

4.3.2.3　评价方法与步骤

改进和扩充后的蒙德法(Mond)评价的基本程序如图 4－15 所示。

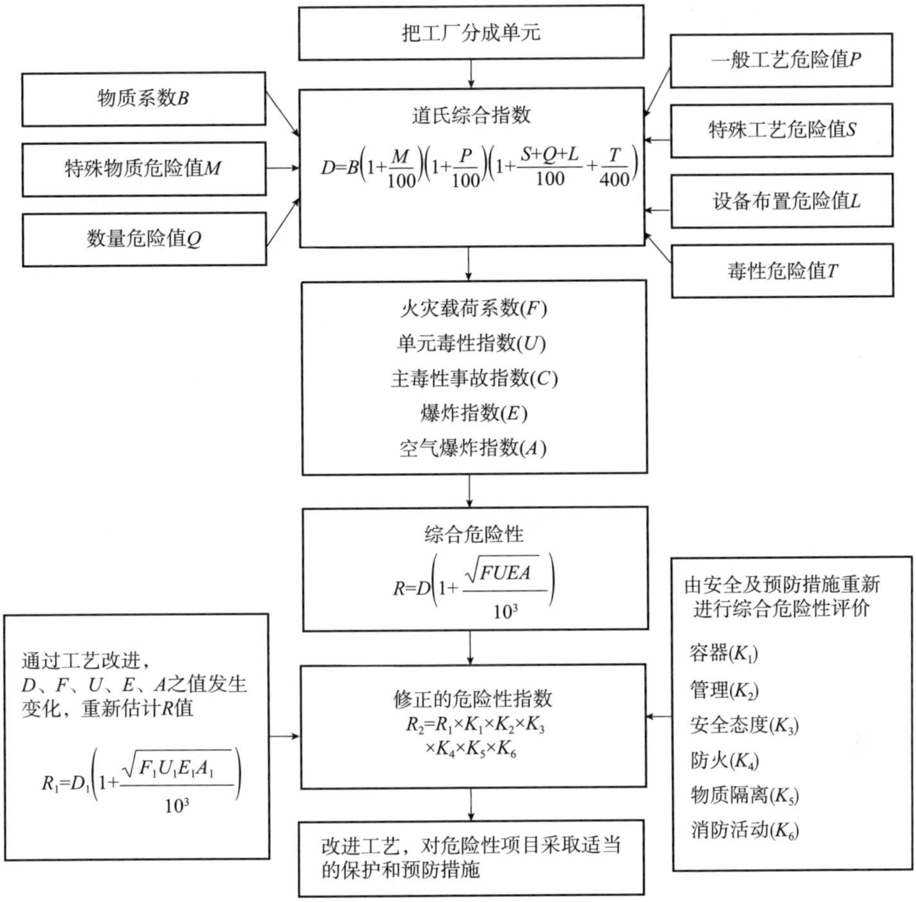

图 4－15 蒙德法评价步骤

其评价步骤可以归纳为如下四个方面：

1. 确定需要评价的单元

根据工厂的实际情况，选择危险性比较大的工艺生产线、车间或工段确定为需要评价的单元或子系统。

2. 计算道氏综合指数 D

$$D=B\left(1+\frac{M}{100}\right)\left(1+\frac{P}{100}\right)\left(1+\frac{S+Q+L}{100}+\frac{T}{400}\right) \tag{4-9}$$

式中 D——道氏综合指数；

B——物质系数，也写作 MF，一般是由物质的燃烧热值计算得来的；

M——特殊物质危险值，即 SMH；

P——一般工艺危险值，即 GPH；

S——特殊工艺危险值，即 SPH；

Q——数量危险值；

L——设备布置危险值；

T——毒性危险值。

各项包含的因素及取值见表 4－5。

表 4－5　火灾、爆炸、毒性指标

场所			构造物质	0～25	
装置			工程温度（K）		
单元			e. 腐蚀与浸蚀	0～150	
物质			f. 接头与垫圈泄漏	0～60	
反应			g. 振动负荷、循环等	0～50	
①物质系数			h. 难控制的工程或反应	20～300	
燃烧热 Hc/（kJ/kg）			i. 在燃烧范围或其附近条件下爆炸	0～150	
物质系数 B			j. 平均爆炸危险以上	40～100	
②特殊物质危险性	建议系数	采用系数	k. 粉尘或烟雾的危险性	30～70	
a. 氧化性物质	0～20		l. 强氧化剂	0～300	
b. 与水反应生成可燃气体	0～30		m. 工程着火敏感度	0～75	
c. 混合及扩散特性	－60～60		n. 静电危险性	0～200	
d. 自燃发热性	30～250		物殊工艺危险性合计 S		
e. 自然聚合性	25～75		⑤量的危险性	建议系数	采用系数
f. 着火敏感度	－75～150		物质合计		m^3
g. 爆炸的分解性	125		密度＝		10^3 kg
h. 气体的爆炸性	150		量系数 Q	1～100	
i. 凝缩层爆炸性	200～1500		⑥配置危险性	建议系数	采用系数
j. 其他性质	0～150		单元详细配置		
特殊物质危险性合计 M			高度 H		m
③一般工艺危险性	建议系数	采用系数	通常作业区域		m^2
a. 使用与仅物理变化	10～50		a. 构造设计	0～200	
b. 单一连续反应	0～50		b. 多米诺效应	0～250	
c. 单一间断反应	10～60		c. 地下	0～150	
d. 同一装置内的重复反应	0～75		d. 地面排水沟	0～100	
e. 物质移动	0～75		e. 其他	0～250	
f. 可能输送的容器	10～100		配置危险性合计 L		
一般工艺危险性合计 P			⑦毒性危险性	建议系数	采用系数
④特殊工艺危险性	建议系数		a. TLV 值	25～300	
a. 低压（＜103kPa 绝对压力）	0～100		b. 物质类型	25～200	
b. 高压	0～150		c. 短期暴露危险性	100～50	
c. 低温（炭钢 －10～10℃）	15		d. 皮肤吸收	0～300	
（碳钢 －10℃以下）	30～100		e. 物理性因素	0～50	
其他物质	0～100		毒性危险性合计 T		
d. 高温：引火性	0～40				

3. 计算综合危险性指数 R

$$R = D\left(1 + \frac{\sqrt{FUEA}}{10^3}\right) \tag{4-10}$$

式中 R——综合危险性指数；

F——火灾载荷系数；

U——单元毒性指数；

E——爆炸指数；

A——空气爆炸指数（易爆物从设备内泄漏到本车间内与空气混合引起爆炸）。

计算综合危险性指数后按表 4－6 判断危险程度。

表 4－6　D 值与危险程度判断表

0～20	缓和的	90～115	极端的
20～40	轻度的	115～150	非常极端的
40～60	中等的	150～200	潜在灾难性的
60～75	稍重的	200 以上	高度灾难性的
75～90	重的		

根据火灾载荷判断火灾危险性类别，见表 4－7。

表 4－7　火灾载荷与火灾类别判别表

火灾负荷 $F/(0.1\times10^2\mathrm{kJ/m^2})$	范畴	预计火灾持续时间/h	备注
$0\sim5\times10^4$	轻	1/4～1/2	
$5\times10^4\sim1\times10^5$	低	1/2～1	住宅
$1\times10^5\sim2\times10^5$	中等	1～2	工厂
$2\times10^5\sim4\times10^5$	高	2～4	工厂
$4\times10^5\sim1\times10^6$	非常高	4～10	占建筑物量大
$1\times10^6\sim2\times10^6$	强的	10～20	
$2\times10^6\sim5\times10^6$	极端的	20～50	
$5\times10^6\sim1\times10^7$	非常极端的	50～100	

注：$1\mathrm{Btu/ft^2}=11.4\mathrm{kJ/m^2}$。

爆炸指数与危险性分类见表 4－8。

表 4－8　爆炸指数与危险性分类

设备内爆炸指数 E	空气爆炸指数 A	范畴
0～1	0～10	轻微
1～2.5	10～30	低
2.5～4	30～100	中等
4～6	100～500	高
6 以上	500 以上	非常高

毒性指数分为单元毒性指数 U 和主毒性指数 C。U 表示对毒性的影响和有关设备控制监督需要考虑的问题。C 由单元毒性指数 U 乘以量危险值 Q 得到。Q 是毒物的量，U 是单元中毒物得出的指数。毒性指数与危险性分类见表 4－9。

表 4－9 毒性指数与危险性分类

主要毒性事故指数 C	单元的毒性指标 U	范畴
0～20	0～1	轻
21～50	2～3	低
51～200	4～6	中等
201～500	7～10	高
501 以上	10 以上	非常高

综合危险性指数 R 和危险性分类见表 4－10。在 R 值的计算中，如其中任一影响因素为零，计算时以 1 计。

表 4－10 综合危险性指数和危险性分类

总危险性指数 R	总危险性范畴	总危险性指数 R	总危险性范畴
0～20	缓和	1101～2500	高(2 类)
21～100	低	2501～12500	非常高
101～500	中等	12501～65000	极端
501～1100	高(1 类)	65001～	非常极端

4. 采取安全措施后对综合危险性重新进行评价

在设计中采取的安全措施分为降低事故率和降低严重度两种。后者是指一旦发生事故，可以减轻造成的后果和损失，因此对应于各项安全措施分别给出了抵消系数，使综合危险性指数下降。

采取的措施主要有改进容器设计(K_1)、加强工艺过程的控制(K_2)、安全态度教育(K_3)、防火措施(K_4)、隔离危险的装置(K_5)、消防(K_6)等。每项都包括数项安全措施，根据其降低危险所起的作用给予小于 1 的补偿系数。各类安全措施补偿系数等于该类各项取值之积。安全措施补偿系数见表 4－11。

表 4－11 安全措施补偿系数

	使用系数
①容器危险性	
a. 压力容器	
b. 非压力立式贮罐	
c. 输送配管： a)设计应变	
b)接头与垫圈	

续表

	使用系数
d. 附加的容器及防护堤	
e. 泄漏检测与响应	
f. 排放物质的废弃	
容器系数积的合计 K_1 =__________	
②工艺管理	
a. 警报系统	
b. 紧急用力供给	
c. 工程冷却系统	
d. 惰性气体系统	
e. 危险性研究活动	
f. 安全停止系统	
g. 计算机管理	
h. 爆炸及不正常反应的预防	
i. 操作指南	
j. 装置监督	
工艺管理系数积的合计 K_2 =__________	
③安全态度	
a. 管理者参加	
b. 安全训练	
c. 维修及安全程序	
安全态度系数积的合计 K_3 =__________	
④防火	
a. 检测结构的防火	
b. 防火墙、障壁等	
c. 装置火灾的预防	
防火系数积的合计 K_4 =__________	
⑤物质隔离	
a. 阀门系统	
b. 通风	
物质隔离系数积的合计 K_5 =__________	
⑥灭火活动	
a. 火灾警报	
b. 手动灭火器	
c. 防火用水	

续表

	使用系数
d. 洒水器及水枪系统	
e. 泡沫及惰性化设备	
f. 消防队	
g. 灭火启动的地域合作	
h. 排烟换气装置	
灭火活动系数积的合计 $K_6=$______	

计算抵消后的危险性指数 R_2 的公式为：

$$R_2=R_1\times K_1\times K_2\times K_3\times K_4\times K_5\times K_6 \tag{4-11}$$

式中 R_2——抵消后的综合危险性指数；

R_1——通过工艺改进，D、F、U、E、A 之值发生变化后重新计算的综合危险性指数，其值为：

$$R_1=D_1\left(1+\frac{\sqrt{F_1U_1E_1A_1}}{10^3}\right) \tag{4-12}$$

K_1——容器抵消系数(改进压力容器和管道设计标准等)；

K_2——工艺控制抵消系数；

K_3——安全态度抵消系数(安全法规、安全操作规程的教育等)；

K_4——防火措施抵消系数；

K_5——隔离危险性抵消系数；

K_6——消防协作活动抵消系数。

其中，容器抵消系数包括设备设计、解决泄漏、检测系统、废料处理等因素造成的影响；工艺过程控制措施包括采用报警系统、备用施工电源、紧急冷却系统、情报系统、水蒸气灭火系统、抑爆装置、计算机控制等；安全态度包括企业领导人的态度、维修和安全规程、事故报告制度等；防火措施包括建筑防火、设备防火等；隔离措施包括隔离阀、安全水池、单向阀等；消防活动包括与友邻单位协作，以及消防器材、灭火系统、排烟装置等。

以上每项在ICI Mond工厂的火灾爆炸毒性指数技术手册中都列出具体的抵消系数。通过反复评价，确定经补偿后的危险性降到了可接受的水平，则可以建设或运转装置，否则必须更改设计或增加安全措施，然后重新进行评价，直至达到安全为止。

4.3.3 易燃、易爆、有毒重大危险源评价法

易燃、易爆、有毒重大危险源评价方法是“八五”国家科技攻关专题《易燃、易爆、有毒重大危险源辨识评价技术研究》提出的风险评价方法。它在大量重大火灾、爆炸、毒物泄漏中毒事故资料的统计分析基础上，从物质危险性、工艺危险性入手，分析重大事故发

生的原因、条件，评价事故的影响范围、伤亡人数、经济损失和应采取的预防、控制措施。该方法能较准确地评价出系统内危险物质、工艺过程的危险程度、危险性等级，计算事故后果的严重程度(危险区域范围、人员伤亡和经济损失)，提出了工艺设备、人员素质以及安全管理缺陷三方面的107个指标组成的评价指标集。

1. 评价单元的划分

一般把生产活动的一个独立部分称为单元，并以此来划分单元。每个单元都有一定的功能特点，例如原料供应区、反应区、产品蒸馏区、吸收或洗涤区、成品或半成品贮存区、运输装卸区、催化剂处理区、副产品处理区、废液处理区、配管桥区等。在一个共同厂房内的装置可以划分为一个单元；在一个共同堤坝内的全部贮罐也可划分为一个单元，散设在地上的管道不作为独立的单元处理，但配管桥区例外。

2. 评价模型的层次结构

现实的危险性不仅取决于由生产物质的特定物质危险性和生产工艺的特定工艺过程危险性所决定的生产单元的固有危险性，而且还同各种人为管理因素及防灾措施的综合效果有密切关系。评价模型层次结构如图4－16所示。

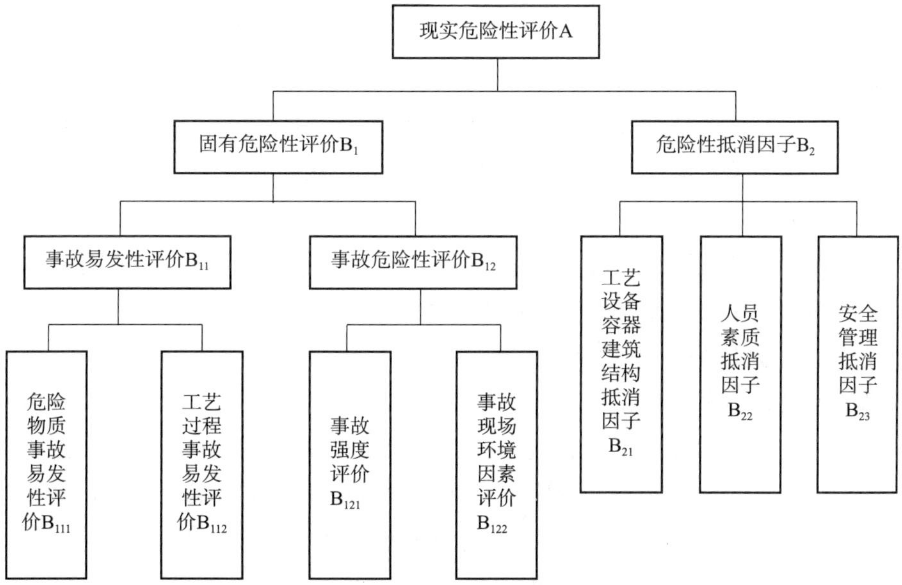

图4－16　评价模型层次结构

3. 评价的数学模型

重大危险源的评价分为固有危险性评价与现实危险性评价。后者是在前者的基础上考虑各种危险性的抵消因子，反映了人在控制事故发生和控制事故后果扩大方面的主观能动作用。固有危险性评价主要反映了物质的固有特性、危险物质生产过程的特点和危险单元内部、外部环境状况等。

固有危险性评价分为事故易发性评价和事故严重度评价。事故易发性取决于危险物质事故易发性与工艺过程危险性的耦合。

评价的数学模型如下：

$$A=\left\{\sum_{i=1}^{n}\sum_{j=1}^{n}(B_{111})_i W_{ij}(B_{112})_j\right\}\times B_{12}\times\prod_{k=1}^{3}(1-B_{2k}) \tag{4-13}$$

式中 $(B_{111})_i$——第 i 种物质危险性的评价值；

$(B_{112})_j$——第 j 种工艺危险性的评价值；

W_{ij}——第 j 项工艺与第 i 种物质危险性的相关系数；

B_{12}——事故严重度评价值；

B_{21}——工艺、设备、容器、建筑结构抵消因子；

B_{22}——人员素质抵消因子；

B_{23}——安全管理抵消因子。

(1)危险物质事故易发性 B_{111} 的评价

参照联合国专家委员会的建议书与《危险货物分类和品名编号》(GB 6944—2012)分类标准，具有燃烧爆炸性质的危险物质可分为 7 大类：爆炸性物质；气体燃烧性物质；液体燃烧性物质；固体燃烧性物质；自燃物质；遇水易燃物质；氧化性物质。

每类物质根据其总体危险感度给出权重分；每种物质根据其与反应感度有关的理化参数值给出状态分；每一大类物质下面分若干小类，共计 19 个子类。对每一大类或子类，分别给出状态分的评价标准。权重分与状态分的乘积即为该类物质危险感度的评价值，亦即危险物质事故易发性的评分值。权重分的确定参考了全国化工行业和兵器行业 218 起重大事故的统计资料。关于易燃、易爆物质危险性的另一侧面是物质反应烈度，它主要在事故严重度评价中考虑。

为了考虑毒物扩散危险性，在危险物质分类中定义毒性物质为第八种危险物质。一种危险物质可以同时属于易燃易爆 7 大类中的一类，又属于第 8 类。对于毒性物质，其危险物质事故易发性主要取决于下列 4 个参数：①毒性等级；②物质的状态；③气味；④重度。毒性大小不仅影响事故后果，而且影响事故易发性：毒性大的物质，即使微量扩散也能酿成事故，而毒性小的物质不具有这种特点。毒性对事故严重度的影响在毒物伤害模型中予以考虑。对不同的物质状态，毒物泄漏和扩散的难易程度有很大不同，显然气相毒物比液相毒物更容易酿成事故；重度大的毒物泄漏后不易向上扩散，因而容易造成中毒事故。物质危险性的最大分值定为 100 分。

(2)工艺过程事故易发性 B_{112} 的评价及工艺——物质危险性相关系数的确定

参考了道化学公司的方法、英国帝国化学公司蒙德分部的蒙德法和我国国内制定的《光气及光气化产品生产装置安全评价通则》，以及《建筑设计防火规范》《化学危险物品安全管理条例》和《爆炸和火灾危险场所电力装置设计规范》等国家标准，以及一些防火防爆的国内外著作，工艺过程事故易发性的影响因素确定为 21 项，分别是：①放热反应；②吸热反应；③物料处理；④物料贮存；⑤操作方式；⑥粉尘生成；⑦低温条件；⑧高温条件；⑨高压条件；⑩特殊的操作条件；⑪腐蚀；⑫泄漏；⑬设备因素；⑭密闭单元；⑮工艺布置；⑯明火；⑰摩擦与冲击；⑱高温体；⑲电器火花；⑳静电；㉑毒物出料及输送。

每种因素区别若干状态。各种因素的权重分值合并在因素中的各个状态分值一起考虑。状态分的确定参考了一些已知评价方法中有关项目危险性大小的对比值，以及大量火灾爆炸事故原因分析的统计资料，如日本消防厅“火灾年报”公布的数据和我国石化行业发生的一些重大事故。

同一种工艺条件对于不同类的危险物质所体现的危险程度是各不相同的，因此必须确定相关系数。W_{ij} 可以分为 5 级：

A 级：关系密切，$W_{ij}=0.9$；

B 级：关系大，$W_{ij}=0.7$；

C 级：关系一般，$W_{ij}=0.5$；

D 级：关系小，$W_{ij}=0.2$；

E 级：没有关系，$W_{ij}=0$。

W_{ij} 定级根据专家的咨询意见，15 位专家的 380 个系数的平均方差为 0.06，最大均方差为 0.14。

(3)事故严重度的评价方法

事故严重度用事故后果的经济损失(万元)表示。事故后果是指事故中人员伤亡以及房屋、设备、物资等的财产损失，不考虑停工损失。人员伤亡区分人员死亡数、重伤数、轻伤数。财产损失严格讲应分若干个破坏等级，在不同等级破坏区破坏程度是不相同的，总损失为全部破坏区损失的总和。在危险性评估中为了简化方法，用一个统一的财产损失区来描述，假定财产损失区内财产全部破坏，在损失区外全不受损，即认为财产损失区内未受损失部分的财产向损失区外受损失的财产相互抵消。死亡、重伤、轻伤、财产损失各自用一当量圆半径描述。对于单纯毒物泄漏事故仅考虑人员伤亡，暂不考虑动植物死亡和生态破坏所受到的损失。

对几种常见的火灾爆炸事故进行了全面的研究，建立了 6 种伤害模型：①凝聚相含能材料爆炸；②蒸气云爆炸；③沸腾液体扩展为蒸气云爆炸；④池火灾；⑤固体和粉尘火灾；⑥室内火灾。不同类物质往往具有不同的事故形态，但即使是同类物质，甚至同一种物质，在不同的环境条件下也可能表现出不同的事故形态。

为了对各种不同类的危险物质可能出现的事故严重度进行评价，根据下面两个原则建立了物质子类别同事故形态之间的对应关系，每种事故形态用一种伤害模型来描述。这两个原则如下：

①最大危险原则：如果一种危险物具有多种事故形态，且它们的事故后果相差悬殊，则按后果最严重的事故形态考虑。

②概率求和原则：如果一种危险物具有多种事故形态，且它们的事故后果相差不悬殊，则按统计平均原理估计事故后果。

根据泄漏物状态(液化气、液化液、冷冻液化气、冷冻液化液、液体)和贮罐压力、泄漏的方式(爆炸型的瞬时泄漏或持续 10min 以上的连续泄漏)建立了 9 种毒物扩散伤害模型，这 9 种模型分别是：源抬升模型、气体泄放速度模型、液体泄放速度模型、高斯烟羽模型、烟团模型、烟团积分模型、闪蒸模型、绝热扩散模型和重气扩散模型：毒物泄漏伤害严重程度与毒物泄漏量以及环境大气参数(温度、湿度、风向、风力、大气稳定度等)都有密切关系。

如在测算中遇到事先评价所无法定量预见的条件时，则按较严重的条件进行评估。当一种物质既具有燃爆特性，又具有毒性时，则人员伤亡按两者中较重的情况进行测算，财产损失按燃烧燃爆伤害模型进行测算。毒物泄漏伤害区也分死亡区、重伤区、轻伤区，轻度中毒而无需住院治疗即可在短时间内康复的一般吸入反应不算轻伤。各种等级的毒物泄漏伤害区呈纺锤形，为了测算方便，同样将它们简化成等面积的当量圆，但当量圆的圆心不在单元中心处，而在各伤害区的面心上。

为了测算财产损失与人员伤亡数，需要在各级伤害区内对财产分布函数与人员损失函数进行积分。为了便于采样，人员和财产分布函数各分为 3 个区域，即单元区、厂区与居民区，在每一区域内假定人员分布与财产分布都是均匀的，但各区之间是不同的。为了简化采样，单元区面积简化为当量圆，厂区面积当长宽比大于 2 时简化为矩形，否则简化为当量圆、各种类型的伤害区覆盖单元区、厂区和居民区的各部分面积通过几何关系算出。

因为不可能对居民区的财产分布状态进行直接采样，所以特别建立了一个专门的评估模型，用于评估居民区的财产分布密度。在该模型中，居民财产分布密度看成人口密度、人均月生活费用支出水平，人均住房面积和单位面积房价的函数。

为了使单元之间事故严重度的评估结果具有可比性，需要对不同质的伤害用某种标度进行折算再作迭加。如果我们把人员伤亡和财产损失在数学上看成是不同方向的矢量，其实所谓“折算”就是选择一个共同的矢量基，将和矢量在矢量基上投影。不同的矢量基对应不同的折算。折算方法选择同一个国家国情及政府的管理行为有关。参考我国政府部门的有关规定，在本评价方法中使用了以下折算公式：

$$S = C + 20(N_1 + 0.5 \times N_2 + 105/6000N_3) \tag{4-14}$$

式中　C——事故中财产损失的评估值，万元；

N_1，N_2，N_3——事故中人员死亡、重伤、轻伤人数的评估值。

(4)危险性的抵消因子

尽管单元的固有危险性是由物质的危险性和工艺的危险性所决定的，但是工艺、设备、容器、建筑结构上的各种用于防范和减轻事故后果的各种设施，危险岗位上操作人员的良好的素质，严格的安全管理制度，能够大大抵消单元内的现实危险性。

大量事故统计表明，工艺设备故障、人的误操作和生产安全管理上的缺陷是引发事故发生的三大原因，因而对工艺设备危险进行有效监控，提高操作人员基本素质和提高安全管理的有效性，能大大抑制事故发生。但是大量的事故统计事实同样表明，上述三种因素在许多情况下并不相互独立，而是耦合在一起发生作用的，如果只控制其中一种或两种是不可能完全杜绝事故发生的，甚至当上述三种因素都得到充分控制以后，只要有固有危险性存在，现实危险性不可能抵消为零。

这是因为还有很少一部分事故是由上述三种原因以外的原因(例如自然灾害或其他单元事故牵连)引发的。因此，一种因素在控制事故发生中的作用是同另外两种因素的受控程度密切相关的。每种因素都是在其他两种因素控制得越好时，发挥出来的控制效率越大，根据对1991个火灾爆炸事故的统计资料，用条件概率方法和模糊数学隶属度法，给出了各种控制因素的最大事故抵消率关联算法以及综合抵消因子的算法。

(5)危险性分级与危险控制程度分级

单元危险性分级应以单元固有危险性大小作为分级的依据。

分级目的主要是便于政府对危险源进行分级控制。决定固有危险性大小的因素基本上是由单元的生产属性所决定的，从而是不易改变的。因此，用固有危险性作为分级依据能使受控目标集保持稳定。分级标准划定不仅是一项技术方法，而且是一项政策性行为，分级标准严或宽将直接影响各级政府行政部门直接控制危险源的数量配比。分级标准划定原则应使各级政府直接控制的危险源总量自下而上呈递减趋势。

采用式(4-15)作为危险源分级标准，即

$$A^* = \lg(B_1^*) \tag{4-15}$$

式中 B_1^*——以十万元为缩尺单位的单元固有危险性的评分值。

各级危险源等级定义的分级标准值：

一级重大危险源：$A^* \geqslant 3.5$；

二级重大危险源：$2.5 \leqslant A^* < 3.5$；

三级重大危险源：$1.5 \leqslant A^* < 2.5$；

四级重大危险源：$A^* < 1.5$。

单元综合抵消因子的值愈小，说明单元现实危险性与单元固有危险性比值愈小，即单元内危险性的受控程度愈高。因此，可以用单元综合抵消因子值的大小说明该单元安全管理与控制的绩效。一般来说，单元的危险性级别愈高，要求的受控级别也应愈高。建议用下列标准作为单元危险性控制程度的分级依据：

A级：$B_2 \leqslant 0.001$；

B级：$0.001 < B_2 \leqslant 0.01$；

C级：$0.01 < B_2 \leqslant 0.1$；

D级：$0.1 < B_2$。

各级重大危险源应该达到的受控标准是：一级危险源在A级标准；二级危险源在B级标准；三级和四级危险源分别在C级和D级标准。

(6)数据处理

按照该评价方法要求设计样本数据表。样本数据表包括24个附表共计五大类数据，即企业与单元的基本情况、危险物质的物性数据、工艺环境数据及安全防范设施的数据、

与毒物泄漏扩散有关的数据、危险操作岗位的人员情况数据等。

该评价方法要求有计算机数据库技术和相应的测算、查询、演示等应用程序的支持环境。所有样本数据都存放在数据库中，测算工作由专门的测算软件完成、测算结果自动存入数据库。数据录入、数据测算和数据查询与测算结果的演示均可独立地分时进行。

系统的输入、输出数据分三大类数据表存储：

(1)工作数据：指系统的评价方法，物质的特性参数，这类数据一般是稳定的，不大变的；

(2)样本数据：这部分是随采样周期而更新的；

(3)评价结果数据：包括最终结果与一些重要的中间结果，这部分数据有现行的与历史的以考察一个单元现实危险程度的变化情况和管理业绩。

4.4 肯特长输管道风险评价法

4.4.1 评价方法简介

肯特管道风险评价法主要适用于长输管道的风险评价。该方法是在分析各段管道独立的影响因素后，求取指数和，再分析介质的危险性和影响系数，求取泄漏影响系数，最后求取指数和与泄漏影响系数的比值，即得到相对风险数。这种方法的特点是不必建立精确的数学模型和计算方法，不必采用复杂的强度理论和昂贵的现代分析仪器等手段，而是在有经验的现场操作人员和专家意见的基础上，结合一些简单的公式进行打分评判，其评价的精确性取决于专家经验的全面性及划分影响因素的细致性、层次性。

肯特法的基本假设：

(1)独立性假设

影响风险的各因素是互相独立的，亦即每个因素独立地影响风险的状态，总风险是各独立因素的综合。

(2)最坏状况假设

评估风险时要考虑最坏的状况，例如评价一条管道，该管道的总长为 10km，其中 9km 埋深为 1.5m，另外 1km 埋深为 1.0m，则埋深应按 1.0m 考虑。

(3)相对性假设

评估的分数只有一个相对的概念，例如，一条管道所评估的风险数与另外几条管道所评估的风险数相比，其分数较高，这表明其安全性高于其他几条管道，即风险低于其他管道，事实上绝对风险数是无法计算的。

(4)主观性假设

评分的方法及分数的界定虽然有其科学的依据，但最终还是人为确定的，主观性难以避免。

根据肯特法，造成事故的原因主要有四大类，即第三方破坏、腐蚀、设计和操作，通过对这四类因素分别打分可得到待评价管道的风险程度。其评价基本模型如图 4－17 所示。

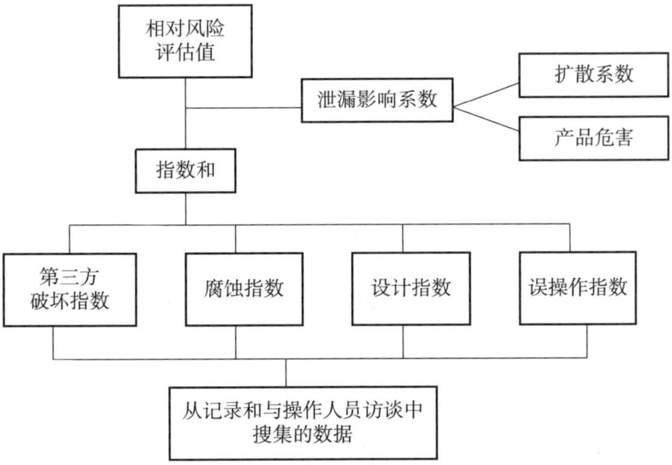

图 4－17　肯特长输管道风险评价的基本模型

(1)第三方破坏指数

“第三方破坏”，主要是指由于非管道员工的行为而造成的管道意外损坏。根据美国交通运输部(DOT)的管线事故统计资料显示：导致管线事故最主要的原因是来自第三方的侵扰。1971—1986 年美国发生的管道事故中 40％左右源于第三方破坏。

影响第三方风险的因素有管线覆盖层的最小深度、活动程度、地面设施、直呼系统、公共教育、管道用地标志以及巡线频率等。

①管线覆盖层最小深度。建议权重 20％。肯特建议覆盖层分值可由简易经验公式求取，即：

$$覆盖层厚度(in^{①})\div 3=分数值(直到最大值：20\ 分) \tag{4-16}$$

例如，42in 的覆盖层的分值为：42÷3＝14(分)。

②活动程度。建议权重 20％，可根据活动程度等级确定具体分数值，活动程度等级划分见表 4－12。

表 4－12　活动程度等级划分

活动程度等级	分值	特性
高活动程度	0 分	高人口密度 建设活动频繁 大量的直呼或巡线报告(每周大于两次) 铁路及公路交通造成威胁 附近有许多其他地下敷设的公用设施 来自野生动物的频繁破坏 正常的近海抛锚区域 常见的邻近海底管线的挖掘活动 Ⅲ类人口密度地区

① 1in＝25.4mm。

续表

活动程度等级	分值	特性
中等活动程度	8分	附近人口密度较低 没有可能造成威胁的常规建筑活动 很少量的直呼或巡线报告(每周少于5次) 铁路及公路交通造成威胁 附近地下敷设的公用设施很少 野生动物偶尔破坏 Ⅱ类人口密度地区
低活动程度	15分	乡村，人口密度很低 实际上几乎没有活动报告(每年少于10次) 该地区无日常的有害活动 Ⅰ类人口密度地区
本地区无任何活动	20分	一般授予在该地区的管线附近，事实上没有任何挖掘活动或其他有害活动

③地面设施。建议权重10%。该因素用于衡量地面设施受第三方干扰的敏感程度。赋分规则如表4－13所示。

表4－13　地面设施赋分规则

地面设施情况		分值
没有地面设施		10分
拥有地面设施	设施距离交通车辆大于200ft(6.096m)	5分
	该区域周围环绕6ft(1.829m)高的栅栏	2分
	防护栏杆[直径4in(0.102m)的钢管或更强的]	3分
	道路与设施之间有12in(0.305m)粗的树木、墙或其他一些坚固的构造物	4分
	道路与设施之间设有沟渠[其深及宽不低于4ft(1.219m)]	3分
	标志(警告：请勿入内，危险!! 等)	1分

④直呼系统。建议权重15%。直呼系统是这样一个服务系统，即在收到将要进行挖掘活动的通知后，再通知可能会影响地下设施的拥有者。评价者应评估直呼系统对于所评价管段的有效作用，其有效性主要取决于以下几个要素：

立法　4分

已经证实的有效性和可靠性记录　2分

广泛宣传为社会所了解　2分

满足最低的ULCCA(美国联邦公共设施协调委员会)标准　2分

对呼叫有适宜的响应　5分

具备上述所有要素特性的就是最佳直呼系统，可得15分。

⑤公共教育程序。建议权重15%。管道公司致力于教育公众了解管线的相关事务，会

大大减少第三方损害事件的发生。一个行之有效的公共教育程序所具有的相关特性如下：

邮寄广告　2分

每年与地方官员会晤1次　2分

每年与当地挖掘项目承包商/挖掘商会晤1次　2分

对社会团体进行定期教育　2分

挨门挨户地造访毗邻居民　2分

给承包商/挖掘商邮寄广告　4分

1年1次在承包商/公共事业出版物上宣传　1分

将所应用的全部特性的分值相加，最佳的公共教育可得15分。

⑥管道用地标志。建议权重5%。该项是对管线走廊的可识别度与可检测度的度量。其赋分准则如表4-14所示。

表4-14　管道用地标志赋分准则

级别	级别说明	分值
优秀	畅通无阻；清晰地标明管道路由；在管道用地上或是其上方任何一处，均可看到标记与标志牌；管道与公路、铁路、沟渠及江河的所有穿越处均须设立标记与标志牌；管线走向的所有变化均有标注，同时还要设置空中巡检标志牌	5分
良好	清晰的管道路由；标志到位，但不是在管道用地或上方的每一点都能看到标记；管道与公路、铁路、沟渠及江河的所有穿越处均设立标记与标志牌	2分
一般	管道用地上的茂盛植被没有得到彻底消除；为清晰地识别公路、铁路与水路需要设立更多的标志牌	2分
低于一般水平	管道用地的一些地方被茂盛的植被覆盖；在空中总是无法看到地面，或是从地面上沿着管道用地没有一个清晰的管道用地轮廓线；由一些地方望去，无法识别管道用地；管道线路匮乏标志	1分
劣质	无法辨认出管道用地；目前没有(或是不适宜的)任何标志	0分

⑦巡线频率。建议权重15%。管道巡检对于第三方侵扰是一个行之有效的方法，其评分准则如表4-15所示。

表4-15　巡线频率评分准则

巡线频率	分值
天天巡检	15分
每周4次	12分
每周3次	10分
每周2次	8分
每周1次	6分
4次＞每月＞1次	4分
每月少于1次	2分
从未巡检	0分

（2）腐蚀风险

腐蚀风险＝大气腐蚀（权重 20％）＋管道内腐蚀（20％）＋埋地金属腐蚀（60％）

（4－17）

①大气腐蚀

设施。权重 25％，各属性 0～5 分。应建立一个能反映所有暴露于最恶劣大气环境下各种状况的评分表。通常设施情况应包括空气/水界面状况、套管、绝缘情况、支架/吊架、地面/空气界面、其他暴露情况和破坏因素等属性。

大气类型。权重 50％，各属性 0～10 分。应考虑的大气特征包括化学成分、湿度、温度等属性。

包覆层/检查。建议权重 25％，各属性 0～5 分。包覆层分值大小取决于包覆层本身的质量、施工质量、检查程序质量和缺陷修补程序质量等属性。

适宜/不适宜套管的场合。埋地套管在风险评价上应得多少分值——套管有时作为风险的减少因素，有时则充当增大风险的因素。在“设计指数”中套管可能减少风险；而在“腐蚀指数”里又增加了风险，但无法确定套管是否总是这样或那样。

②管道内腐蚀

产品腐蚀性。权重 50％。分值的大小取决于产品的特性，通常产品的腐蚀特性可分为强腐蚀（0 分）、轻微腐蚀（3 分）、仅在特殊条件下出现腐蚀性（7 分）、不腐蚀（10 分）。

内部防腐。权重 50％。实施的防腐措施见表 4－16。

表 4－16　防腐措施评分表

无措施	0 分
管内监控	2 分
注入缓蚀剂	4 分
不需要采取措施	10 分
管内涂层	5 分
运行方式	3 分
管线清管	3 分

③埋地金属腐蚀

阴极保护。建议权重 13％。阴极保护系统应满足的标准：能提供足够大的电动势，有效地抵消任何腐蚀电势或采取适当频次搜集足够的证据，确保该系统正常地运转。对于满足一般标准应评 8 分，而无法满足一般标准则评 0 分。

包覆层状况。建议权重 17％，属性 0～10 分。包覆层状况取决于包覆层质量、施工质量、检查质量和缺陷修补质量四项，对于每一项目可分别评定优良（3 分）、中等（2 分）、劣质（1 分）和缺项（0 分）。因为满分有可能达到 12 分，用 10/12 乘以该分值，所得到的是 10 分换算尺度的评分值。

土壤腐蚀性。建议权重 7％，属性 0～4 分。一种粗略评价土壤电解性特性的方法如下：

低电阻率(高腐蚀电位)＜500Ω·cm　　0 分

中等电阻率 500～10000Ω·cm　　2 分

高电阻率(低腐蚀电位)＞10000Ω·cm　　4 分

不知道　　0 分

特殊情况　　－4～－1 分

特殊情况是指存在大量的微生物活动迹象，或者是具有非常低的 pH 值，这会促进钢铁氧化，应该减去分值(但不应低于 0 分)。若不清楚土壤腐蚀电位，可保守地给予 0 分。

系统运行年限　建议权重 5%，属性 0～3 分。评分表例如下：

投用 0～5 年　　3 分

投用 5～10 年　　2 分

投用 10～20 年　　1 分

运行年限＞20 年　　0 分

其他埋地金属电流　建议权重 7%，属性 0～4 分。评分表例如下：

埋地金属数目　　分值

没有　　4 分

1～10　　2 分

11～25　　1 分

＞25　　0 分

交流干扰。建议权重 7%，属性 0～4 分。邻近交流传输设施的管线易于遭受独特的风险。一种评分表举例如下：

管线周围 1000ft(304.8m)以内无交流电　　4 分

管线附近有交流电，但管线已采取保护措施　　2 分

管线附近有交流电，且无保护措施　　0 分

机械腐蚀效应。建议权重 8%，属性 0～5 分。该项与应力水平及管线周围环境密切相关，处于某一环境下的低应力值是最好的状况，而腐蚀性环境下的高应力值则为最危险的状况。应力水平与周围环境对该项因素的影响如表 4－17 所示，其中应力水平是以最大允许操作压力(*MAOP*)的百分比来表示的——即用 *MAOP* 除以最高正常操作压力。

表 4－17　应力水平与周围环境的影响关系

环境	*MAOP*%			
	2%～20%	21%～50%	51%～75%	＞75%
0	3	2	1	1
4	4	3	2	1
9	4	4	3	2
14	5	5	4	3

注：环境* =(输送介质的腐蚀性)+(土壤的腐蚀性)。

环境$_{\text{最小值}}$=0 分，环境$_{\text{最大值}}$=14 分。

管—地电位测试桩。建议权重10%，预防措施0～6分。评分范例如下：

直接用测试桩监控管线附近的所有埋地金属；整条管段的测试桩间距不大于1mile（1.609km） 3分

测试桩最大间隔1～2mile，并且经测试桩监控所有的外来交叉管线；所有套管未都得到监控；另外一些埋地金属可能没受到监控 1～2分

测试桩间隔有时要超过2mile(3.219km)；并不是所有潜在的干扰源都得到监控 0分

在测试桩上，读取读数频率：

以省略和补偿IR降法读取管—地间的电位，其读取时间间隔为：

<6个月 3分

6个月～每年1次 2分

>每年1次 1分

密间隔测量。建议权重13%，属性0～8分。应当定期实施密间隔测量，以获取管道沿线的各种变化。评分分值=8−距上次检测的年限。

管道内检测器。建议权重13%，预防措施0～8分。根据清管器的运行安排时间可授予分值：

$$8-\text{距上次检测的年限}=\text{分值}$$

(3)设计风险

①管线安全系数。建议权重20%。大多数管道系统允许某些额外的管壁厚度，实际壁厚与需要壁厚之间的比较一般用两数的比值t来表示。该项系数取值为：

$$(t-1)\times 20=\text{分数值} \tag{4-18}$$

②系统安全系数。建议权重20%。该项系数的取值可根据设计压力和最大允许操作压力($MAOP$)来决定：

$$[(\text{设计压力}/MAOP)-1]\times 20=\text{分值} \tag{4-19}$$

③疲劳。建议权重15%。通常循环定义为压力从起始值到峰值，然后又回到起始压力值，用$MAOP$的百分比来衡量。疲劳项分值的评定是通过压力值与循环次数之间的相互关系来确定的，其具体关系如表4-18所示。

表4-18 疲劳项评分表

$MAOP$%	使用期内的循环次数				
	$<10^3$	$10^3\sim10^4$	$10^4\sim10^5$	$10^5\sim10^6$	$>10^6$
100	7	5	3	1	0
90	9	6	4	2	1
75	10	7	5	3	2
50	11	8	6	4	3
25	12	9	7	5	4
10	13	10	8	6	5
5	14	11	9	7	6

④水击潜在破坏。建议权重10%。常见的水击发生机理就是流体的动能遽然转变为势能。该项分值的大小用水击压力超过管道系统 *MAOP*10%的概率来确定：

评价水击压力超过管道系统 *MAOP*10%的概率：

可能性大　0分

可能性小　5分

不可能　10分

⑤管道系统水压试验。建议权重25%。水压试验的评分可设定适当的试验方法，依据最近一次的水压试验和试压等级来评价其对风险进程的影响。评分方法如下：

$$\left(\frac{\text{试验压力值}}{MAOP}-1\right)\times 30=\text{评分值 }1$$

$$\text{评分值 }2=10-\text{上次试验后的年限} \qquad (4-20)$$

评分值1和评分值2的最低值均为0。

将评分值1和评分值2相加即得水压试验的总分值。

⑥土壤移动。建议权重10%。在某种特定的状况下，管道可能受到由于土壤移动所产生的应力影响。下面的评分表可用于评定管道受土壤移动的可能性：

土壤存在重大移动的可能性：

高度可能性　0分

中度可能性　2分

可能性低　6分

不可能　10分

不知道　0分

存在土壤移动可能性的区域，可以因下列减缓措施调整其评价分值：

每年至少监测一次　+1分

连续监测　+2分

消除应力　+3分

总分值最大可调整到10分。

(4)误操作风险

①设计。建议权重30%。评分表如表4-19所示。

表4-19　设计项评分表

属性		分值
危险识别		0～4分
达到 *MAOP* 的可能性	常规的	0分
	不太可能的	5分
	很不太可能的	10分
	不可能	12分

续表

属性	分值	
安全系统	目前没有安全保护装置	0 分
	仅有一级就地保护	3 分
	两级或两级以上就地保护	6 分
	远程监测	1 分
	远程监测及控制	3 分
	他方拥有，有效证明	-2 分
	他方拥有，无牵连	-3 分
	无须设置安全系统	10 分
材料选择	0～2 分	
检查	0～2 分	

②施工。建议权重 20%。评分表如表 4-20 所示。

表 4-20　施工分值的确定

施工属性	分值
施工检验情况	0～10 分
材料可靠性程度	0～2 分
管段连接质量	0～2 分
回填方式	0～2 分
搬运方式	0～2 分
包覆层施工质量	0～2 分

③运行。建议权重 35%。评分表如表 4-21 所示。

表 4-21　运行情况评分表

运行属性	分值
工艺规程的完备及执行情况	0～7 分
SCADA/通信情况	0～5 分
毒品检查情况	0～2 分
安全计划完备程度	0～2 分
检查情况	0～2 分
培训情况	0～10 分
机械失误预防措施情况	0～7 分

④ 维护。建议权重 15%。评分表如表 4—22 所示。

表 4-22　维护情况评分表

维护属性	分值
维护计划情况	0～2 分
维护记录情况	0～3 分
维护作业指导书情况	0～10 分

(5)泄漏影响系数

泄漏影响系数的基本构成如图 4－18 所示。

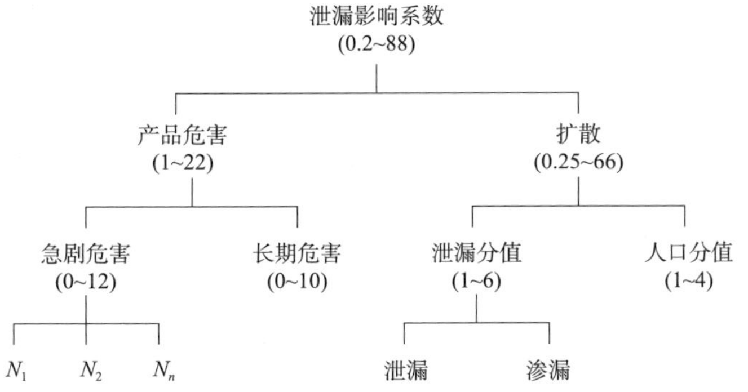

图 4－18　泄漏影响系数的基本构成

①急剧危害。急剧危害总分值为可燃性 N_f、反应性 N_r 和毒性 N_h 各分值之和。其评分标准如表 4－23 所示。

表 4－23　急剧危害评分表(*FP*＝闪点，*BP*＝沸点)

属性		分值
可燃性 N_f	非可燃性物质	0 分
	$FP>200$℉	1 分
	100℉$<FP<$200℉	2 分
	$FP<$100℉且 $BP<$100℉	3 分
	$FP<$73℉且 $BP<$100℉	4 分
反应性 N_r	温升＞400℃	0 分
	305～400℃	1 分
	215～305℃	2 分
	125～215℃	3 分
	＜125℃	4 分
毒性 N_h	除一般的可燃性外，没有毒性危害	0 分
	很可能仅存在微量的残余危害	1 分
	需实施快速的医疗救护，以避免出现暂时性的丧失能力中毒	2 分
	产品造成严重的临时性或永久性的伤害	3 分
	短时间的泄漏就会造成人员死亡或重大伤害	4 分

②长期危害。由于管输产品的泄漏而造成环境污染并最终导致人生命的丧失，则属于长期危害。尽管，它通常不像毒性或可燃性那样具有直接性的威胁，但环境污染将对人类的身心健康产生极其深远的影响。评价长期危害 *RQ* 的过程如图 4－19 所示。

③扩散。

$$扩散系数＝(气体或液体泄漏分值)/(人口分值) \tag{4-21}$$

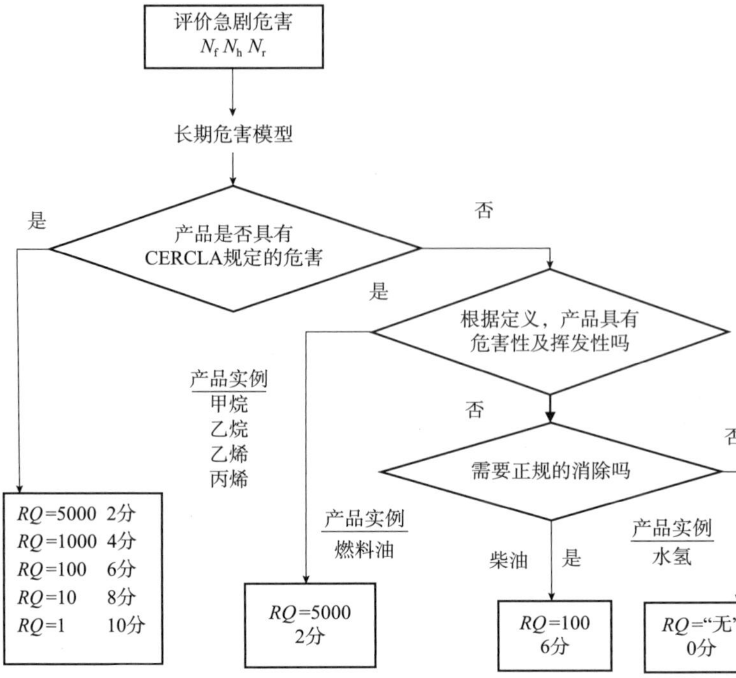

图 4-19 RQ 值的确定

（注：CERCLA 为综合环境反应与赔偿责任法）

气体泄漏。气体泄漏分值的确定如表 4-24 所示。

表 4-24 气体泄漏分值的确定

分子量	10min 后产品的泄漏量/lb			
	0～5000	5001～50000	50001～500000	>500000
≥50	4	3	2	1
28～49	5	4	3	2
≤27	6	5	4	3

液体泄漏：

$$液体泄漏分值=(泄漏量+土壤渗透率)\div 2+调整系数 \qquad (4-22)$$

其中，土壤渗透性分值的确定如表 4-25 所示，泄漏量分值的确定如表 4-26 所示。

表 4-25 土壤渗透性的评分值

土壤性质	渗透率/(cm/sec)	分值/分
密封隔离层	0	5
泥土、密集的硬黏土和无裂缝岩石	$<10^{-7}$	4
泥沙、淤泥、黄土、黏泥及沙石	10^{-5}～10^{-7}	3
细砂、粉砂和中等程度的碎石	10^{-3}～10^{-5}	2
沙砾、沙子及高度破碎的岩石	$>10^{-3}$	1

表 4-26 产品泄漏量评分值

泄漏量/lb	分值/分	泄漏量/lb	分值/分
<1000	5	100001～1000000	2
1001～10000	4	>1000001	1
10001～100000	3		

调整系数的取值主要受到泄漏检测和应急反应两项措施的影响，但其影响程度到底如何量化，目前还存在争议。

人口分值　人口分值是根据地区等级进行赋值评分的：

地区等级 1 级　1 分

地区等级 2 级　2 分

地区等级 3 级　3 分

地区等级 4 级　4 分

4.4.2 应用实例

已知待评价管道长 2mile(3.21868km)，埋深 36in(914.4mm)，其中 200ft(60.96m)浅埋层处埋深仅 30in(762mm)，有 1mile(1.60934km)的管道通过居民区。有一个地面截断阀在偏僻地区，阀操作完全由信号控制。

管道经营者分享一套 ULCCA 批准的直呼系统，按该州法律规定必须加入直呼系统。管道公司有专人负责，一接到直呼系统的报告就立即进行处理。

公共教育计划包括函告和一年一次对邻近居民一家一户的宣传。

所有的道路都有指明管道存在的标志，但某些管道用地范围植被过盛。整个管道每周一次飞机巡线。

Ⅰ. 第三方指数

A. 覆盖层最小深度	30/3=	10 分 *A**
B. 活动程度	高活动区	0 分 *A*
C. 地面设施	0+5+1=	6 分 *A*
D. 直呼系统	4+2+2+2+5=	15 分 *P*
E. 公共教育	2+4=	6 分 *P*
F. 管道用地标志		2 分 *P*
G. 巡线频率		6 分 *P*
	总计	45 分
* *A* =属性，以下表述类同	属性总计	16 分
P=预防措施，以下类同	预防措施总计	29 分

2mile 的管段有 3 处套管穿越公路。这些部位必须考虑管道暴露于空气会受大气影响。这段管道其他暴露于空气的部位为地/空气界面。暴露位置是截断阀上的管子，截断阀没

有支架，管道本身为截断阀提供结构支撑。截断阀暴露在炎热和潮湿的天气里，并邻近工厂企业。经常有专职工人为截断阀涂刷油漆。

管道输送的天然气可认为是干燥和无腐蚀杂质的，但不进行检测就不能证实这一点。这条管道从没有清管。

阴极保护系统已安装就位。系统检查包括双月检测整理器和检查阳极地床，以确保无故障。在 3 处套管和每个外部管子交叉处(在这条管道上有 4 处)上有测试桩。测试桩之间最大距离为 0.5mile。每 3 个月从这些测试桩测取管—地电位读数。

这条管道已运行 12 年。在安装前管道已涂敷了涂层，2 年前管道涂层已有损坏，这些涂层损坏可能在管道安装初期造成的，或是因该地区的膨胀土运动造成的。黏质土中存在湿气，但未见破坏微生物活动的迹象。

管道与一高压电力线平行约 1000ft。在这一段，管道与电力线之间的距离约 150ft。经营者没有考虑交流感应腐蚀电位。

5 年前进行了密间隔检测。腐蚀专家解释了检测数据，并认定通过阴极保护电流能很好地保护这段管道。管道没有进行过内部检测。

Ⅱ. 腐蚀指数	=(大气腐蚀)	20%
	+(管道内腐蚀)	20%
	+(埋地金属腐蚀)	60%
		100%
A. 大气腐蚀		
(1)设施	1—1(多层外壳)	0 分 *A*
(2)大气	热/湿气/化学物质	3 分 *A*
(3)包覆层/检测	良好	5 分 *P*
		8 分
B. 管道内腐蚀		
(1)产品腐蚀	未知/可能	7 分 *A*
(2)管道内防护	无	0 分 *P*
		7 分 *A*
C. 埋地金属腐蚀		
(1)阴极保护		8 分 *P*
(2)包覆层状况	相当好	6 分 *P*
(3)土壤腐蚀	高	0 分 *A*
(4)系统运行年限	10～20 年	1 分 *A*
(5)其他金属	检测到 7 种	4 分 *A*
(6)交流感应电流		0 分 *A*
(7)机械腐蚀	7(外壳)+低应力	4 分 *A*

(8)管—地电位测试桩	3+3=	6 分 *P*
(9)密间隔检测	8−5 年=	3 分 *P*
(10)管道内检测工具		0 分 *P*
		32 分

腐蚀指数总计 8+7+32=47 分

属性总计 19 分

预防措施总计 28 分

这条管道的最大允许操作压力 *MAOP* 是 1400psig。该压力值是在管道竣工后(12 年前)立即进行水压试验确认的。该试验压力是 2100psig，保持了 24h，一位工程师证实此事。管道有口径为 6in(152.4mm)的管子是 B 级管(规定最小屈服强度 *SMYS* 是 35000psi)，壁厚(公称)0.25in(6.35mm)。几年前对壁厚进行测量，证实实际壁厚可能只有 0.23in(5.842mm)(由于制造公差)。所有的公路穿越段都是封闭的。没有发现管道有额外的载荷。需要壁厚按下式计算：

$$t=[(p\times D)/(2\times SMYS)]+10\%=0.146\text{in}$$

这段管道的截断阀有法兰，操作压力确定为 1480psig。其他所有部分，包括管道本身都能承受此压力或更高一些的压力。

这段管道平时的工作压力为 900psig 或更低一些。压力通常是稳定的，月波动仅在 100～150psig。在约为 1500/1400=11% *MAOP* 的周期值下，疲劳周期限定为每年 12 天。天然气输送管道不可能存在水锤或相当于 10%最大操作压力的水击势能。

当土壤相当干燥时，膨胀土壤出现了较宽的地面裂缝。在这个地区，地基和建筑物面裂缝是常见的。只要不损坏管道涂层，土壤运动不会对这条管道造成严重的损坏。

Ⅲ. 设计指数

A. 管道安全系数	[(0.23/0.146)−1]×20=	11 分 *A*
B. 系统安全系数	[(1480/1400)−1]×20=	1 分 *A*
C. 疲劳	在 11% *MAOP* 下 150 周期=	13 分 *P*
D. 水击势能		10 分 *P*
E. 系统水压试验	[(2100/1400)−1]×30+0=	15 分 *P*
F. 管道位移	可能性低	6 分 *A*
		总计 56 分

属性总计 18 分

预防措施总计 38 分

尽管作了非正式的故障树和事件树分析，仍可以认为压力超过 *MAOP* 是极为少见的意外事件。如果气体已进入这条管道许多小时，唯有这条管道的压力源(气田开采和外管线)能使该管道超压。在长时间未调整安全装置的情况下，截断干线阀和安全装置的失效是造成管道超压的唯一可能。

这条管线管段的截断阀有一个自动关闭装置，为防止管线损坏，设置为压力下降时迅速关闭。但这条管段没有防止超压的装置。在压力源上的安全装置属他方拥有，也不属这条管道的经营者检查，但这也是完全需要的。操作者监测这条管道上游和下游的压力和流量。通过控制室的 SCADA 系统每天 24h 进行监测。

初试设计和建设的记录不齐全，现在某些管道工作人员参加过设计和建设检查。这些人似乎了解最初设计和施工质量，并觉得水平较好。遗憾的是，不存在这方面的记录资料证明他们的看法。评价者相信专家和专业人员可以确保优质的管道工作，但由于保存的记录太差，故认为存在某种不确定性，从而断定设计和施工项的得分只能给 50%。这部分评估将适用于该管道经营者管理的所有管线，而不仅是这一特殊的管道管段。

操作者没有一个正式的工作程序系统。大多数技术人员都有他们初始培训时的个人笔记。这些笔记可以作为参考，但并不规范，也不能代替操作规程。

现场人员和控制室人员保持密切和稳定的联系(通信)。所有管道人员都进行了非正规地培训—岗位培训—和零散的文件培训。全体人员均执行全公司的安全计划。正规的应急训练是公司安全计划的一部分。毒品检测程序作为工作前屏障，起因试验和关键岗位个人的随机测试处于应有位置。

管道经营者为常规调查提供资料，包括河流穿越剖面图、腐蚀控制和人口调查。

关键仪器要清楚地标识(涂红漆)。按刚性试验和校准计划进行维护。尽管没有操作规程，但与之相关的计划和文件以及其他维护活动是十分有用的。没有用于防止仪器偶尔失效的机械装置。

Ⅳ. 误操作指数

A. 设计 P

(1)危险识别		2 分
(2)达到 $MAOP$ 的可能性	最不可能	10 分
(3)安全系统	3＋1－3＝	1 分
(4)材料选择		1 分
(5)检查		1 分
		15 分

B. 施工 P

(1)检验	5 分
(2)材料	1 分
(3)连接	1 分
(4)回填	1 分
(5)搬运	1 分
(6)包覆层	1 分
	10 分

C. 操作 P

(1)工艺规程	1分
(2)SCADA/通信	5分
(3)毒品检测	2分
(4)安全计划	2分
(5)检查	2分
(6)培训	2分
(7)机械故障预防措施	0分
	14分

D. 维护 P

(1)文件编制	2分
(2)计划	3分
(3)维护规程	1分
	6分

误操作指数　15＋10＋14＋6＝45分

预防措施总计　45分

属性总计　0分

全部属性总计　45＋47＋56＋45＝193分

全部属性总计　16＋19＋18＝53分

全部预防措施总计　29＋28＋38＋45＝140分

这条管线输送的天然气含有97％的纯甲烷。非甲烷组分不改变产品危害性计算。计算整个管线破裂情况下10min的泄漏量超过 10×10^4 lb(45359.2kg)。甲烷的分子量是16。

Ⅴ. 泄漏影响系数

A. 产品危害(急剧危害＋长期危害)

1. 急剧危害

(1) N_f	4
(2) N_r	0
(3) N_h	1
总计($N_f+N_r+N_h$)	5

2. 长期危害 RQ　　2

产品危害＝5＋2＝7

B. 扩散系数(泄漏分)＋(人口分)

(1)蒸气泄漏	$MW=16>50\times10^4$	3
(2)人口密度	第三类地区	3

扩散系数＝3/3＝1

泄漏影响系数=产品危害/扩散系数=7/1=7

相对风险分值=指数和/泄漏影响系数=193/7=27.6

计算得分分析

评价结果总计如下：

第三方指数	45 分
腐蚀指数	47 分
设计指数	56 分
误操作指数	45 分
总计指数	193 分
泄漏影响系数	7
相对风险分值	193/7=27.6

经过评价，管道经营者可以从得分最低的指数着手，通过采取有关技术和管理措施，以降低管道的风险水平。

4.5 模糊综合评价法

在安全管理与决策过程中，常常会因某些数据缺乏，一时很难用量化的方法来描述事件，只好用定性的语言叙述。如预测事故发生，常用可能性很大、可能不大或很少可能；预测事故后果时，也常用灾难性的、非常严重的、严重的、一般的等语言变量来加以区别，尤其是对人的生理状态和心理状态更是如此，没法用数量表达，只能用定性的概念来评价。确切地说，用“模糊概念”来评价。模糊综合决策就是利用模糊数学将模糊信息定量化，对多因素进行定量评价与决策。

4.5.1 评价方法与评价步骤介绍

模糊综合决策主要分两步进行：首先按每个因素单独评判，然后再按所有因素综合评判。其基本方法和步骤介绍如下：

(1)建立因素集

因素集是指所决策(评价)系统中影响评判的各种因素为元素所组成的集合，通常用U表示，即：

$$U=\{u_1, u_2, \cdots, u_m\} \tag{4-23}$$

各元素$u_i(i=1, 2, \cdots, m)$代表各影响因素。这些因素通常都具有不同程度的模糊性。例如，评判作业人员的安全生产素质时，为了通过综合评判得出合理的值，可列出影响作业人员的安全生产素质取值的因素，一般可包括：u_1——安全责任心；u_2——所受安全教育程度；u_3——文化程度；u_4——作业纠错技能；u_5——监测故障技能；u_6——一般故障排除技能；u_7——事故临界状态的辨识及应急操作技能。

上述因素u_1～u_7都是模糊的，由它们组成的集合，便是评判操作人员安全生产技能的因素集。

(2)建立权重集

一般来说，因素集 U 中的各因素对安全系统的影响程度是不一样的。对重要的因素应特别看重；对不太重要的因素，虽然应当考虑，但不必十分看重。为了反映各因素的重要程度，对各个因素应赋予相应的权数 a_i。由各权数组成的集合：

$$\underset{\sim}{A}=\{a_1,\ a_2,\ \cdots,\ a_m\} \tag{4-24}$$

$\underset{\sim}{A}$ 称为因素权重集，简称权重集。

各权数 a_i 应满足归一性和非负性条件：

$$\sum_{i=1}^{m} a_i = 1 \qquad a_i \geqslant 0 \tag{4-25}$$

它们可视为各因素 u_i 对“重要”的隶属度。因此，权重集是因素集上的模糊子集。

(3)建立评判集

评判集是评判者对评判对象可能作出的各种总的评判结果所组成的集合。通常用 V 表示，即：

$$V=\{v_1,\ v_2,\ \cdots,\ v_m\} \tag{4-26}$$

各元素 v_i 即代表各种可能的总评判结果所组成的集合。模糊综合评判的目的，就是在综合考虑所有因素基础上，从评判集中得出一个最佳的评判结果。

(4)单因素模糊评判

单独从一个因素进行评判，以确定评判对象对评判集元素的隶属度，称为单因素模糊评判。

设对因素集 U 中第 i 个因素 u_i 进行评判，对评判集 V 中第 j 个元素 v_j 的隶属度为 r_{ij}，则按第 i 个元素 u_i 评判的结果，可用模糊集合：

$\underset{\sim}{R}_{\underset{\sim}{i}}=\{r_{i1},\ r_{i2},\ \cdots,\ r_{in}\}$

同理，可得到相应于每个因素的单因素评判集如下：

$$\underset{\sim}{R}_{\underset{\sim}{1}}=\{r_{11},\ r_{12},\ \cdots,\ r_{1n}\}$$
$$\underset{\sim}{R}_{\underset{\sim}{2}}=\{r_{21},\ r_{22},\ \cdots,\ r_{2n}\}$$
$$\underset{\sim}{R}_{\underset{\sim}{3}}=\{r_{31},\ r_{32},\ \cdots,\ r_{3n}\}$$
$$\vdots$$
$$\underset{\sim}{R}_{\underset{\sim}{i}}=\{r_{i1},\ r_{i2},\ \cdots,\ r_{in}\}$$

将各因素评判集的隶属度行组成矩阵，又称为评判(决策)矩阵。

$$\underset{\sim}{R}=\begin{bmatrix} r_{11} & r_{12} & \cdots & r_{1n} \\ r_{21} & r_{22} & \cdots & r_{2n} \\ r_{31} & r_{32} & \cdots & r_{3n} \\ r_{41} & r_{42} & \cdots & r_{4n} \end{bmatrix} \tag{4-27}$$

(5)模糊综合评判(决策)

单因素模糊评判，仅反映了一个因素对评判对象的影响。要综合考虑所有因素的影响，得出正确的结果，这便是模糊综合评判(决策)。

如果已给出评判矩阵 R，再考虑各因素的重要程度，即给定隶属函数或权重集 A，则模糊综合评判模型为：

$$B=A\cdot R \tag{4-28}$$

评判集 V 上的模糊子集，表示系统评判集诸因素的相对重要程度。

注意到式(4－28)是模糊矩阵的“合成”，其定义为：

$$B=A\cdot R=(b_{ij})$$

而

$$b_{ij}=\bigvee_{k=1}^{n}(aik\wedge rki) \tag{4-29}$$

式中　$i=1,2,\cdots,m$；$j=1,2,\cdots,p$；$k=1,2,\cdots,n$，而且它表示 A 的列数，也表示 R 的行数。

两个模糊子集的合成与矩阵的乘法类似，但需要把计算式中的普通乘法换成取最小值运算(∧)，把普通加法换成取最大值运算(∨)即可。

4.5.2　基于模糊综合评价法的加油站安全管理评价

(1)确定加油站的综合评价集 U

加油站是一个由多种因素构成的多层次复杂系统，根据其结构的复杂性，可以分为多层次综合评判。

根据《汽车加油加气加氢站技术标准》(GB 50156—2021)，首先将加油站的评价系统分为选址与总平面布置、油罐、油料储存、电气安全、消防设备、发油作业 6 个子系统。考虑安全管理的特殊作用，将综合安全管理作为制约因素独立出来。同时，在一定程度上简化指标体系以方便评价，根据子系统的相关性将选址与总平面布置子系统和油罐子系统合并为平面布置子系统；将油料储存子系统和发油作业子系统合并为操作安全子系统，由此得出评价指标体系的 5 个子系统。具体评价指标体系如图 4－20 所示。

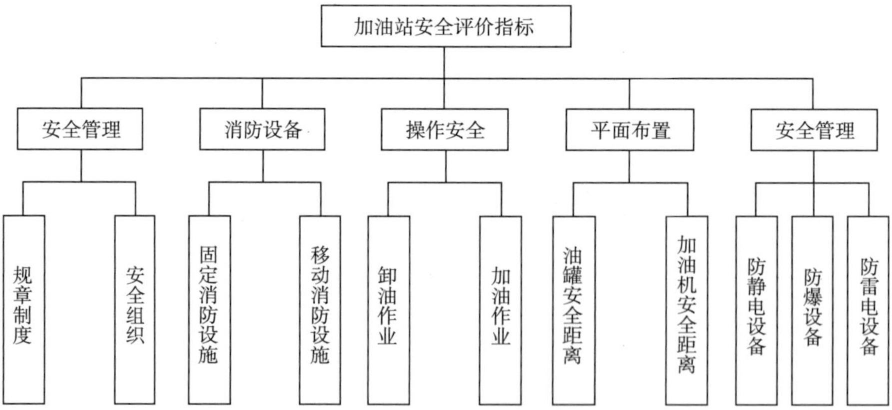

图 4－20　加油站的综合安全评价指标体系

这些因素分为5类，5个子集 $U=\{U_1, U_2, U_3, U_4, U_5\}$={安全管理，消防设备，操作安全，平面布置，电气安全}。

(2)各因素的权重分配

根据安全管理因素和平面布置因素在加油站安全工作中的重要性作出以下权重分配：

$$A=(a_1,a_2,a_3,a_4,a_5)=(0.25,0.15,0.15,0.3,0.15)$$

(3)建立各评价因素的子因素 u_{ij}

$U_1=(u_{11},u_{12})$=(规章制度,安全组织)；

$U_2=(u_{21},u_{22})$=(固定消防设施,移动消防设施)；

$U_3=(u_{31},u_{32})$=(卸油作业,加油作业)；

$U_4=(u_{41},u_{42})$=(油罐安全距离,加油机安全距离)；

$U_5=(u_{51},u_{52},u_{53})$=(防静电设备,防雷电设备,防爆设备)。

(4)建立各评价因素的子因素权重分配 A_{ij}

$$A_1=(a_{11},a_{12})=(0.5,0.5);$$

$$A_2=(a_{21},a_{22})=(0.3,0.7);$$

$$A_3=(a_{31},a_{32})=(0.7,0.3);$$

$$A_4=(a_{41},a_{42})=(0.6,0.4);$$

$$A_5=(a_{51},a_{52},a_{53})=(0.3,0.3,0.4)。$$

(5)建立评语矩阵 R_i

建立评语集为(好，较好，中，较差，差)，并根据专家打分得出评价矩阵 R_i。

假设专家根据现场情况打分得出评价矩阵 R_i：

$$R_1=\begin{Bmatrix}0.6 & 0.2 & 0.2 & 0.0 & 0.0\\0.1 & 0.7 & 0.1 & 0.1 & 0.0\end{Bmatrix}$$

$$R_2=\begin{Bmatrix}0.1 & 0.1 & 0.6 & 0.1 & 0.1\\0.3 & 0.3 & 0.2 & 0.1 & 0.1\end{Bmatrix}$$

$$R_3=\begin{Bmatrix}0.1 & 0.1 & 0.5 & 0.2 & 0.1\\0.3 & 0.4 & 0.2 & 0.0 & 0.1\end{Bmatrix}$$

$$R_4=\begin{Bmatrix}0.7 & 0.2 & 0.1 & 0.0 & 0.0\\0.6 & 0.2 & 0.2 & 0.0 & 0.0\end{Bmatrix}$$

$$R_5=\begin{Bmatrix}0.6 & 0.1 & 0.1 & 0.2 & 0.0\\0.7 & 0.1 & 0.2 & 0.0 & 0.0\\0.5 & 0.2 & 0.1 & 0.1 & 0.1\end{Bmatrix}$$

(6)求各因素评价矩阵

根据公式 $B_i=A_i\cdot R_i$，求出各因素的评价矩阵 B_i：

$$B_1=A_1\times R_1=(0.5,0.5)\times\begin{Bmatrix}0.6 & 0.2 & 0.2 & 0.0 & 0.0\\0.1 & 0.7 & 0.1 & 0.1 & 0.0\end{Bmatrix}=(0.5,0.5,0.2,0.1,0);$$

$$B_2 = A_2 \times R_2 = (0.3,0.7) \times \begin{Bmatrix} 0.1 & 0.1 & 0.6 & 0.1 & 0.1 \\ 0.3 & 0.3 & 0.2 & 0.1 & 0.1 \end{Bmatrix} = (0.3,0.3,0.3,0.1,0.1);$$

$$B_3 = A_3 \times R_3 = (0.7,0.3) \times \begin{Bmatrix} 0.1 & 0.1 & 0.5 & 0.2 & 0.1 \\ 0.3 & 0.4 & 0.2 & 0.0 & 0.1 \end{Bmatrix} = (0.3,0.3,0.5,0.2,0.1);$$

$$B_4 = A_4 \times R_4 = (0.6,0.4) \times \begin{Bmatrix} 0.7 & 0.2 & 0.1 & 0.0 & 0.0 \\ 0.6 & 0.2 & 0.2 & 0.0 & 0.0 \end{Bmatrix} = (0.6,0.2,0.2,0);$$

$$B_5 = A_5 \times R_5 = (0.3,0.3,0.4) \times \begin{Bmatrix} 0.6 & 0.1 & 0.1 & 0.2 & 0.0 \\ 0.7 & 0.1 & 0.2 & 0.0 & 0.0 \\ 0.5 & 0.2 & 0.1 & 0.1 & 0.1 \end{Bmatrix} = (0.4,0.2,0.2,0.2,0.1)。$$

(7)归一化处理

根据公式 $W_i = \dfrac{wi}{\sum_{i=1}^{n} wi}$ 对评价矩阵 B_i，进行归一化处理：

$B_1 = (0.385,\ 0.385,\ 0.154,\ 0.076,\ 0)$；

$B_2 = (0.272,\ 0.272,\ 0.272,\ 0.092,\ 0.092)$；

$B_3 = (0.214,\ 0.214,\ 0.357,\ 0.143,\ 0.072)$；

$B_4 = (0.6,\ 0.2,\ 0.2,\ 0,\ 0)$；

$B_5 = (0.363,\ 0.182,\ 0.182,\ 0.182,\ 0.091)$。

(8)建立总评价矩阵 R

$$R = \begin{Bmatrix} B_1 \\ B_2 \\ B_3 \\ B_4 \\ B_5 \end{Bmatrix} = \begin{Bmatrix} 0.385 & 0.385 & 0.154 & 0.076 & 0 \\ 0.272 & 0.272 & 0.272 & 0.092 & 0.092 \\ 0.214 & 0.214 & 0.357 & 0.143 & 0.072 \\ 0.6 & 0.2 & 0.2 & 0 & 0 \\ 0.363 & 0.182 & 0.182 & 0.182 & 0.091 \end{Bmatrix}$$

(9)求综合因素评价矩阵

由公式 $B = A \times R$ 求出综合因素评价矩阵。

$$B = A \times R = (0.25,\ 0.15,\ 0.15,\ 0.3,\ 0.15) \times \begin{Bmatrix} 0.385 & 0.385 & 0.154 & 0.076 & 0 \\ 0.272 & 0.272 & 0.272 & 0.092 & 0.092 \\ 0.214 & 0.214 & 0.357 & 0.143 & 0.072 \\ 0.6 & 0.2 & 0.2 & 0 & 0 \\ 0.363 & 0.182 & 0.182 & 0.182 & 0.091 \end{Bmatrix}$$

$$= (0.3,\ 0.25,\ 0.2,\ 0.15,\ 0.092)$$

(10)对综合因素评价矩阵 B 进行归一化处理后得：

$$B = (0.3,\ 0.25,\ 0.20,\ 0.15,\ 0.1)。$$

(11)求加油站安全系统总得分f

综合因素评价矩阵表明了系统的安全状况按 5 个等级评价时所得结果的分布，如对各种级别都按百分制给分(见表 4－27)，可求得系统的总得分 $f = e_1b_1 + e_2b_2 + e_3b_3 + e_4b_4 + e_5b_5$ 。

表 4－27　安全级别评分表

分数 e	95 分	80 分	65 分	45 分	30 分
安全级别	好	较好	中	较差	差

$f = e_1b_1 + e_2b_2 + e_3b_3 + e_4b_4 + e_5b_5 = 95 \times 0.3 + 80 \times 0.25 + 65 \times 0.20 + 45 \times 0.15 + 30 \times 0.1 = 71.25$ ，查表 4－28 知，该加油站安全状况属于中等。

表 4－28　系统安全级别评分表

系统安全得分 f	>90 分	80～90 分	60～79 分	40～59 分	<40 分
安全级别	好	较好	中	较差	差

4.6　DNV 定量风险评估软件

DNV 风险评价软件是挪威 DNV 公司独立开发的，得到了挪威政府的认可，并且在全世界设立了许多分公司，它的专用风险评价软件已在全世界许多国家得到广泛运用。DNV 风险评价软件的主要作用是帮助石油化工企业减少生产经营风险，减少对人类生活环境的破坏，以及为石油化工企业扩大再生产和解决生产发展的一些问题提供科学可靠的依据。目前，世界上许多大型石油化工集团和跨国公司进行大规模投资时，都很注重风险评估这项工作。

4.6.1　评价方法与步骤

本节介绍的 DNV 风险评价软件主要包括 Safeti 软件和 LEAK 软件。

(1)Safeti

Safeti 软件是一款多功能定量风险分析和危险性评价软件，其进行定量风险评价的过程是，在充分熟悉装置情况和周围环境情况的基础上进行危险辨识，输入相关的工艺设备参数、气象参数、平面布置、火源位置及人口分布等，分析可能发生的事故，然后建立有针对性的事故模型，进而进行事故发生频率分析和事故后果评价，根据风险理论可得到量化的风险结果(数字或图表的形式)，包括个人风险和社会风险，再依据风险可接受准则评判该风险是否可以接受。若得到的风险结果是可以接受的，则评价工作完成；若风险结果不能被接受，则应考虑相应的安全措施，并进行重复计算，直到风险降低至可以接受的程度，完成最终评价。这一过程可归纳为如图 4－21 所示。

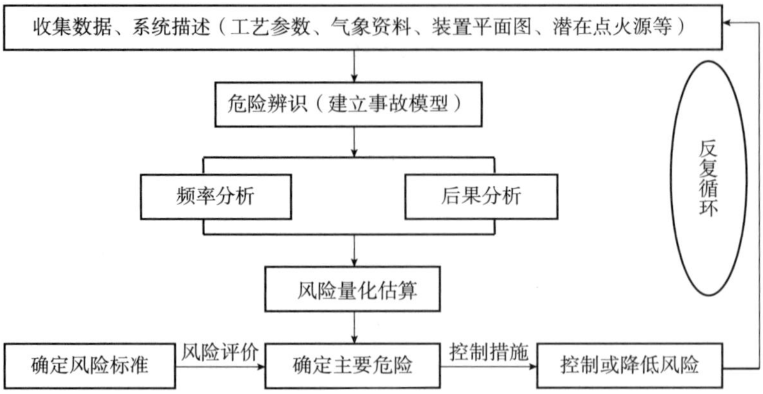

图 4-21　Safeti 软件风险评价程序

(2)LEAK

LEAK 是一个用于计算工艺过程车间和装置、各种工艺管道以及管道工程组的泄漏频率的应用软件。LEAK 软件评价流程如图 4-22 所示。

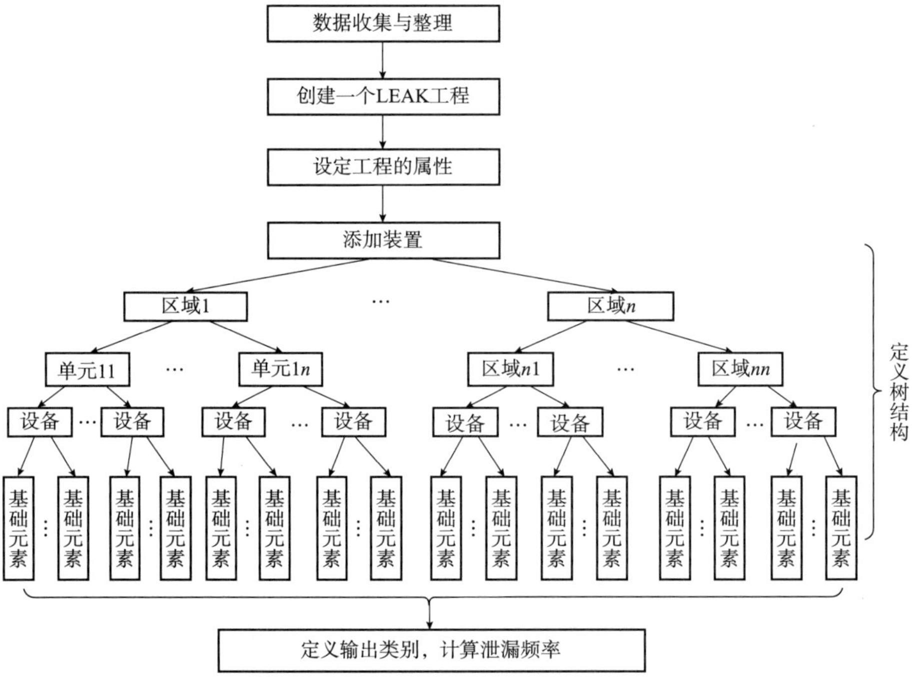

图 4-22　LEAK 软件评价流程

LEAK 是基于孔径分布或者是泄漏速率分布来计算泄漏频率的。孔径分布模型是利用内部的用户自定义孔径范围系列来计算故障装置的泄漏频率的。泄漏速率分布模型是利用内部的用户自定义泄漏速率范围系列来计算故障装置的泄漏频率的。用户只要指定了想要模拟的孔径或者泄漏速率的范围，LEAK 就会计算出每种范围内的泄漏频率。

在 LEAK 软件中，用户需要为由许多区域组成的整个装置列出详细清单。通常这些区域又由很多单元组成，而单元又依次由设备组成。除总的泄漏频率外，可以获得其他每一集合层次所占的权重。使用 LEAK 来计算泄漏频率的主要流程归纳为如图 4－22 所示。

4.6.2 评价方法特点

与其他风险评价方法相比，DNV 风险评价软件具有以下特点：

(1)拥有强大的事故统计数据库

DNV 公司通过对全世界范围内许多行业多年来所发生的灾难事故进行统计和分析，建立了泄漏事故统计数据库，它是一个完整的收集事故发生频率的专家系统，具有一定的权威性。

(2)拥有多种事故模型，以方便准确地对各种事故现象进行模拟计算

模型指的是火灾、爆炸和毒物泄漏等危险事件的定义，通过对模型的计算可以确定危险事件影响区域的大小和严重度。通过 Safeti 提供的事故模型可以方便地对各种事故现象进行模拟计算，目前 Safeti 9.0 提供的主要事故模型如图 4－23 所示。

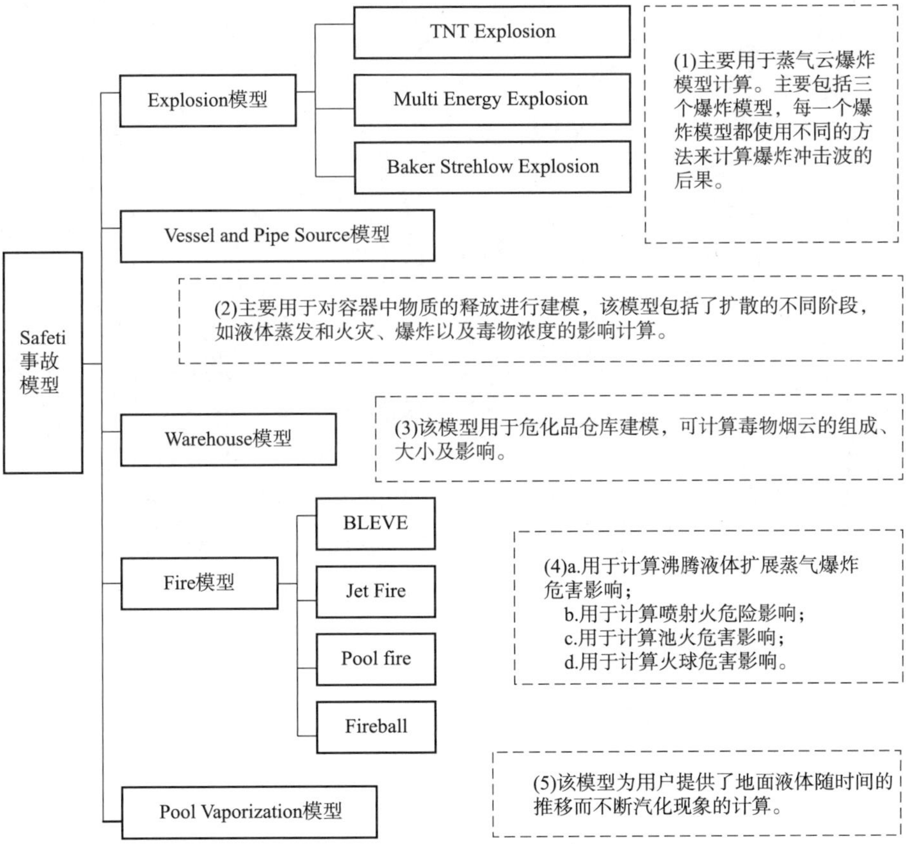

图 4－23 Safeti 9.0 提供的事故模型

(3)以报表或图形的方式显示评价结果，评价结果形象、准确、直观

DNV 软件的评价结果可用数字或图形显示事故影响区域，以及个人和社会风险，并

可根据风险值对可能发生的事故进行分级，这样有助于制定降低风险的措施。

(4)适用行业广，功能强大

DNV 软件除适用与石油化工行业、油气储运行业外，也适用于海上电气设施、交通、核电以及环境保护等行业。

4.6.3 应用实例

应用 Safeti 9.0 对某天然气长输管道泄漏爆炸事故进行定量风险评价。

(1)评价对象概况

某天然气管道，管道设计压力为 9.4MPa，运行压力为 8.6～8.8MPa，管道公称直径为 914mm。管道存在多处穿越城区、厂区、道路的敏感点(段)。管道位置及敏感点分布如图 4-24 所示。

图 4-24 管道位置及敏感点分布

管道主要参数如表 4-29 所示。

表 4-29 某 LNG 管道主要参数设置

管内物质	管外径	壁厚	工作压力	流速	主线长度
天然气	914mm	15.9mm	8.7MPa	25m/s	13km

(2)失效场景构建及频率设置

依据《化工企业定量风险评价导则》(AQ/T 3046—2013)，将失效场景分为小孔泄漏、中孔泄漏、大孔泄漏和完全破裂四种，根据挪威船级社(DNV 公司)数据库及《API RP 581—2016》中的数据，上述四种场景的失效频率设置如表 4-30 所示。

表 4-30 某 LNG 管道失效场景频率设置

设备类型	泄漏频率(/每公里·年，4 种场景)			
	小孔	中孔	大孔	完全破裂
LNG 管道	8×10^{-6}	2×10^{-5}	2×10^{-6}	6×10^{-7}

(3)人员及点火点设置

管道沿线人员分布区域和点火点位置如图 4-25、表 4-31 所示。

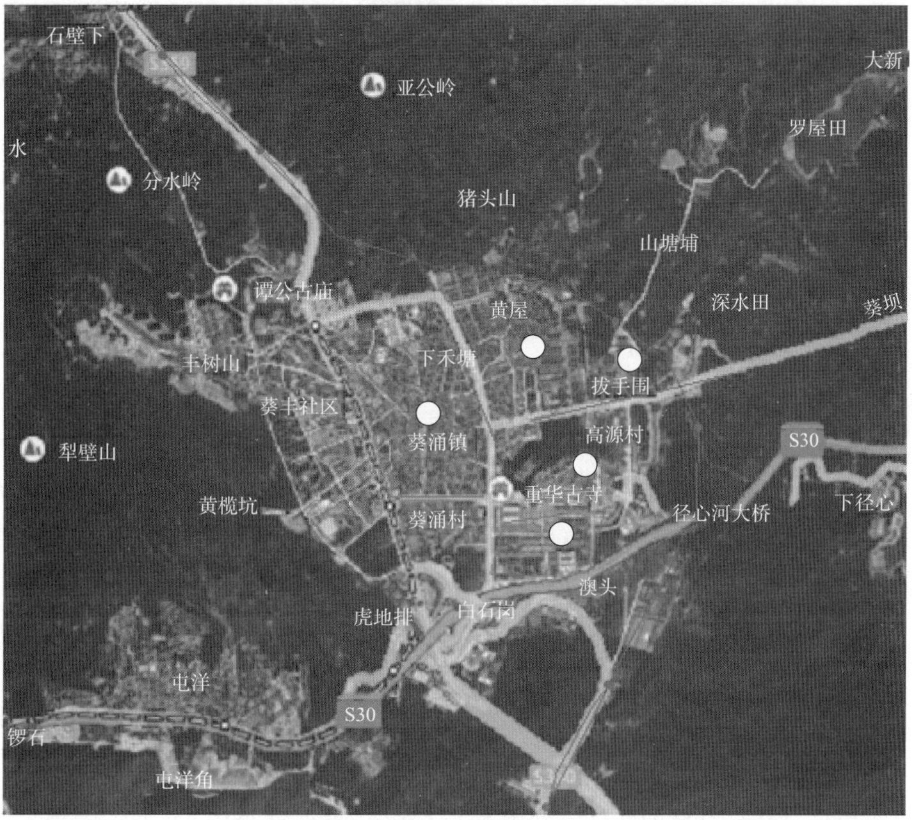

图 4-25 人员分布区域和点火点位置

表 4-31 人员设置情况

序号	人数设置/人
①	1800
②	1200
③	2000
④	600
⑤	400

(4)气象参数设置

该管道所在地区主要风向为东南东风(ESE)、东南风(SE)和东风(E)，平均风速分别为 4.5m/s、4.0m/s 和 3.5m/s，年均风速为 3.1m/s，年均气温为 22℃，其余风频参数按照某年该地区风频玫瑰图(图4－26)进行设置。

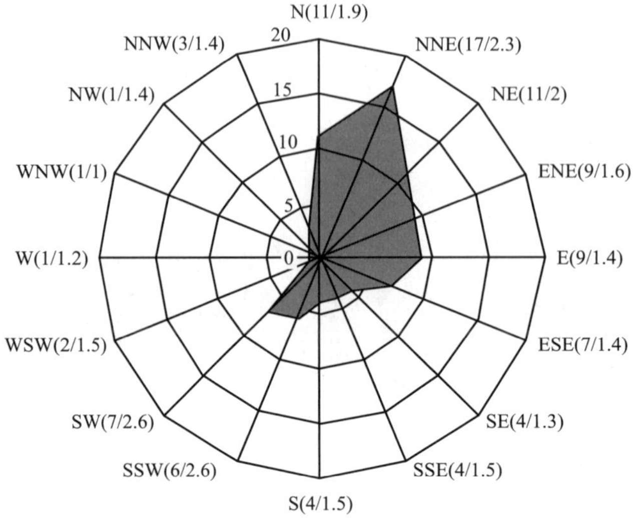

图 4－26　该地区风频玫瑰图

(5)管道泄漏爆炸事故风险评估

管道中的天然气泄漏后，遇明火极易发生火灾和爆炸事故，人暴露在天然气所能扩散到的范围内具有一定的个人风险，同时会造成一定的社会风险。个人风险定义为在某一特定位置长期生活未采取任何防护措施的人员遭受特定危害的频率。个人风险评价标准目前普遍采用 ALARP(As Low As Reasonably Practicable)合理可行尽量低的原则，一般都分为上限、下限和上下限之间的中间区域；社会风险是指严重度不低于某个值的某种事故或者某组事故一定时间(一年)的期望发生概率或者频率，用于描述事故发生的概率与事故造成的人员受伤或者死亡人数的相互关系。社会风险评价标准采用 $F-N$(Frequency-Number of Fatalities)曲线法，同样，在 $F-N$ 曲线图中确定了一条上限线和下限线以及它们之间的中间区域。本评价实例的个人风险标准和社会风险标准均采用《危险化学品生产、储存装置个人可接受风险标准和社会可接受风险标准(试行)》(国家安全生产监督管理总局公告 2014 年第 13 号)中的规定。

(6)评估结果

运用 Safeti 9.0 计算得到的某 LNG 管道泄漏爆炸个人风险等值线如图 4－27 所示，社会风险 $F-N$ 曲线如图 4－28 所示。

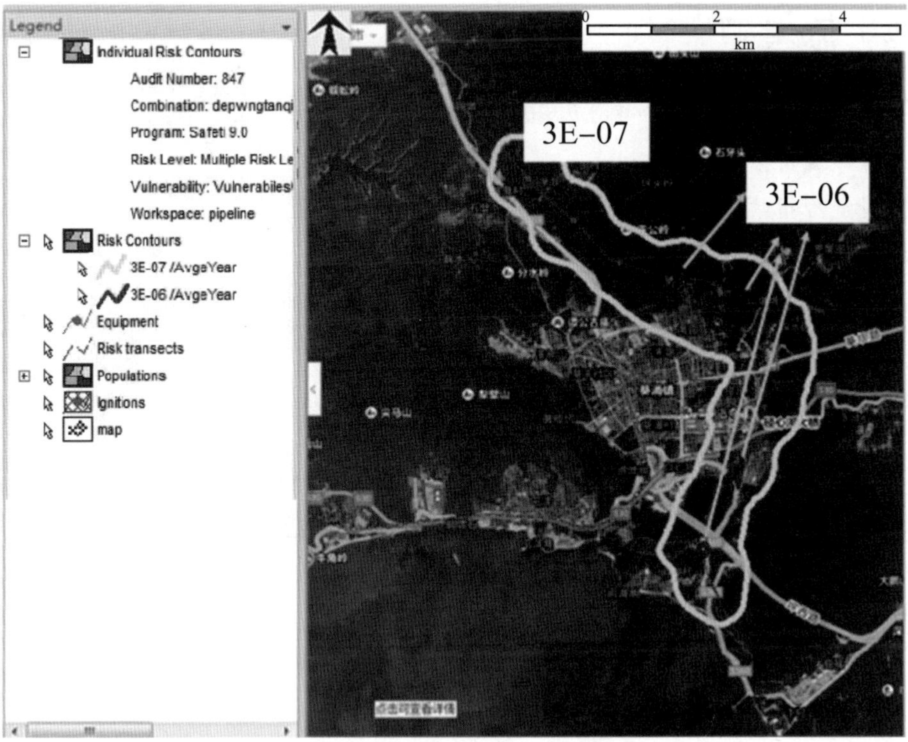

图 4－27 LNG 管道泄漏个人风险等值线

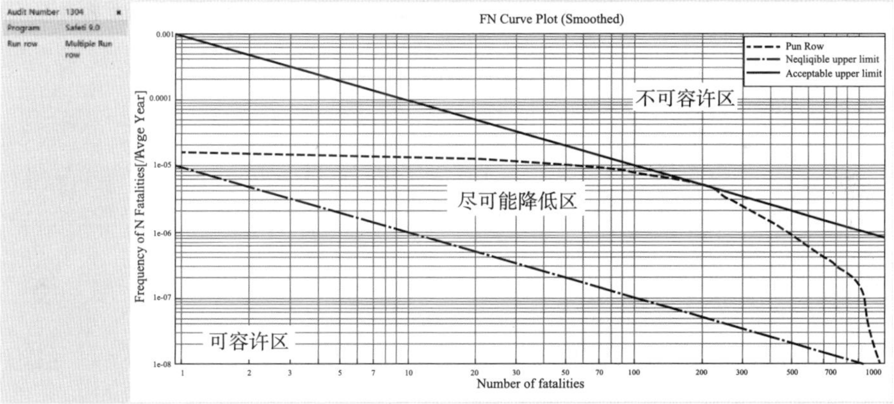

图 4－28 LNG 管道泄漏社会风险 $F-N$ 曲线

由上述个人风险与社会风险计算结果可知，该管道事故的个人风险处于可接受范围之内，社会风险总体处于尽可能降低区，伤亡人数在 150～250 人时，社会风险曲线逼近上限值。由于高压天然气危险性较大，当安全距离不够或人员密集时，一旦发生事故，会影响到周边的人员密集场所，造成严重的事故后果。总体分析，确定某 LNG 管道事故风险级别为高风险。

4.7 思考题

1. 画出事故树分析的程序图。

2. 简述事故树分析的优点。

3. 使用危险指数评价法的主要目的是什么？危险指数评价法有哪些？它们之间有什么共同点？

4. 在使用道化学公司火灾、爆炸危险指数评价法之前需要准备什么资料？

5. 道化学评价法的使用基础和依据是什么？

6. 使用道化学评价法最主要的目的是什么？

7. 道化学火灾评价法的适用范围是什么？

8. ICI Mond 法与道化学指数法的区别和联系是什么？该方法的突出特点是什么？

9. 某评价单元物质系数为 2.12，特殊物质危险值为 220，一般工艺危险值为 100，特殊工艺危险值为 210，布置危险值为 85，毒性危险性为 225。试用 ICI Mond 法计算该评价单元道氏综合指数并判断其危险程度。

10. 肯特长输管道法主要用于油气运输管道风险评价，其原理是什么？应考虑哪些因素？

11. 简述 DNV 风险评价软件具有的特点。

12. 简述 SAFETI 软件的定量风险评价过程。

13. 试论述危险化学品生产和储存企业如何建立健全安全风险管理体系？

第5章　事故后果模拟方法

党的二十大报告提出推动公共安全治理模式由以事后处置为主向以事前预防为主转型的战略任务。习近平总书记强调坚持从源头上防范化解重大安全风险，真正把问题解决在萌芽之时、成灾之前。要坚持问题导向，深入分析制约公共安全治理模式转型的短板，找到“撒手锏”式实招硬招，加快建立以风险治理为中心的应急管理体系。要强化源头防控，运用改革思维和法治、政策、科技、标准、工程治理等手段，严把规划安全关、安全准入关，提高安全设防的能力和水平。防要防得住、救要准备好，应急准备就是防，要全面加强力量准备、物资准备、预案准备、机制准备，时刻防备、随时应对各类突如其来的灾害事故，更加彰显中国式救援的能力和高效。事故后果模拟方法可以对事故的发生、发展、扩大、后果进行科学的分析评价，模拟各类事故特征参数随时间、距离的变化过程，分析特定位置的破坏情况，评价事故影响范围和危害程度，进而为应急管理工作人员开展风险防控和风险管理提供量化参考。

5.1　概述

泄漏、火灾、爆炸、中毒事故是常见的重大事故，经常造成严重的人员伤亡和巨大的财产损失，影响社会安定。国外的事故模拟方法早在20世纪60年代就已发展起来，并逐步形成系统安全工程学科，产生了许多事故分析、模拟、预测的方法，如预先危险分析法、事故树法、LEC法、火灾爆炸指数法等，这些技术和方法大多数只能对事故进行定性或半定量的描述，因而对事故的预防、控制的作用十分有限。

20世纪70年代以来，随着技术的进步，石化和兵工等企业的生产规模越来越大，与此同时，火灾、爆炸和有毒物质泄漏等重大事故的发生频率逐渐增加，造成巨大的财产损失和人员伤亡，引起了社会舆论的广泛关注。因此，火灾、爆炸和有毒物质泄漏重大事故后果模拟评价开始受到重视，各国相继开发了大量重大事故后果模拟方法和软件等。

进入20世纪80年代，基于工程实际应用的需求，人们先后提出了各种事故经验模型，如模拟蒸气云爆炸的多能(Muliti-Energy)模型、气体爆炸模型、模拟热辐射的固体火焰模型和点源模型等。20世纪90年代以后，由于计算机技术飞速发展，使得更准确地描述火灾爆炸事故成为可能。目前可以采用计算流体动力学(Computational Fluid Dynamics, CFD)对事故后果进行三维数值模拟，用不同的颜色显示某时刻事故特征参数在空间中的分布，从而更精确、高质量地模拟事故发生、发展过程。

本章重点介绍有关泄漏、火灾、爆炸、中毒事故的后果模拟分析，在一定的理想假设前提下，运用目前较常用的数学模型，对事故的发生、发展、扩大、后果进行科学的分析评价，模拟各类事故特征参数随时间、距离的变化过程，分析特定位置的破坏情况、评价事故影响范围和危害程度，对辨识和控制危险提供参考。

1. 泄漏

在过程工业及相关行业中，时常发生易燃、易爆、有毒物质意外泄漏到空气中的事故。根据各种设备泄漏的情况分析，可以将工厂(特别是化工厂)中易发生泄漏的设备进行分类，通常归纳为：管道、挠性连接器、过滤器、阀门、压力容器或反应器、泵、压缩机、储罐、加压或冷冻气体容器及火炬燃烧装置或放散管等十类。

泄漏口的形状、面积、位置以及泄漏介质本身物理特性、存储形式决定了泄漏形式的多样性和复杂性，而且对泄漏机理有很大影响。影响泄漏速率的关键因素主要有介质的状态(气态或液态)、储存条件(常温压力液化储存、低温常压液化储存、常温常压气态/液态储存)。根据泄漏持续时间长短可以将泄漏分为瞬时泄漏和连续泄漏两种。

一般将泄漏气体或蒸气与空气的混合物称为气云，瞬时泄漏形成的气云称为云团，连续泄漏形成的气云称为云羽。根据气云密度与空气密度的相对大小，将气云分为重气云、中性气云和轻气云三类。大多数意外泄漏是在地面附近形成低动量连续释放源或瞬时释放源，由于泄漏物分子量比空气大(如氯气)、温度较环境低(如 LNG)、化学转变(如氟化氢的聚合)或者在气云中夹带液滴(如氨气)，经常形成比空气密度大的气云，简称重气云(heavy gas/vapor)。如果气云密度显著小于空气密度，气云受到方向向上的浮力作用，这样的气云称为轻气云；如果气云密度和空气密度相当，气云不受显著的浮力作用，这样的气云称为中性气云。轻气云和中性气云统称为非重气云。

泄漏一旦发生，其后果不但与物质的数量、易燃性、毒性等有关，而且与泄漏物质的相态、压力、温度等状态有关。这些状态可有多种不同的组合，在后果分析中，常见的可能组合有四种：常压液体、加压液化气体、低温液化气体、加压气体。

泄漏物质的物性不同，其泄漏后果也不同。

(1)压缩气体泄漏

可燃气体泄漏后与空气混和达到燃烧极限时，遇到点火源就会发生燃烧或爆炸。泄漏后起火的时间不同，泄漏后果也不相同。

①立即起火。可燃气体从容器中往外泄漏时即被点燃，发生扩散燃烧，产生喷射火或火球，它能迅速地危及泄漏现场，但较少会影响到厂区外。

②滞后起火。可燃气体泄出后与空气混和形成可燃蒸气云团，并随风飘移，遇火源发生爆燃或爆炸，能引起较大范围的破坏。

有毒气体泄漏后形成云团在空气中扩散，有毒气体的浓密气云将笼罩很大的空间，影响范围很大。

(2)液体泄漏

一般情况下，泄漏的液体在空气中蒸发成气体，泄漏后果与液体的性质和贮存条件有关。

①常温常压下液体泄漏。这种液体泄漏后聚集在防液堤内或地势低洼处形成液池，液体由于池表面空气的对流而缓慢蒸发，若遇点火源就会发生池火灾。

②加压液化气体泄漏。液体泄漏时其中一部分将瞬时蒸发，另一部分液体形成一个液池，吸收周围的热量继续蒸发。液体瞬时蒸发的比例决定于物质的性质及环境温度。有些泄漏物质可能在泄漏过程中全部蒸发。

③低温液体泄漏。这种液体泄漏时将形成液池，吸收周围热量蒸发，蒸发量低于加压液体气体的泄漏量，高于常温常压下液体泄漏量。

(3)加压液化气体泄漏(两相泄漏)

处于过热状态的液体，当泄漏位置处于液相部分时，过热的储存介质泄漏出来，泄漏液体会发生部分闪蒸，出现气、液两相流动，即两相泄漏。

对于压力储存的气体或液体，泄漏以喷射形式进行；对于处于过热状态的液体，当泄漏位置处于液相部位时，泄漏液体会发生部分闪蒸，以两相(气体、液体)的方式泄漏。压力储存的气体泄漏时，流动速率将达到声速或亚声速。物质在储罐和管道中的流动机理又不相同，管壁的粗糙度对靠近管壁的流体流动影响较大。

2. 火灾

火灾是在时间和空间上失去控制的燃烧所造成的灾害，包括森林火灾、草原火灾、建筑火灾、油品火灾、气体火灾、粉尘火灾等。本节主要介绍易燃易爆的气体、液体泄漏后遇到点火源被点燃而着火燃烧现象。被点燃后的燃烧方式有喷射火、池火、火球和闪火四种。

(1)喷射火(Jet Fire)

当压力储存的可燃物质发生泄漏，则形成喷射流。如果在泄漏口处被点燃，此时形成的火灾称为喷射火。热辐射和火焰的冲击是喷射火对周围人员、环境造成的主要危害方式。喷射火燃烧比较稳定，危害性比其他火灾(池火、沸腾液体扩展为蒸气爆炸)小，但当其火焰长度较长时，火焰可触及较远的距离。若在储罐区发生喷射火，火焰产生的热辐射可能导致邻近储罐发生沸腾液体扩展蒸气爆炸。就火焰的覆盖面积来说，水平喷射火焰最大，由此产生的热辐射危害相对更严重。

射流火焰方向与喷射口方向、风向有关。不同于池火灾有燃烧惯性，喷射火是在非常短的时间内，迅速熄灭。喷射速率越大的火焰，卷入的空气越多。液化气体泄漏引起的喷射火由于喷射流中带有闪蒸产生的液滴，故燃烧速率较慢。由于风或浮力的影响，喷射火火焰可能呈弯曲的形状，从泄漏点到火焰顶点也可能呈直线。喷射火的热辐射由火焰中产生的烟灰和气体控制。在泄漏速率较大的情况下(接近声速)，喷射火的热辐射主要由分子放射控制。大型喷射火的热辐射则由烟灰辐射控制。

(2)池火(Pool Fire)

可燃液体(如汽油、柴油等)泄漏后流到防火堤内或低洼地面形成液池，也可能流到水面并覆盖水面，遇到火源燃烧而成池火。常见的池火灾有油罐火灾、油井火灾和可燃液体或低熔点可燃固体泄漏到地面或水面遇到点火源形成的火灾。形成池火灾的液体既可以是高闪点，又可以是低闪点的；既可以溶于水，也可以不溶于水。油罐火灾的常见原因是油罐过载或雷电。高闪点液体的池火灾一般可用水扑灭，低闪点液体的池火灾需要用泡沫或干粉灭火剂扑灭。

如果池火灾发生在室外，由于氧气供应充足，燃烧比较完全，产生的有毒、有害烟气也容易消散掉。但是，池火灾产生的火焰能够向周围发生强烈的热辐射，使附近的人员受到伤害，并且可引燃周围的可燃物。火焰产生的热辐射是室外池火灾的主要危害。

(3)火球(Fire Ball)

低温或压力储存的可燃液化气体由于过热，导致容器内压增大，使容器爆炸，内容物释放并被点燃，发生剧烈燃烧，产生强大的火球，形成强烈的热辐射。

(4)闪火(Flash Fire)

泄漏的可燃气体、液体蒸发的蒸气在空气中扩散，遇点火源在无约束空间产生无爆炸性的燃烧称为闪火。闪火的主要危害是造成大面积的火灾而直接烧毁财产和对人的灼烧伤害。闪火持续的时间很短，对周围物体造成热影响明显比池火灾、火球低。发生闪火时，处于云团内的人员可能受到严重烧伤，然而通过热辐射计算表明在蒸气云之外的人员，一般不会受到明显的伤害。

闪火的发生要求物质发生泄漏到被点燃有一定的时间延滞，生成的云团浓度处于可燃物的燃烧极限范围内。闪火发生的条件与蒸气云爆炸的条件很相似，两者之间存在着紧密联系。闪火与蒸气云爆炸的区别在于火焰传播过程中没有自我加速的条件，即泄漏源不产生紊流，空间也不存在局部约束条件。闪火与存在的许多不确定性因素(例如：云团成分、着火点的位置、风速等)很大程度上影响闪火热辐射的大小。闪火的火焰形状与蒸气云形状、着火点在云团中的位置有关。若着火点在云团中心，则生成圆柱形的火焰；若着火点在云团边缘，火焰在传播的过程中呈横方向变化的平面。火焰形状对火焰热辐射的影响很大。火焰热辐射大小取决于目标距火焰距离、火焰高度、大气传输率等因素。而火焰高度与蒸气云中物质的组成成分、云团厚度紧密相关。

3. 爆炸

爆炸是物质的一种非常剧烈的物理、化学变化，也是大量能量在短时间内迅速释放或急剧转化成机械能的现象。一般来说，爆炸现象具有以下特征：爆炸过程进行得很快；爆炸点附近压力急剧升高，产生冲击波；发出或大或小的响声；周围介质发生震动或邻近物质遭受破坏。通常将爆炸过程分为两个阶段：第一个阶段是物质的能量以一定的形式(定容、绝热)转变为强压缩能；第二个阶段强压缩能急剧绝热膨胀对外做功，引起作用介质变形、移动和破坏。

按爆炸性质可分为物理爆炸和化学爆炸。物理爆炸就是物质状态参数(温度、压力、体积)迅速发生变化，在瞬间放出大量能量并对外做功的现象。其特点是在爆炸现象发生过程中，造成爆炸发生的介质的化学性质不发生变化，发生变化的仅是介质的状态参数。例如，锅炉、压力容器和各种气体或液化气体钢瓶的超压爆炸。化学爆炸就是物质由一种化学结构迅速转变为另一种化学结构，在瞬间放出大量能量并对外做功的现象，如可燃气体、蒸气或粉尘与空气混和形成爆炸性混合物的爆炸。化学爆炸的特点是：爆炸发生过程中介质的化学性质发生了变化，形成爆炸的能源来自物质迅速发生化学变化时所释放的能量。化学爆炸有三个要素：反应的放热性、反应的快速性和生成气体产物。

(1)蒸气云爆炸(Vapors Cloud Explosion，VCE)

当大量可燃气体或蒸气泄漏后与周围空气混合，如果没有立即点火，在空气中扩散，则形成蒸气云。若蒸气云浓度在爆炸浓度极限范围内并处在受约束(例如建筑物、设备等障碍物)的空间，若遇点火源，则发生蒸气云爆炸。VCE 产生强烈的爆炸波，是对人员、设施造成伤害的主要因素。

工业中蒸气云爆炸事故多是由弱点火(点火能量小于 100J)点燃蒸气云引起的，传播形式多为亚声速传播的爆燃波。可燃气体的反应活性、可燃气体的浓度、点火能量、蒸气云受约束程度等对爆燃超压都有影响。如果在爆炸波传播的方向上没有障碍物时，低能量点燃的蒸气云爆炸通常不会产生破坏性超压。但如果蒸气云内部存在障碍物或局部约束，由于尚未点燃的气体在障碍物附近将会产生湍流和旋涡，火焰与障碍物之间相互作用，使火焰加速传播，产生较高的爆炸压力，甚至可能转变为爆轰。

(2)沸腾液体扩展蒸气爆炸(Boiling Liquid Expanding Vapour Explosion，BLEVE)

BLEVE 是指由于装有液化气体的容器发生灾难性的失效，压力平衡被破坏，导致沸腾液体扩展蒸气爆炸性的泄放，例如，储罐外部受到火焰的烘烤突然破裂或外力冲击导致破裂，若遇火源产生的爆炸。BLEVE 的能量主要来源于两个方面：一是液化气体储罐本身为高压容器，其突然破裂能够释放出巨大的能量，产生爆炸波并且将容器破片抛向远方；二是液化气体剧烈燃烧能够释放出巨大的热能，产生巨大的火球和强烈的热辐射。

BLEVE 事故是石油、化工和交通运输行业的重要事故类型。导致 BLEVE 的因素很多，包括罐体材料缺陷、材料疲劳、腐蚀、热应力、压应力、池火焰包围或喷射火炬环境下罐体材料强度下降、容器过载、操作不当等，通常 BLEVE 的发生是由于上述几个因素联合作用的结果。大多数 BLEVE 的发生是由于外来热辐射作用使得容器内易燃液体处于过热状态，容器内压力超过对应温度下材料的爆炸压力，导致容器发生灾难性的失效，容器内易燃液体发生爆炸性汽化而快速泄放，即 BLEVE 的发生。BLEVE 的发生是由许多因素决定的，其中容器的壁厚、材料强度、外来热辐射通量的大小及作用时间、泄压阀的开启面积和设定压力以及热保护措施等这些因素对 BLEVE 的发生起着决定性的作用。

BLEVE 虽有爆炸波和爆炸导致的碎片产生，但爆炸火球产生的热辐射是最主要的伤害。为防止液化气体在火焰热辐射下发生沸腾液体扩展蒸气爆炸，最有效的方法是用大量的水冷却容器外部，然后设法将火扑灭。

5.2 泄漏模拟

危险物质的泄漏事故有许多不同的类型，如泄漏介质状态的不同(气体或液体泄漏)、泄漏持续时间的不同(瞬时或持续泄漏)、设备的不同(储罐或管道泄漏)、储存条件的不同(冷冻或压力泄漏)、周围环境的不同(在陆地或水中泄漏)、限制条件的不同(受约束泄漏或无约束泄漏)等，这些泄漏形式也可能同时存在。

5.2.1 压缩气体泄漏

1. 容器壁孔的泄漏

如图 5－1 所示，通过容器壁上孔的压缩气体的泄漏质量流量 $\dot{m}$(kg/s)的计算可用下式实现。

$$\dot{m} = C_d A_h P_0 K \sqrt{\frac{W_g}{\gamma R T}} \tag{5-1}$$

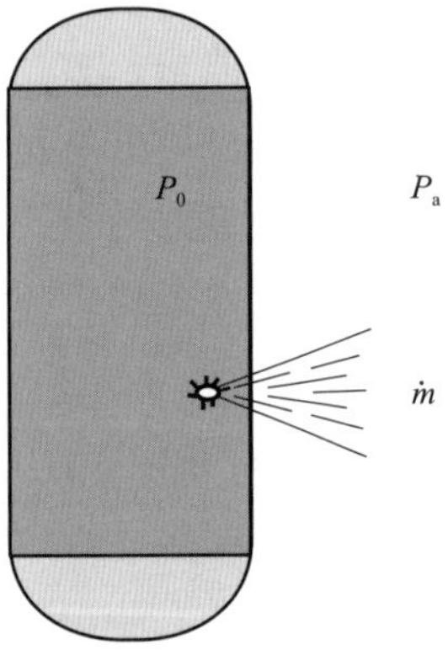

图 5－1 容器壁孔的压缩气体泄漏

式中 C_d——排放系数，尖口泄漏时取 0.62，圆口泄漏时取 0.95～0.99；

A_h——孔的横截面积，m^2；

P_0——容器中的初始压力(对每个时间段)，Pa；

W_g——气体的摩尔质量，kg/mol；

γ——热容比，即定压比热容 C_p [J/(kg·K)]与定容比热容 C_v [J/(kg·K)]之比；

R——普通气体常数[$R=(C_p-C_v)W_g=8.314$J/mol·K]；

T——气体温度，K。

系数 K 取决于泄漏是否是：

(1)亚声速。气体出口速度比声速更小，马赫数 $M_j<1$ 。

(2)声速或超声速。气体出口速度与声速相等或更大。马赫数 $M_j\geqslant 1$ 。

满足以下表达式时，认为是超声速泄漏，即：

$$\frac{P_0}{P_a} \geqslant \left(\frac{\gamma+1}{2}\right)^{\frac{\gamma}{\gamma-1}} \tag{5-2}$$

其中，P_a——环境压力，Pa。

系数 K 通过下列表达式计算。

亚声速泄漏：

$$K = \sqrt{\frac{2\gamma^2}{\gamma-1}\left(\frac{P_a}{P_0}\right)^{\frac{2}{\gamma}}\left[1-\left(\frac{P_a}{P_0}\right)^{\frac{\gamma-1}{\gamma}}\right]} \tag{5-3}$$

超声速(或声速)泄漏：

$$K = \gamma\left(\frac{2}{\gamma+1}\right)^{\frac{\gamma+1}{2(\gamma-1)}} \tag{5-4}$$

2. 与容器连接的接管管壁穿孔泄漏

如图 5-2 所示，气体的泄漏质量流量 $\dot{m}$(kg/s)将直接依赖于容器压力和大气压力的总差额。P_0(Pa)表示容器和管道入口的压力；P_e(Pa)是孔前的压力；和环境压力 P_a(Pa)，总压降 ΔP(Pa)可由式(5-5)计算：

$$\Delta P = (P_0 - P_e) + (P_e - P_a) = \Delta P_{pipe} - \Delta P_{hole} \tag{5-5}$$

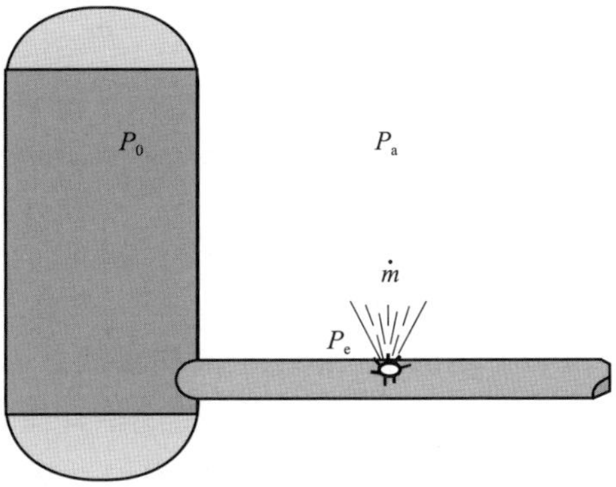

图 5-2 与容器连接管道的压缩气体泄漏

管道内质量流量 $\dot{m}_{pipe}$(kg/s)直接取决于管道内的压力下降，而泄漏质量流量 $\dot{m}$(kg/s)取决于接管泄漏孔的压力下降。假设通过管道的质量和泄漏的质量相等，可得：

$$\dot{m}_{pipe}(\Delta P_{pipe}) = \dot{m}(\Delta P_{hole}) \tag{5-6}$$

管道内的质量流量 $\dot{m}_{pipe}$(kg/s)能够从表征单元长度管道压力降的范宁(Fanning)关系式获得，$\delta P/\delta l_P$ (Pa/m)是与范宁摩擦系数 f_F 、气体密度 ρ(kg/m^3)、气体的速度 u(m/s)和管道直径 d_P(m)相关的函数：

$$\frac{\delta P}{\delta l_P} = 4 f_F \frac{\rho u^2}{2 d_P} \tag{5-7}$$

气体的速度表达式为：

$$u = \frac{\dot{m}_{pipe}}{\rho A_P} \tag{5-8}$$

式中 A_P——管道横截面积，m^2。

将式(5-7)代入式(5-8)得：

$$\dot{m}_{pipe} = A_h \sqrt{\frac{2\int_{p_e}^{P_0} \rho(P) d_P}{4 f_F (l_P / d_P)}} \tag{5-9}$$

理想气体状态下 $P = C\rho^{\gamma}$，(C=定值)，因此式(5-9)变成：

$$\dot{m}_{pipe} = A_h \sqrt{\frac{\rho P_0}{2 f_F (l_P/d_P)} \frac{\gamma}{\gamma+1}\left[\left(\frac{P_0}{P_e}\right)^{(1+\gamma)/\gamma} - 1\right]} \tag{5-10}$$

根据式(5-1)和式(5-6)联合求解得到未知压力值 P_e(Pa)，然后算得孔内的泄漏质量流量 $\dot{m}$ (kg/s)。

范宁摩擦系数 f_F (—)作为雷诺数 $Re = \rho u d_P/\eta$ 的函数计算，其中 η (Pa·s)为流体运动黏度，如：

对于 $Re<2000$：

$$f_F = 16/Re \tag{5-11}$$

对于 $4000 < Re < 10^5$：

$$f_F = 0.0791Re^{-0.25} \tag{5-12}$$

3. 总管道破裂泄漏

通过贝尔模型计算作为时间 t (s)函数的管道瞬时质量流量 $\dot{m}(t)$ (kg/s)，即：

$$\dot{m}(t) = \frac{\dot{m}}{1+S}\left[S\exp\left(-\frac{t}{t_B}\right)+\exp\left(-\frac{t}{t_B S^2}\right)\right] \tag{5-13}$$

式中

$$S = \frac{M}{\dot{m}t_B} \tag{5-14}$$

须注意以下几点：

(1)上述两个公式中泄漏质量流量 $\dot{m}$ (kg/s)是指从孔的泄漏质量流量，利用式(5-1)可得。另外，总管道破裂的情况下，流量系数 C_d 值等于1。

(2)管道内气体初始质量 M (kg)根据管道的尺寸[长度 l_P (m)和直径 d_p (m)、气体密度 ρ (kg/m^3)和管道横截面积 A_P (m^2)]来计算：

$$M=\rho l_P A_P=\rho l_P(\pi/4)d_P^2 \tag{5-15}$$

(3)式(5-14)中特定时间通过经验公式：

$$t_B = \frac{4}{3}\frac{l_P}{u_{sound}}\sqrt{\frac{\gamma f_F l_P}{d_P}} \tag{5-16}$$

式中 f_F ——范宁摩擦系数；u_{sound}——声速，m/s。

$$u_{sound} = \sqrt{\frac{\gamma RT}{W_g}} \tag{5-17}$$

式中 γ ——定压比热与定容比热之比；

R ——气体常数[8.314J/(mol·K)]；

T ——气体温度，K；

W_g——摩尔质量，kg/mol。

如前所述，贝尔模型对于以声速 u_{sound}(m/s)传播，冲击波移动距离 l_P 等于管道长度(m)的时间段内是有效的，即时间 t_E(s)内是有效的。

$$t_E = \frac{l_P}{u_{sound}} \tag{5-18}$$

5.2.2 液体泄漏

容器内液体泄漏的情况下，研究旨在预测泄漏中容器的质量减少。泄漏质量流量直接与容器内的静水压有关，又取决于液位与泄漏点的高度。在泄漏时，容器内液体的质量持续减少，压力也将相应地降低。

1. 数据：容器体积 V_d(m^3)，容器初始压力 P_0 (Pa)和初始温度 T (K)

(1)容器内的液体初始质量 M_0(kg)，能很容易地通过容器的体积和容器内液体的初始

条件即密度 ρ（kg/m^3）来计算，如：

$$M_0 = \phi V_d \rho \tag{5-19}$$

式中　ϕ——容器的填充系数（$\phi = 0$ 时容器是空的，$\phi = 1$ 时容器是满的）；

V_d——容器体积，m^3。

(2)从公式计算得到液体的初始体积 V_0（m）。

$$V_0 = M_0/\rho \tag{5-20}$$

容器内的初始液位 h_0（m）能够从初始体积获得，例如，基本面积 A_d（m^2）的圆柱形容器，初始液位高度：

$$h_0 = V_0/A_d \tag{5-21}$$

(3)关于泄漏质量流量 $\dot{m}_0$（kg/s）的计算，下面部分将做介绍。

2. 选择第一个时间段 δt_1（s）。

时间步长的大小可以是任意的，但其应该覆盖泄漏过程的全部时间。实践表明通常选取 50 个时间段分析泄漏过程是满足要求的。

①因为液体泄漏，容器内的质量减少，通过表达式计算：

$$\delta M_1 = \dot{m}_0 \delta t_1 \tag{5-22}$$

②因为液体泄漏，容器内液体体积减少，然后通过表达式来计算体积减小量：

$$\delta V = \delta M_1/\rho \tag{5-23}$$

因此，容器内液体呈现新的液位。

③基于新液位，重新计算静液压，并计算对应时间步的泄漏质量流量。

3. 选择下一个时间段，重复 1、2 中计算分析步骤。

(1)第一种情况：容器壁孔的泄漏

如图 5-3 所示，通过伯努利方程来确定容器壁孔液体的泄漏质量流量 $\dot{m}$（kg/s），即：

$$\dot{m} = C_d A_h \sqrt{2(P - P_a)\rho} \tag{5-24}$$

式中　C_d——流量系数；

A_h——孔的横截面积，m^2；

P——孔内的总压力，Pa；

P_a——环境压力，Pa；

ρ——液体密度，kg/m^3。

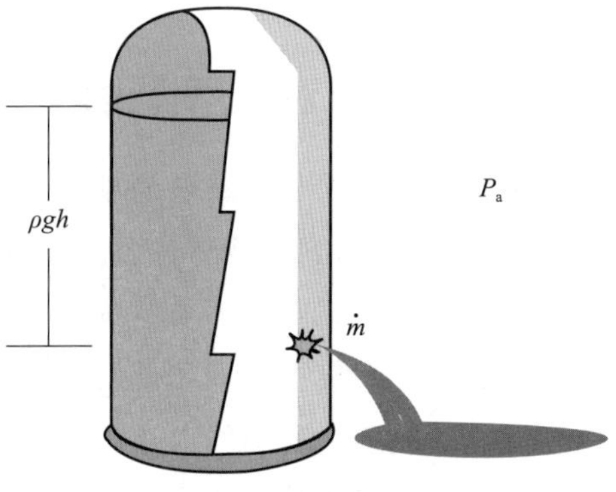

图 5-3　容器壁上孔的液体泄漏

孔内的总压力 P（Pa）是静水压 P_h（Pa）与绝对压力 P_T（Pa）之和：

$$P = P_h + P_T = \rho g h + P_T \tag{5-25}$$

式中　g（m/s^2）——重力加速度（$=9.81 m/s^2$）。

流量系数 C_d 是洞（或孔）的类型和通过孔的液体速度的一个函数。通常的平均值为：

①尖锐和陡峭的边缘的孔：0.62；

②直边孔：0.86；

③圆边孔：0.96；

④管道破裂：1。

(2)第二种情况：管道壁孔泄漏

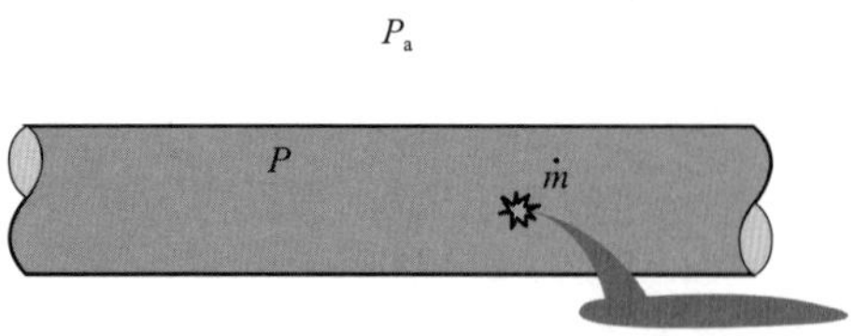

图 5－4 管道壁孔的液体泄漏

如图 5－4 所示，在管道中液体泄漏的情况下，首先要计算管道长度 l_P(m)内的压力降 ΔP(Pa)，使用范宁表达式(5－7)，如：

$$\Delta P = 2 f_F \rho u^2 \frac{l_P}{d_P} \tag{5-26}$$

式中 f_F——范宁摩擦系数；

u——液体速度；

d_P——管道直径，m。

解出上述表达式的速度，计算泄漏质量流量：

$$\dot{m} = A_h u \rho = A_h \sqrt{\frac{\Delta P d_P \rho}{2 f_F l_P}} \tag{5-27}$$

范宁摩擦系数 f_F［Fanning］是与雷诺数 $Re = \rho u d_P / \eta$ 相关的函数，如式(5－11)和式(5－12)，其中 η(Pa·s)为液体的运动黏度，有：

对于 $Re < 2000$：

$$f_F = 16/Re \tag{5-28}$$

对于 $4000 < Re < 10^5$：

$$f_F = 0.0791 Re^{-0.25} \tag{5-29}$$

5.2.3 加压液化气体泄漏

加压容器整体破裂导致液滴朝各个方向的瞬时闪蒸，形成液滴的蒸气云(也称为气溶胶)。直到云团冷却到比液体沸腾点更低的温度时，这些液滴部分沉降(下雨)到地面。

云团闪蒸过程同时伴随着空气卷入，进入的空气导致液滴的进一步蒸发。为了模拟爆炸，有必要确定大气扩散开始前的云团大小和云团内液体浓度的变化。出于这个原因，为了描述液相的闪蒸，云团的大小，膨胀速度，云团内液体的浓度，沉降在地面的部分，以及由于进入的空气导致云团内液滴的蒸发，需要不同的模型。

容器破裂后液体物质运动过程分为三个阶段(图 5－5)：

(1)第一阶段，没有和空气预混的液体瞬时闪蒸和膨胀，形成包含空气和液滴的云团，部分液滴沉降在地面上。

(2)第二阶段，空气进入液滴和蒸气组成的云团，引起液相进一步混合和蒸发。

(3)第三阶段，液滴蒸发和均匀同质云在大气中扩散。

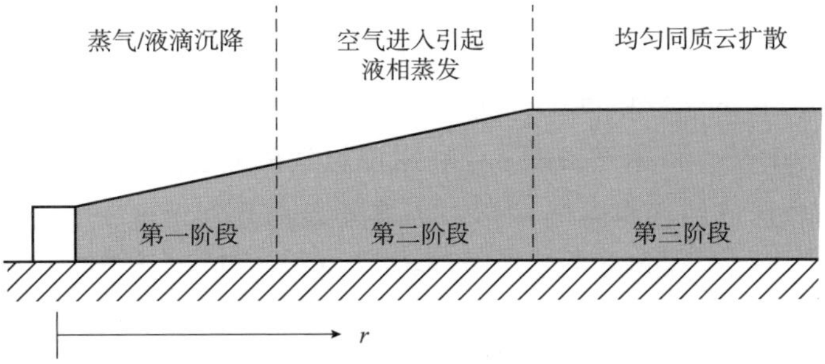

图 5-5 容器破裂后的三个扩散阶段

1. 初始闪蒸

首先分析容器破裂之前和之后的条件，然后计算云团的半径和膨胀速度，以及最后计算沉降在地面的部分液滴质量。

计算容器破裂前的初始条件：初始温度 T_0(K)，初始压力 P_0(Pa)，液相部分的总重量 M(kg)和蒸气相部分的初始质量分数 w_0。初始压力是容器的破裂压力，根据它的设计特点很容易计算。假如这些数据不能直接获取，可以假设容器临界压力和温度来代替。基于这种情况，蒸气相部分的初始质量可认为等于0。

破裂后的最终条件将是：最后温度 T_f(K)，最后压力 P_f(Pa)，蒸气相部分的最后质量分数 w_f，最后的压力是环境压力 P_a(Pa)，即 $P_f=P_a$。另外，液相压力从初始压力 P_0 膨胀至大气压 P_a，温度降低至正常沸点 T_b(K)，即 $T_f=T_b$。根据质量平衡假设的熵不变原理来计算蒸气相部分的最后质量分数 w_f：

$$w_0 S_{v,0} + (1-w_0)S_{1,0} = w_f S_{v,f} + (1-w_f)S_{1,f} \tag{5-30}$$

或：

$$w_f = \frac{w_0(\lambda_0/T_0) + S_{1,0} - S_{1,f}}{(\lambda_f/T_f)} \tag{5-31}$$

式中 S_v 和 S_1——在初始条件“o”或最后条件“f”下蒸气相和液相的熵，J/(kg·K)；

λ——对应条件下的汽化热，J/kg。

如果没有熵数据，作为恒压下液相的热容量 C_{PL}[J/(kg·K)]的函数来计算熵的差异（$S_{1,0}-S_{1,f}$），并假设 $(\lambda_0/\lambda_f)\approx 1$，式(5-31)为：

$$w_f = w_0\frac{T_f}{T_0} + \frac{T_f}{\lambda_f}C_{PL}\, In\frac{T_0}{T_f} \tag{5-32}$$

当容器最初只有液态($w_0=0$)，通常假设 $T_f=T_b$。

2. 云团半径

作为存在的总质量 M(kg)的函数计算云团最初突然膨胀后的体积 V_f(m^3)，有：

$$V_f = \frac{M}{\rho_f} \tag{5-33}$$

式中 ρ_f——最后温度和压力(T_f，P_f)条件下的平均密度，kg/m^3。由式(5-34)计算：

$$\frac{1}{\rho_{f}}=\frac{(1-w_{f})}{\rho_{1,f}}+\frac{w_{f}}{\rho_{v,f}} \tag{5-34}$$

式中，$\rho_{1,f}$ 和 $\rho_{v,f}$ ——表示在最后温度和压力条件下蒸气和液体的密度，kg/m³。液体密度 $\rho_{1,f}$ 能从状态平衡式计算，而蒸气密度 $\rho_{v,f}$ 利用理想气体方程式来计算。

闪蒸（由于爆炸）形成的云将是半球形，因容器最初是在地面上，因此云团半径 R_f（m）由式（5－35）获得：

$$R_{f}=\left(\frac{3V_{f}}{2\pi}\right)^{1/3} \tag{5-35}$$

3. 云团膨胀速度

初始状态下，认为容器内液体是静止的。在容器破裂过程中，形成的云团以速度 u_f（m/s）膨胀，考虑转移到空气中的能量，根据能量守恒定律来计算速度。如果 $H_{v,o}$ 和 $H_{v,f}$（J/kg）各自表示在最初和最终条件下的蒸气焓，W（J/kg）是进入空气的能量，然后每个单元质量的能量平衡可以写成：

$$[H_{v,o}+(1-w_{0})\lambda_{0}]+\frac{1}{2}u_{0}^{2}=[H_{v,f}+(1-w_{f})\lambda_{f}]+\frac{1}{2}u_{f}^{2}+W \tag{5-36}$$

在式（5－36）中，因为容器内的液体是静止的，$u_0=0$。而且：

$$W=\frac{P_{f}-P_{0}}{\rho_{0}}=\frac{P_{a}-P_{0}}{\rho_{0}} \tag{5-37}$$

式中　P_a——环境压力，Pa；

ρ_0 ——容器内（初始条件）物质的平均密度，kg/m³。

$$\frac{1}{\rho_{0}}=\frac{(1-w_{0})}{\rho_{1,0}}+\frac{w_{0}}{\rho_{v,0}} \tag{5-38}$$

实验观察显示，实际的云团膨胀的速度比计算值更小，因为不是完全等熵过程以及部分动能转化成热能。云团膨胀速度的实际估计值比理论计算值低20％。因此云团膨胀速度 u_f（m/s）通过式（5－39）来计算：

$$u_{f}=0.8\sqrt{2\left[H_{v,o}-H_{v,f}-(1-w_{f})\lambda_{f}+(1-w_{0})\lambda_{0}+\frac{P_{0}-P_{a}}{\rho_{0}}\right]} \tag{5-39}$$

4. 地面上的液滴

液滴的估计直接取决于蒸气相闪蒸后的最终质量分数 w_f。蒸气相部分最后质量越大，混合物中液体的比例就越小，那么液滴量将会更小。区分两种情况：

①$w_f>0.5$：假设没有液滴出现。

②$w_f<0.5$：假设最初闪蒸物质的数量翻倍保持在空气中，即：

$$M_{rem}=2w_{f}M \tag{5-40}$$

式中　M_{rem}——云团（蒸气和液滴）剩余的质量，kg；

M——容器内的初始质量，kg。

注意，考虑雨滴的缘故，剩余蒸气质量的新质量分数 $w_{f,rem}$ 通常等于0.5。

针对上述讨论举例说明，假设容器内最初有1000kg的丙烷和闪蒸后蒸汽相的质量分

数 w_f 被监测等于 0.3。因此 300kg 的气体质量是蒸气和 700kg 是液滴。因为 $w_f<0.5$（根据前面的经验法则），云团中剩下的质量 M_{rem} kg 将等于 $2\times 0.3\times 1000=600$ kg。这个结果显示在第一个膨胀阶段，质量是 400kg 的液滴将沉降在地面上。因此 300kg 的蒸气和 300kg 的液滴保留在云团里。则保留在云团中的新的质量分数 $w_{f,rem}$ 将等于 0.5。

这里应当指出，在观察到液滴的情况下，取值 $w_{f,rem}=0.5$，必须在最后条件下重新计算以下参数：

①气体混合物密度 ρ_f（kg/m^3）见式（5－34）；②蒸气云的体积 V_f（m^3）见式（5－33）；③蒸气云半径 R_f（m）见式（5－35）。

5. 沉降液滴直径

实际情况下，所有液滴不是相同大小的，但是为了计算和模拟方便，通常定义一个“代表性”的液滴平均直径 d_d（m），能够从经验表达式来估计[TNO 2005]。

$$d_d = C_{ds}\frac{\sigma_s}{\rho_a u_f^2} \tag{5-41}$$

式中 σ_s——表面张力（有机物质的值在 0.02Pa·m 和 0.03Pa·m 之间），Pa·m；

u_f——膨胀速度，m/s；

ρ_a——大气密度，kg/m^3。

根据经验获得系数 C_{ds} 在 10～20 取值，通常取 $C_{ds}=15$。液滴直径的估计在确定有毒物质的影响是必要的，因为这决定物质进入人体的方式（通过呼吸或皮肤沉淀）。

6. 云团半径和速度

前面讨论的是容器内液体的突然闪蒸相关的变量，下面分析介绍空气卷入和气体扩散现象。选择合适的方法对云团的膨胀速度和半径的时空变化进行讨论。根据前面所述，容器破裂后形成半球状云团，其初始半径为 R_f，这个半径将随着时间增加，即 $R(t)$，因为空气卷入，也将会蒸发剩余的液滴，使云团变成球状。云团半径的增加会持续到它的最后值 R_{fin}，最后云团的膨胀速度将在特定区域等于空气速度。

至今还没有对气溶胶云团模拟建立一个好的模型，例如水滴和空气的蒸气云模拟。目前最常用的方法是基于 Hardee & Lee 的理论，在闪蒸过程中，假设膨胀速度 u_f（m/s）是恒定的，通过式（5－39）计算，但闪蒸过程存在非绝热过程和湍流现象时，需要进行一个小的修正。此外，Hardee & Lee 假设膨胀云团的浓度均匀分布。从质量守恒（忽略云团和空气密度的不同）的角度，提出正常径向速度等于云团的膨胀速度 $u(t)$（m/s），有：

$$u(t) = u_f\left(\frac{R_f}{R(t)}\right)^3 \tag{5-42}$$

式中 R_f——膨胀结束那刻的云团半径，m；

$R(t)$——之后任何时刻的半径，m。

在式（5－42）中应用 $u=dR/dt$，能够写出半径增加的对应表达式：

$$R(t) = \left[4u_f R_f^3(t-t_f)+R_f^4\right]^{1/4} \tag{5-43}$$

式中　t_f——爆炸后闪蒸结束需要的时间（通常忽略不计），云团半径的增加会持续至最终值 R_{fin}，云团的膨胀速度 $u(t)$（m/s）将等于同等高度空气流速 u_s（m/s）。

通过云团半径可计算云团的体积和质量。因为化学物质的质量是已知的，可进一步得到所含空气的质量。此处计算是近似的，因为未考虑空气引起的液滴蒸发。

5.2.4　泄漏影响及后果分析

在石油、化工、天然气、染料等行业中，生产、储存和使用中存在各种类型的危险（易燃、易爆性及毒性）物质，由于高压容器、储罐、输送管道阀门的破裂，液化钢瓶的爆炸，人为失误或其他诸多原因等，导致这些物质泄漏出来，就可能对周围环境、人员、设备造成巨大的破坏。但是物质的初始状态不同，泄漏后遇到的触发条件不同，导致的事故后果将明显不同。

工业生产活动中面对的重大危险源以及可能的事故后果，主要包含三个大的部分：有毒气体泄漏扩散、火灾和爆炸。图 5-6 显示了气体或液体泄漏可能产生的后果。

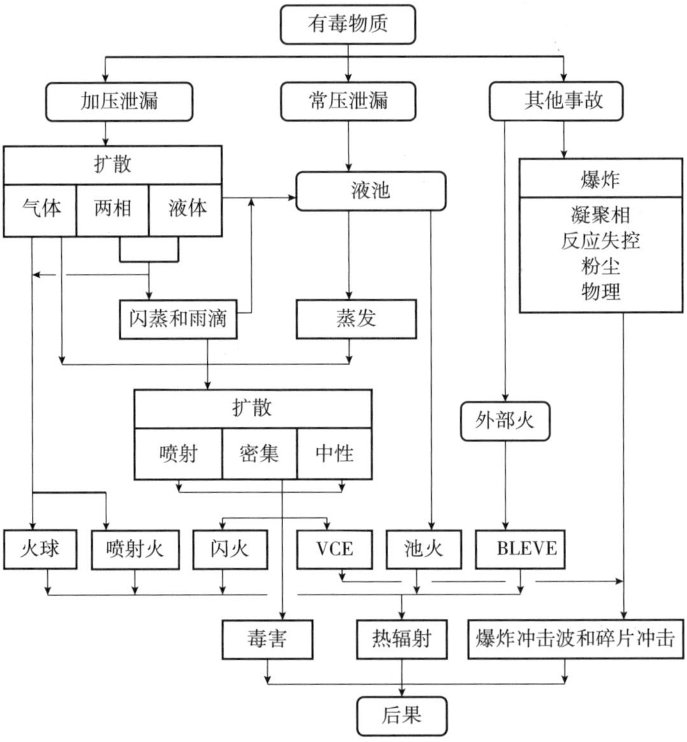

图 5-6　有毒或易燃易爆物质泄漏后果分析

1. LPG 储罐泄漏事故后果分析

LPG 储罐泄漏事故后果分析见图 5-7。

2. 工业生产中常见容器泄漏部位

图 5-8 所示一些典型泄漏模式。在绝大部分泄漏中，喷射能够发生在两相（蒸气加压缩烟雾）。V 表示蒸气，PL 表示压缩液体，RL 表示冷冻液体。图 5-8 中(a)～(g)分别表示：

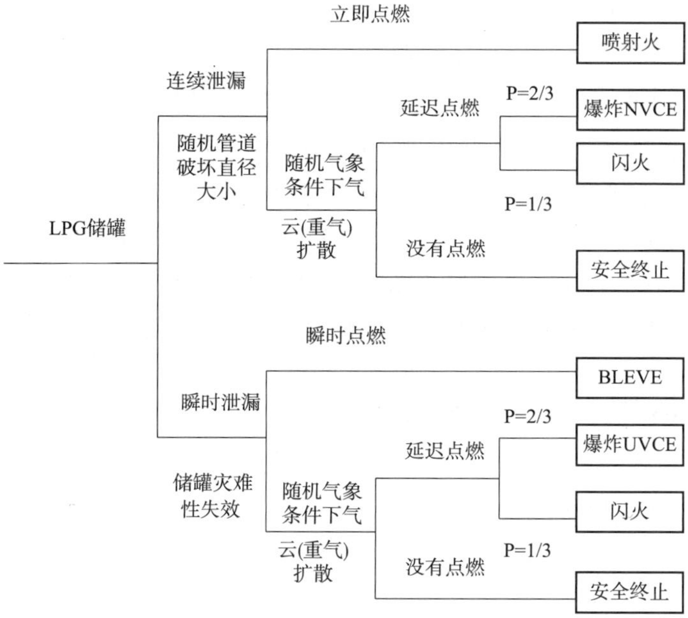

图 5-7 LPG储罐泄漏事故后果分析图

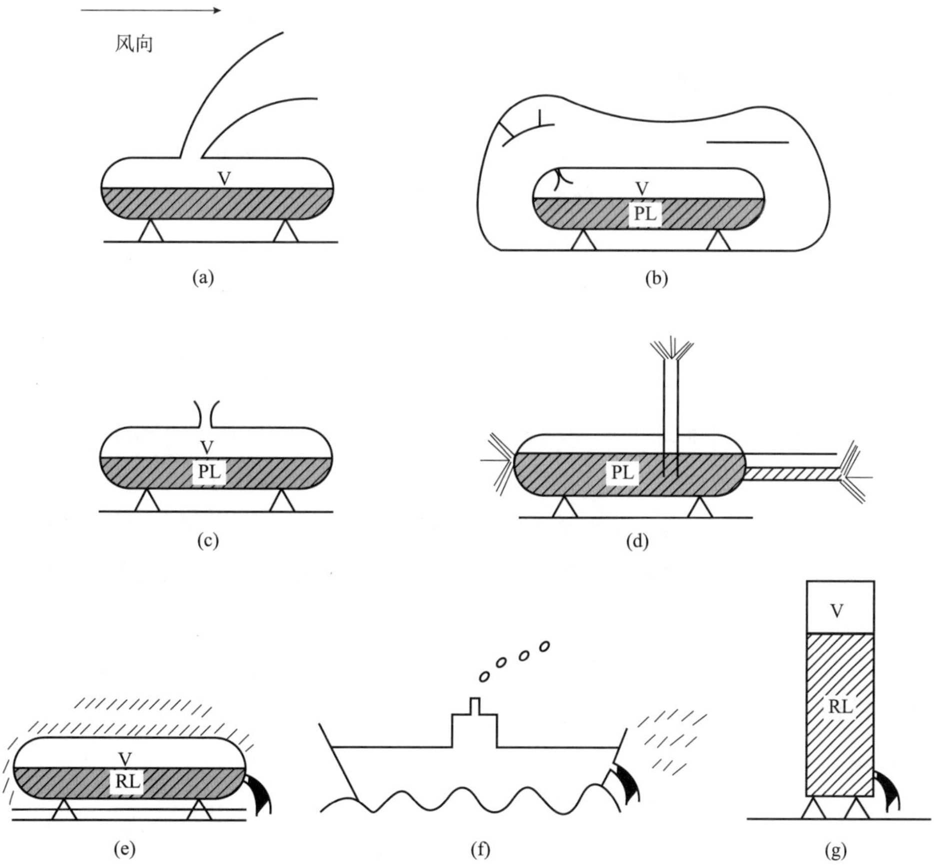

图 5-8 可能发生的典型泄漏模式

(a)表示静止的液化气储罐发生小孔泄漏，释放出纯蒸气，泄漏方向垂直向上；(b)表示静止的液化气储罐发生灾难性破裂，瞬间泄漏后立即形成蒸气云；(c)表示静止的液化气储罐发生中等大小的孔泄漏，释放出蒸气，可能同时释放出一些液体，方向垂直向上；(d)静止的液化气储罐发生多个小孔泄漏，泄漏出纯液体，泄漏方向既有水平方向，又有垂直向上；(e)表示冷冻液体储罐发生小孔泄漏，释放出纯液体，泄漏方向向下倾斜，泄漏后的液体被防护堤坝所容纳；(f)表示运输冷冻液体的油轮发生小孔泄漏，泄漏出纯液体，泄漏方向向下倾斜，在水面上形成液池；(g)表示静止的立式冷冻液体储罐发生小孔泄漏，泄漏出纯液体，泄漏方向向下倾斜，泄漏后的液体在地面蔓延形成扩展的液池。

5.3 有毒气体扩散模拟

5.3.1 有毒气体类型

通常有毒气体事故类型包括：工业事故毒气和恐怖袭击毒气。本书仅介绍工业事故毒气扩散模拟。

工业事故后有毒气体出现的原因分为直接原因和间接原因。直接原因包括来自容器、管道等的泄漏；间接原因包括各种物质释放的毒气以及化学品燃烧释放的毒气。

5.3.2 云团扩散条件

本部分将讨论各种气象条件的影响，因为空间内泄漏气体的扩散随气象条件的不同而不同，之后将介绍几种常用的气体扩散模型。

1. 气象条件

(1)大气循环

大气循环泛指大气层物质和热量的循环性流动。形成大气循环的主因是阳光辐射到地球表面的热能，大气循环的主要形态是大气对流。太阳光加热了地球表面，赤道附近的热空气上升，从高空分流向地球的两极，热空气在两极地区释放出所携带的热量而变冷变重，下降到地面之后又从两极吹回到赤道，周而复始，从而形成了大气的全球性对流即大气循环。在局部地区也会形成。大气循环使地球表面层温度趋于热平衡状态，是气候和气象变化的导因，但是许多污染物如二氧化硫、氯氟烃等也会随着大气对流扩散到很远的地方。

(2)大气稳定度

大气稳定度指整层空气的稳定程度，是大气对在其中作垂直运动的气团加速、遏制且不影响其运动的一种热力学性质。气象学中，区分表面大气层三个主要气象条件：

①不稳定；

②中性；

③稳定。

图 5－9 中显示作为气团的三个大气稳定性条件，从标记的圆圈高度开始，气团向上

或向下垂直移动。在标记的圆圈这一特殊高度，气团温度等于环境温度。

如果运动的气团温度等于环境温度(密度相等)，周围环境没有动力施加在气团上，那么气团继续以最初速度运动(中性)。在非稳定的情况下，运动规律直接与云团和周围环境的温差有关。如果气团温度比环境温度高，气团密度小，浮力大于重力，有向上的加速度，气团将会向上加速运动；气团温度与环境温度相近，会处于中性平衡状态，即加速度为零，气团保持原运动状态；气团温度比环境温度低，有向下的加速度，气团将会向下加速运动。在稳定条件下，周围环境温度与气团运动规律无关。

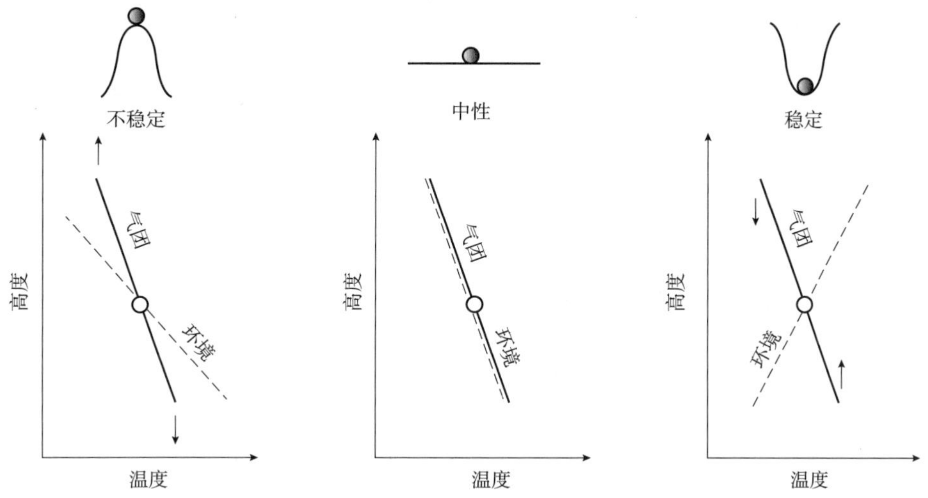

图 5-9 大气稳定性

在 1961 年帕斯奎尔提出一种大气稳定度的计算方法(表 5-1)，考虑浮力(由于太阳辐射)，且结合风速存在情况下的阳光和云层相对关系。

表 5-1 帕斯奎尔大气稳定度分类

表面风速/(m/s)	相对云层覆盖				
	白天			夜晚	
	0/8～2/8	3/8～5/8	6/8～8/8	＜3/8	＞4/8
＜2	A	A～B	B	F	F
2～3	A～B	B	C	E	F
3～5	B	B～C	D	D	E
5～6	C	C～D	D	D	D
＞6	C	D	D	D	D

中性条件，当运动气团速度(风速)很大或有大量云层覆盖的情况下，大气稳定度用 D 类表示。

非稳定条件能够分成三类：

①非常不稳定，稳定度等级 A。

②不稳定，稳定度等级 B。

③略不稳定，稳定度等级 C。

稳定条件能够分成以下几类：

①稍微稳定，稳定度等级 E。

②稳定，稳定度等级 F。

③非常稳定，稳定度等级 G(也记为“—”)。

根据上述分类，表 5－1 显示作为风速函数和相对云层覆盖函数的大气稳定度。表 5－1 基于以下假设：

①太阳辐射强的情况下(相对云层覆盖 0)，对应于英国夏季中期太阳辐射。

②太阳辐射低的情况下(相对云层覆盖 8/8)，对应于英国冬季中期太阳辐射。

③晚上是从日落前一个小时开始到日出后一个小时结束的时间段。

大气稳定度等级 D(中性条件)通常独立于风速，可应用于白天或晚上有云层覆盖的情况，也可应用于夜间任何气象条件。

(3)风速

目前讨论的风速是指特定参考高度(通常为 10m)的风速。某一高度 h_s(m)的风速 u_s(m/s)的计算是通过幂定律相对观测的特定参考高度 z_{ref}(m)的风速 u_{ref}(m/s)来修正的。风幂定律公式如下：

$$u_s = u_{ref}\left(\frac{h_s}{z_{ref}}\right)^p \tag{5-44}$$

式中　p——风剖面指数，取决于大气稳定度；表 5－2 给出了农村和城市地区的风剖面指数 p 的值。

表 5－2　风剖面指数 p

稳定度等级	农村地区	城市地区
A	0.07	0.15
B	0.07	0.15
C	0.10	0.20
D	0.15	0.25
E	0.35	0.30
F	0.55	0.30

(4)逆温层

由于太阳短波辐射从地面反射到空气的加热是越接近地面越显著的，因此随高度增加，气温亦越来越低。一种和此情况相反的，温度随高度增加，称为逆温现象；受逆温现象影响的一段垂直厚度大气则称为逆温层，即平流层，亦称同温层。

逆温层的出现主要是空气下沉、绝热增温所引起的。当受高压脊或热带气旋外围下沉气流区支配下，都有机会出现逆温层。受逆温层影响的地区，大气都趋于稳定，对流不易发生；除随寒潮带来的逆温外，一般逆温现象都会引致地面风力微弱；空气中的悬浮粒子因而聚集使空气的质量变得恶劣。

2. 扩散模式及影响因素

(1)泄漏源

根据泄漏形式，泄漏源分为瞬时源和连续源。在设备或容器爆炸破裂瞬间，易燃易爆或有毒气体能形成一定半径和高度的气云团的泄漏源为瞬时源。由于容器或管道破裂、阀门损坏，造成气体连续泄放的泄漏源则为连续源。瞬时源泄漏具有短时大量泄放的特点，连续源则有长时较小泄漏量的稳定性泄放的特点。

(2)扩散模式

根据泄漏气体的密度和泄漏源类型，气体的扩散模式可分为烟团扩散和烟羽扩散两种模式。泄漏量较大且密度比空气的密度大，较多的气体扩散呈现烟团扩散，瞬时源和部分连续源泄漏易形成烟团扩散，其特点是泄漏的气云团在较长时间内不易被空气稀释，例如氯气或液化石油气等的储罐爆炸破裂、反应器瞬时冲料紧急排放、压力容器安全阀异常启动、放空阀门瞬时误开等形成的泄漏气体扩散。若泄漏气体密度与空气接近或经很短时间的空气稀释后密度与空气接近时，其泄漏气体的扩散属于烟羽扩散，大部分较小流量的连续源易形成烟羽扩散，例如氨气、煤气储罐上的管道穿孔、器壁裂缝、管道间法兰盘垫圈破裂等的泄漏气体扩散。

(3)影响气体扩散的因素

泄漏气体在大气中的扩散主要受气象条件、地表情况、泄漏源位置、泄漏气体密度等因素的影响。

①气象条件

风向、风速、大气稳定度、气温、湿度等因素对泄漏气体的扩散具有不同程度的影响。

风向决定泄漏气云扩散的主要方向，大部分泄漏气体总是分布在下风向。风速影响泄漏气云的扩散速度和被空气稀释的速度，因为风速越大，大气的湍流越强，空气的稀释作用就越强，风的输送作用也越强。一般情况下当风速为1～5m/s时，有利于泄漏气云的扩散，危险区域较大；若风速再大，则泄漏气体在地面的浓度变稀。若无风天气，则泄漏气体以泄漏源为中心向四周扩散。

大气稳定度是评价空气层垂直对流程度的指标。泄漏气体的扩散与大气稳定情况密切相关，大气越稳定，泄漏气云越不易向高空消散，而贴近地表扩散；大气越不稳定，空气垂直对流运动越强，泄漏气云消散得越快。

气温或太阳辐射强弱主要是通过影响大气垂直对流运动而对泄漏气体的扩散发生影响。大气湿度的影响，一般地说，湿度大不利于泄漏气云的扩散。

②地表情况

地面的地形地物对泄漏气云的扩散有较大的影响，它们既会改变泄漏气云扩散速度，又会改变扩散方向。地面低洼处泄漏气云团易于滞留。建筑物、树木等会加强地表大气的湍流程度，从而增加空气的稀释作用，而开阔平坦的地形、湖泊等则正相反。低矮的建筑物群、居民密集处或绿化地带泄漏气云不易扩散；高层建筑物则有阻挡作用，气云多会从风速较大的两侧迅速通过。

③泄漏源位置

地面泄漏源的高度和泄漏喷射的方向都会影响到扩散至地面的气体浓度。例如，当泄漏源位置较高时，泄漏气体扩散至地面的垂直距离较大，在相同的泄漏源强度和气象条件下，扩散至地面同等距离处的气体浓度会降低。若气体向上喷射泄漏，泄漏气体具有向上的初始动量，其作用效果如同增高泄漏源的位置。

④泄漏气体密度

气体的扩散性受其自身密度的影响。泄漏气体相对于空气密度的大小，分别表现在扩散中以重力作用为主，还是以浮力作用为主。泄漏气体的重力作用导致其趋于下沉，地面浓度增加。然而，这种下沉趋势会因空气的不断稀释作用而减弱。浮力作用在泄漏气体扩散初期导致其趋于上升，地面浓度降低，但当被空气不断稀释后其上升的趋势减弱。对于泄漏的高温气体，其浮力作用大小受温度的影响，当其被冷却至大气温度后，它的上升作用便会丧失。一般地说，当泄漏气体与空气的混合物密度相对于空气密度的比值≥1.1时，该混合物可能沿地面流动，并可能在低洼处积累；当其比值为0.9～1.1时，则易于与周围空气快速混合。

3. 扩散模型

在石油、化工、天然气、染料等行业使用的危险物质中，包括各种类型的有毒有害气体，如果在生产、储存和运输过程中由于人为失误或其他原因，导致这些物质泄漏出来，就有可能对周围环境、人员、设备造成巨大的破坏和损失。因此，研究气体的扩散规律对于减少损失有重要的现实意义，本节主要介绍重气云、非重气云、固体颗粒物、有毒气体的扩散模型。

5.3.3 重气云扩散

1. 重气云模型

国外对重气模型的研究开始于20世纪70年代，近年随着各类恶性重气云泄漏事故不断发生，该领域的研究工作日益活跃。20世纪末，我国不少学者也开展了这方面的研究，取得了一定的成就。目前国外内已开发了具有不同复杂程度的扩散模型，根据建模原理以及复杂程度的不同可分为箱模型及相似模型、浅层模型、复杂三维的流体力学模型。除了以上三类主要模型外，一些组织为了便于应用，采用了一些经验关系式和图表进行计算，有人称为唯象模型。

(1)箱模型及相似模型

箱模型及相似模型是指假定在任何下风向横截面处为矩形分布或相似分布(如高斯分布)等简单形状，这里的矩形分布是指在某些空间范围内浓度场是均匀的，而在其他地方为零。该类模型能预测气云的总体特征，如平均半径、平均高度和平均气云温度，而不考虑其在空间上的细节特征，如云团中线上的浓度。

箱模型应用最广，该模型认为气云成箱形，箱内污染物物质守恒，且污染物在气云箱内均匀混合。对于瞬时的重气释放，Van Ulden 第一个提出了箱模型的概念，即将重气云团当作一个初始体积为 V_0，初始高度为 h_0，初始半径为 R_0 的圆柱形箱，与被动扩散的高斯模型相比，主要改进是考虑气云的重力下沉现象，即在重力作用下，气云下沉，随着时间 t 增加和半径 R 增大，同时高度 h 减小。瞬时泄放重气云径向蔓延速度由式(5-45)计算：

$$\mathrm{d}R/\mathrm{d}t = a\{g[(\rho_a-\rho_0)/\rho_0]h\}^{1/2} \tag{5-45}$$

式中 ρ_a，ρ_0——分别为气云密度和环境空气密度，kg/m^3；

a——常数。

对于连续释放，初始源常假设为长方形，重气云羽横截面为矩形，下风向距离为 x(m)处的横风向半宽为 b，垂直方向高度为 h。在初始源处，云羽横风向半宽为高度的 2 倍；重气云羽横截面内，浓度、温度、密度等参数均匀分布；重气云羽的轴向蔓延速度等于风速。半径和高度随时间变化的微分方程变成半宽和高度随下风距离变化的方程，径向重力扩展速度变成了侧向重力扩展速度，而卷吸速度是同样的。连续泄放重气云横截面的变化速度由下式计算：

$$\mathrm{d}b/\mathrm{d}x = a[gh(\rho_a-\rho_0)/\rho_0]^{1/2} \tag{5-46}$$

广泛应用的盒子模型和平板模型都属于箱模型。

1)盒子模型

盒子模型用于模拟物质瞬时泄漏形成重气云团的扩散过程，基于如下假设：

①重气云团为正立的坍塌圆柱体，瞬时泄漏形成的初始云团高度等于半径的一半；

②在重气云内部，温度、密度和气体浓度等参数均匀分布；

③重气云团中心的移动速度等于风速。

根据坍塌圆柱体的径向蔓延速度方程，应用能量守恒和质量守恒方程，对重气云的扩散分析如下：

①任意时刻重气云团的半径计算公式(5-45)积分化简为：

$$R=\sqrt{R_0^2+2\left[\frac{g(\rho_a-\rho_0)}{\rho_0}\frac{V_0}{\pi}\right]^{1/2}t} \tag{5-47}$$

式中 g——重力加速度，$9.8m/s^2$；

ρ_a，ρ_0——分别为气云密度和环境空气密度，kg/m^3；

R_0——重气云团的初始半径，m；

V_0——泄漏形成重气云的初始体积，m^3；

t——泄漏结束后初始云团的扩散时间，s。

②某时刻下风向距离 x(m)处重气云团的高度为：

$$h=V_0\frac{(x/V_0^{1/3})^{1.5}}{\pi R^2} \tag{5-48}$$

式中　x——下风向距离，m（$x \geqslant V_0^{1/3}$）。

③某时刻下风向距离 x(m)处重气云团内部有毒气体的浓度为：

$$C = C_0\,(x/V_0^{1/3})^{-1.5} \tag{5-49}$$

式中　C_0——初始云团密度，kg/m^3。

④根据泄漏物质爆炸上、下限，健康危害浓度，分别计算出相应的下风向距离及危害浓度面积为：

$$x = V_0^{1/3}\left(\frac{C}{C_0}\right)^{-2/3} \tag{5-50}$$

$$A = \pi R^2 \tag{5-51}$$

式中　A——云团在各浓度时覆盖的面积，m^2。

2)平板模型

平板模型用于模拟连续泄漏形成重气云羽扩散过程，基于如下假设：

①重气云羽横截面为矩形，横风向半宽为 b(m)，垂直方向高度为 h'(m)。在泄漏源处，云羽半宽为高度的 2 倍；

②重气云羽横截面内，浓度、温度、密度等参数均匀分布；

③重气云羽的轴向蔓延速度等于风速。

根据以上假设，对连续泄漏的重气云扩散分析如下：

①初始流量体积

初始流出的重气云羽密度为物质的泄漏密度，初始流量体积为：

$$V = Q/(\pi\rho_a) \tag{5-52}$$

又因为，$V=2b_0h_0'u$，$b_0=2h_0'$，从而可求出 $b_0=\sqrt{V/u}$，h_0' 可由 b_0 求出。

式中　b_0——泄漏源点重气云羽横风向半宽，m；

h_0'——泄漏源点重气云羽高度，m；

u——重气云羽的轴向蔓延速度(等于风速)，m/s。

②下风向任意距离 x(m)处的重气云羽横截面半宽

重气云羽扩散过程中，下风向任意距离 x(m)处的重气云羽横截面半宽由式(5-53)确定：

$$b = b_0\left\{1+1.5\left[\frac{gh_0'(\rho_a-\rho_0)}{\rho_0}\right]^{1/2}\frac{x}{ub_0}\right\}^{2/3} \tag{5-53}$$

③下风向任意距离 x(m)处的重气云羽高度

重气云羽高度增长率与空气卷吸速率和 Richardson 数有关，重气云羽高度的变化由式(5-54)确定：

如果 $u_l \propto Ri_*^{-1}$

$$\begin{aligned} h' &= au_*^2u^{-1}B_0^{-1/3}x^{4/3} \\ B_0 &= g(\rho_a-\rho_0)/\rho_0V_0'/\pi \\ V_0' &= 2b_0h_0'u \end{aligned} \tag{5-54}$$

式中 u_l——空气卷吸速率，m/s；

Ri_*——当地 Richardson 数；

h'——重气云羽的高度，m；

u_*——摩擦风速，m/s(一般取 10m 高度的平均风速的 1/15)；

B_0——浮力通量，m^4/s^3；

V_0'——初始重气云羽体积通量，m^3/s。

④重气云羽物质浓度

重气云羽体积增大稀释重气云羽物质浓度，浓度由式(5－55)计算：

$$C' = \frac{b_0 h_0' C_0}{bh'} \tag{5-55}$$

式中 C'——重气云羽浓度，kg/m^3；

C_0——初始重气云羽密度，kg/m^3。

⑤危害浓度范围

根据爆炸上、下限，健康危害浓度和式(5－53)～式(5－55)，解方程分别计算出相应的下风向距离及面积。已知下风向距离，对式(5－53)乘以 dx，再对 x 求积分，可得重气云羽在下风向距离为 x(m)处的覆盖面积，积分过程如下：

$$A = 2\int_o^x b_0 \left\{1 + 1.5\left[\frac{gh_0'(\rho_a - \rho_0)}{\rho_0}\right]^{1/2} \frac{x}{ub_0}\right\}^{2/3} \mathrm{d}x$$

$$A = 2\left[\left(\frac{3}{5}b_0(^1 + 1.5\varphi x)\ 5/3\ \frac{1}{1.5\varphi}\right) - \frac{1}{1.5\varphi}\frac{3}{5}b_0\right] \tag{5-56}$$

其中，$\varphi = \left[\frac{gh_0'(\rho_a - \rho_0)}{\rho_0}\right]^{1/2} \frac{1}{ub_0}$。

相似模型是对箱模型概念的扩展，考虑了气云内部浓度和速度的分布，并采用湍流扩散系数而非卷吸速度的方法。相似模型主要是针对 HEGADAS 以及以 HEGADAS 为基础开发的模型而言。HEGADAS 模型既有处理稳定连续释放的定常态版本，也有预测来自液化气液池蒸发在中等或高风速下扩散的瞬态版本。HGSYSTEM 模型是美国石油学会预测气体、液体、两相泄漏扩散的程序系列，属于通用性的扩散模拟程序包。

与简单箱模型相比，相似模型的最主要区别在于浓度分布。该模型假定风速为指数分布，假定侧风向最初的浓度是均匀分布的，之后由于气云边缘的扩散而逐渐形成高斯分布，气云内核均匀的浓度也逐渐变成高斯分布直至保持一个纯粹的高斯分布。相似模型与简单箱模型的第二个区别在于它的瞬态版本。对于变源强气体释放，如液池的蒸发，可以想象许多的“烟团”穿过释放源。当沿风向的重力扩展起重要作用时，瞬态相似模型存在一定的困难，因为模型中未模拟这个影响。

箱模型、相似模型具有概念清晰、计算量较小、强健性等优点，特别适合于危险评价，已成为应急咨询、应急措施和其他决策的重要组成部分。但模型自身存在固有的局限性，即必须假定速度和浓度的自相似分布，并且通常涉及不连续界面，具有很大的不确定性。

(2)唯象模型

唯象模型是指通过一系列图表或者简单关系式来描述扩散行为的模型。1988 年 Britter 和 McQuaid 利用多次重气扩散的实验室和现场实验结果，以无因次形式拟合出一套经验关系式以及一系列数据匹配曲线图，用以描述重气扩散行为，又称为 BM 模型。这些关系式能够很好地用于重气瞬时或连续释放的地面面源或体源。连续和瞬时释放的浓度关系式分别为：

$$\frac{C_a}{C_0} = f_c[x/(V_{c0}/u)\ 1/2, g'V_{c0}{}^{1/2}/u^{5/2}]$$
$$\frac{C_a}{C_0} = f_i[x/V_{i0}{}^{1/3}, g'V_{i0}{}^{1/3}/u^2] \tag{5-57}$$

式中 C_a、C_0 ——分别为气云横截面上的平均浓度、初始浓度，kg/m^3；

V_{c0} ——连续烟流释放的初始气云体积流量，m^3/s；

V_{i0} ——瞬时烟团释放的初始气云体积，m^3；

u——环境风速(取 10m 高处风速值)，m/s；

g' ——折合引力常数，$g' = g(\rho_a - \rho_0)/\rho_0$ ；

f_c 和 f_i——普遍化无因次函数。

式(5 - 57)中右边第一项为无因次距离，第二项为理查逊数。BM 模型以理查逊数为横轴，无因次距离为纵轴，将各种 C_a/C_0实验数据绘制成图。

该模型可以用于大致确定工厂警戒线处产生影响的参数，适用范围有限。对于喷射或两相释放的近源区是不合适的，只能用作基准的筛选模型，而不能适用于其导出范围之外的情形，比如城市或工业区，因为这些地方的表面粗糙度大。此外，德国的 VDI 模型采用了与 BM 模型类似的处理方法。

(3)三维模型

三维模型采用计算流体力学(Computational Fluid Dynamics，CFD)方法模拟重气扩散的三维非定常态湍流流动过程。这种数值方法是通过建立各种条件下的基本守恒方程(包括质量、动量、能量及组分等)，结合一些初始和边界条件，运用数值计算理论和方法，求解 Navier-Stokes 方程组，实现预报真实过程各种场的分布，如流场、温度场、浓度场等，以达到对扩散过程的详细描述。这种方法克服了箱及相似模型中辨识和模拟重气下沉、空气卷吸、气云受热等物理效应时所遇到的许多问题。另外，该方法具有模拟除平坦均匀地形以外更为复杂情形的能力，计算结果也较为可信。但由于其计算量大，运行费用昂贵，一般可作为烟云扩散流场分析的研究工具而较少应用于实际工程计算。随着计算机能力的提高、复杂湍流模型的进一步完善，该方法将会得到迅速的发展。

国际上比较著名的 CFD 模型有 Chan 和 Ermak 开发的 FEM3(3－D Finite Element Model)和 FEM3A 模型，模型在空间上采用有限元法(Finite Element Solution)、时间上采用有限差分法(Finite Difference Solution)，应用两个湍流闭合模型：行星边界层模型以及各向同性湍流 $k-\varepsilon$ 闭合模型。该模型能够考虑地形及障碍物的影响。

(4)浅层模型

复杂CFD模型需要大量的计算量，在工程应用中受到很大限制，而箱模型比较常用，简单、易于运行，特别适合于危险评价。方法的简单性意味着某些模型假定的不适宜性。因此出现一种折中的方法，即对重气扩散的控制方程加以简化来描述其物理过程。浅层模型可以认为是箱模型和复杂CFD模型的折中。浅层模型认为重气云团的典型垂直尺度小于其典型水平尺度，满足浅层理论(浅水近似)假设。浅水近似在海洋学和气象学领域有着悠久的历史，对于重气扩散也很适合。

2. 重气云泄漏扩散过程

重气是指气云的密度大于外界空气密度时，形成逆向浮力云团或烟云。重气云团的扩散行为不同于非重气云团的扩散，由于重力效应，在泄漏初期存在一个“坍塌”过程，因而使得气云高度降低，并沿地表扩展。重气扩散过程通常可分为四个阶段：重力沉降、空气卷吸、云团加热和重气扩散向非重气扩散的转变。

(1)重力沉降。重气泄漏初始动量消失后，重力作用使得气云降到地面，沿着地表扩展。由于云团与周围空气间的密度差，导致重气塌陷，出现凹陷现象，引起云团厚度的降低和径向尺寸的增大。

(2)空气卷吸。空气卷吸分为顶部空气卷吸和侧面空气卷吸。空气卷吸作用引入外界空气使得气云体积膨胀，同时也稀释了气云的浓度。

(3)云团加热。由于初始泄漏云团与周围环境间的温度差异，必须考虑云团所吸收的热量和温度梯度引起的对流湍流。

(4)向非重气扩散转变。随着云团的稀释冲淡，重气密度或浓度降低逐渐接近外界空气，重气效应消失，云团的高度、半径及其运行状态取决于大气湍流特性。

3. 连续源重气云泄漏扩散

在来自连续源泄漏的重气云扩散的情况中，Britter和McQuaid法的原理如图5-10所示。起初有一个半径b_0(m)的连续源。扩散发生在顺风向和它的宽度b(m)是距离x的函数。我们观察到，虽然通常扩散前端应该已经是弯曲虚线，该法认为它是平面。在源后面，一些扩散也发生在达到x_u(m)距离处。另外，认为扩散“前端”是平面而非弯曲的，此处仅考虑x_u。

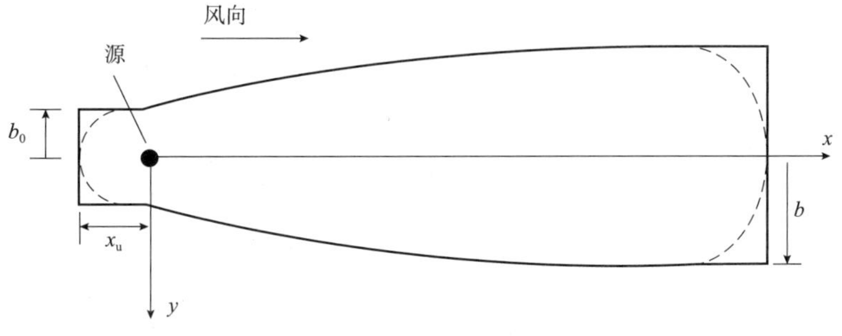

图5-10 等密度线

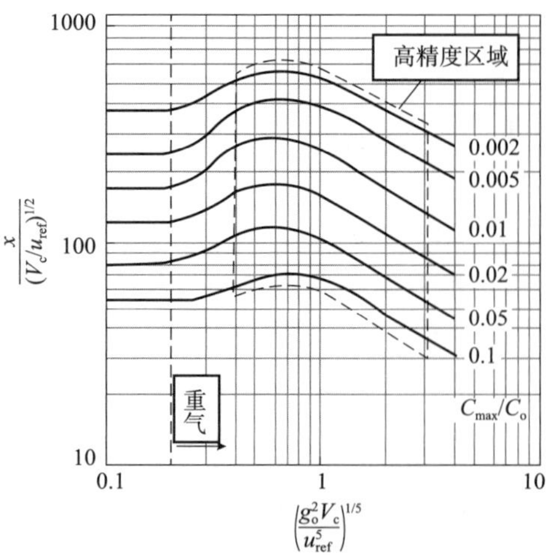

图 5－11　连续源泄漏的 Britter 和 McQuaid 图

该法是基于图 5－11 中的经验图表。V_c(m^3/s)表示扩散体积，而 u_{ref}(m/s)是 10m 高处观测的风速[式(5－44)]。此外，C_0（kg/m^3）是源初始浓度，而 C_{max}（kg/m^3）是在特定距离 x(m)处的最大浓度。最后加速度 g_0（m/s^2）是对重力加速度 $g=9.81m/s^2$ 的校正。

$$g_0 = g\frac{(\rho-\rho_{air})}{\rho_{air}} \tag{5-58}$$

式中　ρ 和 ρ_{air}——泄漏气体和空气的密度，kg/m^3。

Britter 和 McQuaid 法包括以下四步：

(1)计算比率 $(g_0^2V_c/u_{ref}^5)^{1/5}$，和对于每一个浓度比($C_{max}/C_0$)，从图 5－11 中获得比率 $x/(V_c/u_{ref})^{1/2}$ 值。因为自变量 C_0、V_c、u_{ref}已知，建立 $C_{max}=f(x)$ 表。利用这种方法计算离泄漏源不同距离处气体的最大浓度。

(2)从以下表达式计算作为距离 x(m)函数的顺风向扩散宽度 b(m)：

$$b = 2b_0 + 8L_b + 2.5L_b^{1/3}x^{2/3} \tag{5-59}$$

其中参数 L_b等于：

$$L_b = \frac{g_0V_c}{u_{ref}^3} \tag{5-60}$$

(3)从以下经验表达式计算作为扩散宽度(反过来是距离的函数)函数的离地面扩散高度 b_z(m)：

$$b_z = \frac{V_c}{2u_{ref}b} \tag{5-61}$$

(4)以下表达式给出了泄漏源后扩散传播距离 x_u(m)：

$$x_u = b_0 + 2L_b \tag{5-62}$$

当在距离 x 内，扩散持续时间 t_r(s)比 $2.5x/u_{ref}$更大时，可以成功地应用这个算法，同时也已经达到了泄漏的稳定状态。

4. 瞬时源重气云泄漏扩散

在瞬时源扩散情况中，Britter 和 McQuaid 法[Britter & McQuaid，1988]的原理显示在图 5－12 中。体积 V_i(m^3)的气体发生瞬时泄漏，导致形成初始半径 b_0(m)的烟团。烟团的中心顺风(x一轴)移动，而它的半径 b(m)作为距离 x 的函数增加。

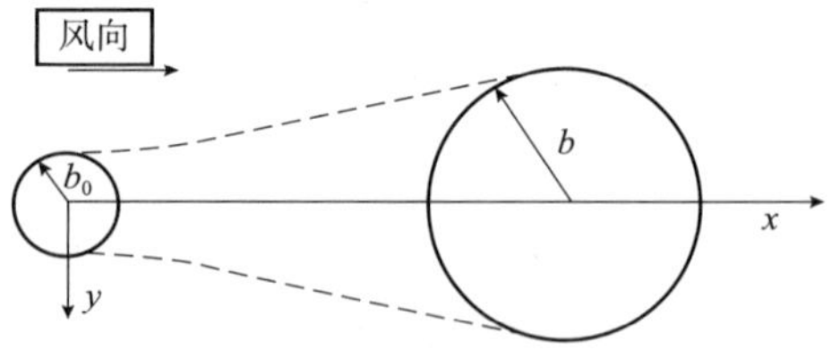

图 5－12　瞬时源泄漏

利用图 5－13 中的经验图表可以很容易解释该法，与那些应用在重气云连续扩散的情况下的模型是相同的。另外，u_{ref}(m/s)表示 10m 处观测的风速[式(5－44)]，C_0 (kg/m^3)是源的初始浓度，而 C_{max} (kg/m^3)是在特定距离 x (m)处气体的最大浓度。最后，加速度 g_0 (m/s^2)是对重力加速度的“校正”，g＝9.81m/s^2，如公式(5－58)给出。Britter 和 McQuaid 算法包含以下三步：

①计算比率 $(g_0^2 V_c / u_{ref}^5)^{1/5}$，和对于每一个浓度比($C_{max}/C_0$)，从图 5－13 中获得比率 $x/(V_c/u_{ref})^{1/2}$ 值。因为自变量 C_0，V_c 和 u_{ref} 已知，建立 $C_{max} = f(x)$ 表。因此获得离源每个距离处最大浓度。

②为了计算时间 t (s)，作为距离 x 函数的顺风向烟团扩散宽度 b (m)，必须同时求解以下两个经验表达式。

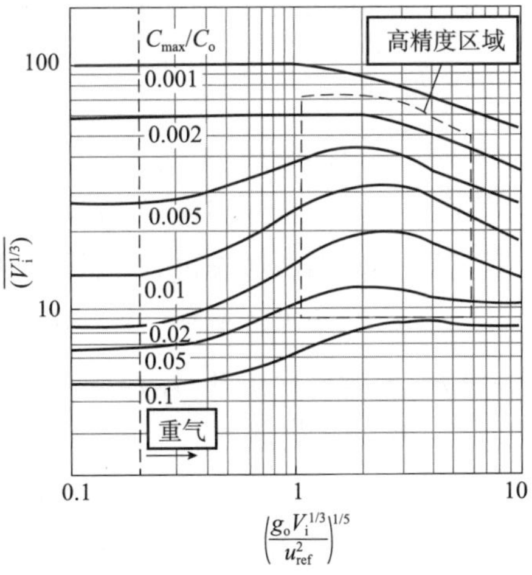

图 5－13 瞬时源泄漏的 Britter 和 McQuaid 图

$$b = \sqrt{b_0^2 + 1.2t\sqrt{g_0 V_i}} \tag{5-63}$$

$$x = 0.4 u_{ref} t + b \tag{5-64}$$

③最后，从下列表达式计算烟团离地面每一个距离 x 处平均高度 b_z (m)：

$$b_z = \frac{C_0 V_i}{\pi b^2 C_{max}} \tag{5-65}$$

5.3.4 非重气云扩散

1. 非重气云模型

高斯模型广泛用于对易燃、易爆、有毒有害气体危害程度进行评价，适用于点源的扩散，比较简单，易于理解。美国环境保护协会(EPA)所采用的许多标准都是用高斯模型为基础而制定的。高斯模型包括烟羽模型和烟团模型，其中烟羽模型适用于连续点源的扩散，而烟团模型适用于短时间内点源泄漏的扩散(即对突发性瞬时泄漏或泄漏时间小于扩散时间的泄漏)。由于高斯模型没有考虑重力的影响，所以只适用于轻气体或与空气密度接近的气体，而且是以许多假设为先决条件的。

高斯模型在描述危险物质泄漏形成的非重气云扩散行为，或描述重气云在重力作用消失后的远场扩散行为时，通常使用如下假设：

(1)气云密度与环境空气密度相当，气云不受浮力作用；

(2)云团中心的移动速度或云团轴向蔓延速度等于环境风速；

(3)云团内部或云羽横截面上浓度、密度等参数服从高斯分布(即正态分布)。

为了便于分析，取泄漏源为坐标原点，x 轴指向风向，y 轴表示在水平面内与风向垂直的方向，z 轴则指向与水平面垂直的方向。

瞬时泄漏时采用高斯烟团模型模拟：

$$C(x,y,z,t)=\frac{Q'}{(2\pi)^{3/2}\sigma_x\sigma_y\sigma_z}e^{-\frac{(x-ut)}{2\sigma_x^2}}e^{-\frac{y^2}{2\sigma_y^2}}\left[e^{-\frac{(z-h)}{2\sigma_z^2}}+e^{-\frac{(z+h)}{2\sigma_z^2}}\right] \tag{5-66}$$

式中　C——泄漏物质在地面的浓度，kg/m³；

Q'——泄漏源的强度，kg/s；

h——泄漏源的高度，m；

u——环境平均风速，m/s；

t——泄漏后扩散时间，s；

x、y 和 z 为预测点的坐标，σ_x、σ_y、σ_z 分别为 x、y 和 z 轴上的扩散系数，需根据大气稳定度选择参数计算得到，大气稳定度由 10m 高度上的风速、白天的太阳辐射或夜间的云量等参数决定，随着气象条件稳定性的增加，大气稳定度分为 A～F 级，具体分类见表 5－3。瞬时泄漏扩散系统见表 5－4。

表 5－3　Pasquill 大气稳定度的确定

地面风速/(m/s)	白天日照			夜间条件	
	强	中等	弱	阴天且云层薄，或低空云量为 3/8	天空云量为 4/8
＜2	A	A～B	B		
2～3	A～B	B	C	E	F
3～4	B	B～C	C	D	E
4～6	C	C～D	D	D	D
＞6	C	D	D	D	D

表 5－4　瞬时泄漏扩散系数的计算方法

大气稳定度	A	B	C	D	E	F
σ_x 和 σ_y /m	$0.18x^{0.92}$	$0.148x^{0.92}$	$0.10x^{0.92}$	$0.06x^{0.92}$	$0.048x^{0.92}$	$0.02x^{0.89}$
σ_z /m	$0.60x^{0.75}$	$0.53x^{0.73}$	$0.34x^{0.71}$	$0.15x^{0.70}$	$0.10x^{0.65}$	$0.05x^{0.61}$

连续泄漏采用高斯烟羽模型模拟，取泄漏源在地面的投影为坐标原点，x 轴指向风向，y 轴表示在水平面内与风向垂直的方向，z 轴则指向与水平面垂直的方向，其表达式见式(5－67)。

$$C(x,y,z)=\frac{Q'}{2\pi\sigma_y\sigma_z u}e^{-\frac{y^2}{2\sigma_y^2}}\left[e^{-\frac{(z-h)^2}{2\sigma_z^2}}+e^{-\frac{(z+h)^2}{2\sigma_z^2}}\right] \tag{5-67}$$

式中　σ_y、σ_z 和 Q'、h 的意义同式(5－66)；

u——泄漏高度的平均风速，m/s。

一般来说，随着大气稳定度的增加，扩散系数减少。化学危险品事故连续泄漏扩散系数与大气稳定度类型和下风向距离间的关系如表 5－5 所示。

表 5-5 连续泄漏扩散系数的计算方法

大气稳定度	σ_x 和 σ_y /m	σ_z/m
平坦地面		
A	$0.22x(1+0.0001x)^{-1/2}$	$0.20x$
B	$0.16x(1+0.0001x)^{-1/2}$	$0.12x$
C	$0.11x(1+0.0001x)^{-1/2}$	$0.08x(1+0.0002x)^{-1/2}$
D	$0.08x(1+0.0001x)^{-1/2}$	$0.06x(1+0.0015x)^{-1/2}$
E	$0.06x(1+0.0001x)^{-1/2}$	$0.03x(1+0.0003x)^{-1}$
F	$0.04x(1+0.0001x)^{-1/2}$	$0.016x(1+0.0003x)^{-1}$
粗糙地面		
A～B	$0.32x(1+0.0004x)^{-1/2}$	$0.24x(1+0.001x)^{1/2}$
C	$0.22x(1+0.0004x)^{-1/2}$	$0.20x$
D	$0.16x(1+0.0004x)^{-1/2}$	$0.14x(1+0.003x)^{-1/2}$
E～F	$0.11x(1+0.0004x)^{-1/2}$	$0.08x(1+0.0015x)^{-1/2}$

注：$10\text{m}<x<10\text{km}$。

2. 连续源非重气云泄漏

(1)烟羽上升

因为正在泄漏气体和周围环境气体密度的不同及浮力的影响，很可能在泄漏发生后烟羽进一步上升。如果泄漏气体的温度比周围空气(火灾中产生的气体情况)温度高，加之泄漏气体密度更小，浮力的影响将更明显。通常，如果气体出口温度比周围空气高 10～15℃，那么烟羽上升就归因于浮力而不是归因于冲量动力。另外，必须提及的是泄漏后冲量动力的影响不会持续超过 30～40s，而浮力的影响一直保持，直到足够的空气和泄漏气体混合使其温度下降到周围空气的温度。根据湍流的程度，浮力的影响一般会持续 3～4min。

为了计算上升烟羽，必须：

1)弄清烟羽上升中占主导地位的是浮力还是冲量。

2)计算最大烟羽上升的最大高度(从羽源顺风测量)以及该点前后的烟羽运动情况。

在烟囱的特殊情况中，必须考虑在烟羽上升的一个额外参数是与存在于烟囱顶端的低压有关的现象。由于烟囱附近出现垂直的涡流，那么，有效的烟囱高度比实际高度更低。因此 Briggs 公式给出了烟囱高度的校正计算。此校正公式通过实际烟囱高度的部分经验减法完成。作为气体出口速度 v_s(m/s)，烟囱高度风速 u_s(m/s)，烟囱内部直径 d_s(m)的函数，从实际烟囱高度 h_s(m)计算烟囱高度 h'_s(m)。校正仅仅应用在当$(v_s/u_s)<1.5$ 时的情况。

$$h'_s = h_s + 2d_s\left(\frac{v_s}{u_s} - 1.5\right) \tag{5-68}$$

从上述表达式中可以看出，可应用的最大校正量等于$-3d_s$。

(2)由于浮力或冲量引起烟羽上升

当满足以下经验标准公式时，表明由于浮力(而不是冲量)引起烟羽上升发生：

$$(T_s - T_a) \geqslant \Delta T_c \tag{5-69}$$

式中 T_s——泄漏气体的温度，K；

T_a——周围空气的温度，K。

通过表 5-6 的经验公式完成标准差 ΔT_c (K)的计算。在表 5-7 的公式中，g(m/s²)表示重力加速度(9.81m/s²)而($\partial\theta/\partial z$)(K/m)表示温度随高度的变化(稳定度条件 E 时取值 0.020K/m，稳定度条件 F 时取值 0.035K/m)。此外，F_b(m⁴/s³)为浮力通量参数。

表 5-6 因为浮力或冲量[a]烟羽上升公式选择

不稳定(A，B，C)	$\Delta T_c = 0.0297 T_s \left(\frac{v_s}{d_s^2}\right)^{1/3}$	其中 $F_b < 55$	(5-70)
中性条件(D)	$\Delta T_c = 0.00575 T_s \left(\frac{v_s}{d_s^2}\right)^{1/3}$	其中 $F_b \geqslant 55$	(5-71)
其中 $F_b = g v_s d_s^2 \left(\frac{T_s - T_a}{4T_s}\right)$			(5-72)
稳定条件(E，F)	$\Delta T_c = 0.019582 T_s v_s \sqrt{s}$	和 $s = \frac{g}{T_a}\frac{\partial\theta}{\partial z}$	(5-73)

注：[a] 公式是经验的，数值必须仅仅在特定情况下代入。

(3)最大烟羽上升距离

烟羽上升最大距离如图 5-14 所示。

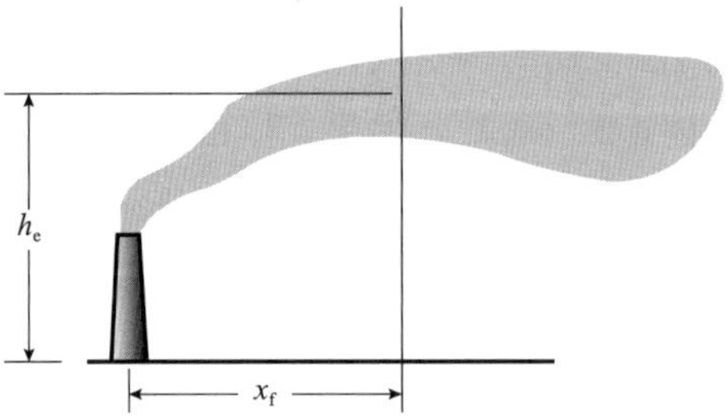

图 5-14 烟羽上升最大距离

如图 5-14 所示，烟团上升最大距离取决于大气条件和上升推动力是浮力还是冲量，计算经验公式如表 5-7 所示。

表 5-7 计算烟羽上升最大距离的公式[a]

	不稳定(A，B，C)或中性(D)条件			稳定(E，F)条件	
浮力	$F_b < 55$	$x_f = 49 F_b^{5/8}$	(5-74)	$x_f = 2.0715\frac{u_s}{\sqrt{s}}$	(5-76)
	$F_b \geqslant 55$	$x_f = 119 F_b^{2/5}$	(5-75)	其中 $s = \frac{g}{T_a}\frac{\partial\theta}{\partial z}$	
冲量	$F_b = 0$	$x_f = \frac{4 d_s (v_s + 3u_s)^2}{v_s u_s}$	(5-77)	$x_f = 0.50\pi\frac{u_s}{\sqrt{s}}$	(5-80)
	$F_b < 55$	$x_f = 49 F_b^{5/8}$	(5-78)		
	$F_b \geqslant 55$	$x_f = 119 F_b^{2/5}$	(5-79)		

注：[a] 公式是经验的，数值必须仅仅在特定情况时代入。

(4)逐渐和最终烟羽上升高度

逐渐和最终烟羽上升高度的公式见表 5-8。

表 5-8　逐渐和最终烟羽上升高度的公式

	不稳定(A，B，C)或中性(D)条件		稳定(E，F)条件	
逐渐烟羽上升(上升到距离 x_f)				
浮力	$h_e=h'_s+1.60\frac{(F_b x^2)^{1/3}}{u_s}$			(5-81)
冲量	$h_e=h'_s+1.60\left(\frac{3F_m x}{\beta_j^2 u_s^2}\right)^{1/3}$	(5-82)	$h_e=h'_s+\left[3F_m\frac{\sin(x\sqrt{s}/u_s)}{\beta_j^2 u_s\sqrt{s}}\right]^{1/3}$	(5-83)
其中 $\beta_j=\frac{1}{3}+\frac{u_s}{v_s}$，$s=\frac{g}{T_a}\frac{\partial\theta}{\partial z}$，$F_m=v_s^2 d_s^2\left(\frac{T_a}{4T_s}\right)$				(5-84)
最终烟羽上升(距离 x_f 后上升)				
浮力	$F_b<55$ $h_e=h'_s+21.425\frac{F_b^{3/4}}{u_s}$	(5-85)	$h_e=h'_s+2.6\left(\frac{F_b}{u_s s}\right)^{1/3}$	(5-87)
	$F_b\geqslant 55$ $h_e=h'_s+38.710\frac{F_b^{3/4}}{u_s}$	(5-86)		
冲量	$h_e=h'_s+3d_s\frac{v_s}{u_s}$	(5-88)	$h_e=h'_s+3d_s\frac{v_s}{u_s}$	(5-89)
			$h_e=h'_s+1.5\left(\frac{F_m}{u_s\sqrt{s}}\right)^{1/3}$	(5-90)
			选择两值中的最小值[b]	

注：[a]公式是经验的，数值必须仅仅在特定情况时代入。

[b]选择两值中的最小值，因为稳定条件的上升不能比不稳定或中性条件的上升更高。

(5)扩散方程

无论是农村地区还是城市地区，连续点源泄漏模型是基于以下假设(图 5-15)：

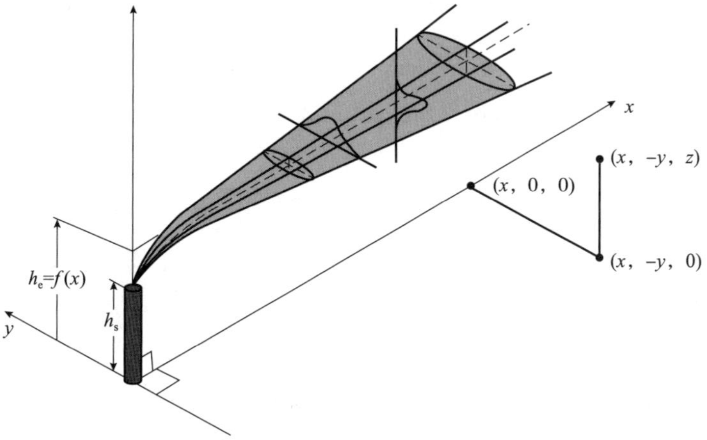

图 5-15　烟羽扩散图

①泄漏质量流率(单位时间质量单元)随着时间是连续的和稳定的。

②“泄漏时间”(从开始泄漏到发现泄漏的时间)等于或更长于顺风向“流动时间”，以至

于这个方向的扩散能被忽略不计。

③正在扩散的物质是颗粒直径小于 20μm 的稳定气体或气溶胶，将在空中保留很长时间。

④源头泄漏的云团从源头运动到最高点，其质量在空中保持稳定。没有空气反应或因为反应性、重力和湍流碰撞保留在地面上。假设通过湍流涡旋扩散的靠近地面部分云团再次通过其他随即的涡旋作用离开地面扩散，这种现象被称为涡流反射。

⑤假设气象条件随时间推移保持稳定，或至少云团从源头到达接受者的时间内，平均大约 1h。当受体(危险距离内的人)在附近和正常条件的情况下这个假设变得更加现实。相反，当微风或受体很远的情况下，这个假设可能无法满足。

⑥随着高度变化，认为风速和方向是稳定的。

⑦在水平方向上，风的剪应力影响不被考虑(仅仅 10km 后有影响)。

⑧假设垂直方向 z 的扩散参数是独立的，是距离 x (和风速)的函数。

⑨利用高斯分布描述任何侧风(垂直或水平面上)中顺风距离浓度。

连续高架源的坐标中心为烟囱的地面点或点源的地面投影点。x 轴是排放点源正风向，y 轴是排放烟羽中心线的侧风向，z 轴是垂直方向。

1)浓度方程

对于理想状态烟羽高斯扩散，下面的公式给出了在坐标点(x，y，z)处的浓度，其中 x (m)是离排放点源的顺风向距离，y (m)是离排放烟羽中心线的侧风向距离和 z (m)是离地面的高度。

$$C=\frac{Q_c}{u_s}\frac{10^9}{2\pi\sigma_y}\exp\left[-\frac{y^2}{2\sigma_y^2}\right]\frac{1}{\sigma_z}\left\{\exp\left[-\frac{(h_e-z)^2}{2\sigma_z^2}\right]+\exp\left[-\frac{(h_e+z)^2}{2\sigma_z^2}\right]\right\} \qquad (5-91)$$

式中 C——空气污染物浓度，$\mu g/m^3$；

Q_c——污染物源排放率，kg/s；

u_s——沿着烟羽中心线的水平风速(在时间和空间上恒定的)，m/s；

σ_z——垂直扩散系数，m；

σ_y——横向扩散系数，m。

上述公式中烟羽上升 h_e(m)是距离 x(m)的函数和分布代表逐渐和最终烟羽上升高度。系数 10^9 代入以至于最后的浓度单位是 $\mu g/m^3$。式(5－91)的每一项列入表 5－9 中，代表不同含义。

表 5－9　式(5－91)不同项含义

源排放率	Q_c
顺风扩散	$\frac{1}{u_s}$
横向扩散	$\frac{1}{\sqrt{2\pi}\sigma_y}\exp\left[-\frac{y^2}{2\sigma_y^2}\right]$
垂直扩散	$\frac{1}{\sqrt{2\pi}\sigma_z}\left\{\exp\left[-\frac{(h_e-z)^2}{2\sigma_z^2}\right]+\exp\left[-\frac{(h_e+z)^2}{2\sigma_z^2}\right]\right\}$

2)扩散系数

帕斯奎尔(1961 年)提出了下列扩散系数 σ_z (m)和 σ_y (m)的计算经验公式，作为距离 x

(m)的函数：

城市地区：

$$\sigma_y = ex(1+c_1x)^{-1/2} \cdot \sigma_z = fx(1+gx)^h \tag{5-92}$$

农村地区：

$$\sigma_y = c_2x\tan(TH) \qquad \sigma_z = a(c_3x)^b \tag{5-93}$$

其中，$TH = c_4[c - dIn(c_3x)]$。表 5-10 给出了参数 a，b，c，d，e，f，g，h 的值。另外 c_1=0.0004m^{-1}，c_2=0.4651，c_3=0.001m^{-1}和 c_4=0.01745。

表 5-10　作为大气稳定度函数的式(5-92)和式(5-93)中参数

大气稳定度	x/m	a/m	b(—)	大气稳定度	x/m	a/m	b(—)
A	<100	122.800	0.94470	E	<100	24.260	0.83660
	100～150	158.080	1.05420		100～300	23.331	0.81956
	151～200	170.220	1.09320		301～1000	21.628	0.75660
	201～250	179.520	1.12620		1001～2000	21.628	0.63077
	251～300	217.410	1.26440		2001～4000	22.540	0.57154
	301～400	258.890	1.40940		4001～10000	24.703	0.50527
	401～500	346.750	1.72830		10001～20000	26.970	0.46713
	501～3110	453.850	2.11660		20001～40000	34.420	0.37615
	>3110	—	—		>40000	47.618	0.29592
B	<210	90.673	0.93196	F	<200	15.209	0.81558
	211～400	98.483	0.98332		201～700	14.457	0.78407
	>400	109.300	1.09710		701～1000	13.953	0.68465
					1001～2000	13.953	0.63227
C	任何 x	61.141	0.91465		2001～3000	14.823	0.54503
					3001～7000	16.187	0.46490
D	<310	34.459	0.86974		7001～15000	17.836	0.41507
	310～1000	32.093	0.81066		15001～30000	22.651	0.32681
	1001～3000	32.093	0.64403		30001～60000	27.074	0.27436
	3001～30000	36.650	0.56589		>60000	34.219	0.21716
	>30000	44.053	0.51179				
大气稳定度	c(—)	d(—)	e(—)		f(—)	g/m^{-1}	h(—)
A	24.1670	2.5334	0.32		0.24	0.001	0.5
B	18.3330	1.8096	0.32		0.24	0.001	0.5
C	12.5000	1.0857	0.22		0.20	0	0
D	8.3330	0.7238	0.16		0.14	0.0003	−0.5
E	6.2500	0.5428	0.11		0.08	0.0015	−0.05
F	4.1667	0.3619	0.11		0.08	0.0015	−0.05

3. 瞬时源非重气云扩散

(1)烟团上升

连续泄漏情况中，烟羽的上升归因于浮力或冲量。当瞬时源泄漏产生烟团时，通常依赖泄漏类型来区分这两种情况：

1)泄漏气体温度比环境温度高得多；

2)泄漏紧接着爆轰，或持续时间少于 15s 的燃烧。

烟团的上升是因为其本身具有的能量 ΔH_g(kJ/kg)。瞬时源浮力通量参数 F_{bi}(m^4/s^2)的计算表达式如下：

$$F_{bi} = \frac{gQ_i}{\pi\rho_{air}} \frac{\Delta H_g}{C_{pair} T_a} \tag{5-94}$$

式中 g——重力加速度，9.81m/s²；

Q_i——烟团中气体总质量，kg；

ρ_{air}——空气密度，kg/m³；

C_{pair}——空气热容量，kJ·kg⁻¹·K⁻¹；

T_a——环境温度，K。

通常烟团中气体的能量等于因为温度变化(高温下泄漏)导致的焓差，也就是 $\Delta H_g = C_{pg}(T_g - T_a)$，其中下标"g"是指气体。假设 $C_{pg} \approx C_{pair}$，式(5-94)变成：

$$F_{bi} = \frac{gQ_i}{\pi\rho_{air}} \frac{(T_g - T_a)}{T_a} \tag{5-95}$$

因爆炸泄漏的气体情况中，气体能量等于烟团中气体总质量 Q_i(kg)乘以燃烧热 ΔH_c(kJ/mol)。这个值通常会导致烟团上升的高度被低估及因此地面附近气体浓度被高估。为了避免这种情况，提出了式(5-96)的经验模型，如：

$$F_{bi} = \frac{3}{4} \frac{gQ_i}{\pi\rho_{air}} \frac{\Delta H_c}{C_{pair} T_a} \tag{5-96}$$

需要注意，瞬时源浮力通量参数 F_{bi}(m^4/s^2)比连续源浮力通量参数 F_b(m^4/s^3)有略微不同的单位。

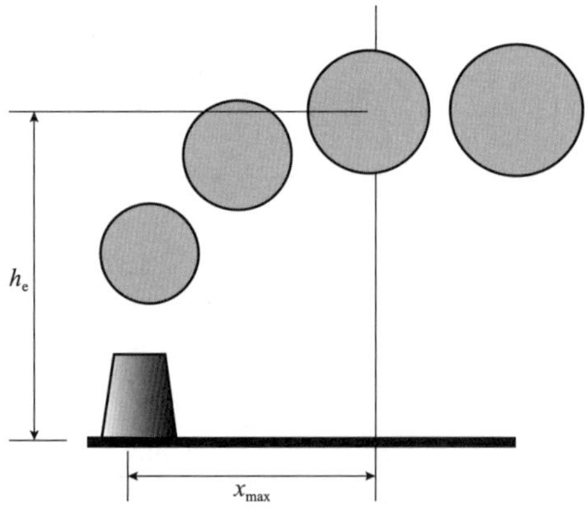

图 5-16 瞬时源烟团上升

烟团继续上升直到它到达最高度，如图 5-16 所示。已知源到最高度点的距离作为最大距离 x_{max}(m)(类似于连续源情况下烟羽达到最大高度移动的距离 x_f)。表 5-11 给出了计算作为大气条件函数的逐渐和最终上升高度 h_e(m)和烟团的最大距离 x_{max}(m)的公式。

表 5-11 烟团逐渐和最终上升公式*

非稳定(A，B，C)或中性(C)条件	稳定(E，F)条件
烟团逐渐上升(直到最大距离 x_{max})	
$h_e = h_s + \left(\frac{2F_{bi}x^2}{c^3u_s^2}\right)^{1/4}$ (5-97)	$h_e = h_s + \left\{\frac{4F_{bi}}{c^3 s}\left[1-\cos\left(\frac{x\sqrt{s}}{u_s}\right)\right] + \left(\frac{R}{c}\right)^4\right\}^{1/4} - \left(\frac{R}{c}\right)$ (5-98)
最大距离 x_{max} 的计算	
$x_{max} = 12F_{bi}^{1/2}u_s^{1/3}$ $F_{bi} \leqslant 300u_s^{2/3}$ (5-99)	$x_{max} = \left(\frac{\pi u_s}{\sqrt{s}}\right)$ (5-101)
$x_{max} = 50F_{bi}^{1/4}u_s^{1/2}$ $F_{bi} > 300u_s^{2/3}$ (5-100)	
烟团最终上升(达到最大距离 x_{max} 后上升)	
$h_e = h_s + \left(\frac{2F_{bi}x_{max}^2}{c^3u_s^2}\right)^{1/4}$ (5-102)	$h_e = h_s + \left\{\frac{8F_{bi}}{c^3 s} + \left(\frac{R}{c}\right)^4\right\}^{1/4} - \left(\frac{R}{c}\right)$ (5-103)
其中 $s = \frac{g}{T_a}\frac{\partial\theta}{\partial z}$ (5-104)	

注：* 同表 5-6 注释。

在表 5-11 中，h_s(m)表示源离地面高度，u_s(m/s)是在源高度处的风速，而 c (m)是瞬时源夹带系数，其默认值通常是 0.64m。最后 R (m)是烟团最初半径，g (m/s^2)是重力加速度(=9.81m/s^2)，而($\partial\theta/\partial z$)(K/m)表示温度随高度的变化(通常大气稳定度等级 E 时取值 0.020K/m，大气稳定度等级 F 时取值 0.035K/m)。

(2)扩散公式

根据 Turner 公式，对于符合高斯分布的瞬时源烟团扩散，在特定坐标点(x，y，z)和泄漏 t (s)时间后，其中 x (m)是顺风距离，而 y (m)和 z (m)是横向和纵向距离，浓度 C (μg/m^3)为：

$$C = \frac{2Q_c 10^9}{(2\pi)^{3/2}\sigma_x\sigma_y\sigma_z}\exp\left[-\frac{(x-u_s t)^2}{2\sigma_x^2}\right]\exp\left[-\frac{y^2}{2\sigma_y^2}\right]\times\left\{\exp\left[-\frac{(h_e-z)^2}{2\sigma_z^2}\right]+\exp\left[-\frac{(h_e+z)^2}{2\sigma_z^2}\right]\right\} \tag{5-105}$$

式中 Q_c——气体总质量，kg；

u_s——泄漏高度处的平均风速(时间和空间上恒定)，m/s；

σ_z——垂直扩散系数，m；

σ_x 和 σ_y ——顺风和横向扩散系数，m。

上升高度 h_e(m)分别是距离 x (m)的函数和分布代表烟团逐渐和最终上升。系数 10^9 代入以至于最终浓度单位是 μg/m^3。

5.3.5 固体颗粒物扩散

大气污染物主要包括气态污染物和大气颗粒污染物(直径多在 0.001～100μm)。尤其随着汽车工业飞速发展，在汽车文明带来效率提高和生活便捷的同时，日益严重的汽车尾气污染威胁着城市人们的健康，除一氧化碳、碳氢化合物、氮氢化合物和硫化合物等，颗粒物(铅化合物、黑碳、油雾等)已成为城市街道大气的首要污染物，另外，化石燃料的燃烧、工业粉尘、废弃物焚烧等也是大气颗粒物的主要来源。随着国内城市建设和经济的发展，大气颗粒物污染问题日益突出。

最近几年，直径小于 100μm 的空气中颗粒物在各个研究领域已经引发了浓厚兴趣。更具体地说(表 5-12)，直径小于 10μm 的颗粒物，简称可吸入粉尘 PM_{10}，不能被鼻子及喉咙过滤掉，能够停留在支气管和肺部，从而引起健康问题。颗粒物直接进入人体肺部并且沉淀下来，容易导致癌症、慢性病、肺气肿、皮肤病等疾病。在城市生活中，含有许多可吸收的含碳和各种其他致癌或有害化学物质的微粒。这些微粒通常来自工业或石油燃烧(车辆或加热)。已知空气动力学直径小于 10μm 的颗粒物是可吸入颗粒物，而直径小于 2.5μm 的颗粒物称为可入肺颗粒物 $PM_{2.5}$。在欧洲，城市中观测的微粒浓度非常高，主要归因于石油驱动车辆，如的士、巴士或卡车。需要特别注意的是，一辆旧石油驱动车辆比一辆新环保技术车辆产生 1000 多倍的有害排放。

表 5-12　颗粒物粒度进入呼吸系统的程度

粒径/μm	进入呼吸系统的部位及危害
<2	深入肺部，但可随着呼出，肺中会有存留
2～5	容易吸入肺部并存于肺部
5～10	很少吸入肺部，但吸入后则存留肺部
>10	滞留在上呼吸道中

空气动力学直径微米(<10μm)范围内的颗粒物扩散完全可以用各种轻气扩散模型来描述，同时考虑地面上的沉积。在大气中固体颗粒物的排放过程中，影响它们扩散的突出因素是动量(风运动)和重力沉降。然而，在 PM_{10} 情况中，突出因素是重力沉降。

从 Stokes 定律获得直径 d_p(m)和密度 ρ_p(kg/m^3)函数的固体颗粒物沉降速度 u_d(m/s)：

$$u_d = \frac{d_p^2 g \rho_p}{18\eta} \tag{5-106}$$

式中　g——重力加速度(=9.81m/s^2)，m/s^2；

η——空气动力学黏度，Pa·s。

利用式(5-107)计算的浓度 C (μg/m^3)，乘以式(5-108)计算的无量纲经验因子 DP，就可以得到空气中颗粒物浓度：

$$C=\frac{2Q_c\,10^9}{(2\pi)^{3/2}\sigma_x\sigma_y\sigma_z}\exp\left[-\frac{(x-u_s t)^2}{2\sigma_x^2}\right]\exp\left[-\frac{y^2}{2\sigma_y^2}\right]\times\left\{\exp\left[-\frac{(h_e-z)^2}{2\sigma_z^2}\right]+\exp\left[-\frac{(h_e+z)^2}{2\sigma_z^2}\right]\right\} \tag{5-107}$$

$$DP = DP_0^{(u_{so}u_d/u_s u_{do})} \tag{5-108}$$

式中　u_s(m/s)——泄漏点的平均风速。

对于沉降速度 u_{do}=0.01m/s 和风速 u_{so}=1m/s 时，文献[Lees，2003]中给出了作为源高度，离源的距离，大气稳定度(A，B，C，E 和 F)函数的校正因子 DP_0 值(表 5-13)。

表 5－13 校正因子 DP_0

大气稳定度	源高度/m	离源距离/m			
		10	100	1000	10000
A	0	0.90	0.82	0.75	
	10	1.00	0.96	0.90	
	100	1.00	1.00	1.00	
B	0	0.90	0.80	0.65	
	10	0.98	0.95	0.80	
	100	1.00	1.00	1.00	
C	0	0.90	0.70	0.60	0.45
	10	1.00	1.00	0.80	0.60
	100	1.00	1.00	1.00	0.80
E	0	0.90	0.60	0.15	0.012
	10	1.00	1.00	0.80	0.10
	100	1.00	1.00	1.00	0.80
F	0	0.90	0.65	0.40	0.07
	10	1.00	1.00	0.80	0.20
	100	1.00	1.00	1.00	0.80

5.3.6 有毒气体扩散影响

作为工业事故或恐怖袭击的后果有毒气体最终扩散在大气中。可以追溯该事件发生的三个主要来源：①有毒气体直接泄漏扩散；②爆炸发生后非直接泄漏扩散；③作为有害化学品燃烧产物非直接产生。它们能够在离初始源点的很长距离范围内传播，进而对人类和环境造成非常重大的破坏影响。在本节介绍有毒物质暴露极限值(即人们暴露于其中时引起特定伤害的有毒物质浓度)，同时也会根据目前国际组织提出的极限值，确定安全区域，即确定距离有害化学品泄漏点的安全距离。

1. *有毒物质暴露极限*

对人体的有毒物质暴露极限，为人们暴露于其中时会引起特定伤害影响的有毒浓度。可根据摄入量确定有毒物质暴露极限，摄入量直接与暴露于有害化学品的程度和持续时间有关。在有毒气体扩散情况中，暴露可以是：

①意外或直接地气体泄漏；

②长期的，例如地面或水污染，或来自受污染农产品的影响等。

最严重影响出现在有毒气体泄漏后立即接触，因为此时在环境中有毒物质的浓度最高。计算长期暴露的有毒气体暴露极限的过程中，假定暴露时间是恒定的，而对应暴露强度则采用有害气体的平均浓度。然而，这种意外暴露的情况中，暴露时间和暴露强度都是变量，需要通过数学表达式计算相对有毒物质暴露剂量。因此，人体在特定暴露时间内承受的“剂量”是计算影响的标准参数。“暴露剂量”是在环境中遭遇物质的量。“吸收剂量”是通过眼睛、皮肤、胃、肠或肺部吸收，实际进入人体的物质数量。

从经验表达式计算进入人体的吸收剂量 D（mg/kg）：

$$D = C^n t \tag{5-109}$$

式中 C——空间内特定点的化学品浓度，mg/m^3；

n——经验常数；

t——暴露时间，min。

上述表达式适用于以恒定速率连续泄漏的有毒物质，假设泄漏这段持续时间内人将保持不动(静止观察者)，然后移动到 0 浓度点。

根据个人风险技术进行有害事件后果的计算。个人风险技术表示人群中被预料受伤的百分比，或一个人对特定水平剂量受到伤害的概率。通常，个人风险表达在对应于人群中 50%或 1%的人受到伤害情况下的有毒物质极限值。当发生较大工业事故时，从对应不同类型的动物实验或实际观察来获得它们决定性的极限值参数。应该注意，在这里讨论的对应指标中，虽然没有提及暴露时间，通常认为它是常数(一般 30min)。

最常见的指标如下：

①LC_{50}（致死中浓度）；

②LC_1（1%致死浓度）；

③LD_{50}（半数致死剂量）；

④IDLH(立即危及生命和健康)；

⑤LOC(关注程度)；

⑥PEL(允许暴露水平)。

(1)LC_{50}（致死中浓度）

LC_{50}（mg/m^3空气）代表通过 30min 暴露时间的摄入后引起危害物质范围内人群中 50%死亡的空气中有毒物质的浓度。

当知道其他暴露时间的值时，可以使用式(5-110)计算 30min 暴露时间内浓度 LC_{50}：

$$LC_{50}(30\text{min}) = LC_{50}(t)\left(\frac{t}{t_0}\right)^{1/n} \tag{5-110}$$

式中，时间 t 的单位用小时表示，$t_0 = 0.5\text{h}$ 。应用试验数据，通过这个公式计算常数 n 的值。否则，大约取值等于 3。

也可以从等效 30min 暴露时间内，在特定实验动物中(豚鼠、老鼠等)观察获得浓度 LC_{50}，从表达式

$$LC_{50}(\text{人}) = F_d LC_{50}(\text{物}) \tag{5-111}$$

参数 F_d 值显示在表 5-14 中。

LCt_{50}（$mg \cdot min/m^3$），半数致死浓度，代表空气中有毒物质的浓度乘以总暴露时间，即通过摄入可能引起人群中 50%的人死亡。

因此

$$LCt_{50} = 30LC_{50} \tag{5-112}$$

表 5-14 式(5-111)参数 F_d值

实验动物	Fd(—)
大鼠	0.25
小鼠	0.5
豚鼠	0.2
仓鼠	0.3

(2)LC_1(1%致死浓度)

LC_1(mg/m^3空气)代表通过 30min 暴露时间的摄入引起有毒物质范围内人群中 1%死亡的空气中有毒物质浓度。

通过式(5-113)，利用浓度 LC_{50}大约计算浓度 LC_1[TNO，1989]：

$$LC_1 = \exp\left[\text{In}(LC_{50}) - \frac{2.33}{1.5}\right] \tag{5-113}$$

(3)LD_{50}(半数致死剂量)

LD_{50}(mg/kg 动物)代表可能引起实验动物 50%死亡的有毒物质最低浓度。毒物学家通常使用大鼠和小鼠做实验。决定 LD_{50}的一个非常重要的因素是用于供给动物有毒物质的方式，通常即可通过皮肤吸收也可以口服摄入。LD_{50}和 LC_{50}有所不同，LC_{50}是指 30min 暴露时间内可能引起人群中 50%死亡的空气中有毒物质的浓度，而 LD_{50}是指可能引起他们中 50%死亡的剂量。LD_{50}极限值表示更直接的有毒物质伤害能力。

在文献中，可以找到以下有毒物质暴露极限：

①LD_1(1%致死剂量)

引起实验动物 1%死亡的最小剂量。

②LD_{100}(100%致死剂量)

引起实验动物 100%死亡的最小剂量。

③LDLO(致死最小剂量)。

④TDLO(引起毒性作用的最低剂量)。

因为实验室中用小动物来确定 LD_{50}，存在的问题是如何从动物检测的结果转到人类上。为了做到这点，应用 Hodge & Sterner 实证毒理学等级刻度，虽然是在 1956 年创立，但这个等级一直有效。为了使实验动物剂量结果转移到人类上，应用较大安全因素，因此毒性等级表(表 5-15)只代表经验值。

表 5-15 毒性等级表

毒性等级	口服 (对大鼠单剂量) (mg/kg)	LD50 吸入 (大鼠暴露 4h) (ppm)	皮肤 (对兔子皮肤的单一应用) (mg/kg)	人体可能致死剂量
1 极度有毒	<1	<10	<5	1sip

续表

毒性等级	口服 （对大鼠单剂量） （mg/kg）	LD50 吸入 （大鼠暴露 4h） （ppm）	皮肤 （对兔子皮肤的单一应用） （mg/kg）	人体可能致死剂量
2 高度有毒	1～50	10～100	5～43	4ml
3 中等有毒	50～500	100～1000	44～340	30ml
4 轻微有毒	500～5000	1000～10000	350～2810	600ml
5 基本无毒	5000～15000	10000～100000	2820～22590	1l
6 相对无害	＞15000	＞100000	＞22600	1l

根据表 5－15 中显示的 Hodge & Sterner 毒性等级，“2 高度有毒”等级的化学品确实是剧毒的。甚至 2～3ml 物质能导致 1kg 的大鼠死亡，而 4ml 同样的物质将会导致人类死亡。不过，Hodge & Sterner 毒性等级不是目前唯一常用的。表 5－16 中显示的是 Gosselin，Smith 和 Hodge 毒性等级。需要特别注意的是，这个分类相比表 5－15 中的分类等级排列恰恰相反，使用时用户必须特别小心(根据 Hodge & Sterner 分类，极度有毒物质属于等级 1，但是根据 Gosselin，Smith 和 Hodge 分类属于等级 5)。

表 5－16　毒性等级分类

毒性等级	LD_{50}（口服） （mg/kg 人）	对 70－kg 人的剂量
1 实际上无毒	＞15000	＞1200ml
2 轻微有毒	5000～15000	600～1200ml
3 中等有毒	500～5000	30～600ml
4 非常有毒	50～500	30ml
5 极度有毒	5～50	4ml
6 超级有毒	＜5	1sip(＜7 滴)

(4)IDLH(立即威胁生命和健康浓度)

IDLH(mg/m^3)代表对一个健康的员工能够暴露于特定区域 30min 内，没有受到将阻止他逃离的不可逆健康损害或伤害(主要眼睛或肺部发炎)情况下能够顺利逃离的空气中有毒物质的最大浓度。IDLH 极限专指吸入有毒物质导致不可逆健康损害有毒物质浓度。NIOSH(美国国家职业安全与健康委员会)在 20 世纪 70 年代提出的 IDLH 极限值仅仅是对健康工作人员和不敏感人群的暴露水平，他们也是基于 30min 的暴露时间，并且不是长期暴露。

如果没有直接确定的 IDLH 极限值实验数据，可以根据从实验室动物实验获得的其他极限数值如 LC_{50}，LD_{50} 等做出估计。对人体造成严重伤害的 IDLH 极限值通常比动物 50％致死极限值低 1 个或 2 个数量级。更具体地说，从以下表达式计算估计的 IDLH 极限值：

$$IDLH = 0.10LC_{50} \tag{5-114}$$

$$IDLH = 0.01LD_{50} \tag{5-115}$$

$$IDLH = 0.10LDLO \tag{5-116}$$

在 20 世纪 70 年代中期，NISOH(美国国家职业安全与健康委员会)和 OSHA(美国职业安全与健康管理局)确定了 387 种化学物质的 IDLH 极限值。旨在根据美国法律来确定工业中个人必须佩戴的呼吸防护设备。表 5－17 给出了一些常见物质的 IDLH 值。

表 5－17 常见物质 IDLH 值

NO	毒物名称	MAC/(mg/m^3)	PC－TWA/(mg/m^3)	PC－STEL/(mg/m^3)	IDLHs/ppm
1	N－甲基苯胺	—	2	—	100
2	N－异丙基苯胺	—	10	—	—
3	氨	—	20	30	300
4	苯	—	6	10	500
5	苯胺	—	3	—	100
6	丙烯酰胺	—	0.3	—	60mg/m^3
7	丙烯腈	—	1	2	85
8	对硝基苯胺	—	3	—	300mg/m^3
9	对硝基氯苯/二硝基氯苯	—	0.6	—	对硝基氯苯 100mg/m^3
10	二苯胺	—	10		—
11	二甲基苯胺	—	5	10	100
12	二硫化碳	—	5	10	500
13	二氯代乙炔	0.4	—	—	—
14	二硝基苯(全部异构体)	—	1	2.5	50mg/m^3
15	二硝基(甲)苯	—	1(0.2)	—	50mg/m^3
16	二氧化(一)氮	—	5	10	20
17	甲苯－2，4－二异氰酸酯(TDI)	—	0.1	0.2	2.5
18	氟化氢	2	—	—	30(F)
19	氟及其化合物(不含氟化氢)	—	2		250mgF/m^3
20	镉及其化合物	—	0.01	0.02	镉粉尘、镉烟尘 9$mgCd/m^3$

续表

NO	毒物名称	MAC/（mg/m³）	PC－TWA/（mg/m³）	PC－STEL/（mg/m³）	IDLHs/ppm
21	汞	—	0.02	0.04	汞化合物 [除(有机)烷基] 10mgHg/m³ 汞(有机)烷基化合物 2mgHg/m³
22	碳酰氯	0.5	—	—	2
23	黄磷	—	0.05	0.1	5mg/m³
24	甲(基)肼	0.08	—	—	20
25	甲醛	0.5	—	—	20
26	焦炉逸散物	—	0.1	—	—
27	肼；联氨	—	0.06	0.13	50
28	可溶性镍化物	—	0.5	—	金属镍及其化合物 10mgNi/m³
29	磷化氢；膦	0.3	—	—	50
30	硫化氢	10	—	—	100
31	硫酸二甲酯	—	0.5	—	7
32	氯化汞	—	0.025	0.075	汞化合物 [除(有机)烷基] 10mgHg/m³
33	氯化萘	—	0.5	—	—
34	氯甲基醚	0.005	—	—	—
35	氯；氯气	1	—	—	30
36	氯乙烯；乙烯基氯	—	10	—	—
37	锰化合物 （锰尘、锰烟）	—	0.15	—	500mgMn/m³
38	镍与难溶性镍化物	—	1	—	金属镍及其化合物 10mgNi/m³
39	铍及其化合物	—	0.0005	0.001	铍化合物 4mgBe/m³
40	偏二甲基肼	—	0.5	1.5	1，1-二甲基肼 15
41	铅：尘 烟	0.05 0.03	—	—	—
42	氰化氢(按 CN 计)	1	—	—	50
43	氰化物(按 CN 计)	1	—	—	25mg(CN)/m³
44	三硝基甲苯	—	0.2	0.5	500mg/m³

续表

NO	毒物名称	MAC/ (mg/m^3)	PC—TWA/ (mg/m^3)	PC—STEL/(mg/m^3)	IDLHs/ppm
45	砷化(三)氢；胂	0.03	—	—	3
46	砷及其无机化合物	—	0.01	0.02	$5mgAs/m^3$
47	石棉：总尘 纤维	—	0.8 0.8f/ml	—	—
48	铊及其可溶化合物	—	0.05	0.1	$15mgTl/m^3$

(5)LOC(浓度水平)

LOC(mg/m^3空气)代表短时间内(通常30min)暴露于人体时能够立即造成严重健康损害的空气中极其有害物质的浓度。在"1987年12月美国环境保护局对极度有害物质的危险分析一应急计划的技术指导"中定义了LOC极限值。

直接利用IDLH极限值确定LOC极限值，即

$$LOC = 0.10IDLH \tag{5-117}$$

研究者认为，该浓度是接近现实生活中保护人体健康的近似值。LOC极限值是相对于所有的人群，包括老年人、儿童敏感群体和有健康问题的人群等，在短时间(通常30min)暴露情况中是有效的(图5-17)。

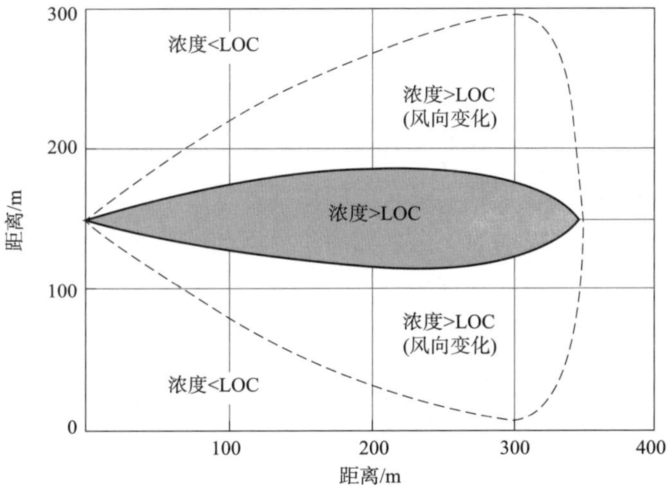

图5-17 LOC浓度足迹法

(6)PEL(允许暴露浓度)

PEL(mg/m^3)代表有工人存在的区域内空气中有毒物质浓度的最小允许暴露极限。OSHA已经提出了在平均暴露时间超过8h的情况下，绝大多数有毒物质的PEL值。很容易在http：//www.osha.gov/找到关于PEL极限值的更多信息。

2. 大气污染物特定极限值

对于常见大气污染物 NO_2、NO_x、CO 和 SO_2，欧盟尝试减少表 5－18 中显示的物质排放。由表 5－18 可知，由于较长的暴露时间，这些极限值相对较低。

表 5－18　NO_2、NO_x、CO 和 SO_2 特定极限值

原因	测量时间	浓度极限	获得日期
NO_2、NO_x（IDLH20 ppm 或 36mg/m^3）			
人体健康保护	1h	200μg/m^3，NO_2 不超过 18 次/年	2010.1.1
人体健康保护	1 年	40μg/m^3，NO_2	2010.1.1
有害浓度	3h	400μg/m^3，NO_2	
CO（IDLH1，200ppm 或 1，350mg/m^3）			
人体健康保护	8h	10mg/m^3	2005.1.1
SO_2（IDLH100ppm 或 250mg/m^3）			
人体健康保护	1h	350μg/m^3， 不超过 21 次/年	2005.1.1
人体健康保护	24h	125μg/m^3， 不超过 3 次/年	2005.1.1
有害浓度	3h	500μg/m^3	2005.1.1

3. 风险区域

风险区域是一定浓度范围的有毒云团或烟团扩散形成能够危害到人体健康的特定地理区域(死亡，严重伤害或健康问题)。定义中的地理区域包括从有毒物质排放源点或前一区域结束点到物质浓度为暴露极限的安全区域的边界点(或线)的区域。

风险区域的定义是基于暴露程度的估计，参照事件(有毒物质浓度剂量，或火灾热通量剂量，爆炸超压剂量)，同时考虑表 5－18 中特定极限值的应用。为了更好地确定每一个风险区域，应用前面介绍的各种极限值(LC_{50}，LC_1 或 IDLH)。

(1) Ⅰ区——非常严重后果(LC_{50} 区域)

通过空气中有毒物质的吸入，可能造成暴露人群中 50％死亡的区域。Ⅰ区直接围绕着排放点/爆炸点周围。一旦发生事故时，确定这一区域不仅是对周围人群的保护，也是有关部门处理事故时采取必要安全控制措施的基础。

(2) Ⅱ区——严重后果(LC_1 区)

通过空气中有毒物质的吸入，可能造成暴露人群中 1％死亡的区域，也可称为严重受伤的区域。紧接着区域Ⅰ，且该区域内的人们大多面临着严重危险，能够造成不可逆伤害(特别是敏感人群，例如：青少年、病人、老年人等)。通常应采取的应对措施是立即疏散该区域的人群。

(3)Ⅲ区——中等后果(IDLH 区)

空气中有毒物质吸入后，可能造成可逆伤害的区域，是有毒物质影响范围的最后部分区域，也可称为第三或最后区域。这一区域内有毒物质不会对其中人群的身体造成严重伤害，但是大多数人会受到轻微伤害和其他干扰(如头晕，暂时性视力限制，短暂意识丧失等)威胁，可能会影响那些比较敏感人群的安全。Ⅲ区以外是人们不会受到任何危害和没有必要采取措施的“安全区域”。

5.4　火灾事故模拟

5.4.1　池火

图 5-18　池火图

池火灾是指可燃液体储罐内起火，或储罐泄漏后可燃液体散落在地面、水面上所形成的液面池，遇火源发生的火灾现象(见图 5-18)。发生池火灾的原因有：液体泄漏，介质蒸气与空气的混合气体体积分数达到燃烧爆炸极限时遇到火源而引发火灾；罐体由于介质的腐蚀，或泄漏液体火焰的烘烤，材料强度下降，并受到其他外力的作用而导致破裂或破坏，发生大量泄漏，储罐周围防火堤内液池遇火源发生火灾。

池火灾后果可以运用池火灾伤害、破坏模型通过定量计算，确定事故发生时火灾的特性参数，如火焰高度、火焰表面热通量等，从而可以预测火灾影响范围、伤害及破坏程度。池火灾的危险性主要是池火灾火焰热辐射对附近人员的伤害和对周围建筑物和设备的破坏；另外，着火罐及相邻罐在火焰热辐射作用下可能发生 BLEVE，导致事故扩大。

发生池火时：

①池火灾特点很大程度上基于周围气象条件，特别是风速；

②池火的持续时间取决于可燃物质的燃烧速率；

③可燃物质的燃烧速率等于池中可燃物质的蒸发率；

④火灾与可燃物质间的反馈有一个度，在一定限度内，热量会从火灾中转移到可燃物质的池中，反过来影响物质的蒸发率、火灾的大小及其他方面。

1. 池直径的计算

当危险单元为油罐或油罐区时，可根据防护堤所围液池面积 A_1 (m^2)计算液池直径 D (m)：

$$D = (4A_1/3.14)^{\frac{1}{2}} \tag{5-118}$$

当危险单元为输油管道且无防护堤时，假定泄漏的液体无蒸发，并已充分蔓延且地面无渗透，则根据泄漏的液体量 W(kg)和地面性质，由式(5-119)计算最大可能的液池面积 A_{max}：

$$A_{max} = W/(H_{min}\rho) \tag{5-119}$$

式中 H_{min}——最小油层厚度，m，（草地 0.020，粗糙地面 0.025，平整地面 0.010，混凝土地面 0.005，平静的水面 0.0018）；

ρ——泄漏物质的密度，kg/m^3。

2. 火焰高度

计算池火焰高度的经验公式为：

$$h_f/D = 42[m_f/(\rho_0 \sqrt{gD})]^{0.61} \tag{5-120}$$

式中 h_f——火焰高度，m；

D——液池直径，m；

m_f——质量燃烧速率，$kg/(m^2 \cdot s)$；

ρ_0——空气密度，kg/m^3；

g——重力加速度，$9.8m/s^2$。

3. 可燃液体质量燃烧速率

Babrauskas 在进行大规模池火实验基础上，提出了适合大直径池火的燃烧速率估算公式：

$$m_f = m_{max}[1 - \exp(-\sigma\beta D)] \tag{5-121}$$

式中 m_f——可燃液体的质量燃烧速率，$kg/(m^2 \cdot s)$；

m_{max}——可燃液体的最大质量燃烧速率，$kg/(m^2 \cdot s)$；

σ——火焰的吸收衰减系数，m^{-1}；

β——平均光线长度校正系数；

D——油池直径，m。

表 5-19 给出了几种常见可燃液体的 m_{max} 及 $\sigma \times \beta$ 值。

表 5-19 几种常见油品的 m_{max} 及 $\sigma \times \beta$ 值

可燃液体	LNG	LPG	苯	二甲苯	汽油	煤油	甲醇
m_{max} /[$kg/(m^2 \cdot s)$]	0.078	0.099	0.085	0.090	0.055	0.039	0.015
$\sigma \times \beta /m^{-1}$	1.1	1.4	2.7	1.4	2.1	3.5	—

表 5-20 给出了几种可燃液体的燃烧速率。对于表中未列入的单一组分可燃液体，其燃烧速率可采用 Buigess 和 Hertzberg 提出的方法计算：

当泄漏介质沸点高于环境温度时，

$$m_f = \frac{cH_c}{[H_v + C_{pl}(T_b - T_0)]} \tag{5-122}$$

式中 c——常数，$c=0.001kg/(m^2 \cdot s)$；

H_c——液体的燃烧热，kJ/kg；

H_v——液体在常沸点下的汽化热，kJ/kg；

C_{pl}——液体的定压比热容，$kJ/(kg \cdot K)$；

T_b——液体的沸点，K；

T_0——环境温度，K。

当泄漏介质沸点低于环境温度时，

$$m_f = \frac{cH_c}{H_v} \tag{5-123}$$

燃烧速率也可以从手册中直接查到。表 5-20 列出了几种可燃液体的燃烧速率。

表 5-20 几种可燃液体的燃烧速率

物质名称	汽油	煤油	柴油	重油	苯	甲苯	乙醚	丙酮	甲醇
燃烧速率/[kg/(m² · s)]	98～81	55.11	49.33	78.1	165.37	138.29	125.84	66.36	57.6

4. 火焰总热辐射通量

假定能量由圆柱形火焰侧面和顶部向周围均匀辐射，则可用式(5-124)计算火焰总热辐射通量：

$$q = \frac{(\pi D^2/4 + \pi D h_f) m_F f H_C}{(72 m_f^{0.61} + 1)} \tag{5-124}$$

式中 q——火焰总热辐射通量，kW；

D——液池直径，m；

h_f——火焰高度，m；

H_C——液体燃烧热，kJ/kg；

f——热辐射系数，可取 f=0.13～0.15；

m_f——质量燃烧速率，kg/(m² · s)。

5. 目标接收的热辐射强度

假设全部辐射热量由液池中心点的小球面辐射出来，则在距离液池中心某一距离处的入射热辐射强度为：

$$I = \frac{q\alpha}{4\pi x^2} \tag{5-125}$$

式中 I——热辐射强度，kW/m²；

q——总热辐射通量，kW；

α——热传导系数，在无相对理想数据时，通常可取值为 1；

x——目标点到液池中心的距离，m。

热辐射伤害/破坏准则见表 5-21。

表 5-21 热辐射伤害/破坏准则表

入射热辐射强度/(kW/m²)	设备破坏	人员伤害
37.5	严重破坏生产设备，钢结构暴露 30min 后会变形	1min 内 100%的人死亡，10s 内 1%的人死亡

续表

入射热辐射强度/（kW/m²）	设备破坏	人员伤害
25.0	木头在无明火情况下长时间(时间不定)暴露引起着火所需的最小能量	1min内100%的人死亡，10s内严重烧伤
12.5	木头在有明火情况下燃烧所需的最小能量；塑料管熔化	1min内10%的人死亡，10s内一级烧伤
4.0	玻璃暴露30min后破裂	超过20s引起疼痛但不引起水泡
1.6		长期接触无不适感

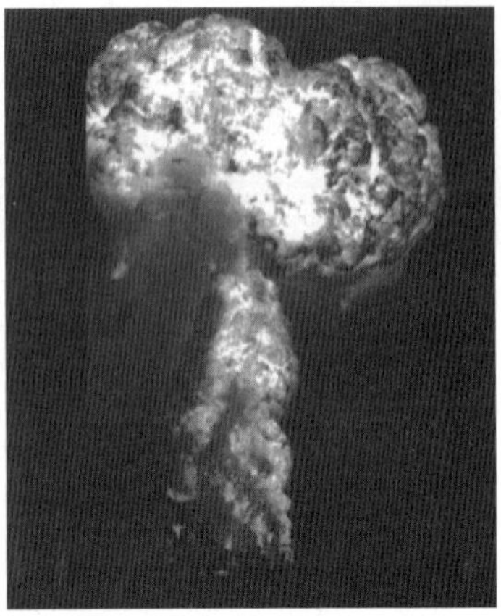

图5－19　火球图

5.4.2　火球

低温或压力储存的可燃液化气体由于过热，导致容器内压增大，使容器爆炸，内容物释放，遇火源会发生剧烈燃烧，产生强大的火球(图5－19)。火球释放的热辐射通量非常大，会造成周围人员和设备的严重损害。热辐射是火球伤害的主要形式，对其进行计算对危害后果的评价研究具有重要意义。

1. 火球尺寸与持续时间

体积为V (m^3)的容器充满液相加压气体，液相加压气体的体积分数为f_v，容器内可燃物质的密度为ρ_{mat} (kg/m^3)，则容器发生泄漏时，泄漏物质总质量M为：

$$M = f_v V \rho_{mat} \tag{5-126}$$

在前三分之一的火球总持续时间t_{mat} (s)内，直径D (m)一直增加直到其达到最大值。随后，在剩下的时间内，火球上升而其直径保持不变。从地面到火球中心的最大高度约等于它的直径。通过相关实验观测，Hardee，Lee & Benedict(1978)给出总时间的前三分之一内火球直径D (m)的增加为时间t(s)的函数：

$$D = c_1 M^{1/4} t^{1/3} \tag{5-127}$$

式中　$c_1 = 8.664 m \cdot kg^{-1/4} \cdot s^{1/3}$。

(1)Roberts法

根据Roberts方法，由以下经验表达式来计算火球的最大直径D_{max} (m)和总持续时间t_{max} (m)：

$$D_{max} = c_2 M^{1/3} \tag{5-128}$$

$$t_{max} = c_3 M^{1/3} \tag{5-129}$$

式中　$c_2 = 5.8 m \cdot kg^{-1/3}$和$c_3 = 0.45 s \cdot kg^{-1/3}$。

(2)TNO法

TNO提出的火球最大直径D_{max}和总持续时间t_{max}可从以下经验表达式计算：

$$D_{\max} = c_4 M^{0.325} \tag{5-130}$$

$$t_{\max} = c_5 M^{0.26} \tag{5-131}$$

式中 $c_4 = 6.48\text{m} \cdot \text{kg}^{-0.325}$ 和 $c_5 = 0.852\text{s} \cdot \text{kg}^{-0.26}$。

2. 燃烧率

$$m' = \frac{M}{(0.888\pi D_{\max}^2)t_{\max}} \tag{5-132}$$

式中 $0.888\pi D_{\max}^2$ ——火球总时间内的平均外表面积。

3. 最大表面辐射强度

$$SEP_{\max} = F_s m' \Delta H_c \tag{5-133}$$

式中 ΔH_c ——燃烧热，kJ/kg；

F_s——火焰表面辐射的燃烧热分数。

$$F_s = c_6 P_{sv}^{0.32} \tag{5-134}$$

式中 $c_6 = 0.00325\text{Pa}^{-0.32}$；

P_{sv}——容器内的蒸气压力，Pa。

通常情况下，辐射分数取 0.2～0.4。

4. 视角系数

视角系数 F_{view} 表示接受者接受到的火球单位面积的辐射部分分数(接受者指人或其他事物)。这种情况下，假设火球现状是完美的球体(图 5-20)。

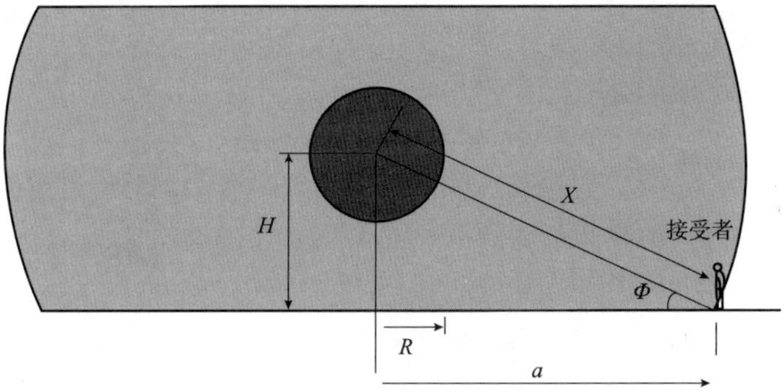

图 5-20 火球模型

半径为 R 火球的总辐射热等于 $\text{SEP}_{act}(4\pi R^2)$(kW)($\text{SEP}_{act}$ 表示实际表面热辐射强度)。球心到受体距离 X(m)时，单位面积的相同辐射热等于 $\text{SEP}_{act}(4\pi R^2)/(4\pi X^2)$(kW/m²)。另外，接受者实际“面对”的视角系数 F_{view} 为：

$$F_{view} = (R/X)^2 \tag{5-135}$$

其中：

$$X = \sqrt{H^2 + a^2} \tag{5-136}$$

5. 热通量

离火球中心特定距离(距离代入视角系数和大气透射率的公式)的热通量 q' (kW/m²)

通过含有实际表面辐射强度 SEP_{act}（kW/m^2），视角系数 F_{view} 和大气透射率 τ_a 的公式(5-137)来计算，如：

$$q' = SEP_{act} F_{view} \tau_a \tag{5-137}$$

对于大气透射率 τ_a 的计算，可以应用以下经验公式：

$$\tau_a = c_7 [P_w (X - R)]^{-0.09} \tag{5-138}$$

式中 P_w——空气中的水蒸气分压力，Pa；

X——半径 R（m）的火球中心到受体的距离，m；

c_7——常数，$G = 2.02Pa^{0.09} \cdot m^{0.09}$。

空气中水蒸气分压力很容易通过饱和蒸气压 P_w^0（Pa）和相对湿度 RH（0～1）来计算，如：

$$P_w = RH \cdot P_w^0 \tag{5-139}$$

5.4.3 喷射火

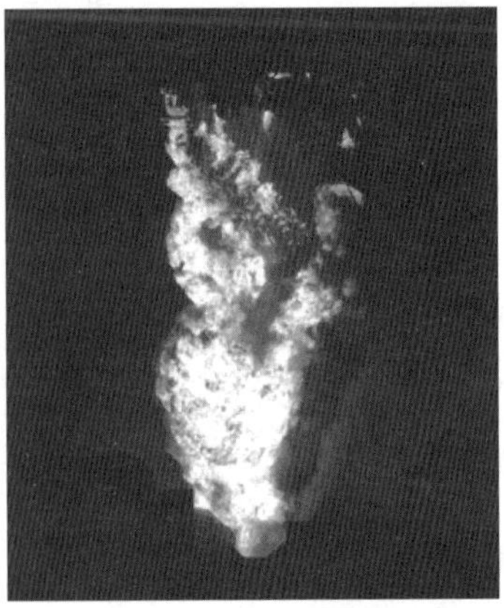

图 5-21 喷射火图

加压的可燃物质泄漏时形成射流，在泄漏口处点燃，由此形成喷射火（图 5-21）。喷射火火焰及其热辐射会对周围人员造成伤害。由于喷射火没有固定的形状，要准确计算出喷射火喷射块后加上“热辐射量”。假定火焰呈某一形状，进而简化模拟计算。喷射火模型包括“单点源”模型，“多点源”模型及“圆锥体”模型。以下假定喷射火形状为圆锥形，同固体表面一样具有相同的表面辐射率。该模型将喷射火辐射通量的计算主要分为以下几步：计算扩张喷射的出口速度；计算火焰形状；计算表面辐射率；计算视角系数；计算某一距离的热辐射通量。

1. 出口速度

不断扩大的喷射火的可燃气体出口速度 u_j（m/s）计算表达式如下：

$$u_j = M_j \sqrt{\frac{\gamma RT}{W_g}} \tag{5-140}$$

式中 γ——定压比热容 C_p [J/(kg K)]与定容比热容 C_v [J/(kg K)]之比值；

R——普通气体常数，8.3141J/(mol·K)；

T——气体温度，K；

W_g——喷射火中气体燃料的分子量，kg/mol；

M_j——马赫数。

(1)声速或超声速流动 $M_j \geq 1$

马赫数 M_j 通过表达式计算：

$$M_j = \sqrt{\frac{(\gamma+1)(P_0/P_a)^{(\gamma-1)/\gamma} - 2}{(\gamma-1)}} \tag{5-141}$$

式中　P_a——环境压力，Pa；

P_0——孔的喷射火出口点的压力，Pa。

(2)亚声速流动 $M_j < 1$

$$M_j = \sqrt{\frac{\sqrt{1+2(\gamma-1)u_0^2}-1}{(\gamma-1)}} \tag{5-142}$$

式中　u_0——喷口处的气体燃料喷射速度，m/s。

2. 源等效直径

源等效直径在模拟燃烧过程中使用是相当普遍的。源等效直径 D_s(m)表示密度为 ρ_{air}(kg/m^3)，流量为 $\dot{m}$ (kg/s)和出口速度为 u_j(m/s)的气体泄漏的假定喷嘴直径。即：

$$D_s = \sqrt{\frac{4\dot{m}}{\pi\rho_{air}u_j}} \tag{5-143}$$

3. 火焰尺寸(图 5-22)

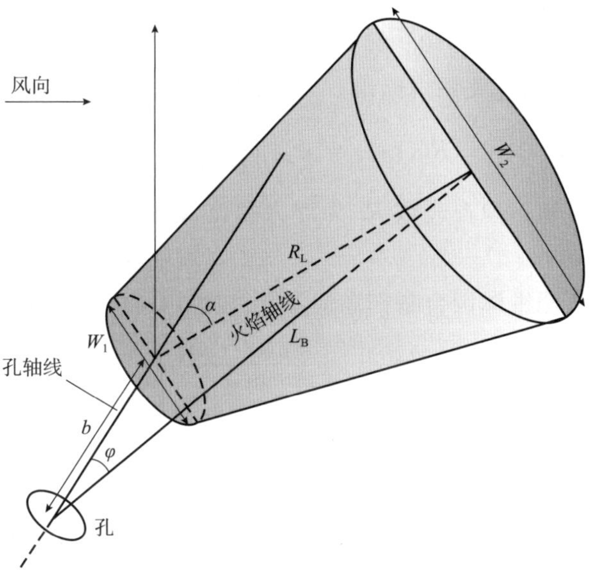

图 5-22　圆锥体圆台喷射火焰

利用经验表达式计算火焰长度 L_B(m)：

$$L_B = L_{B0}(0.51e^{-0.4u_w}+0.49)[1-0.00607(\Theta_{jv}-90)] \tag{5-144}$$

其中：

$$L_{B0} = YD_s \tag{5-145}$$

而 Y 是下列方程的根：

$$\left[0.024\left(\frac{gD_s}{u_j^2}\right)^{1/3}\right]Y^{5/3}+0.2Y^{2/3}-\left[\left(\frac{2.85}{W}\right)^{2/3}\right]=0 \tag{5-146}$$

其中：

$$W = \frac{W_g}{15.816W_g+0.0395} \tag{5-147}$$

式(5－144)～式(5－147)中 D_s——源等效直径，m；

u_j——喷射火燃料喷出速度，m/s；

W_g——燃料分子质量，kg/mol；

Θ_{jv}——泄漏孔轴向与沿着风向水平横轴间的夹角。

通过风速和喷射火中燃料燃烧速度的比率函数可以计算孔的轴线和火焰轴线(图 5－22)之间的角度 α 。

$$R_1 = \frac{u_w}{u_j} \tag{5-148}$$

当比值 R_1 较小时，如 $R_1 \leqslant 0.05$ ，射流条件占主导，而当比值 R_1 较大时，空气对射流角度的影响较大，因此，相应地有：

对于 $R_1 \leqslant 0.05$

$$\alpha Ri(L_{B0}) = 8000R + Ri(L_{B0})(\Theta_{jv} - 90)(1 - e^{-25.6R}) \tag{5-149}$$

对于 $R_1 > 0.05$

$$\alpha Ri(L_{B0}) = 1726\sqrt{R - 0.026} + 1334 + Ri(L_{B0})(\Theta_{jv} - 90)(1 - e^{-25.6R}) \tag{5-150}$$

其中，理查逊数 Ri 通过关系式给出：

$$Ri(L_{B0}) = L_{B0}\left(\frac{g}{D_s^2 u_j^2}\right)^{1/3} \tag{5-151}$$

根据式(5－151)可知，理查逊数 Ri 为浮力和流入率的比率立方根，代表火焰尺寸计算中浮力的重要性。

从几何关系式计算圆锥体圆台基部离泄漏孔高度 b (m)(图 5－22)：

$$b = L_B \frac{\sin(\alpha - \phi)}{\sin\alpha} \tag{5-152}$$

上述公式也可以写成：

$$b = L_B \frac{\sin(K\alpha)}{\sin\alpha} \tag{5-153}$$

其中 $K = (\alpha - \phi)/\alpha$ 。在这种情况下，参数 K 和式(5－148)中速度比 R_1 是经验相关的：

$$K = 0.187e^{-20R_1} + 0.015 \tag{5-154}$$

当 $\alpha = 0°$或 $180°$时，离孔距离减少至 KL_B，反过来在没有风情况下（ $\alpha = 0°$）等于 $0.2L_B$ 或强风存在下（ $\alpha = 180°$）等于 $0.015L_B$。

圆台长度 R_L(m)能从几何关系式计算(图 5－22)：

$$R_L = \sqrt{L_B^2 - b^2\sin^2\alpha} - b\cos\alpha \tag{5-155}$$

在这个公式中，长度 L_B(m)和 b (m)如图 5－22 所示；角度 α 是火焰轴线和孔轴线间的夹角。

圆台基部宽度 W_1 (m)可以从经验公式计算：

$$W_1 = D_s(13.5e^{-6R} + 1.5)\left(1 - e^{-70Ri(D_s)CR}\left[1 - \frac{1}{15}\sqrt{\frac{\rho_{air}}{\rho_j}}\right]\right) \tag{5-156}$$

其中：

$$C = 1000e^{-100R_1} + 0.8 \tag{5-157}$$

$$Ri(D_s) = D_s\left(\frac{g}{u_j^2 D_s^2}\right)^{1/3} \tag{5-158}$$

可以注意到，当速度比 R_1 趋于 0 时，圆台基部宽度值 W_1 接近等于源等效直径值 D_s。

由经验公式计算圆台顶部宽度 W_2（m）：

$$W_2 = L_B(0.18e^{-1.5R} + 0.31)(1 - 0.47e^{-25R}) \tag{5-159}$$

式中，R_1 已在式(5－148)中定义。根据大量实验观测发现，当比率 R_1 趋于 0 时，则 $W_2 = 0.26L_B$。

利用式(5－160)计算包括基部在内的圆台表面积：

$$A = \frac{\pi}{4}(W_1^2 + W_2^2) + \frac{\pi}{2}(W_1 + W_2)\sqrt{R_L^2 + \left(\frac{W_2 - W_1}{2}\right)^2} \tag{5-160}$$

4. 最大表面辐射强度

最大表面辐射强度 SEP_{max}（kW/m²）表示没有烟尘存在时火焰表面的辐射强度。通过燃烧热 ΔH_c(kJ/kg)，燃烧率 m'(kg/s)和包括底部的圆台总表面积 A（m²）的函数来计算：

$$SEP_{max} = F_s\frac{m'}{A}\Delta H_c \tag{5-161}$$

式中，辐射分数 F_s 为火焰温度辐射的燃烧能量部分。对于大火焰，作为喷气燃料速度函数的经验公式来计算辐射分数：

$$F_s = 0.21e^{-0.00323u_j} + 0.11 \tag{5-162}$$

u_j——式(5－140)中喷口可燃气体的出口速度，m/s。

5. 实际表面辐射强度

最大表面辐射强度 SEP_{max}（kW/m²）是没有烟尘存在的情况下，计算得到的火焰表面辐射强度。但实际中有烟尘存在，导致辐射热大量减少：

$$SEP_{act} = SEP_{max}(1-s) + SEP_{soot}s \tag{5-163}$$

式中　SEP_{soot}——为烟尘表面辐射强度，kW/m²；

s——为被烟尘覆盖的表面部分。

对于石油产品，参数通常取 80%，$SEP_{soot} = 20$kW/m²[Hagglund & Person，1976]。

特别是在喷射火情况下，认为被烟尘覆盖的部分是非常小的，因此 $s \approx 0$。这种情况式(5－163)变成 $SEP_{act} = SEP_{max}$。

6. 视角系数

视角系数 F_{view} 表示受体(人或物质)接受到的辐射热部分。在喷射火情况中，通常认为火焰是直径等于圆台两个底部直径的平均值的倾斜圆柱体。

$$X' = \sqrt{(b\sin\Theta_{jv})^2 + (X - b\cos\Theta_{jv})^2} \tag{5-164}$$

$$\Theta' = 90° - \Theta_{jv} + \alpha - \arctan\left(\frac{b\sin\Theta_{jv}}{X - b\cos\Theta_{jv}}\right) \tag{5-165}$$

$$R = \frac{W_1 + W_2}{4} \quad (5-166)$$

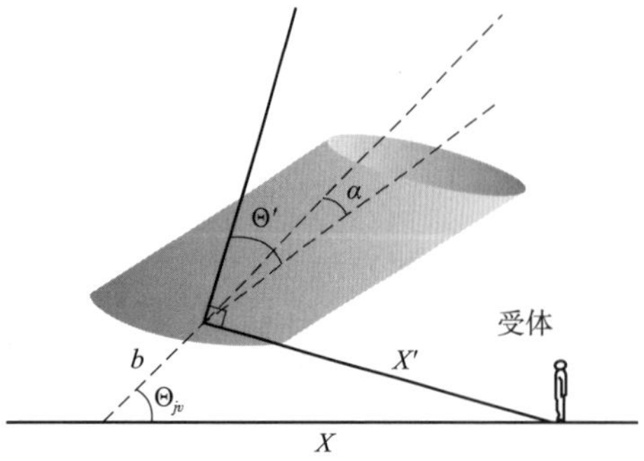

图 5－23　倾斜圆柱的圆锥形台

式(5－165)中：

①角度 Θ_{jv}(°)是朝风向的孔轴线和水平线间的夹角。

②角度 α(°)是孔轴线和火焰轴线间的夹角。

③角度 Θ'(°)是火焰轴线和新 y 轴间的夹角。因此从 90°中减去 X 和 X' 间的夹角(α)和角度 Θ_{jv}(b)，和加上角 α 得到 Θ'(图 5－23)。

7. 热通量

离火焰中心特定距离(视角系数和大气透射率的计算式)的热通量 q' (kW/m²)计算如下：

$$q' = SEP_{act} F_{view} \tau_a \quad (5-167)$$

对于大气透射率 τ_a 的计算，可以应用以下经验表达式：

$$\tau_a = c_4 [P_w (X - R)]^{-0.09} \quad (5-168)$$

式中　P_w——空气中部分水蒸气压力，Pa；

X——从半径 R (m)的火球中心到受体的距离，m；

c_4——常数，2.02 $Pa^{0.09} \cdot m^{0.09}$。

空气中部分水蒸气压力能够通过空气中的饱和蒸气压 P_w^0 (Pa)和相对湿度 RH (分数 0～1)来计算：

$$P_w = RH \cdot P_w^0 \quad (5-169)$$

5.4.4　闪火

对于闪火(图 5－24)的预测模型研究较少，现有只有一种闪火热辐射计算模型(Raj 和 Emmons 1975 年提出的)，该模型认为闪火是以二维的、固定湍流燃烧速度传播的，其理论前提是：在火焰传播过程中，假定云团的位置固定不变，云团内物质混合均匀。

图 5－24　闪火图

闪火模拟计算过程如下：

1. 火焰高度

火焰高度与云团厚度、云团组分、燃烧速率有关。应用质量、动量和能量守恒关系，在实验的基础上，得知燃烧速率与风速有关。求解火焰高度的半经验公式如下：

$$h_f = 20d\left[\frac{u_c^2}{gd}\left(\frac{\rho_a}{\rho_0}\right)^2\frac{\omega\gamma^2}{(1-\omega)^3}\right]^{1/3} \tag{5-170}$$

式中 $u_c=2.3u$，$\gamma=\dfrac{(1-\varphi_{st})M_{air}}{\varphi_{st}M_{fuel}}$；当 $\varphi>\varphi_{st}$ 时，$\omega=\dfrac{\varphi-\varphi_{st}}{\theta(1-\varphi_{st})}$；当 $\varphi\leqslant\varphi_{st}$ 时，$\omega=0$；

h_f——火焰高度，m；

d——云团厚度，m；

u_c——燃烧速率，m/s；

ρ_a——蒸气云密度，kg/m^3；

ρ_0——环境空气密度，kg/m^3；

g——重力加速度，m/s^2；

γ——浓度为化学剂量时空气与可燃物的质量比；

θ——浓度为化学剂量时可燃物燃烧的膨胀比（碳氢化合物一般取 8）；

u——环境风速，m/s；

φ——可燃物的体积百分比，%；

φ_{st}——可燃物的化学剂量浓度，%；

M_{air}——空气相对分子质量；

M_{fuel}——可燃物相对分子质量。

ω 与气云物质成分组成有关，当 $\omega=0$ 时，云团浓度达不到闪火燃烧浓度，不会发生闪火。

闪火的火焰形状与蒸气云形状、着火点在云团中的位置有关。若着火点在云团中心，则生成圆柱形的火焰；若着火点在云团边缘，火焰在传播的过程中呈横方向变化的平面。

2. 热辐射强度

闪火对邻近目标的热辐射影响与燃烧物质能量、空气透射率、视角因子有关，计算如下：

$$I = I_0 v\tau \tag{5-171}$$

式中 I——热辐射强度，kW/m^2；

I_0——表面辐射强度，kW/m^2；

v——视角系数；

τ——大气透射率，在相对湿度大于 20% 的环境下 $\tau=\log(14.1RH^{-0.108}x^{-0.13})$，在干燥晴朗的天气条件下，取 $\tau=1$；RH 为湿度，%。火焰形状直接关系到 ν 计算表达式的选择。

(1)着火点在云团边缘

着火点在云团边缘，火焰在传播的过程中呈横方向变化的平面，见图 5-25(a)。火焰宽度计算如下：

$$b = 2\left[R^2-(R-st)^2\right]^{0.5} \tag{5-172}$$

式中　R——云团半径，m；

s——火焰传播速率，m/s；

t——燃烧时间，s。

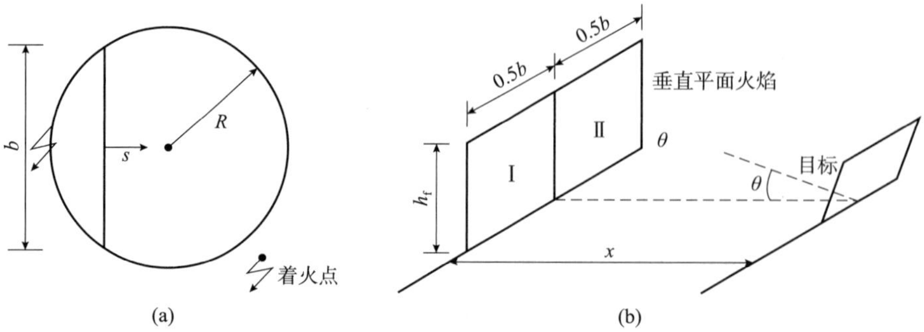

图 5－25　云团边缘着火、火焰传播及垂直平面火焰热辐射示意图

在计算垂直平面火焰视角系数时，把火焰平面平分为两部分，分别计算每个半火焰表面对目标的竖直方向上的视角系数 ν，整个火焰平面的视角系数为两面的视角系数之和，见图 5－25(b)。每个半火焰表面对目标的竖直方向上的视角系数计算如下：

$$\nu = 1/2\pi[h_r A \tan^{-1}(A) + B/h_r \tan^{-1}(B)] \tag{5-173}$$

式中

$$\begin{aligned} h_r &= h_f/0.5b \\ X_r &= x/0.5b \\ A &= 1/(^{+})\ 0.5 \\ B &= h_r/(^{1}+)\ 0.5 \end{aligned} \tag{5-174}$$

x 为目标距火焰表面的距离，m；h_f 为火焰高度，m；整个火焰平面的视角系数 $\nu_0 = 2\nu$。

(2)着火点在云团中心

若着火点在云团中心，则生成圆柱形的火焰，见图 5－26。火焰直径 D 计算如下：

$$D = 2st \tag{5-175}$$

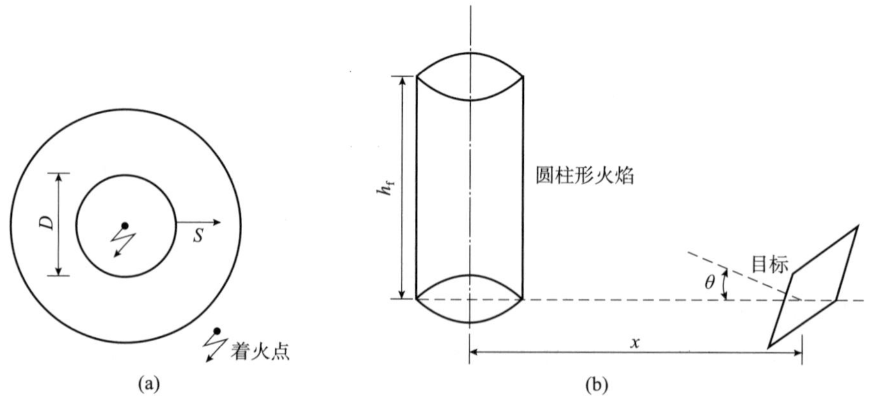

图 5－26　云团中心着火、火焰传播及圆柱火焰热辐射示意图

圆柱形火焰的垂直方向视角系数计算式如下：

$$\nu = \frac{1}{\pi}\left\{\frac{1}{X_r}\tan^{-1}\left[\left(\frac{h_r^2}{X_r^2-1}\right)^{1/2}\right]+\frac{h_r(A-2X_r)}{X_r\sqrt{AB}}\tan^{-1}\left[\left(\frac{(X_r-1)A}{(X_r+1)B}\right)^{1/2}\right]-\frac{h_r}{X_r}\tan^{-1}\left[\left(\frac{X_r-1}{X_r+1}\right)^{1/2}\right]\right\} \tag{5-176}$$

式中：

$$\begin{aligned} h_r &= h_f/R \\ X_r &= x/R \\ A &= (X_r+1)2+h_r^2 \\ B &= (X_r-1)2+h_r^2 \end{aligned} \tag{5-177}$$

R 为火焰半径，即喷射火最大半径，m。

综上所述，计算闪燃热辐射的步骤如下：

①确定火焰形状；

②确定目标与火焰之间距离；

③计算大气透射率；

④计算视角系数；

⑤计算目标接受的热辐射通量。

5.4.5 热辐射影响

火灾发生后造成的伤害主要是可燃物质的燃烧产生的大量热辐射，以及由于燃烧产生的毒气。除了通常燃烧中产生的 CO_2、NO_x、SO_x 外，还会产生吸入时对人体非常有害的高毒性气体。此外，毒气的产生能阻碍人们逃离火场以及前来帮助的救援人员和消防人员，增加人员伤亡和财产损失。有毒气体的扩散已经在 5.3 节有毒气体扩散模拟中讨论，而在本节将介绍热辐射对人和事物的影响。

在 5.4.1 节和 5.4.2 节中，已经介绍了计算火灾辐射产生的热通量步骤，提供了许多中间算法计算作为离火焰表面距离的函数的火灾热通量。作为距离的函数来计算热通量的关联式是本节的基础，同时将讨论它对人和物的影响。计算程序取决于热通量与距离的关联式，以及热辐射剂量和概率函数的使用，利用这些数值计算受伤(一级和二级烧伤)或死亡可能性。

但应该注意的是，这些计算程序的结果不是完全量化或有联系的。通常它们的目的主要是估计事件的影响和后果，从而能够制订、讨论和处理对于假定情况的应急计划。

1. 人体皮肤烧伤

对人体的影响直接与热通量和人体暴露于火灾环境的持续时间有关。

火灾热辐射对人体有双重效果。第一，造成心率、出汗和体温等系数增加。第二，最重要的影响是热量转移到皮肤内引起的烧伤。将热辐射引起的皮肤烧伤分为三类(见图 5－27)：

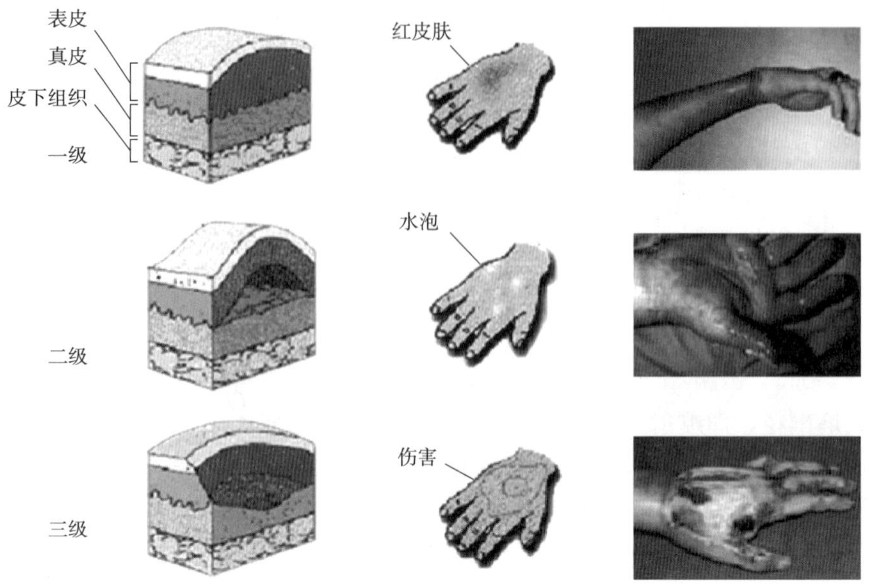

图 5－27　烧伤类型

一级：一级烧伤仅仅伤及皮肤表层或外层。烧伤皮肤区域发红，也称为红斑烧伤，有轻度肿胀、疼痛感，没有水泡。轻度晒伤是个例子。长期组织损伤是少见的，通常包括皮肤颜色改变，即有时有轻度色素沉着。

二级：二级烧伤涉及全层表皮和部分真皮层(0.07～0.12mm 深)。烧伤区出现红色，起泡，伴随着肿胀和疼痛感。

三级：三级烧伤破坏皮肤全层，甚至会损害下层的骨骼、肌肉和肌腱。烧伤区出现白色或烧焦。因为神经末梢被破坏，烧伤区没有感觉。

应该注意，二级和三级烧伤能导致永久性残疾，此时往往需要专门医院的临床帮助。死亡概率取决于烧伤覆盖皮肤表面的大小。通常情况下，超过 50％的皮肤烧伤，0～9 岁的孩子将有 80％的存活率，30～35 岁的成年人是 50％的存活率，而超过 60 岁的人将没有存活的可能。在表 5－22 中，给出了一些人体皮肤物理性质的平均值[TNO，1989]：

表 5－22　体重 70kg 和身高 1.7m 男子皮肤属性平均值

质量/kg	4	厚度/mm	0.05～5
表面/m^2	1.8	导热系数/[W/(m·K)]	0.65
水分含量(质量分数)/％	70～75	比热容/[kJ/(kg·K)]	34
密度/(kg/m^3)	110		

皮肤烧伤与否直接与衣服的皮肤覆盖面有关，只要衣服未被点燃，就能保护皮肤。然而，通常因为热辐射，衣服被点燃，由此引起更严重的烧伤。

2. 热辐射强度极限

为了能够计算和避免热通量的影响，已经提出了典型热辐射强度极限。表 5－23 所示为 World Bank 提出的热辐射强度极限，这些极限直接与对人体和物体的特定辐射影响有关，并基本符合美国石油学会(API)提出的数值。

太阳辐射强度是 0.8～1kW/m²。当计算对应于特定热辐射强度极限的距离时，也应该加上太阳的热辐射强度。例如，如果数学模型计算的离火焰表面 100m 热通量是 2kW/m²，这个距离(考虑太阳的辐射)人们受到的实际热通量是 2.8～3kW/m²。通常认为太阳辐射值对人类的影响等于 1kW/m²。

表 5－23　热辐射强度极限[World Bank，1988]

热通量/(kW/m²)	对物体影响	对人体影响
37.5	设备损坏	1min 内 100%致死率 10s 内 1%致死率
25	持续照射木材点燃的最低强度	1min 内 100%致死率 10s 内严重伤害
12.5	塑料管材点燃和熔化的最低强度	1min 内 1%致死率 10s 内一级烧伤
4		无死亡 可能 2 级烧伤 暴露 20s 后疼痛
1.6		持续照射可接受极限

3. 对人体影响

本节将描述火灾热通量对人体影响的计算过程。更确切地说，计算特定距离或所有周围空间的具体热通量大小，同时计算受伤(一级或二级烧伤)或死亡的概率。该算法包括以下三步：

①作为特定距离获得的热通量和个人逃离火灾直至安全需要的时间(逃逸时间)的函数来计算热辐射剂量。

②根据称为概率函数的经验表达式，计算受伤(一级或二级烧伤)或死亡的可能性。概率函数表达式包含在计算热辐射剂量的关系式内。

③从上述概率函数的空间整合获得，因为热通量遭受的一级或二级烧伤或死亡的人员总数。

(1)热辐射剂量

烧伤或死亡是火灾和暴露时间内辐射热通量强度的直接后果。为了确定烧伤和死亡的人数，引入专业术语“热辐射剂量”D ($W^{4/3}s \cdot m^{-8/3}$)，其表达式包括上述相关因素：

$$D = t_{eff}\,(q')^{4/3} \tag{5-178}$$

式中　q'——各种类型火灾计算的热通量，W/m²；

t_{eff}——人暴露于该热通量的时间，s。

人暴露于火灾的时间取决于几个因素：

①火灾类型；

②人相对于火灾的位置；

③人需要做出反应的时间和意识到事件时如何反应，以及年龄和身体状况的参数。

人在火球(5.4.2 节)和闪火(5.4.4 节)情况下的暴露时间实际上等于火灾的持续时间(<1min)；在池火(5.4.1 节)和喷射火(5.4.3 节)情况下，火灾持续时间更长，而人暴露于辐射热通量的时间取决于他做出反应和逃离的时间。因此，人的暴露时间直接与逃离意外事件的时间有关。逃离时间包括最初反应时间和人通过一定距离到达热通量的保护区域的时间或持续暴露于热通量程度足够小的区域要求的时间。

反应时间直接取决于火灾发生的地点以及暴露于火灾的人群特点。对于暴露于炼油厂火灾和临近居民区的油罐事故引发火灾两种情况中的人群，每个人的期望反应时间不同。第一种情况下期望的反应时间非常小，因为可能事件发生时人们的训练、年龄、意识良好。而在第二种情况下，期望的反应时间非常长，因为暴露于此事件的敏感群体中肯定存在很多老年人，没有经过专门训练或遇到过相似的情况。“敏感群体”指不被期望在此类紧急事件发生引起的疏散中能够迅速或有效反应的群体，例如老人、残疾人或儿童。表 5-24显示了各类调查人员提出的火灾情况下的反应时间和逃离速度。

表 5-24　反应时间和逃离速度

调查员	人口类型	逃离速度(m/s)	反应时间(s)	可能剂量	
				1%死亡	50%受伤
				$10^4\cdot(W^{4/3}s\cdot m^{-8/3})$	
Eisenberg 等，1975	—	—	—	960	2380
Tsao 和 Perry，1979	—	—	—	420	1050
H. S. E.，1981	平均	2.5	0	1000	—
	敏感	1	5	500	—
Hynes，1983	—	6	—		
TNO，1989	平均	4	5	520	—
	敏感	—		430	1090

在表 5-24 中，有几点需要注意：因为跑 100m 的世界纪录是 9.58s，速度值约等于 10m/s，因而表中的逃离速度值以及 5s 内的反应时间是合乎逻辑的。

热辐射剂量定义中的暴露时间 t_{eff}(s)通常等于最初反应时间加上需要到达安全点的时间总和，也就是：

$$t_{\text{eff}}=t_{\text{r}}+\frac{(x_0-r)}{u} \tag{5-179}$$

式中　t_{r}——人的反应时间，取 5s；

x_0——火焰表面与热通量强度低于 1kW/m^2(低热辐射强度极限)的位置间的距离，m；

r ——人离火焰表面的距离，m；

u ——逃离速度，m/s，通常等于 4m/s。

如果式(5－179)计算的暴露时间比火灾(例如，火球情况)实际持续时间要大，那么暴露时间等于火灾持续时间。

(2)受伤或死亡概率

为了估计火灾影响，通常采用的剂量一反应曲线，是指特定相关剂量与人受伤后果严重性相互关系曲线。根据实验绘制热辐射、超压、热、噪声、有毒气体浓度等各种参数数据形成了剂量-反应关系曲线。生成剂量-反应曲线的方法有很多，当前应用最广泛的方法是概率函数法。

对特定剂量 D ($W^{4/3}s \cdot m^{-8/3}$)后果的受伤(一级或二级烧伤)或死亡概率 P 计算，应用以下表达式：

$$P = F_k \frac{1}{2}\left[1 + \mathrm{erf}\left(\frac{P_r - 5}{\sqrt{2}}\right)\right] \tag{5-180}$$

其中，经验表达式给出了概率函数 P_r：

$$P_r = c_1 + c_2 InD \tag{5-181}$$

上述两个公式中，概率 P 是指受伤(一级或二级烧伤)或死亡，取决于从表 5－25 选择的系数 c_1 或 c_2 的值，误差函数值很容易在文献中找到。参数 F_k 是指受伤或死亡事故中人体所穿衣服的影响，构成修正系数，假设衣服没有燃烧。它的值从冬装 0.14(皮肤区域大面积覆盖)到夏装 0.95(皮肤区域小面积覆盖)间变化。

因此，对于特定距离的热通量值，由式(5－179)来计算暴露时间 t_{eff}，由式(5－178)计算热辐射剂量。获得热辐射剂量的同时，对于受伤或死亡的式(5－181)、对于概率 P 的式(5－180)获得概率函数 P_r。

表 5－25　系数 c_1 和 c_2

影响	c_1	c_2
一级烧伤	－39.83	3.0186
二级烧伤	－43.14	3.0186
死亡	－36.38	2.56

基于表 5－25 中给出的系数 c_1 和 c_2 的值，表 5－26 中给出了特定热辐射剂量的函数概率和受伤(一级或二级烧伤)或死亡的概率的计算值。校正因子 F_k 是指衣服的遮挡效应，当 $F_k=0$ 时，衣服没有任何影响。

例如：当热辐射剂量 $D=9000000W^{4/3}s \cdot m^{-8/3}$时，一级烧伤的概率是 100%，二级烧伤的概率 57.8%，死亡概率 34.9%。此外，百分比是指死亡的概率，包括一级和二级烧伤的百分比(也就是受辐射热死亡的那些人已经有一级和二级烧伤)。相应地，在二级烧伤人群的百分比中，包括了一级烧伤的人。

表 5－26　特定剂量的概率

D ($W^{4/3}s\cdot m^{-8/3}$)	一级		二级		致死	
	P_r (－)	P (%)	P_r (－)	P (%)	P_r (－)	P (%)
1×10^6	1.87	0.1				
2×10^6	3.97	15.1	0.66	0.0	0.76	0.0
3×10^6	5.19	57.5	1.88	0.1	1.80	0.1
4×10^6	6.06	85.5	2.75	1.2	2.54	0.7
5×10^6	6.73	95.9	3.42	5.7	3.11	2.9
6×10^6	7.28	98.9	3.97	15.2	3.57	7.7
7×10^6	7.75	99.7	4.44	28.7	3.97	15.2
8×10^6	8.15	99.9	4.84	43.7	4.31	24.5
9×10^6	8.51	100.0	5.20	57.8	4.61	34.9
10×10^6	8.82	100.0	5.51	69.7	4.88	45.3
12×10^6	9.37	100.0	6.06	85.6	5.35	63.7
14×10^6	9.84	100.0	6.53	93.7	5.74	77.1
16×10^6	10.24	100.0	6.93	97.4	6.09	86.1
18×10^6	10.60	100.0	7.29	98.9	6.39	91.7
20×10^6	10.92	100.0	7.61	99.5	6.66	95.1
30×10^6	12.14	100.0	8.83	100.0	7.69	99.6
40×10^6	13.01	100.0	9.70	100.0	8.43	100.0

注：$F_k=1$ 时获得表中值。

(3)总影响

在上面已经介绍了怎样计算特定距离热通量引起受伤(一级或二级烧伤)和死亡的概率。为了计算总影响，必须对火灾周围全部区域的影响进行积分。如果假设附近区域内人口密度为 N_0（人/m^2）和火灾半径为 R（m），则死亡的总人数等于：

$$N=(N_0\pi R^2)+\int_R^{\infty}PN_0 2\pi r\mathrm{d}r \tag{5-182}$$

第一部分代表火灾内部的死亡数，而第二部分(对应致死率的概率函数)是火灾外部热辐射引起的死亡数。对于上述表达式，假定火焰是对称的(球形)且人口密度是均匀的。对于一级和二级烧伤总人数的计算，只需采用公式第二部分。

5.5　爆炸事故模拟

5.5.1　物理爆炸

物理爆炸如压力容器破裂时，气体膨胀所释放的能量不仅与气体压力和容器的容积有关，而且与介质在容器内的物性相态有关。因为有的介质以气态存在，如空气、氧气、氢气等；有的以液态存在，如液氨、液氯等液化气体、高温饱和水等。容积与压力相同而相态不同的介质，在容器破裂时产生的爆破能量也不同，爆炸过程也不完全相同，其能量计算公式也不同。

1. 压缩气体与水蒸气容器爆破能量

当压力容器中介质为压缩气体，即以气态形式存在而发生物理爆炸时，其释放的爆破能量为：

$$E_g = \frac{PV}{\kappa - 1}\left[1 - \left(\frac{0.1013}{P}\right)^{\frac{\kappa-1}{\kappa}}\right] \times 10^3 \tag{5-183}$$

式中 E_g——气体的爆破能量，kJ；

P——容器内气体的绝对压力，MPa；

V——容器的容积，m^3；

κ——气体的绝热指数，即气体的定压比热容与定容比热容之比。

常用的气体绝热指数数值见表 5－27。

表 5－27 常用气体绝热指数

气体名称	空气	氮	氧	氢	甲烷	乙烷	乙烯	丙烷	一氧化碳
κ 值	1.4	1.4	1.397	1.412	1.316	1.18	1.22	1.13	1.395
气体名称	二氧化碳	一氧化氮	二氧化氮	氨气	氯气	过热蒸气	干饱和蒸气	氢氰酸	
κ 值	1.295	1.4	1.31	1.32	1.35	1.3	1.135	1.31	

从表 5－27 中可以看出，空气、氮、氧、氢以及一氧化碳、一氧化氮气体的绝热指数均为 1.4 或近似 1.4，若用 $\kappa=1.4$ 代入式(5－183)中，得到这些气体的爆破能量为：

$$E_g = 2.5PV\left[1 - \left(\frac{0.1013}{P}\right)^{0.2857}\right] \times 10^3 \tag{5-184}$$

令

$$Y_g = 2.5P\left[1 - \left(\frac{0.1013}{P}\right)^{0.2857}\right] \times 10^3$$

则式(5－184)可简化为：

$$E_g = Y_g V \tag{5-185}$$

式中 Y_g——常用压缩气体爆破能量系数，kJ/m^3。

压缩气体爆破能量 Y_g 是压力 P 的函数，各种常用压力下的气体爆破能量系数列于表 5－28 中。

表 5－28 常用压力下的气体爆破能量系数($\kappa=1.4$ 时)

表压力 P/MPa	0.2	0.4	0.6	0.8	1.0	1.6	2.5
爆破能量系数 Y_g/(kJ/m^3)	2×10^2	4.6×10^2	7.5×10^2	1.1×10^3	1.4×10^3	2.4×10^3	3.9×10^3
表压力 P/MPa	4.0	5.0	6.4	15.0	32	40	
爆破能量系数 Y_g/(kJ/m^3)	6.7×10^3	8.6×10^3	1.1×10^4	2.7×10^4	6.5×10^4	8.2×10^4	

若将 $\kappa=1.135$ 代入式(5－183)可得干饱和蒸气容器爆破能量为：

$$E_s = 7.4PV\left[1-\left(\frac{0.1013}{P}\right)^{0.1189}\right]\times 10^3 \tag{5-186}$$

因为没有考虑蒸气干度的变化和其他的一些影响，式(5－186)计算有较大误差，但它可以不用查明蒸气热力性质而直接计算，对危险性评价可提供参考。

对于常用压力下的干饱和蒸气容器的爆破能量按式(5－187)计算：

$$E_s = Y_s V_s \tag{5-187}$$

式中 E_s——水蒸气的爆破能量，kJ；

Y_s——干饱和水蒸气爆破能量系数，kJ/m³；

V_s——水蒸气的体积，m³。

各种常用压力下干饱和水蒸气容器爆破能量系数可参考表5－29。

表5－29 常用压力下干饱和水蒸气容器爆破能量系数

压力 P/MPa	0.3	0.5	0.8	1.3	2.5	3.0
爆破能量系数 Y_s/(kJ/m³)	4.37×10^2	8.31×10^2	1.5×10^3	2.75×10^3	6.24×10^3	7.77×10^3

2. 介质全为液体时爆破能量

通常用对液体加压时所做的功作为常温液体压力容器爆炸时释放的能量，计算公式为：

$$E_l = \frac{(P-1)^2 V\beta_t}{2} \tag{5-188}$$

式中 E_l——常温液体压力容器爆炸时释放的能量，kJ；

V——容器体积，m³；

P——液体绝对压力，Pa；

β_t——液体在压力 P 和温度 T 下的压缩系数，Pa^{-1}。

3. 液化气体与高温饱和水的爆炸能量

液化气体和高温饱和水一般在容器内以气液两相存在，当容器破裂发生爆炸时，除了气体的急剧膨胀做功，还有过热液体剧烈的蒸发过程。由于在多数情况下，这类容器内的饱和液体占有容器介质质量的绝大部分，因此它的爆破能量要比饱和气体大得多，一般计算时可不考虑气体膨胀做功。过热状态下液体的容器破裂时释放的爆破能量按式(5－189)计算：

$$E_c = [(H_1-H_2)-(S_1-S_2)T_b]W \tag{5-189}$$

式中 E_c——过热状态液体的爆破能量，kJ；

H_1——爆炸前过热液化液体的焓，kJ/kg；

H_2——在大气压下饱和液体的焓，kJ/kg；

S_1——爆炸前饱和液体的熵，kJ/(kg·℃)；

S_2——在大气压下饱和液体的熵，kJ/(kg·℃)；

T_b——介质在大气压力下的沸点，℃；

W——饱和液体的质量，kg。

饱和水容器的爆破能量按式(5－190)计算：

$$E_w = Y_w V_w \tag{5-190}$$

式中 E_w——饱和水容器的爆破能量，kJ；

Y_w——饱和水爆破能量系数，kJ/m^3；

V_w——容器内饱和水所占的容积，m^3。

各种常用压力下饱和水爆破能量系数可参考表5－30。

表5－30 常用压力下饱和水爆破能量系数

表压力 P/MPa	0.3	0.5	0.8	1.3	2.5	3.0
爆破能量系数 Y_w/(kJ/m^3)	2.38×10^4	3.25×10^4	4.56×10^4	6.35×10^4	9.56×10^4	1.06×10^5

5.5.2 凝聚相爆炸

凝聚相爆炸事故往往会造成巨大的财产损失和人员伤亡，因为爆炸产生的冲击波、火球和破片都具有毁伤效应。为了准确预测凝聚相爆炸事故的严重度，尽可能减少爆炸事故造成的人员伤亡和财产损失，有必要建立凝聚相爆炸事故的伤害模型。

本节首先分析凝聚相爆炸物的TNT当量，然后分析其爆炸产生的爆炸波伤害效应和爆炸火球热辐射效应。

由于TNT是一种常见的典型凝聚相炸药，目前通常采用TNT当量法对凝聚相爆炸事故进行后果模拟，首先将参与爆炸的危险品物质转化为TNT当量质量，然后使用TNT爆炸事故伤害模型预测事故的严重度。

求当量TNT质量的公式为：

$$W_{TNT} = W\zeta_E = WH_E/H_{TNT} \tag{5-191}$$

式中 W_{TNT}——当量TNT质量，kg；

W——实际参与爆炸事故的凝聚相爆炸品质量，kg；

ζ_E——参与爆炸事故的凝聚相爆炸品的TNT当量指数；

H_E——实际参与爆炸事故的凝聚相爆炸品爆热，kJ/kg；

H_{TNT}——TNT爆热，kJ/kg。

常见炸药的爆热和TNT当量见表5－31。

表5－31 常见炸药的爆热和TNT当量

炸药名称	爆热/(kJ/kg)	TNT当量	炸药名称	爆热/(kJ/kg)	TNT当量
TNT	4520	1.000	硝化甘油	6700	1.481
黑索今(RDX)	5630	1.185	太安(PETN)	5800	1.282
B炸药(60%RDX，40%TNT)	5190	1.148	喷托立特(50%PETN，50%TNT)	5110	1.129
C—4炸药(91%RDX，9%塑料黏结剂)	4870	1.087	苦味酸	4180	0.926

续表

炸药名称	爆热/(kJ/kg)	TNT当量	炸药名称	爆热/(kJ/kg)	TNT当量
奥克托今(HMX)	5680	1.256	叠氮化银	1890	0.419
叠氮化铅	1540	0.340	特屈儿	4520	1.000
斯蒂芬酸铅	1910	0.423	奥克托尔(70%TNT，30%HMX)	4500	0.994
雷汞	1790	0.395			

1. 冲击波的破坏作用

冲击波是以压缩波叠加形成的，是波阵面以突进形式在介质中传播的压缩波。在距离爆破中心一定距离的地方，空气压力会随着时间发生迅速而悬殊的变化，开始时压力突然升高，产生一个很大的正压力，接着又迅速衰减，在很短的时间内正压降至负压。如此反复循环数次，压力渐次衰减下去。开始时产生的最大正压力即是冲击波波阵面上的超压。在多数情况下，冲击波伤害、破坏作用是由超压引起的。

爆炸能不同程度地破坏周围的建筑物，造成直接经济损失。对于砖石结构的建筑物，破坏半径和药量间存在以下关系：

$$R_i = \frac{(a_i W_{\text{TNT}})^{1/3}}{[1+(3175/W_{\text{TNT}})^2]^{1/6}} \tag{5-192}$$

式中 i——破坏等级，$i=1$，…，5；

R_i——i级破坏半径，m；

W_{TNT}——爆源质量，kgTNT；

a_i——常量，对于1～5级破坏分别为3.8、5.6、9.6、28和56。

冲击波对建筑物破坏程度的划分见表5-32。

表5-32 冲击波对建筑物破坏程度的划分

破坏等级 i	a_i	破坏状况
1	3.8	所有建筑物全部破坏
2*	5.6	砖砌房外表50%～70%破损，墙壁下部危险
3	9.6	房屋不能再居住，屋基部分或全部破坏，外墙1～2个面部分破损，承重墙损失严重
4	28	建筑物受到一定程度破坏，隔墙木结构要加固
5	56	房屋经修理可居住，天井瓷砖瓦管不同程度破坏，隔墙木结构要加固
6	∞	房屋基本无破坏

注：*指在精度要求不太高的危险性评估中，可以此半径作为财产损失半径，并假定此半径内的财产全部损失，此半径外的财产完全无损失。

对于凝聚相含能材料爆炸产生的冲击波的破坏作用，超压—冲量准则是普遍适用的。爆炸冲击波的伤害分区如下：

(1)死亡伤害区

死亡半径与爆炸量间的关系由式(5-193)确定：

$$R_1 = 13.6\left(\frac{W_{TNT}}{1000}\right)^{0.37} \tag{5-193}$$

(2)重伤伤害区

$$0.4344 = 0.137Z^{-3} + 0.119Z^{-2} + 0.269Z^{-1} - 0.019 \tag{5-194}$$

$$Z = R_2 \cdot \left(\frac{P_0}{E_0}\right)^{\frac{1}{3}} \tag{5-195}$$

式中　R——伤害区边界到爆源的水平距离，m；

E_0——爆源总能量，J；

P_0——环境大气压，1.013kPa。

(3)轻伤伤害区

$$0.1678 = 0.137Z^{-3} + 0.119Z^{-2} + 0.269Z^{-1} - 0.019 \tag{5-196}$$

$$Z = R_3 \cdot \left(\frac{P_0}{E_0}\right)^{\frac{1}{3}} \tag{5-197}$$

2. 爆炸火球的热辐射效应

(1)火球特性公式

炸药爆炸能产生冲击波，还能产生火球。根据 Baker 等的研究结果，火球直径 D_c(m)、持续时间 t(s)、爆炸物质量 W(kg)与火球温度 T(K)之间的关系为：

$$D_c = 3.86W^{0.32}/(T/3600)^{1/3}, t = 0.299W^{0.32}/(T/3600)^{10/3} \tag{5-198}$$

对于 TNT 这样的炸药爆炸，爆温 T=5000K，则：

$$D_c = 3.46W^{0.32}, t = 0.1W^{0.32} \tag{5-199}$$

(2)火球热辐射的传播

Baker 等以曲线形式描述了火球热辐射传播规律。在某处的热辐射强度为：

$$I = 1.256 \times 10^{-7} T^4/[1 + 0.0314(T^{1/3}x/W^{1/3})^2] \tag{5-200}$$

式中　I 为距离 x(m)处接收到的热辐射强度(W/m²)。对于炸药爆炸，T=5000K，则：

$$I = 7.85 \times 10^7/(1 + 9.18x^2/W^{2/3}) \tag{5-201}$$

(3)热毁伤准则

一般情况下，目标的毁伤程度取决于目标处热辐射通量的大小和暴露时间长短。皮肤烧伤程度与热辐射强度 I(W/m²)、持续时间的关系为：

$$\begin{cases} \text{皮肤裸露条件下致死：} & P_r = -36.38 + 2.56\ln(tq^{4/3}) \\ \text{衣服保护(20\% 皮肤裸露)条件下致死：} & P_r = -37.23 + 2.56\ln(tq^{4/3}) \\ \text{二级烧伤：} & P_r = -43.14 + 3.0188\ln(tq^{4/3}) \\ \text{一级烧伤：} & P_r = -39.83 + 3.0186\ln(tq^{4/3}) \end{cases} \tag{5-202}$$

式中　P_r——人员伤害概率单位，P_r=5 对应的伤害概率为 0.5；暴露时间 t 不能超过 180s。

热辐射引燃木材所需的热通量 q(W/m²)：

$$q = 6730t^{-4/5} + 25400 \tag{5-203}$$

(4)热辐射的毁伤半径

假定暴露时间等于火球持续时间，令式(5－202)中 $P_r=5$，解由式(5－199)、式(5－201)、式(5－202)组成的联立方程组，可得炸药爆炸火球的伤害半径公式：

$$R = 0.33W^{1/3}(\alpha W^{0.24}-1)^{1/2} \tag{5-204}$$

当 $W>20$kg 时，$\alpha W^{0.24}>>1$，式(5－204)可简化为：

$$R = \beta W^{0.453} \tag{5-205}$$

式中　R——伤害半径，m；

α，β——常量，与伤害程度有关，见表 5－33。

表 5－33　常量(α、β)与伤害程度之间的关系

伤害程度	α	β
衣服保护条件下致死	56.2	2.47
无衣服保护条件下致死	74.3	2.84
二级烧伤	89.2	3.12
一级烧伤	202.7	4.70

类似地，由式(5－199)、式(5－201)、式(5－203)可得到火球引燃木材的半径计算公式为：

$$R = 0.33W^{1/3}[1849/(W^{-0.256}+0.6)]^{1/2} \tag{5-206}$$

在 $W\rightarrow+\infty$时，$R\rightarrow 18.33W^{1/3}$。

3. 房屋倒塌的伤害效应

爆炸产生的冲击波能使房屋倒塌或破坏，进而导致人员伤亡。室内人员因房屋倒塌而伤亡的概率与房屋的破坏程度有关。根据爆炸事故统计资料，在房屋破坏得不能居住的伤害半径内，室内人员因房屋倒塌而死亡的概率为 0.04。房屋破坏得不能居住的伤害半径 R(m)与爆源 TNT 当量 W(kgTNT)之间的关系为：

$$R = 13.2W^{1/3}/[1+(3175/W)^2]^{1/6} \tag{5-207}$$

5.5.3　蒸气云爆炸(VCEs)

VCE 是由于气体或易于挥发的液体燃料大量快速泄漏，与周围空气混合形成覆盖很大范围的预混云，在某一有限空间遇火而导致的爆炸。VCE 发生有一定的条件，包括一定量的易燃易爆气体泄漏并与周围空气预混、延迟点火、局限化的空间(周围环境，如树木、房屋、设备及其他建筑物等形成具有一定限制的空间)等。

导致 VCE 发生的事故原因有多种，主要包括阀门泄漏、法兰失效泄漏、管线失效(损坏、破裂、腐蚀)、储罐失效(破裂、裂缝、腐蚀、超压、冲击作用)、阀门开启、满装外溢等因素导致危险物质泄漏，形成气云被引爆。VCE 的发生大多数是储存易燃易爆物质的设备罐体在机械、化学或热作用下发生破坏而导致大量气体泄漏所引起的，此外工作人员在装运取样等日常业务中是否正确操作，也是导致罐内气体泄漏的一个重要因素。

国内外对蒸气云爆炸事故的系统研究始于20世纪70年代。近几十年来，许多国家的研究人员做了大量的研究，使蒸气云爆炸的理论、模拟等方面大有发展。其中，Strehlow和Luckertz等于1979年提出的球形火焰模型，荷兰应用科学院于20世纪80年代初提出的半球模型，Van den Berg和Wiekema等于20世纪80年代中期提出的多能法是蒸气云爆炸波模型的典型代表。但是，由于实验数据的缺乏，这些模型的有效性有待进一步验证。

蒸气云爆炸的能量释放速率比凝聚相爆炸的能量释放速率小得多。爆炸形成的爆炸波有负相部分，如图5－28所示。

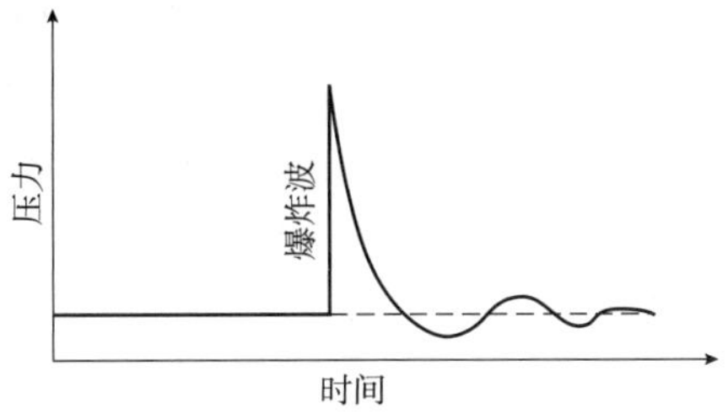

图5－28　蒸气云爆炸波波形示意图

蒸气云爆炸的模型有许多，定量模拟计算的模型主要有如下几种：

1. TNT当量法

此方法广泛用于简单蒸气云爆炸模拟，由于对TNT炸药的爆炸威力已进行了大量研究工作，目前已能有效地预测其爆炸场和对物体的破坏作用；设想把蒸气云爆炸的破坏作用转化成TNT爆炸的破坏作用，从而把蒸气云的爆炸能量转化为TNT当量，由此评价相关爆炸的一系列结果，如所测点的超压等。TNT当量的转化公式为：

$$W_{TNT} = \mu H_c W_f / H_{TNT} \tag{5-208}$$

式中　W_{TNT}——爆炸的TNT当量，kg；

μ——能量当量经验系数；

H_c——燃料燃烧热，kJ/kg，常见碳氢燃料的燃烧热见表5－34；

W_f——气云中燃料的总量，kg；

H_{TNT}——TNT的爆热，4230～4836kJ/kg。

蒸气云爆炸统计资料表明，式(5－208)中μ的取值一般为0.02%～15.9%，在50%的蒸气云爆炸事故中，$\mu \leqslant 3\%$；在60%的蒸气云爆炸事故中，$\mu \leqslant 4\%$；在97%的蒸气云爆炸事故中，$\mu \leqslant 10\%$。μ的平均值为4%。

表5－34　常见碳氢燃料的燃烧热

燃料	燃烧热/(kJ/kg)	燃料	燃烧热/(kJ/kg)
甲烷	5516	正乙烷	4966
乙烷	5141	异丁烷	4933
丙烷	5008	戊烷	4875

TNT当量法最大的优点是概念简单，计算方便，因而长期以来在爆炸波强度预测以及事故调查中被广泛沿用。但气体爆炸属于非理想爆源，它和TNT的爆炸有很大的不同。在超压大于30kPa的爆炸近场，TNT当量法计算得到的超压比实际蒸气云爆炸产生的超压高。

2. 一维数值模型

Baker-Strehlow 模型和 Multi-Energy 模型是这类模型的典型代表。这两个模型都认为：只有相当局部封闭中的那部分气体才产生显著的爆炸效应，其他处于无约束条件下的气云只是缓慢燃烧，对爆炸效应几乎没有贡献。

(1)Baker-Strehlow 模型

20 世纪 70 年代末到 80 年代，Strehlow 等发展了球形和半球形的一维数值方法，提出了 Baker-Strehlow 模型。该模型用拉格朗日框架去解决球体坐标下的控制方程，其思想是以能量波模拟真实的火焰，认为爆炸能量释放是由中心向外传出一道火焰速度为马赫数且具有一定厚度的波来完成的。能量完全释放所需时间为能量波头由中心到达气云边界与能量波内能量完全释放所需的时间和，并把描述燃烧过程中一个能量附加项放在能量守恒方程中。

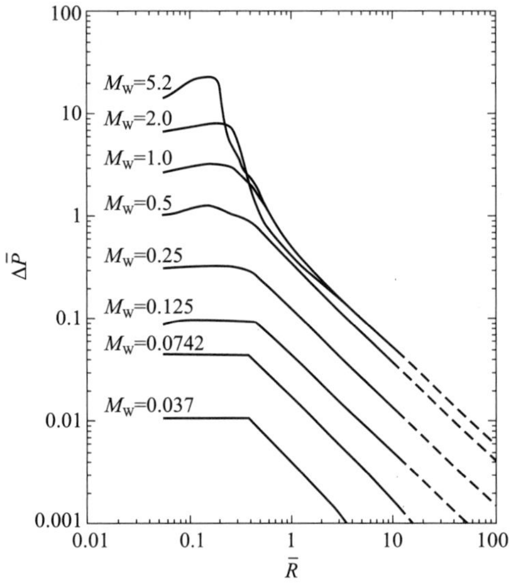

图 5－29　球形模型的计算曲线

通过把欧拉坐标下的控制方程转变为拉格朗日坐标，针对不同的马赫数，对开敞空间蒸气云爆炸进行了数值计算，获得了无量纲峰值超压 $\Delta\bar{P}$ 随无量纲距离 $\bar{R}$ 变化的曲线，如图 5－29 所示。

其中：

$$\bar{R} = R(P_0/E)^{5/3} \quad (5-209)$$

$$P = \Delta\bar{P}P_0 \quad (5-210)$$

式中　R——目标距爆源中心距离，m；

E——爆源能量，MJ；

P_0——大气压，Pa；

P——爆炸波超压，Pa；

M_W——马赫数。

(2)多能(Multi-Energy)模型

1985 年荷兰 TNO 实验室在 TNO 模型基础上改进，综合考虑湍流加速、局部约束、气体活性等各种因素，提出了一个分析蒸气云爆炸的原则、方法：假设气云为半球形，中心点火，火焰以恒定速度传播，以数值方法计算不同燃烧速度下的气云爆炸强度，获得了无量纲爆炸超压与无量纲距离的曲线图，如图 5－30 所示。

图 5－30 有 10 条曲线，每条曲线代表不同的爆源强度，也就是不同的火焰速度。曲线 10 代表爆轰的情况，曲线 1～10 爆源强度依次增大。曲线 6～7 代表爆源强度居中的情况，对一般的气云爆炸，处理远场问题较合适。

多能模型的提出是基于蒸气云爆炸的危害性主要由受约束的蒸气云决定，不受约束的那部分气云对爆炸强度几乎没有贡献。在燃烧爆炸的传播过程中，湍流强度和燃烧、超压之间相互影响作用很大，在传播过程中受约束越大，湍流与燃烧及超压产生正反馈作用越

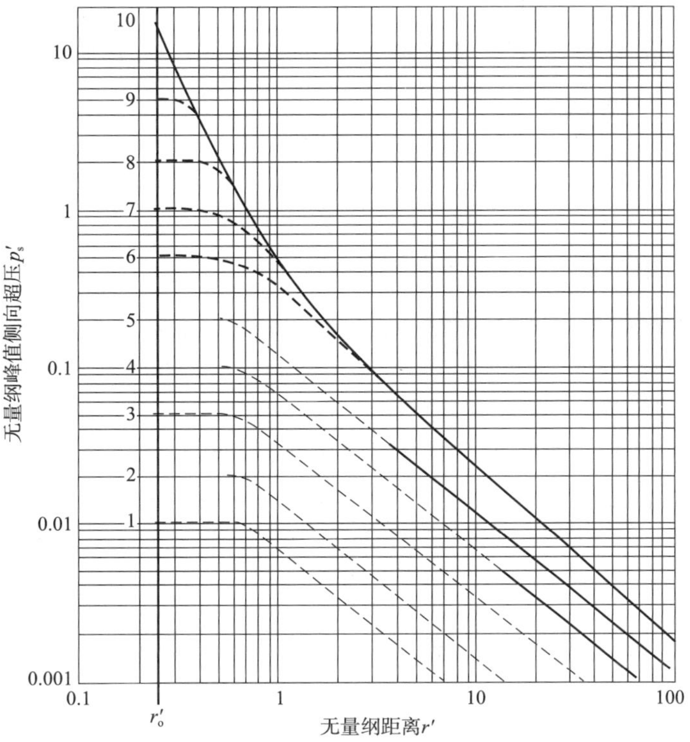

图 5-30　无量纲峰值侧向超压随无量纲距离的变化曲线

强，形成的冲击波强度越大。

多能法假设爆炸源为半球形蒸气云，根据初始参数算出无量纲距离，结合给定的无量纲峰值侧向超压、无量纲正相持续时间随无量纲距离的变化曲线即 TNO 爆炸波特征曲线，求出爆炸波参数。多能法的主要计算过程如下：

①蒸气云体积

根据蒸气云质量，假定燃料与空气混合物的浓度为化学计量浓度，可得蒸气云体积：

$$V_c = W_f/(\rho \times \varphi_s) \tag{5-211}$$

式中　V_c——蒸气云体积，m^3；

W_f——蒸气云中的燃料质量，kg；

ρ——物质(气体)在环境温度下的密度，kg/m^3；

φ_s——燃料与空气混合物的化学计量浓度，%(体积分数)。

②爆源半径

爆源半径与蒸气云体积有关，计算式如下：

$$R_0 = (3/2 \times V_c/\pi)^{1/3} \tag{5-212}$$

式中　R_0——爆源半径，m。

③爆源总能量

$$E_0 = 2\pi R_0^3 H_c/3 \tag{5-213}$$

式中　E_0——爆源总能量，MJ；

H_c——碳氢化合物在化学计量浓度下的燃烧热，对于典型的烃类燃料通常取 $3.5\mathrm{MJ/m^3}$。

④无量纲距离

$$r'=\frac{x}{(E_0\times10^6/P_0)^{1/3}} \tag{5-214}$$

式中　r'——无量纲距离；

x——目标距爆源中心的距离，m；

P_0——大气压，Pa。

⑤无量纲爆炸波参数

根据无量纲距离 r'，选取适当的爆源强度级别，从与之对应的曲线上（见图 5－30、图 5－31）读取无量纲峰值侧向超压 P_s'、无量纲正相持续时间 t_p'。图中 r_0' 为无量纲爆源半径。

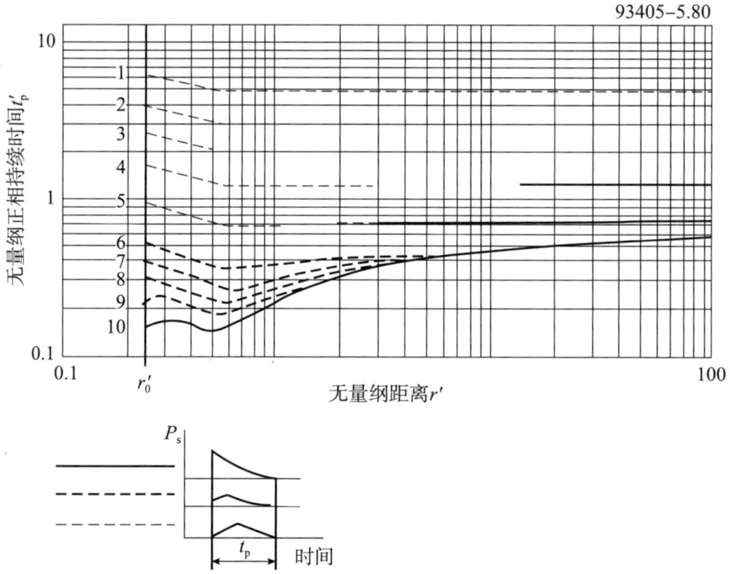

图 5－31　无量纲正相持续时间随无量纲距离的变化曲线

根据爆炸波特性曲线或拟合关系式得到的无量纲峰值侧向超压、无量纲正相持续时间见式（5－215），计算出爆炸波峰值侧向超压、正相持续时间。

$$P_s=P_s'P_0 \tag{5-215}$$

$$t_p=t_p'[(^{E}_{0}/P_0)1/3/v_s] \tag{5-216}$$

式中　P_s——爆炸波峰值侧向超压，Pa；

P_s'——无量纲峰值侧向超压；

t_p——爆炸波正相持续时间，s；

t_p'——无量纲正相持续时间，s；

v_s——声音在空气中传播速度，340.29m/s。

⑥伤害范围

已知爆炸波超压对人员造成伤害的超压值，根据多能法中的计算公式和爆炸波特征曲线，要计算出蒸气云爆炸导致的人员伤害距离十分困难。本节根据爆炸波对人体肺、耳的伤害所需达到的超压值和多能法相关计算式(5-211)～式(5-215)以及图5-30、图5-31中曲线的拟合关系式，利用迭代法和最小二乘法拟合出爆炸波导致人员死亡、耳鼓膜50%破裂和耳鼓膜1%破裂距离与蒸气云受限体积之间的关系式。

目前常用的爆炸波伤害准则有：超压准则、冲量准则、超压—冲量准则。由于多能法爆炸波特征曲线中没有有关冲量变化的曲线，在此选择超压准则为依据来划分人员伤害区域。爆炸波直接作用于人体，造成人体器官损伤，从而引起伤亡效应。肺是最易遭受直接伤害的致命器官，耳是最易遭受直接伤害的非致命器官。因此，以爆炸波对肺、耳的伤害为依据，划分人员伤害范围。耳鼓膜50%和1%破裂需要的超压分别为44kPa和17kPa。目前已报道的肺伤害判据都是按超压—冲量准则推导的，根据输入爆炸波超压和冲量两个参数进行计算，判断肺是否受伤害，尚无单独以超压为判断依据的肺伤害判据。因此，根据人员伤害超压准则(见表5-40)，预估爆炸波导致肺受伤害致死的超压值为100kPa。将这三个超压值分别代入多能法超压表达式中，用迭代法解方程，可得出不同蒸气云受限体积的蒸气云爆炸导致的人员死伤害距离，然后利用最小二乘法进行拟合，分别得到人员死亡、耳鼓膜50%和1%破裂距离与蒸气云受限体积之间的拟合关系式。由于爆源强度为1～4级时，爆炸产生的爆炸波最高超压低于耳鼓膜1%破裂需要达到的超压(17kPa)，不会造成人员伤亡，因此推导爆炸波人员伤害范围，从爆源强度为第5级开始。爆炸波人员伤害范围计算式见表5-35。

表5-35　蒸气云爆炸伤害距离计算式

爆源强度	伤害距离计算式
5	$R_3=2.3548V^{0.3333}$
6	$R_2=2.1789V^{0.3334}$ $R_3=6.0782V^{0.3333}$
7	$R_1=1.4351V^{0.3333}$ $R_2=3.4054V^{0.3333}$ $R_3=6.4092V^{0.3333}$
8～10	$R_1=2.2435V^{0.3334}$ $R_2=3.5065V^{0.3334}$ $R_3=6.4092V^{0.3333}$

表中，R_1，R_2，R_3分别为人员死亡、耳鼓膜50%和1%破裂距离，V为蒸气云受限体积。

多能模型在理论上比较合理，已受到广泛的关注，但在具体应用中存在一些不足之处：①该模型认为自由空间的蒸气云是不均匀的混合物，不会维持爆轰的传播，可忽略其对爆炸强度的影响，但客观上如果蒸气云形成时间较长，在自由空间形成混合均匀的气体，则它对爆轰的作用就很大；

②如何确定受限区域的尺寸是个难以解决的问题；

③如何准确选取爆炸强度图中的10个级别。

荷兰应用科学研究院一直对多能法进行研究，已经提出有一定操作性的多能法使用指南。在Yellow Book(CPR14E 1997)中提出爆炸源划分和叠加的操作方法。结合有关文献和前人的实际应用经验，爆源强度选取依据如下：对于敞开空间区域，爆源强度等级为1；对于敞开空间且有少量树木存在的区域，爆源强度等级为2；对于敞开空间但一开始就存在湍流或由于喷射泄漏产生的湍流，爆源强度等级为3；对于储罐库区等一定程度受限的空间，爆源强度等级为7；对于工艺装备，爆源强度等级为10。爆源强度与蒸气云所处空间受限程度有很大关系，其所处空间对增加气云湍流度越有利，爆源强度也越大，爆炸将逐步发展，产生爆轰。蒸气云所处空间受限程度越大，气云湍流度也越强烈，因此爆源强度等级也越高。根据前面归纳的爆源强度选取依据，结合实际场所对蒸气云造成的湍流程度大小，可选取4，5，6，8，9等级的爆源强度。若要准确确定爆源强度，最好参考有关气云爆炸的实验数据或事故资料来确定。人们已根据实际应用得出如下经验：对于蒸气云爆炸一般选取爆源强度等级为7，爆源强度等级取10是最保守的处理方法。

3. CFD模型

随着计算机的发展，从理论上讲，计算流体力学(CFD)方法能够对气体爆炸的过程进行细致的模拟。CFD方法主要是采用气体动力学、燃烧和湍流等的数学模型的微分方程组描述，再通过一系列合理的假设进行简化，最后利用适当的计算方法求解方程组，得出各参数值，用图形加以表达，以此模拟实际的爆炸情况。

CFD方法具有如下特点：给出流体运动区域内的离散解，而不是解析解；其发展与计算机技术直接相关；若物理问题的数学解法(包括数学方程及其相关的边界条件)是正确的，则可以在较广泛的流动参数(如马赫数、雷诺数等)范围内研究流体力学问题，且能给出流场参数的定量结果。

CFD模型建立的基本守恒方程组如下：

(1)常用的爆燃过程的气体动力学方程组为：

$$
\begin{cases}
\text{质量方程} & \dfrac{\partial \rho}{\partial t}+\dfrac{\partial}{\partial x_j}(u_j\rho)=0 \\
\text{动量方程} & \dfrac{\partial}{\partial t}(\rho u_i)+\dfrac{\partial}{\partial x_j}(u_j\rho u_i)+\dfrac{\partial P}{\partial x_i}=\dfrac{\partial \lambda_{ij}}{\partial x_j},\ (i=1,\ 2,\ 3) \\
 & \lambda_{ij}=\mu_t\left[\dfrac{\partial u_i}{\partial x_j}+\dfrac{\partial u_j}{\partial x_i}\right]-\dfrac{2}{3}\delta_{ij}\left[\rho\varepsilon+\mu_t\dfrac{\partial u_j}{\partial x_j}\right] \\
\text{能量方程} & \dfrac{\partial}{\partial t}(\rho H)+\dfrac{\partial}{\partial x_j}(u_j\rho H)-\dfrac{\partial}{\partial x_j}\left[D_H\dfrac{\partial H}{\partial x_j}\right]+\dfrac{\partial}{\partial x_j}(Pu_j)=\lambda_{ij}\dfrac{\partial u_i}{\partial x_j}
\end{cases}
\tag{5-217}
$$

式中 ρ——密度；

u——流体速度；

P——压力；

λ——湍流应力；

ε——湍流动能；

μ_t——湍流黏度；

δ_{ij}——克罗内克符号，单位矢量的点积；

H——焓；

D_H——能量传播系数；

i，j——下标表示方向。

(2)湍流方程组如下：

$$\begin{cases}\dfrac{\partial}{\partial t}(\rho\varepsilon)+\dfrac{\partial}{\partial x_j}(u_j\rho\varepsilon)-\dfrac{\partial}{\partial x_j}\left[D_k\dfrac{\partial\varepsilon}{\partial x_j}\right]=\lambda_{ij}\dfrac{\partial u_i}{\partial x_j}-\rho\xi\\ \dfrac{\partial}{\partial t}(\rho\xi)+\dfrac{\partial}{\partial x_j}(u_j\rho\xi)-\dfrac{\partial}{\partial x_j}\left[D_\tau\dfrac{\partial\xi}{\partial x_j}\right]=\dfrac{\xi}{\varepsilon}[C_1P_\varepsilon-C_2\rho\xi]\\ \mu_t=C_\mu\rho\dfrac{\varepsilon^2}{\xi}\\ D_*=\dfrac{\mu_t}{\rho\Gamma_*}\\ u'=\sqrt{\dfrac{2}{3}\varepsilon}\\ L_t=C_\mu^{0.75}\dfrac{\varepsilon^2}{\zeta}\end{cases}\tag{5-218}$$

式中　D_k——湍流动能传播系数；

D_τ——湍流动能耗散率传播系数；

C_1，C_2——常数；

ζ——湍流动能耗散率；

C_μ——常数；

D_*——传播系数；

Γ_*——可传播性质的普朗特数；

u'——湍流强度；

L_t——湍流特征长度。

(3)燃烧过程采用燃烧反应方程如下：

$$\begin{cases}\dfrac{\partial}{\partial t}(\rho m_{fu})+\dfrac{\partial}{\partial x_j}(u_j\rho m_{fu})-\dfrac{\partial}{\partial x_j}\left[\rho D_{fu}\dfrac{\partial m_{fu}}{\partial x_j}\right]=R_c\\ \dfrac{\partial}{\partial t}(\rho MF)+\dfrac{\partial}{\partial x_j}(u_j\rho MF)-\dfrac{\partial}{\partial x_j}\left[D_{mf}\dfrac{\partial MF}{\partial x_j}\right]=0\\ MF=\dfrac{b-b_0}{b_1-b_0}\\ b=m_{fu}-\dfrac{m_{O_2}}{s}\end{cases}\tag{5-219}$$

式中 m_{fu}——可燃物质量分数；

R_c——燃烧率；

MF——混合率；

m_{O_2}——氧气质量分数；

D_{fu}——可燃物扩散系数；

D_{mf}——混合率传导系数；

b_0，b_1——参考值(0%可燃物，100%可燃物)；

s——燃烧 1kg 可燃物质所需氧气的化学当量。

对于气体爆炸，CFD 模型由简单的输入参数，如几何位置、混合物活性等，得到详细的蒸气云爆炸的模拟结果。但是，由于非稳定状态下的紊流和可压缩性反应介质等这些基础知识的缺乏，加上计算机能力的限制，CFD 技术作一些简化的假设，通过和试验数据比较，给出一些调整参数。确定一些调整参数仍要求一定的技术，所以 CFD 代码不适于作为没经验操作者的黑箱工具。随着计算机图形学、计算机微机技术的快速进步，CFD 的前后处理软件得到迅速发展，如 CRAPHER，CRAPHER TOOL，ICEM - CFD 等。目前，国际上应用于气体爆炸的常用 CFD 解法有 EXSIM、FLACS、AutoReaGas、COBRA 等。

虽然 CFD 技术已经发展起来，但预测蒸气云爆炸后果的经典模型仍然在广泛使用。蒸气云爆炸波特征曲线在各个科研机构的研究过程中得到不断完善发展，其中 TNO(Van den Berg，1985)、Brossard 等爆炸波特征曲线在安全预测等方面得到广泛应用。

5.5.4 沸腾液体扩展蒸气爆炸(BLEVE)

目前，针对事故发生可能性及破坏程度的定量评价方法研究，美国、英国、挪威等发达国家已经走在前面。“二战”结束后，国外就已展开了安全可靠性数值模拟方面的研究，到现在已有数十年的发展历史。各国对沸腾液体扩展蒸气爆炸的数值模拟研究都是在实验研究的基础上进行的。由于沸腾液体扩展蒸气爆炸情况更为复杂，国内外三维数值模拟还不是很成熟，在工程应用中，大多数采用当量法等经典模型计算。根据事故发生的机理和过程，能够区分两种类型的 BLEVE：

(1)1 级 BLEVE

通常是密闭气体的压力增加(因为外部火灾)足以产生容器初始裂纹和破坏容器。如此情况下，容器的壁厚是 4mm 和裂纹处外溢气体速度约为 15m/s。

(2)2 级 BLEVE

这种情况下，气体从容器壁的初始小裂缝泄漏，导致压力下降引起直接和强烈沸腾，大量的蒸气释放，以及随之而来的容器压力增加和爆炸。发生在壁较厚容器内且从裂缝流出的气体速度约为 1m/s。

1. 火球直径和持续时间

BLEVE 火球热辐射经验和半经验模型之间的差别很大，尚没有能够全面准确描述

BLEVE 发生、发展及其后果的计算模型。目前计算火球热辐射通量的模型主要有两种：固体火焰模型(假设火球表面热辐射通量与可燃物质量无关，为某一常数，通过实验测定)和点源模型(火球表面热辐射通量依赖于火球中的燃料质量、持续时间及火球直径大小等因素)。实验表明热辐射通量与火球大小有关，火球大小又与储罐数量、形状、储存压力、储存质量等因素有关。就影响因素来说，点源模型比固体火焰模型考虑得全面，但点源模型在火球热辐射通量的计算中考虑这些影响因素都是采取经验系数的做法，经验系数的取值本身存在不确定性，因此点源模型比固体火焰模型的模拟结果波动范围大。固体火焰模型因为考虑的影响因素少，计算结果比点源模型稳定，所以两种模型各有优缺点。

由于难以确定 BLEVE 发生后容器内残余的可燃物，在建立火球模型时，根据最大危险性原则，假设容器内全部物质都消耗在火球中。火球最大直径和持续时间与火球中的物质质量成比例关系：

$$D_{cmax} = \alpha_D W_f \beta_D , t_c = \alpha_t W_f \beta_t \tag{5-220}$$

式中 D_{cmax}——火球最大直径，m；

t_c——火球持续时间，s；

W_f——火球内燃料质量，kg；

α_D、β_D、α_t、β_t——经验系数，见表 5-36。

表 5-36 火球最大直径和持续时间模型系数表

模型名称	$D_{cmax} = \alpha_D W_f \beta_D$		$t_c = \alpha_t W_f \beta_t$	
	α_D	β_D	α_t	β_t
Lihou and Maund	3.86	0.320	0.30	0.320
Pietersen	6.48	0.325	0.825	0.260
Williamson and Mann	5.88	1/3	1.09	1/6
Roberts	5.80	1/3	0.450	1/3
Moorhouse and Pirtchard	5.33	0.327	1.09	0.327
Hasegawa and Sato	5.28	0.277	1.100	0.097
Duiser	5.45	1.300	1.340	1/6
Fay and Lewis	6.28	1/3	2.53	1/6
Pitblado	6.48	0.325	0.825	0.260
ILO	5.80	1/3	0.450	1/3
Greenberg-Cramer	5.33	0.327	1.089	0.327

根据 Roberts、Jaggers 以及 Pape 等提出的模型，取各模型相应系数的平均值，得火球最大直径和火球持续时间，计算公式如下：

$$D_{cmax} = 5.8 W_f^{1/3}$$

$$t_c = \begin{cases} 0.45 W_f^{1/3}, & W_f < 30000 \\ 2.6 W_f^{1/6}, & W_f \geq 30000 \end{cases} \tag{5-221}$$

2. 热辐射

热辐射是 BLEVE 的主要危害。由于实验条件不同，不同的研究人员提出的火球热辐射通量计算方法也不完全相同。目前经常用到的 BLEVE 模型有：国际劳工组织提出的 ILO 模型，Greenberg 和 Cramer 提出的模型，以及 Robert 提出的模型。

(1)ILO 模型

ILO 模型是国际劳工组织提出的沸腾液体扩展蒸气爆炸模型，属于固体火焰模型。该模型的适用范围是目标位于火球之外。

ILO 模型的热辐射通量计算式如下：

$$q = q_0(1-0.058\ln x)R^2x/(R^2+x^2)^{3/2} \tag{5-222}$$

式中 q——目标所受的辐射通量，kW/m^2；

q_0——火球表面的辐射通量，柱形罐取 $270kW/m^2$，球形罐取 $200kW/m^2$；

$1-0.058\ln x$——大气传递系数；

R——火球半径，m；

x——目标距火球中心距离，m；

$R^2x/(R^2+x^2)^{3/2}$——视角系数。

(2)Greenberg-Cramer 模型

Greenberg-Cramer 模型的热辐射通量计算式如下：

$$q = 0.27P_a^{0.32}H_fW_f/(4\pi x^2 t) \tag{5-223}$$

式中 H_f——燃烧热，kJ/kg；

P_a——储罐内压力，MPa；

W_f——火球内燃料质量，kg；

x——目标距火球中心距离，m；

t——火球持续时间，s；

$0.27P_a^{0.32}$——热辐射系数。

Greenberg-Cramer 模型中的火球表面热辐射通量依赖于火球中的燃料质量、持续时间，所以该模型属于点源模型。

(3)Roberts 模型

Roberts 模型的热辐射通量计算式如下：

$$q = fH_fW_f/(4\pi x^2 t) \tag{5-224}$$

式中 f——热辐射系数，取值范围为 0.2～0.4，适用条件是火球中消耗的燃料质量在 1～100000kg。

由于 ILO 模型没有考虑容器储存压力的影响，而且不能计算距离小于火球直径范围内的热辐射通量，Greenberg-Cramer 模型和 Roberts 模型没有考虑容器形状和大气吸收热量的影响，因此三个模型都存在不足。因此，以 ILO 模型和 Greenberg-Cramer 模型为基础，引入热辐射系数、储罐形状系数、储罐数量影响因子，采用目标接收到的火球热剂量作为伤害模型，计算式如下：

$$\begin{aligned} \psi &= fwn\tau_a H_fW_f/(4\pi X^2) \\ f &= 0.27P_a^{0.32} \end{aligned} \tag{5-225}$$

式中　ψ——目标接受的热剂量，kJ/m^2；

f——热辐射系数；

w——储罐形状系数，对于柱形罐，$w=1$；对球形罐，$w=20/27$；

n——储罐数量影响因子，对单罐，$n=0.5$；对双罐，$n=0.7$；对多罐，$n=0.9$；

H_f——燃烧热，kJ/kg；

τ_a——大气透射系数，见5.4.3节；

P_a——储存压力，MPa。

根据热辐射伤害准则可计算出储罐发生BLEVE的热辐射伤害距离。

3. 爆炸超压

计算BLEVE爆炸超压通常先确定参与爆炸物质的初始质量。根据最大危险性原则，把容器内全部数量的可燃物作为初始爆炸物的量，并将其实际质量转化为TNT当量，见下式：

$$W_{TNT}=\eta W_f H_f/H_{TNT} \tag{5-226}$$

式中　W_f——可燃物的实际质量，kg；

W_{TNT}——可燃物的TNT当量质量，kg；

η——爆炸效率系数(0.04～0.65)，由蒸气云被点燃时所处的条件决定；

H_f——燃料燃烧热，kJ/kg；

H_{TNT}——TNT的爆热，4230～4836kJ/kg。

BLEVE爆炸冲击波超压模型如下：

$$\Delta P=P_0\frac{808[1+(Z/4.5)^2]}{\sqrt{1+(Z/0.048)^2}\sqrt{1+(Z/0.32)^2}\sqrt{1+(Z/1.35)^2}} \tag{5-227}$$

$$Z=(P/P_0)^{1/3}(T_0/T)^{1/3}x/W_{TNT}{}^{1/3} \tag{5-228}$$

式中　P_0——环境大气压力，kPa；

ΔP——爆炸冲击波超压，kPa；

Z——爆炸特征距离，m；

x——目标距爆源中心距离，m；

T——储存介质的温度，K；

T_0——环境大气温度，K。

可见，BLEVE爆炸超压大小除与可燃物的本身参数——温度、质量有关，还与环境参数有关。可燃物的温度越高，其过热程度越大、气化闪蒸速度越快，产生的能量也越大，相应的爆炸冲击波超压也越大。

4. 碎片危害范围

实际上大多数碎片散射的倾角是随机的，当碎片按水平飞射角为45°飞射时的距离是最远的，在此假设碎片与水平方向呈45°飞射，碎片危害距离计算式如下：

$$r=28.6m^{0.33} \tag{5-229}$$

式中　m——燃料质量，kg；

r——碎片危害距离，m。

5.5.5 爆炸影响

压力容器爆炸时，爆炸能量在向外释放时以冲击波能量、碎片能量和容器残余变形能量3种形式表现出来。根据国内外学者实验研究，后两者所消耗的能量占总爆破能量的3%～15%，即大部分能量是产生空气冲击波，冲击波是爆炸最主要的破坏形式。根据国内外学者的研究，爆炸对人体的影响可以分成以下几类：

(1)直接或主要影响

爆炸冲击波的超压引起人体敏感器官损坏，甚至导致死亡。

(2)间接影响

间接影响继续分成两类：

①爆炸抛出的碎片或破片引起的受伤或死亡；

②通过爆炸冲击波和风引起的身体被迫移动和与周围静态物体或建筑物碰撞引起的受伤或死亡。

1. 直接的爆破作用

爆炸物质爆炸后对周围设备和建筑物直接的破坏作用。这种破坏作用的大小决定于爆轰波阵的压力和爆炸压力的大小以及爆炸产物在作用目标上所产生的冲量。它直接造成机械设备、装置、容器和建筑物的毁坏和人员伤亡，后果往往是严重的。机械设备和建筑物被冲击后，会变成碎片飞出。爆炸碎片指金属壳体在内部能量或压力作用下解体而产生的一种杀伤元件。高压容器爆炸主要原因有容器结构上的缺陷、机械撞击、疲劳断裂、表面腐蚀或外部火源加热等。爆炸产生的一次碎片具有相当大的危险性。碎片一般在100～500m内飞散，会在相当范围内造成危险。在一些爆炸事故中。由于爆炸碎片击中人体造成的伤亡常占较大的比例。

2. 冲击波破坏作用

冲击波是由压缩波叠加形成的，是波阵面以突进形式在介质中传播的压缩波。容器破裂时，容器内的高压气体大量冲出，使它周围的空气受到冲击而发生扰动，使其状态(压力、密度、温度等)发生突跃变化，其传播速度大于扰动介质的声速，这种扰动在空气中传播就成为冲击波。爆炸的破坏作用主要是由冲击波产生的。无论是化学性爆炸还是物理性爆炸都会形成冲击波。冲击波的传播速度极快，它可以在周围环境中的固体、液体、气体介质(如金属、岩石、建筑材料、水、空气等)中传播。在传播过程中，可以对周围环境中的机械设备和建筑物产生破坏作用和使人员伤亡。冲击波还可以在它的作用区域内产生震荡作用，使物体因震荡而松散甚至破坏。

而冲击波的破坏作用可用峰值超压、持续时间和冲量三个特征参数衡量。冲击波破坏伤害准则主要有超压准则、冲量准则和超压—冲量准则等，其中最常用的是超压准则。

(1)冲击波伤害准则

①超压准则

超压准则认为，爆炸冲击波是否对目标造成伤害由爆炸冲击波超压唯一决定，只有当爆炸波超压大于或等于某一临界值时，才会对目标造成一定的伤害，否则，爆炸波不会对目标造成伤害。超压准则必须满足一定条件才能够适用，即爆炸冲击波正持续时间满足如下条件：

$$\bar{\omega}t > 40 \tag{5-230}$$

式中　$\bar{\omega}$——目标响应角频率，1/s；

t——爆炸波持续时间，s。

②冲量准则

由于伤害效应不但取决于爆炸波超压，而且与爆炸波持续时间直接相关，而爆炸波能量是爆炸波超压和持续时间的函数。出于对超压准则的修正，人们也常采用冲量破坏准则，冲量准则是指爆炸波能否对目标造成伤害，完全取决于爆炸波冲量大小。如果冲量大于某一临界值，目标被爆炸波伤害；否则，目标不被爆炸波伤害。

冲量准则认为，只有当作用于目标的爆炸波冲量达到某一临界值时，才会引起目标相应等级的伤害。由于该准则同时考虑了爆炸波超压、持续时间和波形，因此比超压准则更全面。但该准则忽略了这样一个基本事实：正如超压准则指出的那样，目标伤害存在一个最小超压。如果超压低于这个值，即使作用时间再长，冲量再大，目标也不会被爆炸波伤害。事实上，冲量准则同样有适用范围，它的适用范围为：

$$\bar{\omega}t < 0.4 \tag{5-231}$$

实践表明，不同的爆炸源有不同的脉冲波形，同样冲量值产生的破坏效应也显著不同。

③超压—冲量准则

20世纪70年代，美国海军武器实验室（*NOL*）和弹道研究实验室（*BRL*）经过大量实验和理论研究，逐步形成了一套超压—冲量破坏准则模型：爆炸波"等破坏模型"、爆炸波破坏的相似模型、修正压力—冲量爆炸波破坏模型。超压—冲量准则认为，目标是否被伤害，伤害程度如何，应由作用在目标上的爆炸波超压和爆炸波冲量共同决定。如果爆炸波超压和爆炸波冲量的不同组合能满足一定的条件，就能对目标造成相同程度的伤害。

超压—冲量准则可以用图5-32中的等伤害曲线加以描述。图5-32中横坐标为爆炸波冲量，纵坐标为爆炸波超压，曲线为目标的等伤害曲线，直线$\Delta P_S = \Delta P_{S,CR}$和$i_S = i_{S,CR}$为等伤害曲线的渐近线，$\Delta P_{S,CR}$代表目标伤害的临界超压，$i_{S,CR}$代表目标伤害的临界冲量。图中渐近线的位置、曲线的形状和位置由目标性质与目标伤害程度决定。图中水平渐近线的下方和垂直渐近线的左方是无伤害区，水平渐近线的上方和垂直渐近线的右方是伤害区。如果爆炸波对应的坐标点（ΔP_S，i_S）位于等伤害曲线上，目标就会受到一定程度的伤害。如果位于等伤害曲线的左

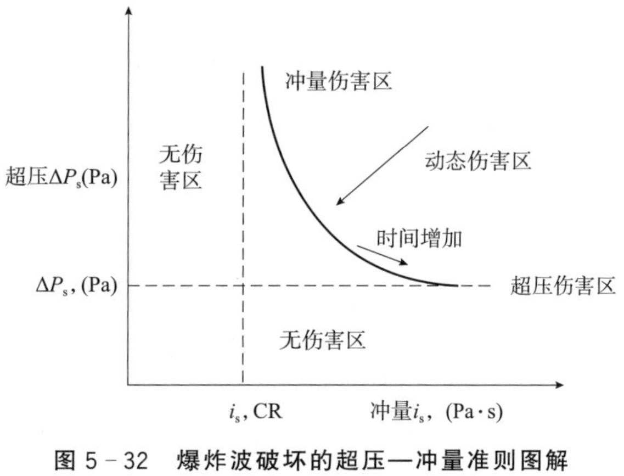

图5-32　爆炸波破坏的超压—冲量准则图解

下方，目标受到的伤害就会轻微些，或者不会被伤害；如果位于等伤害曲线的右上方，目标受到伤害就会严重些。同时，伤害区可划分为超压伤害区、冲量伤害区和动态伤害区三部分。在超压伤害区，伤害程度由超压决定，在冲量伤害区，伤害程度由冲量决定，在动态伤害区，伤害程度由超压和冲量共同决定。对于凝聚相爆轰产生的爆炸波而言，超压—冲量准则是普遍适用的爆炸波伤害准则，超压准则和冲量准则是它的特殊情况(表 5－37)。

表 5－37　三个冲击波伤害准则的适用性分析表

准则	参数	适用范围
超压准则	冲击波超压	超压准则认为，冲击波是否对目标造成伤害由冲击波超压唯一决定，只有当冲击波超压大于或等于某一临界值时，才会对目标造成一定的伤害，否则，冲击波不会对目标造成伤害
冲量准则	冲量	冲量准则认为，只有当作用于目标的冲击波冲量达到某一临界值时，才会引起目标相应等级的伤害。该准则同时考虑了冲击波超压、持续时间和波形，比超压准则更全面
超压—冲量准则	超压、冲量	超压—冲量准则认为，目标是否被伤害，伤害程度如何，应由作用在目标上的冲击波超压和冲击波冲量共同决定

(2)冲击波破坏作用的估算

冲击波是一种介质状态(压力、密度、温度等)突跃变化的强扰动传播，最常见的形式是空气冲击波，其传播速度大于声速。多数情况下，冲击波的破坏伤害作用是由超压引起的。超出周围压力的最大压力称为峰值超压 Δp，一般情况下超压意味着侧向超压，即压力是在压力传感器与冲击波相垂直的条件下测量得到的。峰值超压 Δp 可以达到数个甚至数十个大气压。冲击波超压对建筑物的破坏作用和对人员的伤害作用如表 5－38 所示。

①冲击波对房屋的破坏作用

爆炸冲击波能不同程度地破坏周围的房屋和建筑设施，造成直接经济损失。房屋的破坏程度不仅与爆炸源性质、爆炸能量、冲击距离等因素有关，而且与房屋本身的结构有关(表 5－38)。

表 5－38　冲击波超压对建筑物的破坏作用

Δp /kPa	破坏作用
5～6	门、窗玻璃部分破碎
6～15	受压面的门窗玻璃大部分破碎
15～20	窗框损坏
20～30	墙裂缝
40～50	墙裂大缝，屋瓦掉落
60～70	木建筑厂房房柱折断，房架松动
70～100	砖墙倒塌
100～200	防震钢筋混凝土破坏，小房屋倒塌
200～300	大型钢架结构破坏

$$R=\frac{K\cdot m_{\mathrm{TNT}}^{1/3}}{\left[1+\left(\frac{3175}{m_{\mathrm{TNT}}}\right)^{2}\right]^{1/6}} \tag{5-232}$$

式中　R——冲击波作用下的房屋破坏半径，m；

K——破坏系数，与房屋破坏程度有关，其取值见表 5-39。

表 5-39　房屋破坏系数

破坏等级	破坏常数 K	破坏状况
A	3.8	房屋几乎被完全摧毁
B	4.6	房屋 50%～75%的外部砖墙被摧毁，或不能继续安全使用，必须推倒
C_b	9.6	屋顶部分或完全倒塌，1～2 个外墙部分被摧毁，承重墙严重破坏，需要修复
C_a	28	屋顶隔板从接头上脱落，房屋结构至多受到轻微破坏
D	56	屋顶和盖瓦受到一定程度的破坏，10%以上的窗玻璃破裂，房屋经过修复可继续居住

②冲击波对人的破坏作用

通过动物试验得知，冲击波对人体的伤害作用主要是破坏人体血管、肺细胞及支气管，亦能伤害胃肠及隔膜。冲击波超压对人员的伤害作用如表 5-40 所示。

根据大量实验研究，普通炸药在空气中爆炸，使人致死距离可按下式估算：

$$R=1.1\sqrt{W_b}\qquad W_b<300\mathrm{kg}$$
$$R=2.7\sqrt{W_b}\qquad W_b>300\mathrm{kg} \tag{5-233}$$

式中　W_b——爆炸等效炸药质量；

R——离爆炸源使人致死的距离。

表 5-40　冲击波超压对人员的伤害作用

Δp/kPa	冲击波破坏效应
<19.6	能保证人员安全
19.6～29.4	人体受到轻微损伤
29.4～49.0	损伤人的听觉器官或产生中等挫伤骨折
49.0～98.0	严重损伤人的内脏，可引起死亡
>98.0	大部分人员死亡

3. 造成火灾

爆炸发生后，爆炸气体产物的扩散只发生在极其短促的瞬间，对一般可燃物来说，不足以造成起火燃烧，而且冲击波造成的爆炸灰尘还有灭火作用。但是，建筑物内遗留大量的热或残余火苗，则会把从破坏的设备内部不断流出的可燃气体或易燃、可燃液体的蒸气点燃，也可能把其他易燃物点燃引起火灾。

5.6 中毒模拟

有毒物质泄漏后生成有毒蒸气云，它在空气中飘移、扩散，直接影响现场人员并可能影响周围的居民。大量剧毒物质泄漏可能带来严重的人员伤亡和环境污染。

有毒物质对人员的伤害程度受到毒物的性质、毒物的浓度和人员接触毒物时间等因素的影响。有毒物质泄漏初期，其毒气形成气团，密集在泄漏周围，随后由于环境温度、地形、风力和湍流等作用，气团飘移、扩散，范围逐渐扩大，浓度减小。在后果分析中，往往不考虑毒物泄漏初期的情况，即工厂范围内的现场情况，主要计算毒气气团在空气中飘移、扩散的范围、浓度、接触毒物的人数等。

1. *毒物泄漏后果的概率函数法*

概率函数法是通过人们在一定时间接触一定浓度毒物所造成影响的概率，来描述毒物泄漏后果的一种表示法。概率与中毒死亡百分率有直接关系，二者可以相互换算，见表 5－41。死亡概率值在 0～9。

表 5－41　死亡概率单位与死亡百分率换算表

死亡百分率/%	死亡概率单位									
	0	1	2	3	4	5	6	7	8	9
0		2.67	2.95	3.12	3.25	3.36	3.45	3.52	3.59	3.66
10	3.72	3.77	3.82	3.87	3.92	3.96	4.01	4.05	4.08	4.12
20	4.16	4.19	4.23	4.26	4.29	4.33	4.26	4.39	4.42	4.45
30	4.48	4.50	4.53	4.56	4.59	4.61	4.64	4.67	4.69	4.72
40	4.75	4.77	4.80	4.82	4.85	4.87	4.90	4.92	4.95	4.97
50	5.00	5.03	5.05	5.08	5.10	5.13	5.15	5.18	5.20	5.23
60	5.25	5.28	5.31	5.33	5.36	5.39	5.41	5.44	5.47	5.50
70	5.52	5.55	5.58	5.61	5.64	5.67	5.71	5.74	5.77	5.81
80	5.84	5.88	5.92	5.95	5.99	6.04	6.08	6.13	6.18	6.23
90	6.28	6.34	6.41	6.48	6.55	6.64	6.75	6.88	7.05	7.33
99	0.00	0.10	0.20	0.30	0.40	0.50	0.60	0.70	0.80	0.90
	7.33	7.37	7.41	7.46	7.51	7.58	7.58	7.65	7.88	8.09

采用中毒死亡概率单位方程可以评价某些毒物毒性大小，用来描述暴露环境中毒气浓度、接触时间和实验对象死亡百分率单位三者之间的关系，其计算公式如下：

$$P_r = a + b\ln(C^d \cdot t) \tag{5-234}$$

式中　a，b，d——毒物性质的常数，表 5－42 中列出了一些常见有毒物质的有关参数；

C——接触毒物的浓度，10^{-6}；

t——接触毒物的时间，min。

表 5－42　常见有毒物质的常数

物质名称	a	b	d
氯	−5.3	0.5	2.75
氨	−9.82	0.71	2.0
丙稀醛	−9.93	2.05	1.0
四氯化碳	0.54	1.01	0.5
氯化氢	−21.76	2.65	1.0
甲基溴	−19.92	5.16	1.0
光气（碳酸氯）	−19.27	3.69	1.0
氟氢酸（单体）	−26.4	3.35	1.0

使用概率函数表达式时，必须计算评价点毒性负荷（$C^d \cdot t$），因为在一个已知点，其毒性浓度随着气团的通过和稀释而不断变化，瞬时泄漏就是这种情况。确定毒物泄漏范围内某点的毒性负荷，可把气团经过该点的时间划分为若干区段，计算每个区段内该点的毒物浓度，得到各时间区段的毒性负荷，然后再求出总毒性负荷：

$$\text{总毒性负荷} = \sum \text{时间区段内毒性负荷}$$

一般来说，接触毒物时间不能超过 30min，因为在这段时间里人员可以逃离现场或采取保护措施。

当毒物为连续泄漏时，某点的毒物浓度在整个云团扩散期间不会发生变化。当设定某死亡百分率时，由表 5－41 查出相应的概率 Y 值，根据式(5－235)有：

$$C^d \cdot t = e^{\frac{Y-a}{b}} \tag{5-235}$$

由上式可以计算出 C 值，然后按扩散公式可以计算出中毒范围。

如果是瞬时泄漏则气团在某点通过时该点处毒物浓度是变化的，这种情况下要考虑浓度变化，计算气团通过某点的毒性负荷，算出该点的概率值 Y，然后查表 5－41 就可得出该点相应的死亡概率值。

2. 有毒液化气体容器破裂时的毒害区估算

液化介质在容器破裂时会发生蒸气爆炸。当液化介质为有毒物质，如液氯、液氨、二氧化硫、硫化氢、氢氰酸等，爆炸后若不燃烧，会造成大面积的毒害区域。

设有毒液化气体重量为 W (kg)，容器破裂前器内介质温度为 t (℃)，液体介质比热为 C [kJ/(kg·℃)]。当容器破裂时，容器内压力降至大气压，处于过热状态的液化气温度迅速降至标准沸点 t_0(℃)，此时全部液体所放出的热量为：

$$Q = W \cdot C(t - t_0) \tag{5-236}$$

设这些热量全部用于器内液体的蒸发，如它的气化热为 q (kJ/kg)，则其蒸发量：

$$W' = \frac{Q}{q} = \frac{W \cdot C(t - t_0)}{q} \tag{5-237}$$

如介质的相对分子量为 M，则在沸点下蒸发蒸气的体积 $V_g(m^3)$ 为：

$$V_g = \frac{22.4W'}{M} \cdot \frac{273 + t_0}{273} = \frac{22.4W \cdot C(t - t_0)}{Mq} \cdot \frac{273 + t_0}{273} \tag{5-238}$$

为便于计算，现将压力容器最常用的液氨、液氯、氢氰酸等的有关物理化学性能列于表 5-43 中。关于一些有毒气体的危险浓度见表 5-44。若已知某种有毒物质的危险浓度，则可求出其危险浓度下的有毒空气体积。如二氧化硫在空气中的浓度达到 0.05%时，人吸入 5～10min 即致死，则在沸点下蒸气体积为 V_g，二氧化硫可以产生令人致死的有毒空气体积为：

$$V = V_g \times 100/0.05 = 2000V_g \tag{5-239}$$

假设这些有毒空气以半球形向地面扩散，则可求出该有毒气体扩散半径为：

$$R = \sqrt[3]{\frac{V_g/C}{\frac{1}{2} \times \frac{4}{3}\pi}} = \sqrt[3]{\frac{V_g/C}{2.0944}} \tag{5-240}$$

式中 R——有毒气体的半径，m；

V_g——有毒介质的蒸气体积，m^3；

C——有毒介质在空气中的危险浓度值，%。

表 5-43 一些有毒物质的有关物化性能

物质名称	分子量 M	沸点 t_0/℃	液体平均比热 C/(kJ·kg^{-1}·℃$^{-1}$)	汽化热 q/(kJ/kg)
氨	17	−33	4.6	1370
氯	71	−34	0.96	289
二氧化碳	64	−10.8	1.76	393
丙烯醛	56.06	52.8	1.88	573
氢氰酸	27.03	25.7	3.35	975
四氯化碳	153.8	76.8	0.85	195

表 5-44 有毒气体的危险浓度

物质名称	吸入 5～10min 致死浓度/%	吸入 0.5～1h 致死浓度/%	吸入 0.5～1h 致重病浓度/%
氨	0.5		
氯	0.09	0.0035～0.005	0.0014～0.0021
二氧化硫	0.05	0.053～0.065	0.015～0.019
氢氰酸	0.027	0.011～0.014	0.01
硫化氢	0.08～0.1	0.042～0.06	0.0360～0.05
二氧化氮	0.05	0.032～0.053	0.011～0.021

5.7 多米诺效应事故后果分析

5.7.1 多米诺效应概述

1. 多米诺效应机理

多米诺效应，即一个初始单元或设备发生事故导致的物理效应触发邻近的一个或多个设备相继发生二级及二级以上事故，从而增加了后果的严重度的现象，称为多米诺效应。典型的多米诺效应是串联或并联的连环性事故，由初始事故引发多米诺效应，导致多米诺事故，总体的事故后果进一步扩大(表5-45)。

表5-45 现有的一些多米诺效应的相关定义

定义者	多米诺效应的定义和说明
Lees	一种衡量危害的因素，考虑到危险物质的泄漏能导致事件扩大，例如，1个小的泄漏的火焰损害冲击1个大的管道和容器，这个容器中有大量危险物质
Bagster and Pitblado	邻近设备的严重事件导致厂区内政策的失败
Third Report of the Advisory Committee on Major Hazards	引发所在工厂或邻近场所重大事故的效应(自身安全失效的同时引发邻近设备失效)
欧洲联合会	如果一个工厂由直接或间接原因引起毗邻或附近装置危险物质的泄漏而出现事故
美国化学工程师学会化学工艺安全中心(AICHE-CCPS)	开始于一个单元，并通过热辐射、爆炸和碎片等物理效应影响邻近单元，导致一系列严重事故发生，并造成严重事故后果
Cozzani 等	一个由初始事件引发的，波及邻近一个或多个设备，引发二次事故(或多次事故)，从而导致总体后果比只有初始事件时更加严重
Delvosalle	一个瀑布性事件，初始事故的后果因为空间和时间上引发其他次生事故而扩大，导致一个大的事故

多米诺事故发生的必要条件：

(1)存在触发多米诺事故发生的初始事故；

(2)初始事故产生的物理效应导致事故扩大，即初始事故蔓延开来必须导致至少一个二次事故发生；

(3)在初始事故后发生一个或多个二次(或三次等)事故产生了大于初始事故后果的严重事故。

2. 多米诺效应原因分析

(1)低严重初始事件(Low Severity Initiating Event，LSIE)的传播。这种事件的传播主要是由一些平时不太容易注意到的较小事件所引发，这种情况可以利用危险和可操作性方法(HAZOP)进行辨识，只需要仔细确定所有低严重度初始事件的顶事件，而不必对事故的发展进一步辨识。例如，直径很小的管道、阀门处发生的小型喷射火，或是由于密封不严而引发池火现象就属于这种情况。由于初始事件破坏距离有限，通常认为 LSIE 引发的二次事故发生在同一单元内部。

(2)重大事故(Major Accidental Events，MAE)的相互作用。由较严重的初始事故的作用导致的二次事故发生。由于 MAE 破坏距离大，经常会导致邻近设备和单元发生较为严重的二次事故。因此这种作用表现为设备间的相互作用，其是一种典型的事故传递模式，同时参与作用的设备和单元越多，导致的事故后果越加严重。

3. 多米诺效应模型

化学工业园区具有企业类型多样、危险化学品种类复杂、危险性高、生产组织形式联系紧密等特点，需要对化学工业园区整体的安全性引起充分的关注和重视。同时，随着现代工业的发展，设备的多样化、高参数化及危险化学品种类和数量的不断增加，化工园区事故多米诺效应风险分析及评估是石油化学工业发展的必然要求。开展化工园区事故扩展机理研究，揭示化工园区事故扩展规律，并提出相应的技术干预手段，打破由于事故多米诺效应带来的事故扩展，能够为化工园区事故多米诺效应的事前主动预防和主事故发生后的事故控制提供技术支持。

化工园区中事故多米诺效应的扩展呈现多重性的复杂特点，事故扩展过程示意见图 5－33。可以看出，危险源单元①受主事故单元影响，其发生事故后所释放的能量会以三种事故扩展参数的形式作用于危险源单元②，危险源单元②本身处于主事故单元的影响范围内，因此危险源单元②受到了来自两个事故危险源单元的两重影响。

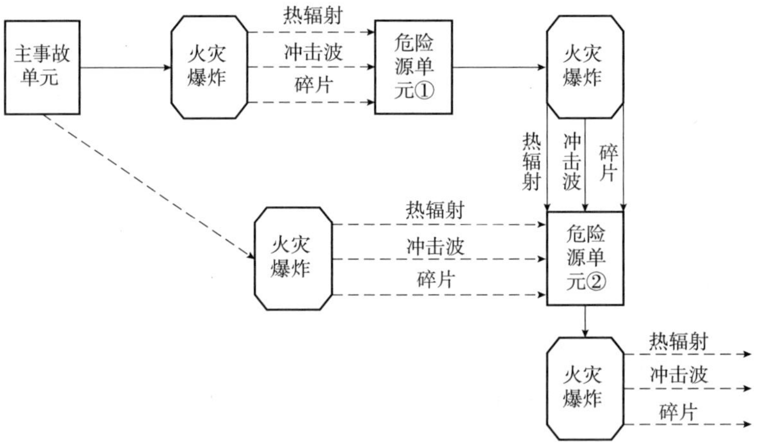

图 5－33　化工园区多米诺效应事故模型

假设某一危险源的发生事故多米诺效应后的影响范围及扩展范围见图 5－34，图中三角形所示为主事故单元，四边形所示为二次事故单元，五边形所示为三次事故单元，最大直径圆形区域范围为主事故影响范围，三次事故单元 6 的影响范围中超出最大直径主事故影响范围的区域为扩展事故影响区域。

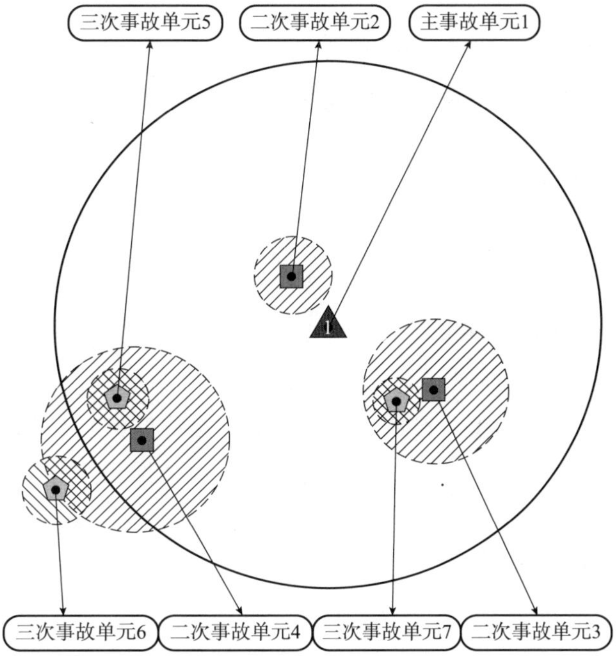

图 5-34　事故多米诺效应扩展示意图

5.7.2　多米诺效应事故定量分析

能够触发多米诺效应发生的事故类型主要有：①火灾；②爆炸；③毒物泄漏；④以上三种情况同时或交叉发生。

1. 超压及其损坏概率计算

超压对设备的损坏，国外的研究人员在进行此项工作时，一般采用三种方法，在此作简单介绍：

(1)易损临界值模型。当初始事故对二次事故目标的影响高于给定损坏临界值时，事故扩展概率为1，否则为0；

(2)事故的扩展函数基于经验物理模型；

(3)事故的扩展函数基于适合不同类型设备的概率模型。

第一种方法过于简单，第二种也缺乏适应性，第三种方法更为合理可靠，但在实施时需要较多额外工作来加以支撑，增加了人力、物力和分析时间。因而当前研究的主要工作是对事故损失评价模型和事故扩展模型进一步简化。通常我们采用基于经验数据上的概率函数法对设备损坏概率进行计算。

$$P = \frac{1}{\sqrt{2\pi}}\int_{-\infty}^{Y-5} e^{-x^2/2}\,dx \qquad (5-241)$$

式中　P——发生的损坏概率；

　　Y——概率单位变量，$Y = k_1 + k_2\ln(p_s)$；

x ——积分变量；

p_s——设备受到的静态超压的峰值，Pa。

由于容器的类型不同，概率单位 Y 的关系式也不同，通常我们将容器或设备分为 4 种类型：

$$
\begin{aligned}
&\text{常压容器} && Y = -18.96 + 2.44\ln(p_s) \\
&\text{高压容器} && Y = -42.44 + 4.33\ln(p_s) \\
&\text{延伸设备} && Y = -28.07 + 3.16\ln(p_s) \\
&\text{辅助性部分} && Y = -17.79 + 2.18\ln(p_s)
\end{aligned}
\tag{5-242}
$$

2. 热辐射及其损坏概率计算

当邻近设备吸收来自初始事故释放出的热量后，会引起此设备温度升高，压力变化以及材质的许用应力等物理特性的变化。一旦此设备内部介质压力超过它的许用压力就有发生爆炸或破裂的可能性。

(1)容器压力及器壁应力

①容器压力

热负荷引起容器内介质温度升高，从而引发压力升高。当压力超过容器的爆炸压力后就会触发事故，引起二次事故。

$$DT = (0.40 \times I \times A_r)/(M \times c_p) \tag{5-243}$$

式中 DT ——温度变化量，K；

M ——存储的化学品质量，kg；

c_p——物质的定压比热容，$J \cdot kg^{-1} \cdot K^{-1}$；

A_r——容器面积，m^2；

I ——热辐射剂量，$J \cdot m^{-2}$。

容器内介质不同，吸收热后的压力也不同。

气体介质

$$P_2 = (T_1 \times P_1)/T_2 \tag{5-244}$$

液态介质

$$
\begin{aligned}
P_2 &= (n \times R \times T_2)/V_{vap} + P_1 \\
V_{vap} &= f_{vap} \times V \\
f_{vap} &= 1 - \exp[-c_p \times (T_2 - T_1)/H_v]
\end{aligned}
\tag{5-245}
$$

式中 P_2 ——吸热后压力，Pa；

P_1 ——初始压力，Pa；

T_1 ——初始温度，K；

T_2 ——吸热后温度，K；

V_{vap}——液态物质的闪蒸体积，m^3；

f_{vap}——闪蒸系数；

H_v——常压沸点的汽化热，$J \cdot kg^{-1}$。

②容器的许用压力

容器的许用压力与容器形状有关，容器壁的许用应力也随材质和温度的变化而变化。容器形状不同，许用压力的计算也不同，常见容器的许用压力的计算如下。

圆柱形容器：

$$P_{relief} = [2E_{ymax} \times (S_c - C) \times \varphi]/[D_1 + (S - C)] \tag{5-246}$$

式中　P_{relief}——容器的许用压力，Pa；

E_{ymax}——材料在某温度下的许用应力，Pa；

D_1——圆筒内径，mm；

S_c——容器壁厚，mm；

φ——焊缝系数。

$$E_{ymax} = P_2[(1-\gamma) + 2K(1+\gamma)]/(K^2 - 1) \tag{5-247}$$

式中　γ——泊松比系数；

K——内径与外径比；

P_2——吸热后压力，Pa。

球形容器和半球形端盖容器：

$$P_{relief} = [4E_{ymax} \times (S_c - C) \times \varphi]/[D_1 + (S - C)] \tag{5-248}$$

式中　D_1——球形容器和半球形端盖内径，mm。

椭球形容器：

$$P_{relief} = [2E_{ymax} \times (S_c - C) \times \varphi]/[KD_1 + 0.5(S - C)] \tag{5-249}$$

式中　D_1——端盖内径，mm；

K——应力增强系数，$K = [2 + (D_1/2h_1)]/6$，其中 h_1 是端盖内壁面厚度，mm。

(2)压力过大导致设备损坏的概率

热辐射会导致设备内介质温度升高、压力变化，当设备内压力超过许用压力后，设备损坏，其概率公式为：

$$P = (P_2 - P_{relief})/P_{relief} \tag{5-250}$$

以上分析计算相对复杂，而安全评价和风险分析常需要快速有效的概率计算模型。Cozzani 等提出了热辐射导致设备损坏的概率模型。

常压容器：

$$Y = 12.54 - 1.847\ln(t)$$

$$\ln(t) = -1.128\ln(I) - 2.667 \times 10^{-5}V + 9.877 \tag{5-251}$$

高压容器：

$$Y = 12.54 - 1.847\mathrm{In}t$$

$$\ln(t) = -0.947\ln(I) + 8.835V^{0.032} \tag{5-252}$$

式中　Y——初始场景扩大效应的概率单位；

t ——无故障时间，s；

I ——对目标的辐射强度，$kW \cdot m^{-2}$；

V ——设备容积，m^3。

将 Y 代入式(5-253)中可得热辐射对设备的损坏概率。

$$P = \frac{1}{\sqrt{2\pi}}\int_{-\infty}^{Y-5} e^{-x^2/2}\,dx \tag{5-253}$$

3. 碎片及其损坏概率计算

爆炸产生的巨大能量，使容器破裂的同时造成爆炸碎片飞离，对邻近设备、人员都可能造成伤害，其危害的程度主要取决于碎片数目、形状、质量、速度和抛射轨道等。爆炸产生的碎片对设备的影响用穿透厚度、冲击能、碰撞概率三个参数来衡量。

(1)穿透厚度

压力容器爆炸时，碎片的穿透力与击中时的动能成正比，即：

$$S = K\frac{E}{A} \tag{5-254}$$

式中 S ——碎片对材料(钢板等塑性材料)的穿透力，mm；

A ——破片穿透方向的截面积，mm^2；

E ——碎片击中物体时所具有的动能，J；

K ——材料的穿透系数，见表 5-46。

表 5-46　材料的穿透系数

材料	穿透系数
钢板	1
木材	40
钢筋混凝土	10

动能 E 为：

$$E = \frac{1}{2}mv_f^2 \tag{5-255}$$

由于碎片抛出的角度不同，需考虑 v_f 的方向。碎片水平抛出时，

$$v_f = \sqrt{(gx/v_0)^2 + v_0^2} \tag{5-256}$$

式中 v_0 ——为碎片的初始速度，$m \cdot s^{-1}$；

x ——设备间的水平距离，m；

g ——重力加速度，$m \cdot s^{-2}$。

碎片与地面角度为 θ 时，

$$v_f = \sqrt{(gx/v_0\sin\theta + v_0\cos\theta)^2 + (v_0\sin\theta)^2} \tag{5-257}$$

碎片穿透引起的设备损坏概率为：

$$P_{穿透} = (S - S_c)/S_c \tag{5-258}$$

式中　S_c——容器壁厚，mm；

$P_{穿透}$——损坏概率。

(2)冲击能

碎片带来的总冲击能有40%～50%用来提高被击中设备的温度，因此需要考虑冲击能对设备的影响。

$$1/4m_f \times v_f^2 = M \times c_p \times DT \tag{5-259}$$

式中　m_f——碎片的质量，kg；

v_f——击中设备时的速度，m·s^{-1}；

M——设备内化学品的质量，kg；

c_p——定压比热容，J·kg^{-1}·K^{-1}；

DT——温度变化量，K。

对于气体介质：

$$P_2 = (T_1 \times P_1)/T_2 \tag{5-260}$$

对于液态介质：

$$P_2 = (n \times R \times T_2)/V_{vap} + P_1 \tag{5-261}$$

其中：

$$V_{vap} = f_{vap} \times V \tag{5-262}$$

$$f_{vap} = 1 - \exp[-c_p \times (T_2 - T_1)/H_v] \tag{5-263}$$

式中　P_2——吸能量后压力，Pa；

P_1——初始压力，Pa；

T_1——初始温度，K；

T_2——吸热后温度($T_2 = T_1 + DT$)，K；

V_{vap}——液态物质的闪蒸体积，m^3；

V——容器体积，m^3；

f_{vap}——闪蒸系数；

H_v——常压沸点的汽化热，J·kg^{-1}。

碎片击中设备后，引发设备温度上升而造成压力升高，损坏的概率为：

$$P_{冲击} = (P_2 - P_{relief})/P_{relief} \tag{5-264}$$

(3)碰撞概率

碰撞概率为：

$$P_{碰撞} = V/V_r \tag{5-265}$$

式中　V——受碰撞设备的体积，m^3；

V_r——两设备间距离，包括容器直径之和，m。

初始事故中的爆炸碎片以穿透厚度、冲击能、碰撞三种方式损坏邻近设备，因此，碎片造成邻近设备损坏的概率为：

$$P = P_{冲击} \cup P_{碰撞} \cup P_{穿透} \tag{5-266}$$

$$P = \min\{[1, 1-(1-P_{冲击})(1-P_{穿透})(1-P_{碰撞})]\} \tag{5-267}$$

碎片对设备的影响复杂，研究也相对困难，计算复杂且准确性差，现有的多米诺风险分析多数没有考虑碎片的影响。

4. 多米诺场景概率计算

多米诺效应会在不同的事故场景中出现，对于场景的选择和发生概率的计算需要做分析和研究。设研究区域有 $n+1$ 个设备，选择其中 1 个设备（事故发生频率为 $f_{初始}$）作为初始事件，该设备通过热辐射、超压、碎片传递给目标设备，进一步触发二次事故。对于 n 个可能的目标，以它们最可能发生（或者危害最大）的事故类型作为二次事件，在此仅考虑 1 个设备发生 1 种类型的事故。在选定了初始事件后，可对场景数目进行计算，有 $k(k\leqslant n)$ 个设备发生二次事件的多米诺场景的数目为：

$$C_n^k = \frac{n!}{(n-k)!k!} \tag{5-268}$$

因此初始事件引发的二次事故场景数目众多，根据二次项定理，多米诺场景数目的计算公式为：

$$S_{总} = C_n^1 + C_n^2 + \cdots + C_n^n = 2^n - 1 \tag{5-269}$$

很少的可能目标就可能产生很大的二次场景数，$n=10$ 时，$S_{总}=2^{10}-1=1023$，所以在计算时，一般要考虑做一定的简化和选取设备损坏概率较大的作为二次事故的发生设备，减少场景数目，从而简化多米诺场景概率的计算。

多米诺场景的频率由式（5-270）和式（5-271）计算。

$$f_{\mathrm{d}}^{(k,m)} = f_{初始} P_{\mathrm{d}}^{(k,m)} \tag{5-270}$$

$$P_{\mathrm{d}}^{(k,m)} = \prod_{i=1}^{n} [1 - P_i + C(i, J_m^k)(2P_i - 1)] \tag{5-271}$$

式中 $f_{\mathrm{d}}^{(k,m)}$——含 k 个发生二次事件的目标设备同时发生第 m 种多米诺场景的概率；

$f_{初始}$——初始事件发生的频率，一般可由历史统计资料或者定量风险分析（如事件树）得到；

$P_{\mathrm{d}}^{(k,m)}$——含 k 个设备同时发生事故的第 m 种多米诺场景的概率；

P_i——第 i 个目标设备损害的概率，即多米诺扩展概率 $J_m^k=[设备_1,\cdots,设备_k]$，表示包含 k 个设备同时发生事故的第 m 种多米诺场景，其中 m 指第 m 个组合场景（$1\leqslant m<S$），k 指第 k 个设备（$k\leqslant n$），当目标设备 i 属于 J_m^k 这个组合场景时，$C(i,J_m^k)$ 取 1，否则取 0。

5. 化工园区多米诺事故后果风险评价

化工园区中装置及危险化学品种类繁多，发生事故的类型及对周边的影响效应也有很大的差异，进行多事故扩展参数共同作用分析时，需要确立一个统一的标准对事故后果影响大小进行衡量。三种事故扩展参数都会对人的身体造成较大的影响，且进行风险评价主要目的之一也是保护人民的生命安全，这里采用人体损伤概率对化工园区三种事故扩展参数的作用后果进行表征。

概率单位分析方法是评估人体对热辐射、爆炸冲击波超压及有毒物质剂量反应的一种广泛应用的方法，该方法认为火灾热辐射及爆炸冲击波超压对人体造成的损伤概率可以用标准正态分布的累积概率来表示，该方法揭示了事故扩展参数的强度与人体损伤概率之间的函数关系，见式(5－272)，积分上限由人所处的三种事故扩展参数的强度值确定。

$$P_v = \frac{1}{\sigma\sqrt{2\pi}}\int_{-\infty}^{V_u-5} e^{-u^2/2}du \tag{5-272}$$

式中 P_v——人体损伤概率；

V_u——人体损伤概率单位。

$$u = \frac{D-u}{\sigma} \tag{5-273}$$

$$V_u = a + b\ln(D) \tag{5-274}$$

式中 D——独立变量或“剂量”；

u，σ——正态分布的中间值和方差；

a，b——概率系数。

热辐射对人体损伤概率单位的计算公式如下：

$$V_u = -37.23 + 2.56\ln(D) \tag{5-275}$$

$$D = I^{1.33}t_e$$

冲击波超压对人体损伤概率单位的计算公式如下：

$$V_u = 5.13 + 1.37\ln(D) \tag{5-276}$$

$$D = P_S$$

由于爆炸碎片对周围影响的离散性和随机性的特点，爆炸碎片对人体的损伤概率取爆炸碎片在影响范围内不同距离上的影响概率。

5.7.3 多米诺效应事故五级递阶防控策略

由于多米诺效应体系繁杂，非任何单一技术方法可实现预防控制，即使是绝对的安全距离与容量限制，也由于其他多方面原因无法完全实现，因此，需根据多米诺效应各要素特点，应用系统工程原理与方法，对多米诺效应进行防控。

多米诺效应的核心要素是源事故场景与扩展事故场景，中间存在天然的空间距离与各种保护层，众多扩展网络即构成广泛的多米诺效应现象。源事故场景一般多指危化品泄漏扩散、火灾、爆炸，泄漏控制是核心，强调加强安全管理；安全距离是致损因子扩展传播的物理隔离，与源事故场景强度有关，主要是危化品容量；扩展事故场景是否发生取决于致损因子强度、目标设备易损性、保护层设置三个方面；多米诺效应定量风险评价以多米诺扩展网络为基础，处于较高的系统层次。如图 5－35 所示，多米诺效应防控五级递阶策略系统工程方法，以综合考虑多米诺效应各要素，并与其他过程安全技术方法相融合，降低化工企业或园区多米诺效应风险。

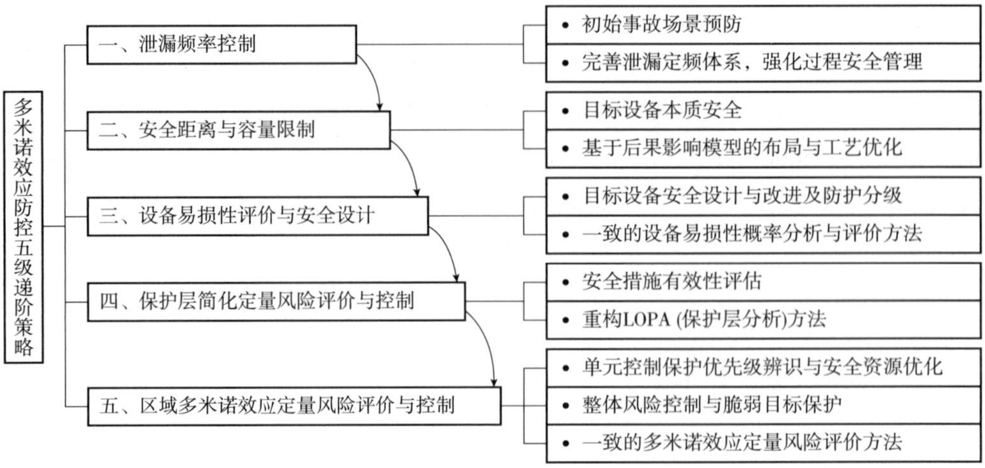

图 5－35　多米诺效应防控五级递阶策略框架

1. 策略一　泄漏频率控制

(1)策略目的与量化

目的：预防危化品泄漏扩散、火灾、爆炸初始事故场景。

量化：泄漏频率与其修正后的失效概率。

(2)策略要点与技术融合

需重点关注及融合的技术要点包括如下几个方面：

1)危险辨识，如《危险与可操作性(HAZOP)分析应用导则》(AQ/T 3049—2013)；

2)泄漏检测，如《承压设备系统基于风险的检验实施导则》(GB/T 26610.1～26610.5—2011/2014)；

3)结构完整性，如《在用含缺陷压力容器安全评定》(GB/T 19624—2019)；

4)过程安全管理，如《化工企业工艺安全管理实施导则》(AQ/T 3034—2010)。

泄漏频率及其修正可参考《失效可能性定量分析方法》(GB/T 26610.4—2022)，如下：

$$F = F_G \times F_E \times F_M \times F_L \tag{5-277}$$

式中　F——修正后的设备失效概率；

F_G——同类设备平均失效概率(泄漏频率)；

F_E——设备修正系数；

F_M——管理系统评价系数；

F_L——超标缺陷影响系数。

泄漏频率推荐值以及设备修正系数、管理系统评价系数、超标缺陷影响系数各要素如表 5－47 和表 5－48 所示。

表 5－47　泄漏频率推荐值

设备类型	泄漏频率			
	6mm	25mm	100mm	破裂
储存容器	4×10^{-5}	1×10^{-4}	1×10^{-5}	6×10^{-6}

续表

设备类型	泄漏频率			
	6mm	25mm	100mm	破裂
反应容器	1×10^{-4}	3×10^{-4}	3×10^{-5}	2×10^{-6}
塔器	8×10^{-5}	2×10^{-4}	2×10^{-5}	6×10^{-6}
管壳式换热器	4×10^{-5}	1×10^{-4}	1×10^{-5}	6×10^{-6}
空气冷却器	2×10^{-3}	3×10^{-4}	5×10^{-8}	2×10^{-8}
常压储罐	4×10^{-5}	1×10^{-4}	1×10^{-5}	2×10^{-5}
DN 20～>400mm 管道	$1\times10^{-5}\sim6\times10^{-8}$	$\sim2\times10^{-7}$	$\sim2\times10^{-8}$	$\sim1\times10^{-8}$
离心泵	6×10^{-2}	5×10^{-4}	1×10^{-4}	—
往复泵	7×10^{-1}	1×10^{-2}	1×10^{-3}	1×10^{-3}
离心压缩机	—	1×10^{-3}	1×10^{-4}	—
往复压缩机	—	6×10^{-3}	6×10^{-4}	—

表 5－48　泄漏频率修正要素

修正项	修正要素	
设备修正	技术模块	减薄、应力腐蚀开裂、高温氢蚀、炉管损伤、机械疲劳损伤、设备衬里破坏、外部损伤、脆性断裂
	通用条件	工厂条件、寒冷气候运行、地震活动
	机械	结构复杂性(设备、管道复杂性)、建造规范、寿命周期、安全系数(操作压力、操作温度)、振动监测
	工艺	工艺连续性(计划、非计划停车)、工艺稳定性、安全阀状态(维护程序、污垢、腐蚀、清洁状态)
管理系统评价	安全生产责任制、工艺安全信息、工艺危害性分析、安全检查、变更管理、操作规程、安全作业、人员培训、检验维护、投用前安全检查、应急措施、事故调查、分包管理、安全生产管理系统评估	
超标缺陷影响	不存在与时间相关退化机理，但存在超标缺陷时，根据定期检验规程、合乎使用评价、安全系数确定	
	存在与时间相关退化机理时，根据服役条件(高温、疲劳、特殊介质、作用环境)、损伤机理(常温疲劳、常温疲劳＋腐蚀、常温特殊介质应力腐蚀开裂、高温蠕变、高温疲劳、高温材质劣化、高温＋介质腐蚀)、拟服役时间、剩余寿命确定	

2. 策略二　安全距离与容量限制

(1)策略目的与量化

目的：最大限度实现目标设备本质安全。

量化：确定性安全距离与安全容量。

(2)策略要点与技术融合

主要是安全距离与事故后果模型两个方面：

1)安全距离，如《石油化工企业设计防火规范》(GB 50160—2008)；

2)事故后果模型，如《化工企业定量风险评价导则》(AQ/T 3046—2013)。

对于多米诺效应防控，安全距离与安全容量是互补的、可实现目标设备本质安全的技术措施，两者均与致损因子阈值有关。阈值主要根据目标设备类型及其破坏失效模式与严重程度确定，安全距离则根据阈值与源事故场景特征确定，安全容量可限制源事故场景致损因子强度。安全距离主要在厂区的布局设计阶段实现，而安全容量可实现动态管理。表 5－49 所示为国外知名学者 Cozzani 等推荐的阈值与安全距离取值。另外，在非标准规范推荐列表式安全距离或存在其他不确定性因素时，可应用运筹学方法，以事故后果模型为基础，对设备布局与储存工艺进行优化。

表 5－49　阈值与安全距离推荐值

事故场景	致损因子	致损机理	目标设备	损伤阈值	扩展阈值	安全距离
闪火	热辐射	火焰接触	浮顶罐	—	火焰边界	最长火焰宽度
			其他	—	—	—
火球	热辐射	火焰接触	常压罐	$I>100kW/m^2$	$I>100kW/m^2$	最长火焰宽度
			压力容器	—	—	—
		远距离辐射	常压罐	$I>100kW/m^2$	$I>100kW/m^2$	最长火焰宽度
			压力容器	—	—	—
喷射火	热辐射	火焰接触	所有	火焰边界	火焰边界	—
		稳态辐射	常压罐	$I>15kW/m^2$	$I>15kW/m^2$	远离火焰边界 50m
			压力容器	$I>45kW/m^2$	$I>45kW/m^2$	远离火焰边界 25m
池火	热辐射	火焰接触	所有	火焰边界	火焰边界	—
		稳态辐射	常压罐	$I>15kW/m^2$	$I>15kW/m^2$	远离液池边界 50m
			压力容器	$I>45kW/m^2$	$I>45kW/m^2$	远离液池边界 20m
VCE	超压	冲击波交互	常压罐	$P>7kPa$	$P>22kPa$	$R=1.75$(ME)；1.50(BS)
			压力容器	$P>20kPa$	$P>20kPa$	R=2.10(ME)；1.80(BS)
			塔(有毒)	$P>14kPa$	$P>20kPa$	$R=2.10$(ME)；1.80(BS)
			塔(可燃)	$P>14kPa$	$P>31kPa$	$R=1.35$(ME)；0.85(BS)
	热辐射	火焰接触	同闪火	同闪火	同闪火	同闪火
受限空间爆炸	超压	冲击波交互	常压罐	$P>7kPa$	$P>22kPa$	远离泄压口 20m
			压力容器	$P>20kPa$	$P>20kPa$	远离泄压口 20m
			塔(有毒)	$P>14kPa$	$P>20kPa$	远离泄压口 20m
			塔(可燃)	$P>14kPa$	$P>31kPa$	远离泄压口 20m
物理爆炸	超压	冲击波交互	常压罐	$P>7kPa$	$P>22kPa$	$R=1.80$
			压力容器	$P>20kPa$	$P>20kPa$	$R=2.00$
			塔(有毒)	$P>14kPa$	$P>20kPa$	$R=2.00$
			塔(可燃)	$P>14kPa$	$P>31kPa$	$R=1.20$
	碎片抛射	—	所有	碎片影响	碎片影响	300m(概率 $<5\times10^{-2}$)

续表

事故场景	致损因子	致损机理	目标设备	损伤阈值	扩展阈值	安全距离
BLEVE	超压	冲击波交互	常压罐	$P>7$kPa	$P>22$kPa	$R=1.80$
			压力容器	$P>20$kPa	$P>20$kPa	$R=2.00$
			塔(有毒)	$P>14$kPa	$P>20$kPa	$R=2.00$
			塔(可燃)	$P>14$kPa	$P>31$kPa	$R=1.20$
	碎片抛射	—	所有	碎片影响	碎片影响	300m(概率$<5\times10^{-2}$)
点源爆炸	超压	冲击波交互	常压罐	$P>7$kPa	$P>22$kPa	—
			压力容器	$P>20$kPa	$P>20$kPa	—
			塔(有毒)	$P>14$kPa	$P>20$kPa	—
			塔(可燃)	$P>14$kPa	$P>31$kPa	—

注：I—热辐射通量；P—峰值超压；R—能量比例距离；ME—多能法；BS—Baker-Sthrelow 法。

3. 策略三　设备易损性评价与安全设计

(1)策略目的与量化

目的：目标设备安全设计与改进及防护分级。

量化：设备易损性评价概率结果。

(2)策略要点

策略一与策略二相关技术已比较容易实现，策略三从设备受致损因子影响角度出发，关注扩展事故场景形成，可与源事故场景辨识形成互补，主要包括三个方面：

1)设备易损性评价

设备易损性评价程序如图 5－36 所示。

①待评价设备选取

易损性评价设备选取需要遵循一定的原则与方法，否则将导致无明显意义的分析与巨大工作量，主要选取原则是设备破坏失效可能产生严重事故后果影响，如重大危险源、第三类压力容器等。

②致损因子辨识与强度表征

同一区域范围，过程设备可能承受的自然灾害致损因子类型及其强度无明显差异，但源事故场景产生的火灾热辐射、爆炸冲击波、爆炸碎片致损因子强度会有显著不同。根据辨识初始事故场景，结合事故后果影响模型与实践经验，对致损因子强度进行定量表征，主要是确定强度均值与方差或取值区间，如火焰表面温度均值与方差、火灾最长持续时间、爆炸冲击波峰值压力上下界等。

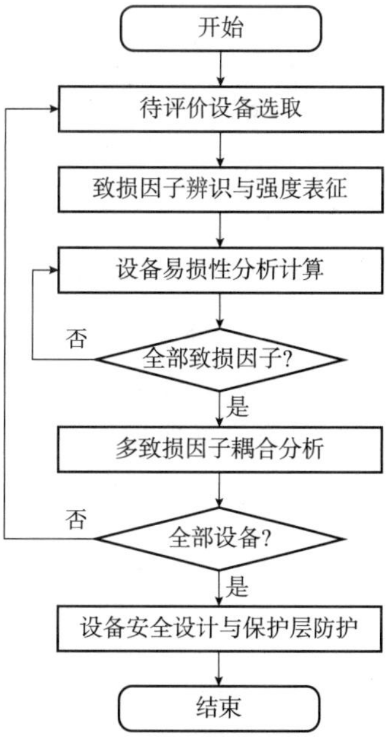

图 5－36　设备易损性评价程序

③设备易损性分析计算

剥离设备所有保护层，选择或开发合适的易损性模型，对所有潜在致损因子影响下设备易损性进行分析计算，绘制设备易损性曲线。

④多致损因子耦合分析

对同步致损因子耦合作用进行设备易损性概率逻辑运算，对所有致损因子及其耦合情况进行设备易损性排序运算。

2)设备安全设计与改进

在预防扩展事故场景形成方面，设备安全设计与改进比保护层防护更可靠，易损性模型提供了一种量化方法，核心目标是使设备易损性概率结果尽可能低，如以 LPG 卧罐火灾易损性分析为例，可通过不断调整安全阀参数，使干壁稳定温度尽可能低于材料极限温度，保证泄压完全前，BLEVE 发生概率最小。

3)设备防护分级

设备安全设计与改进不能及时，进一步策略即保护层防护，可根据设备易损性评价结果对保护层防护设置提出定量需求。

4. 策略四　保护层简化定量风险评价与控制

(1)策略目的与量化

目的：安全措施或保护层有效性评估。

量化：独立保护层要求时失效概率(PFD)。

(2)策略要点与技术融合

主要是保护层分析与功能安全两个方面：

1)保护层分析，如《保护层分析(LOPA)方法应用导则》(AQ/T 3054—2015)；

2)功能安全，如《电气/电子/可编程电子安全相关系统功能安全》(GB/T 20438.1～20438.7—2006)，《过程工业领域安全仪表系统功能安全》(GB/T 21109.1～21109.3—2007)。

保护层一般分为 8 个层次，工艺设计本质安全、基本过程控制系统(BPCS)、关键报警和人员响应、安全仪表功能、物理保护(释放设施，如安全阀、爆破片等)、释放后物理保护(如防火堤、防爆墙等)、厂区应急响应、周围社区应急响应，它们均是从预防初始事故场景发生或限制其影响角度进行定义分类的，但同时隐含了预防扩展事故场景形成的部分功能。因此，可对保护层分析方法进行重构，根据设备易损性评价结果，定义预防扩展事故场景形成的保护层类型及其要求时失效概率(PFD)。表 5－50 是推荐的典型独立保护层 PFD 数据。

表 5－50　典型独立保护层推荐 PFD 数据

独立保护层	说明	PFD
本质更安全设计	大幅降低相关场景后果频率	$1\times10^{-1}\sim1\times10^{-6}$
基本过程控制系统(BPCS)	如果与初始事件无关，可作为一种独立保护层	$1\times10^{-1}\sim1\times10^{-2}$

续表

独立保护层			说明	PFD
关键报警和人员响应	人员行动，10min 响应时间		行动应具有单一性与可操作性	$1.0\sim1\times10^{-1}$
	人员对 BPCS 指示或报警响应，40min 响应时间			1×10^{-1}
	人员行动，40min 响应时间			$1\times10^{-1}\sim1\times10^{-2}$
安全仪表功能	安全完整性等级	SIL1	GB/T21109.1～21109.3—2007	$1\times10^{-1}\sim1\times10^{-2}$
		SIL2		$1\times10^{-2}\sim1\times10^{-3}$
		SIL3		$1\times10^{-3}\sim1\times10^{-4}$
物理保护	安全阀		有效性对服役条件比较敏感	$1\times10^{-1}\sim1\times10^{-5}$
	爆破片			$1\times10^{-1}\sim1\times10^{-5}$
释放后物理保护	防火堤		降低储罐溢流、断裂、泄漏等造成严重后果频率	$1\times10^{-2}\sim1\times10^{-3}$
	地下排污系统			$1\times10^{-2}\sim1\times10^{-3}$
	开放式通风口		防止超压	$1\times10^{-2}\sim1\times10^{-3}$
	耐火涂层		减少热通量输入，为降压、消防等提供额外响应时间	$1\times10^{-2}\sim1\times10^{-3}$
	防爆墙/舱		限制冲击波，保护设备、建构筑物等，降低爆炸重大后果频率	$1\times10^{-2}\sim1\times10^{-3}$
	阻火器/防爆器		如果安装与维护合适，可防止通过管道进入容器或储罐的潜在回火	$1\times10^{-1}\sim1\times10^{-3}$
	遥控式紧急切断阀			$1\times10^{-1}\sim1\times10^{-2}$

5. 策略五　区域多米诺效应定量风险评价与控制

1)策略目的与量化

目的：(1)辨识设备或单元控制保护优先级，辅助安全资源优化；(2)控制区域整体风险，保护脆弱目标。

量化：多米诺场景概率或多米诺风险。

2)策略要点与技术融合

区域多米诺效应定量风险评价处于较高系统层次，评价结果可用多米诺场景概率或多米诺个人风险与社会风险表征，而且方法依赖于策略一至策略四的结果。由于多米诺扩展网络比较复杂，尤其当节点设备或单元及其影响连接关系较多时，概率评价结果对节点参数变化敏感性非常低，因此，防控措施制定及其有效性评估很难落到节点层级，所以策略五主要目的是辨识节点控制保护优先级，辅助安全资源优化，以及对区域整体风险进行控制，辅助管理决策，保护脆弱目标。

(1)定量风险评价方法选择

实现策略目的，需一致的多米诺效应定量风险评价方法，但当前并未达成共识，可选择认可度较高的国外知名学者 Cozzani 等人提出的方法。关于以设备易损性理论为基础的致损概率计算，需开展广泛的设备易损性研究与评价活动，丰富基础数据。

(2)安全资源最优利用

安全资源总是有限的，如何合理安排从而达到最优利用需要方法指导，多米诺风险提供了一种量化途径，可通过研究多米诺风险对节点设备或单元的依赖程度，辨识节点控制保护优先级，辅助安全资源优化。

(3)脆弱目标保护决策

通过多米诺效应定量风险评价可控制区域整体风险水平，最直接的方法即对人员聚集脆弱目标进行保护干预，降低社会风险。

5.7.4 多米诺效应断链减灾防控模型

若某一区域的定量风险评估结果处于风险不可接受区域或尽可能降低区域，需要采取对应的措施使风险降低至可接受水平。Natech 事件及其诱发的后续多米诺效应是以事故链的形式扩展的，通过前序章节对多米诺效应扩展链路概率与风险两个方面的分析，可识别出最可能的扩展链路、最可能遭受自然灾害影响的初始设备单元及多米诺效应链路中最危险的目标设备单元，再依据断链减灾理论，对这些关键设备单元及事故演化的各个环节采取针对性的防护措施，可有效防止事故的发生。

Natech 事件与其后续可能的多米诺效应链路扩展机理复杂且具有很大的不确定性，因此，单一的防控措施不能有效遏制此类事故造成的破坏，通过基于断链减灾理论的综合防控措施尽可能地将各灾害发生的可能性及事故后果降低，成为此类事故灾害的有效防治途径。Natech 事故诱发的多米诺效应防控需要从两个方面着手：一方面需要防止自然灾害对初始设备单元造成破坏并产生火灾爆炸等严重后果；另一方面是预防 Natech 事件诱发后续的多米诺效应加剧事故后果的严重性。图 5－37 所示为自然灾害诱发的多米诺效应断链减灾防控模型示意图，随着事故链路的扩展与演化，事故后果越来越严重，因此根据预防为主、防治结合的原则，越早采取防控措施，损失越小。

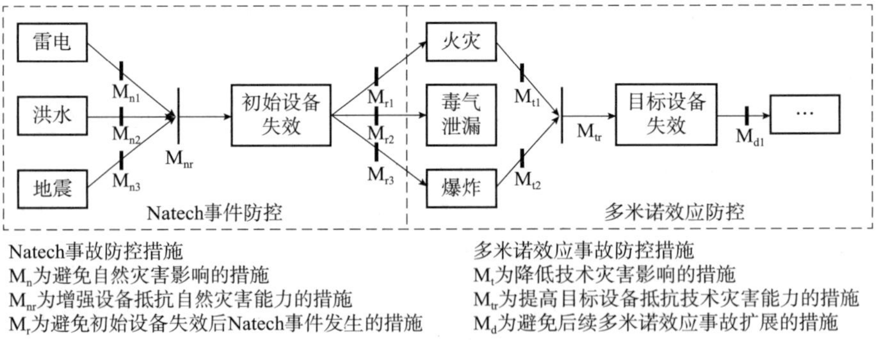

图 5－37 多米诺效应断链减灾防控模型示意图

关于 Natech 事件防控需要从三个角度开展：

(1)采取措施减少自然灾害对设备的影响；

(2)提高初始设备抵抗自然灾害的能力，使其遭受自然灾害影响时仍能够保持设备完整性；

(3)初始设备失效后，采取措施防止或降低其事故后果。

关于多米诺效应的防控需要从以下两个角度开展：

(1)采取措施降低技术灾害的影响，降低或减缓设备失效后事故后果的严重程度；

(2)提高目标设备抵抗技术灾害的能力，使其遭受火灾、爆炸等技术灾害影响时避免发生破坏失效。

5.7.5 全生命周期防控体系

基于提出的断链减灾原理，从选址布局、设计、生产运行、预警与应急，到灾后恢复等全阶段，提出了自然灾害诱发的化工园区多米诺效应全生命周期防控体系，如图5－38所示(图中括号内容表示各防控措施适用的事故场景)，并针对每个阶段提出了针对自然灾害诱发的多米诺效应的具体防控策略与防控要点，后序阶段防控措施为前序阶段措施不能发挥有效作用后，采取的补充措施。

由于化工园区内危险源众多，对所有危险设备单元均采取严格的事故防控措施耗费巨大，因此可对识别出的关键设备单元采取针对性的防控措施，在确保安全的前提下达到降低成本的目的。

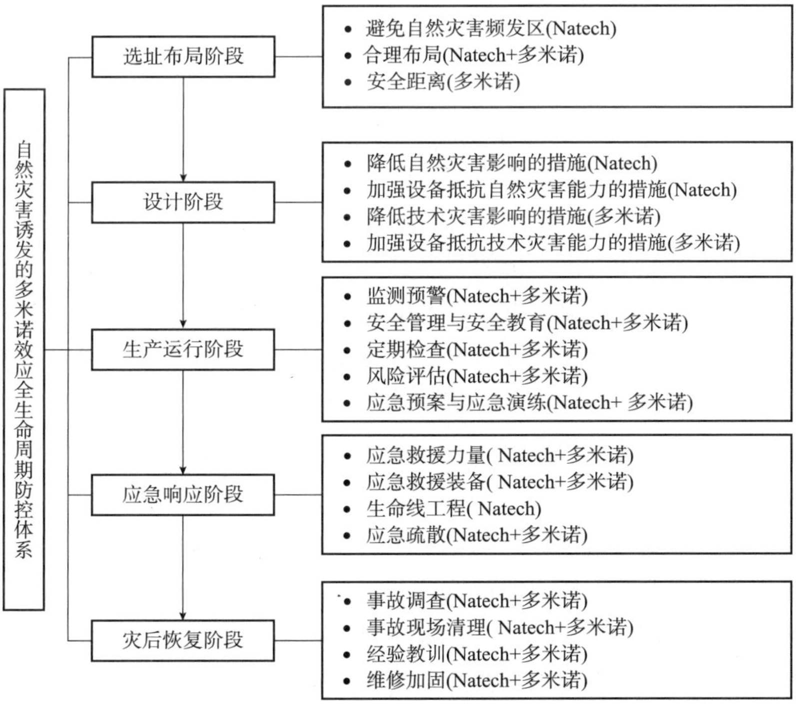

图5－38 自然灾害诱发的多米诺效应全生命周期防控体系

1. 选址布局阶段

化工园区防止自然灾害影响的最佳方法是通过适当的土地使用规划在选址阶段使危险装置远离自然灾害频发地区，在制定与危险化学品设施有关的土地使用规划和政策时，政府应考虑到诸如洪水、地震、台风、雷电等自然灾害以及气候变化的可能影响，包括气候变化对自然灾害风险的潜在变化。避免化工园区或化工企业布局在自然灾害频发区是最有效的预防措施，但该措施并非总是可行的，尤其是对已存在的化工园区或化工企业来说，在选址布局时应考虑化工园区或化工企业附近社区的 Natech 事件及多米诺效应的累积风险，以确定在什么位置是降低风险最有效和最经济的方案。目前还没有专门将 Natech 风险纳入土地使用规划，仅考虑避开自然灾害频发区来预防自然灾害的次生衍生事故，未量化评估 Natech 事件的影响及其后续多米诺效应对事故后果的扩大作用。在选址布局阶段采取的主要防控措施如表 5 - 51 所示。

表 5 - 51 选址布局阶段防控措施

防控策略	具体措施
避免自然灾害频发区	(1)在选址阶段使化工园区或化工企业远离自然灾害频发地区
	(2)政府可以确定某些地区为不适合进行涉及危险化学品生产活动的区域，或需要采取额外的安全措施或更严格的设计、建设和运营要求的自然灾害频发区
合理布局	(1)把含有危险化学品或其他关键安全部件的设备布局在自然灾害影响最小的位置
	(2)政府和危险化学品企业应该在新建危险化学品设施之前应进行 Natech 事件风险及多米诺效应风险分析，在确保安全的前提下，选择最优方案
安全距离	(1)确保化工园区或化工企业的安全距离与安全容量在安全范围内
	(2)安全距离可在初始事故场景进行简化评估基础上，进行多米诺效应扩展分析，使用阈值和安全距离识别升级目标，确保事故发生后不会影响周围设备

2. 设计阶段

将化工园区或化工企业布局在远离自然灾害频发的区域能够最大限度地减少与潜在自然灾害与多米诺效应有关的影响，但是，对于现有装置或部分土地规划受限的新装置采取该措施往往存在一定的困难。在这种情况下，需要在设计阶段采取补充措施来保护危险装置免受影响。

在设计阶段以本质安全设计思想为指导，可以采取多种方法减少自然灾害导致的技术灾害风险主要包括：

1)降低自然灾害影响的措施；

2)加强设备抵抗自然灾害能力的措施；

3)降低技术灾害影响的措施；

4)加强设备抵抗技术灾害能力的措施，具体措施如表 5 - 52 所示。

表 5－52 设计阶段防控措施

防控策略	具体措施
降低自然灾害影响的措施	(1)地震：由于地震灾害准确预测难度较大，且地震预警时间与作用时间极短，地震灾害无法完全避免，因此在设计阶段需要规划隔离带、绿化区和避灾救灾空间，对大型设备的地基进行抗震处理以减缓地震的影响
	(2)洪水：关于减缓洪水灾害的措施可在洪水频发区或重大防护设施周围设计森林、沟渠、斜坡和护堤来减缓和限制洪水的流速及洪水携带的碎片；还可采用导流技术，通过设置防洪墙、防洪渠等来将洪水引导至远离敏感区域；此外还可通过加高厂区或关键设施的地基来降低洪水的影响
	(3)雷电：按照《石油化工装置防雷设计规范》(GB 50650—2011)通常需要设置对应等级的雷电防护系统，如设备的接地、避雷针或断路器等
加强设备抵抗自然灾害能力的措施	(1)新的危险化学品设施可参考针对自然灾害的设计规范与标准；旧设施需要进行改造，以符合最新的设计规范与标准，如《石油化工钢制设备抗震设计标准》(GB 50761—2018)等
	(2)采用锚固可在一定程度上增强储罐抵抗地震与洪水等自然灾害的能力
	(3)柔性管接头和柔性管，可减少对储罐法兰和连接管的损坏
降低技术灾害影响的措施	(1)主动安全屏障：如消防预警系统、泄压阀、自动紧急关闭阀、高压水枪、消防泡沫系统、自动水喷淋灭火系统、消防栓等
	(2)被动安全屏障：如防爆墙、防护网、防护堤等
	(3)在安全屏障设计时需考虑自然灾害的影响，加强安全屏障抵抗自然灾害的能力，还需考虑自然灾害导致安全屏障不可用时的情况
	(4)定期对安全屏障检查和维护
加强设备抵抗技术灾害能力的措施	(1)被动安全屏障的使用(例如工艺设备的隔热、防火涂层、阻燃材料等)可以用来加强设备抵抗力技术灾害能力
	(2)提高设备的设计标准

此外，针对当今世界科技发展日新月异，新技术、新装备不断涌现的客观条件，为契合工业 4.0 时代的发展需求，在设计阶段还应结合最新的物联网、大数据、云计算等技术，在园区新建、改建、扩展项目中可通过逐步实现自动化、智能化发展，提高园区安全水平，有效预防自然灾害诱发的多米诺效应事故发生。

3. 生产运行阶段

由于自然灾害导致的风险会随时间而变化，而且化工园区内工业设施和基础设施的运行寿命较长，自然灾害与其诱发的多米诺效应不仅应在设计阶段考虑，而且也应在工厂运行期间考虑。在运行阶段减少 Natech 事件及多米诺效应风险主要包括工程技术上的措施与组织管理上的措施。工程技术措施主要为自然灾害及危险源的监测预警；组织管理措施是从人的角度降低风险，包括安全管理与教育、定期检查、风险评估、应急预案与应急演练，具体措施如表 5－53 所示。

表 5-53 生产运行阶段防控措施

防控策略	具体措施
监测预警	(1)政府部门应利用地面感知、卫星遥感、航空监测等数据，建立一套"区域定期监测识别、远程定点加强、地面实时监测"的自然灾害隐患区监测预警系统，解决目前存在的自然灾害监测盲点多、重点区域、隐患区预警不及时等问题
	(2)政府管理部门应就地震风险图和洪水风险图等自然灾害评估的现状与企业和公众保持沟通，及时发布高温、台风暴雨期间气象预警
	(3)化工园区或化工企业应加强对台风、雷电、洪水、泥石流、滑坡等自然灾害的监测和预警，提前预测和研判自然灾害带来的安全风险
	(4)对化工企业危险源实施风险监控，实现重大危险源预警参数，如温度、压力、液位、流量、可燃有毒气体泄漏等的24h在线实时监控及数据的远程传输，有效控制生产过程，并监测异常行为
	(5)化工企业可利用物联网、5G、大数据等技术监控自然灾害与重大危险源，通过大数据、人工智能进行数据挖掘与分析，实现态势感知与情景推演，并借助智能化预警与应急平台，实现对园区内企业、重点场所、重大危险源、基础设施实时风险监控预警
	(6)预警系统应定期测试、维护和更新，以便在可行的范围内向企业和社区通报即将发生的自然灾害，应急预案应考虑到现有的预警系统，并应提前制定应采取哪些行动对自然灾害警报作出反应
安全管理与教育	(1)化工企业要增强对Natech事件及多米诺效应安全管理的重视程度。一方面应建立应对此类新兴风险的安全管理规章制度；另一方面加强对此类风险管理的宣传与教育工作，提高员工对此类风险的认识水平
	(2)向工厂管理人员及从业人员提供有关自然灾害相关事故的知识，使其认识自然灾害及其可能诱发的后续多米诺效应风险，并掌握此类事故的防控能力
定期检查	(1)对预防自然灾害和技术灾害的安全设施及设备定期检查，确保其在恶劣条件下仍然能够运行
	(2)定期测试现有保护措施及安全屏障的有效性，以确保它们在自然灾害条件下能正常工作
风险评估	(1)应在定量风险评估中考虑Natech事件及多米诺效应的风险，根据风险评估结果，提出消除、降低、管控安全风险的对策措施
	(2)化工园区安全生产管理机构应依据整体性风险评估结果和相关法规标准的要求，划定化工园区周边土地规划安全控制线
应急预案与应急演练	(1)应该对现有的应急预案进行修订，以确保其考虑了地震、洪水、雷电、飓风和其他自然灾害可能引发的后果
	(2)整合自然灾害和技术灾害的应急预案，使其能够同时应对Natech事件及多米诺效应事故
	(3)应急预案应考虑到最坏的情况和最可能的情况，以及气候变化对自然灾害的可能影响
	(4)应急预案应考虑到自然灾害可能对基础设施和应急救援能力造成的影响(例如包括对水和电力供应、道路交通和通信系统的潜在影响)
	(5)化工企业应强化应急队伍建设，开展Natech事件专项应急演练，完善应急处置预案，加强应急器材物资储备
	(6)Natech事件应急响应人员需要接受专门的教育和训练，掌握复杂的事故处理程序

4. 应急响应阶段

应急响应是发生事故时尽量减少人员伤亡和财产损失所采取的一系列安全技术和安全管理措施，Natech 事件及多米诺效应的应急响应功能就是在事故已发生的情况下控制事故进一步升级并减小损失，把危险降到最低限度，具体措施如表 5－54 所示。

表 5－54 应急响应阶段防控措施

防控策略	具体措施
应急救援力量	由于自然灾害发生时，通常对大范围区域造成影响，Natech 事件状态下需协调各方应急救援力量(包括政府当局救援力量，社会救援力量)，场内救援与场外救援相结合，涉及的人员包括：救援人员、消防队伍、医疗队伍、园区信息管理人员、后勤保障人员、通信专家等；可通过建立智能应急决策支持系统来辅助应急救援力量与救援装备的快速准确分配与协调
应急救援装备	在对 Natech 事故及诱发的多米诺效应开展应急响应时应考虑这些场内消防设施不可用的可能性，需从外部调入更多的消防及救援物资；还可开发与应用智能化的应急救援装备，如搜救救援机器人、智能可穿戴装备以及通信装备等
生命线工程	当生命线工程不可用时，可考虑借助直升机、无人机等设备率先开展救援
应急疏散	应急疏散是防止 Natech 事件及多米诺效应事故对人造成伤害的有效措施

在自然灾害频发地区，Natech 事件的应急响应需要考虑自然灾害影响造成的危险物质泄漏的可能性，及后续多米诺效应产生的火灾、爆炸对人员和救援行动的影响，这些应急响应需考虑道路被地震破坏、洪水淹没导致的道路通行障碍带来的挑战。还应注意释放的危险物质与洪水可能发生的剧烈反应，以及无害的化学品燃烧后可能产生的毒气等的影响。

由于目前安全屏障的设计较少考虑自然灾害的影响，因此在自然灾害影响下这些安全措施，如消防系统、防护堤等可能不可用。因此，在对 Natech 事件及诱发的多米诺效应开展应急响应时应考虑这些场内消防设施不可用的情况，需从外部调入更多的消防及救援物资。自然事件还会影响电力和水供应、接入线路和通信系统，从而减弱应急响应能力，使应急工作成为一大挑战。

5. 灾后恢复阶段

灾害发生后应对事故现场进行调查，认真总结事故经验与教训，进行事故调查与案例分析，以便查漏补缺，更好地预防此类事故发生，降低事故后果。由于目前事故调查与记录多集中在技术灾害方面，对 Natech 事件及多米诺效应事故缺乏详细的记录，因此需要记录与自然灾害及多米诺效应有关的信息，如自然灾害导致的设备失效原因与失效模式、多米诺效应扩展序列等，以便为后续的事故统计与分析提供基础数据。

事故调查后应对事故现场进行清理，对设备设施进行检修；此外，自然灾害发生后应加强疫情防控，对破坏或损伤的设备进行更换或加固，对关键设备单元按新的设计标准进行加固。

事故现场恢复后，应对园区存在的危险因素进行评估，分析化工园区内的薄弱环节，进而反馈指导选址布局、设计、生产运行、应急响应等阶段提出改进的防控措施。

5.7.6 智慧化工园区多米诺效应

近年来，我国化工行业逐渐形成以化工园区为主流的发展模式，大量危险化学品生产储运企业呈现区域性集中发展态势，行业快速发展的同时，也增加了事故发生概率。为提高化工园区安全水平和管理效率，防范事故发生，2015 年工业和信息化部提出将智慧化工园区建设作为化工园区规范发展的重要方面。2018 年我国首批智慧化工园区通过验收，2020 年中国石油和化学工业联合会起草了《智慧化工园区建设指南》(GB/T 39218—2020)，将智慧化工园区定义为以信息与通信技术为支撑，围绕安全生产、环境管理、应急管理、封闭化管理、运输管理、能源管理、办公管理、公共服务和保障体系等领域，通过数据整合与信息平台建设实现智慧化管理与高效运行的化工园区。典型智慧化工园区建设架构如图 5－39 所示。

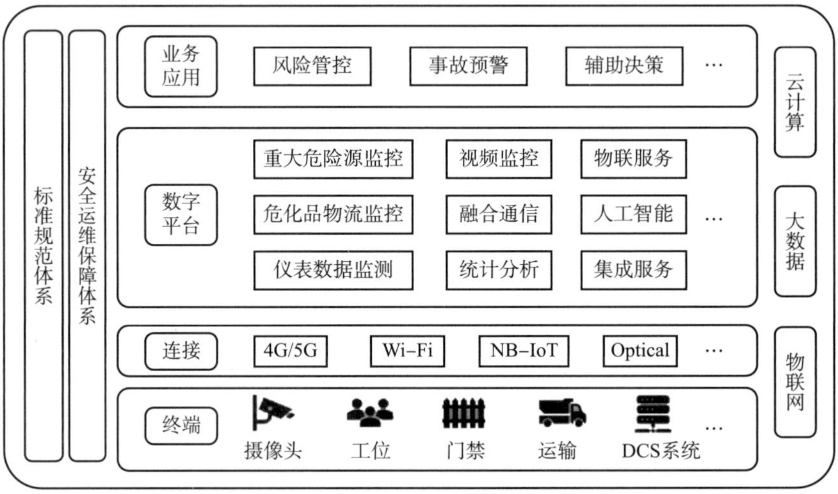

图 5－39 典型智慧化工园区建设架构

智慧化工园区通过传感器的泛在布控与集成，获取工业过程数据参数并运用数据挖掘技术，实现和增强园区泛在风险感知能力，最终达到完成风险智能理解和预测分析、实现园区“智慧化”的目标。智慧化工园区对于事故风险不仅可以发出风险警报，同时也能协助决策者理解动态风险，提供风险控制对策建议。然而，现有化工园区仅有小部分园区实现“智慧化”，且对于智慧化工园区的研究多停留在概念框架上。同时，随着化工园区智慧化建设不断推进，动态风险分析系统、大数据分析系统及智能控制系统的耦合级联关系使得智慧化工园区级联效应事故演化规律的不确定性、复杂性与动态性日益增长。然而目前，多米诺级联效应事故演化规律研究主要集中在传统的级联效应传播链路演化分析，缺乏对智慧化工园区动态风险感知、大数据分析及智能控制多子系统交互耦合下级联效应事故演化机制的系统性研究。因此，未来需要对智慧化工园区动态风险进行深入研究，通过研究数据采集与传输技术方案实现化工园区动态风险的感知。采用数据挖掘技术即对化工事故进行泄漏反演和火灾爆炸等风险预警，进而实现化工园区动态风险的理解与预测。通过开发化工园区动态风险感知系统，提高园区智慧化水平，以实现降低化工园区事故发生概率、提高应急响应速度、提升应急决策能力以及减小事故后果的重要目标。

5.8 事故后果模拟应用实例

对某公司LPG气库事故后果进行模拟评价。根据该公司所在地理位置的气象条件和地质条件选取参数如下：

(1)年平均风速：2.7m/s；

(2)年平均温度：22.5℃；

(3)年平均相对湿度：79.9%；

(4)年平均气压：101.325kPa；

(5)年平均降雨量：1924.7mm；

(6)主导风向为东南风、东风。

5.8.1 后果模拟对象选取

气库主要产品为纯丁烷、纯丙烷和任意比例的丙丁烷混合气。根据厂区火灾爆炸危险因素分析可知，厂区火灾爆炸危险的作业场所主要是生产区。罐区由2个1000m³的球罐，多个卧罐组成。储罐的最大储存容量不得超过储罐体积的85%。由于丙烷比丁烷更易挥发，危险性比丁烷大。因此，考虑1000m³丙烷球罐作为后果模拟评价对象。

5.8.2 丙烷球罐事故后果模拟

按LPG储罐事故发展过程：泄漏、扩散、VCE、BLEVE进行事故后果模拟计算。

首先，对1000m³丙烷球罐进行模拟，评价过程如下：

1. 泄漏模拟

(1)泄漏速率

泄漏口呈圆形，直径为0.06m。液体泄漏速率可用流体力学的Bernoulli方程式计算：

$$Q = \rho_l A_0 \delta_l \left[2(P - P_0)/\rho_l + 2gh_l\right]^{1/2} \tag{5-278}$$

式中 Q——液体泄漏速率，kg/s；

δ_l——泄漏系数，取0.65(圆形裂口，且雷诺数$Re>100$)；

A_0——泄漏口面积，0.00283m²；

ρ_l——液态丙烷密度，585kg/m³；

P——罐内压力，894500N/m²；

P_0——大气压，101325N/m²；

g——重力加速度，9.8m/s^2；

h_l——孔上液位高度，9.324m。

储罐接管泄漏事故发生时，丙烷球罐泄漏速率 Q=57.89kg/s。

(2)泄漏事故模拟结论

①丙烷球罐可能发生泄漏事故，一旦发生液相泄漏，泄漏速率为 57.89kg/s，泄漏量较大；若未采取应急补救措施，很可能产生连锁反应，如扩散、蒸气云爆炸等，导致新的火灾爆炸事故等，造成更大的损失。

②鉴于泄漏事故的潜在危害，必须采取有效措施，防止储罐发生泄漏事故，液化石油气泄漏事故一旦发生，应设法驱散蒸气云并控制好火源，防止发生后果严重的火灾爆炸事故。

2. 扩散模拟

液化石油气泄漏扩散属于重气云羽扩散，采用平板模型分析近地面连续泄漏形成的重气云羽。泄漏模式选为 10min 连续泄漏。丙烷沸点远小于环境温度，泄漏后会立即发生闪蒸。

(1)丙烷闪蒸率的计算

根据式(5－279)计算闪蒸率：

$$F_{\mathrm{V}} = \frac{C_{\mathrm{Pl}}(T_1 - T_{\mathrm{b}})}{H_{\mathrm{v}}} \tag{5-279}$$

式中 C_{Pl}——丙烷液体定压比热容，2600J/kg·K；

T_1——罐内液体温度，298K(操作温度)；

T_{b}——沸点温度，231K；

H_{v}——丙烷气化热，427000J/kg。

计算得 F_{v}=40.8%。

两相混合物的平均密度 ρ_{m} 可由式(5－280)得：

$$\rho_{\mathrm{m}} = \frac{1}{F_v/\rho_g + (1 - F_v)/\rho_l} \tag{5-280}$$

式中 ρ_{g}——丙烷气态密度，2.06kg/m^3；

ρ_l——丙烷液态密度，585kg/m^3。

由以上两式可得 ρ_{m}=5.024kg/m^3。

(2)初始流量体积

初始流出的重气云羽密度为物质的泄漏密度，根据式(5－52)初始流量体积为：

$$V = Q/(\pi\rho_{\mathrm{a}}) \tag{5-281}$$

式中 ρ_{a}——丙烷云羽密度，在此为丙烷气液两相混合密度 5.024kg/m^3。

根据前面计算结果得出 V=57.89/(3.14159×5.024)=3.68m^3。

又因为 $V = 2b_0h_0'u$，$b_0 = 2h_0'$，从而可求出 $b_0 = \sqrt{V/u}$，h_0' 可由 b_0 求出。

式中 b_0——泄漏源点重气云羽横风向半宽，m；

$h_0{}'$——泄漏源点重气云羽高度，m；

u——重气云羽的轴向蔓延速度(等于风速)，2.7m/s。

所以 $b_0=\sqrt{V/u}=\sqrt{3.68/2.7}=1.17\text{m}$，$h_0{}'=0.5b_0=0.58\text{m}$。

(3)丙烷蒸气扩散距离、面积的计算

在扩散过程中，重气云羽横截面半宽随下风向距离 x 的变化式(5－53)确定：

$$b=b_0\left\{1+1.5\left[\frac{gh_0{}'(\rho_a-\rho_0)}{\rho_0}\right]^{1/2}\frac{x}{ub_0}\right\}^{2/3} \tag{5-282}$$

式中 b——重气云羽的横风向半宽，m；

ρ_0——大气密度，kg/m³。

x——下风向距离，m；

u——环境风速，2.7m/s。

而重气云羽高度的变化由式(5－54)确定：

$$\begin{aligned} h' &= au_*^2u^{-1}B_0^{-1/3}x^{4/3} \\ B_0 &= g(\rho_a-\rho_0)/\rho_0V_0{}'/\pi \\ V_0{}' &= 2L_0h_0{}'u \end{aligned} \tag{5-283}$$

式中 h'——重气云团的高度，m；

a——常数(等于 1.0)；

u_*——摩擦风速，m/s(一般取 10m 高度的平均风速的 6.67%)；

B_0——浮力通量，m^4/s^3；

$V_0{}'$——初始气云体积通量，m^3/s。

(4)重气云团中浓度 C'(kg/m^3)则由式(5－55)计算：

$$C'=\frac{L_0h_0{}'C_0}{Lh'} \tag{5-284}$$

式中 C_0——初始浓度，kg/m³。

(5)危害浓度范围

重气云羽在下风向距离为 x(m)处的覆盖面积可由(5－56)计算。

(6)将重气云羽浓度 C' 分别用丙烷爆炸极限(2.1%～9.5%)、化学剂量浓度 4%、健康危害浓度 1000mg/m³代入，解方程组(5－282)～(5－284)，可计算出在静风和年平均风速条件作用时相应的下风向距离及危害面积，见表 5－55。

表 5－55 丙烷蒸气扩散模拟结果

浓度	静风 1m/s			平均风速 2.7m/s		
	下风向距离(m)	云团半宽(m)	危险面积(10^4m^2)	下风向距离(m)	云团半宽(m)	危害面积(10^4m^2)
爆炸下限 2.1%	176.20	153.92	3.259	107.10	40.10	0.529

续表

浓度	静风 1m/s			平均风速 2.7m/s		
	下风向距离（m）	云团半宽（m）	危险面积（10^4m^2）	下风向距离（m）	云团半宽（m）	危害面积（10^4m^2）
爆炸上限 9.5%	83.20	93.43	0.935	50.50	24.92	0.1521
化学剂量浓度 4%	128.00	124.43	1.915	77.80	33.17	0.312
健康危害浓度 1000mg/m^3	951.95	473.59	54.148	579.25	126.00	8.766

平均风速和静风条件下的扩散模拟结果和生成的不同风速条件下丙烷蒸气云浓度随距离、丙烷蒸气云浓度随时间、气云半宽随时间、气云高度随时间变化曲线等图，见图 5－40～图 5－51。

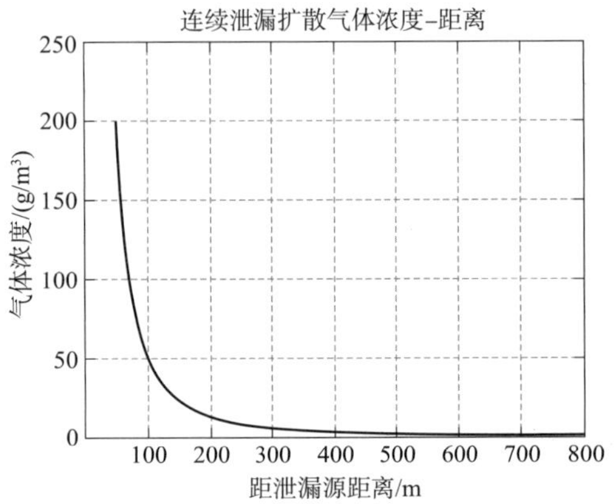

图 5－40　风速为 2.7m/s 时浓度随距离变化曲线图

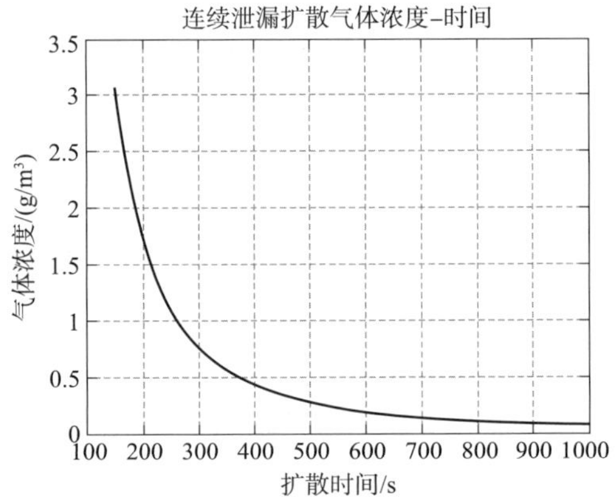

图 5－41　风速为 2.7m/s 时浓度随时间变化曲线

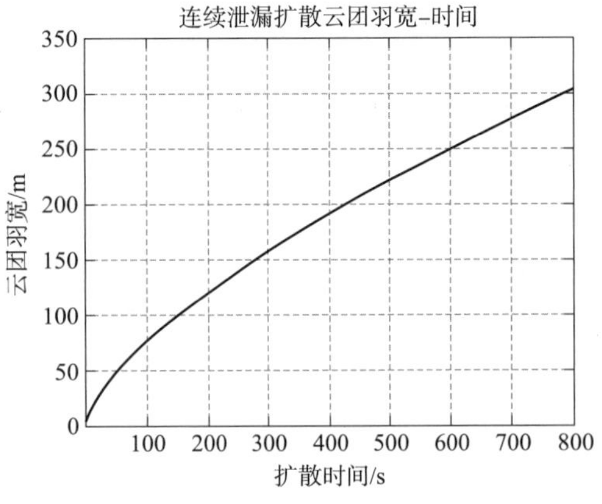

图 5－42　风速为 2.7m/s 时气云半宽随时间变化图

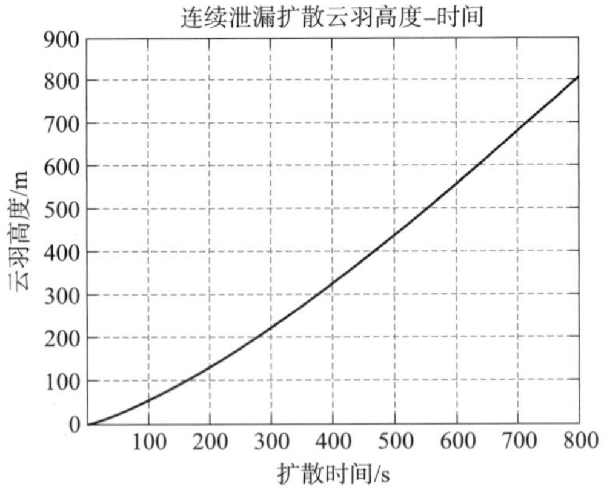

图 5－43　风速为 2.7m/s 时气云高度随时间变化图

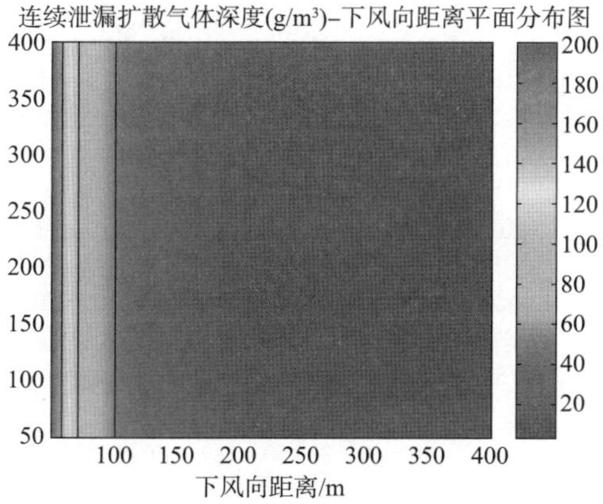

图 5-44 风速为 2.7m/s 时气云浓度随距离分布图

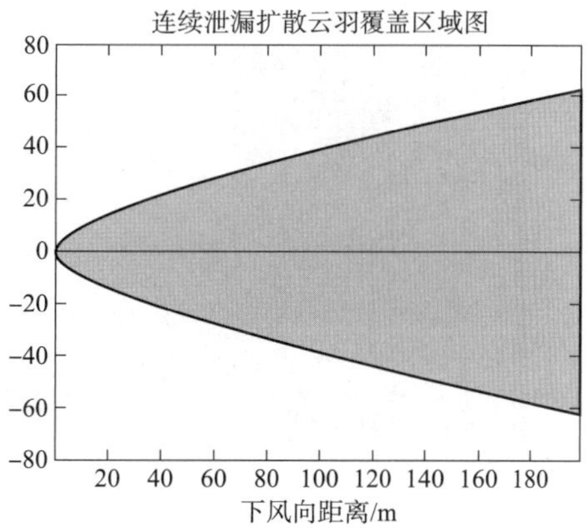

图 5-45 风速为 2.7m/s 时丙烷蒸气云覆盖区域图

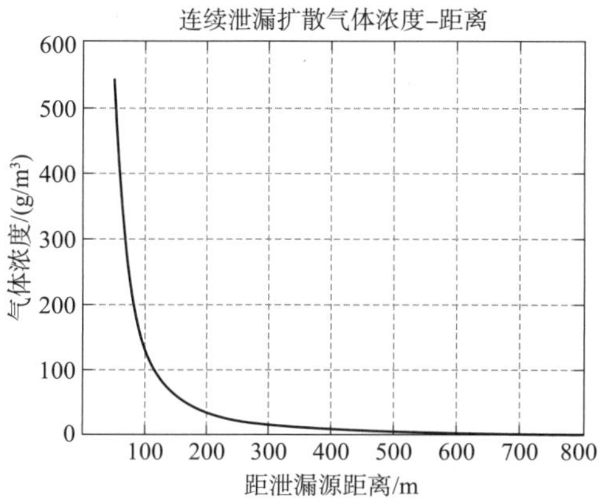

图 5-46 风速为 1m/s 时浓度随距离变化曲线

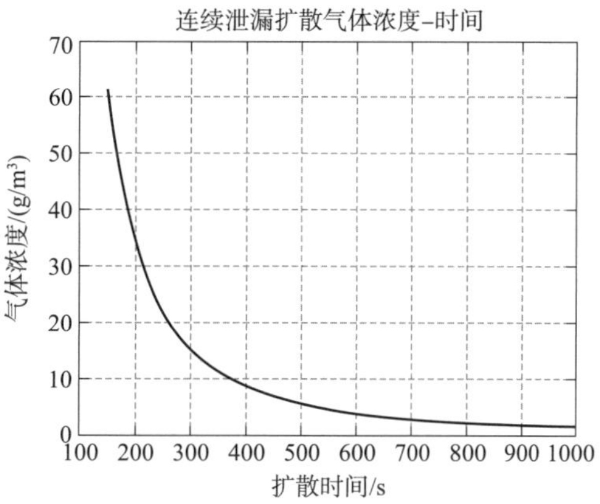

图 5-47 风速为 1m/s 时浓度随时间变化曲线

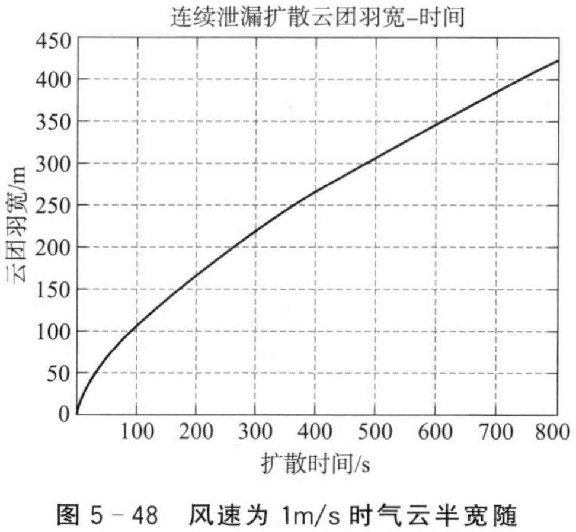

图 5-48 风速为 1m/s 时气云半宽随时间变化曲线

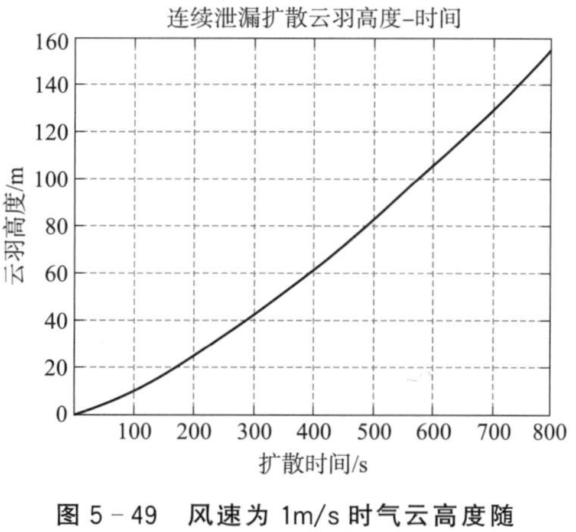

图 5-49 风速为 1m/s 时气云高度随时间变化曲线

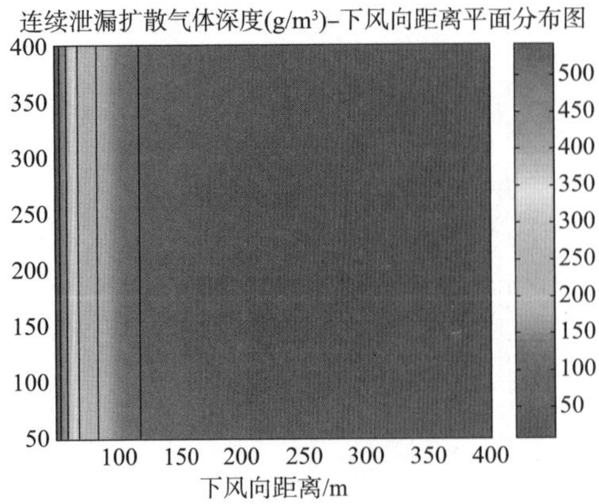

图 5-50 风速为 1m/s 时气云浓度随距离分布图

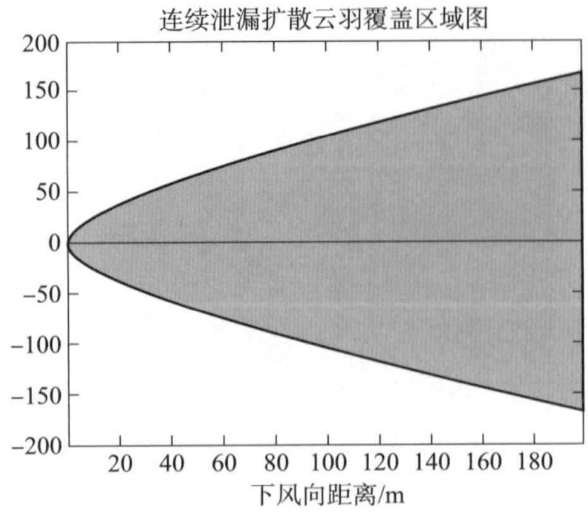

图 5-51 风速为 1m/s 时气云覆盖区域图

3. 蒸气云爆炸模拟

LPG 挥发性极强，一旦泄漏，LPG 蒸气与空气混合，在一定范围内形成爆炸性蒸气云，若在受限空间遇到着火源，就会发生爆炸。蒸气云爆炸危害性极大，不仅对处于爆源(蒸气云)中的人员、建筑物及设备造成严重伤害和破坏，爆炸所产生的冲击波也将对爆源周围的人员、建筑物及设备等造成危害。据统计，绝大部分蒸气云爆炸事故发生在泄漏开始后的 3min 之内，所以在此计算燃料质量时取为泄漏 3min 形成的蒸气云中可燃物质量。

采用多能法模拟评价丙烷蒸气云爆炸，其计算过程如下：

(1)蒸气云体积

蒸气云体积可由式(5-211)计算得到：

$$V_c = W_f/(\rho \times \varphi_s) \tag{5-285}$$

式中 V_c——蒸气云体积，m^3；

W_f——蒸气云中的燃料质量，泄漏 3min 丙烷 10420.2kg；

ρ——可燃物在环境温度下的密度，2.06kg/m^3；

φ_s——丙烷与空气混合物的化学计量浓度，4%。

得到 V_c=126458.74m^3。

(2)爆源半径

根据式(5-212)爆源半径计算如下：

$$R_0 = (3/2 \times V_c/\pi)^{1/3} \tag{5-286}$$

式中 R_0——爆源半径，m。

得到 R_0 =39.2m。

(3)爆源总能量

根据式(5-213)爆源总能量计算如下：

$$E_0 = 2\pi R_0^3 H_c/3 \tag{5-287}$$

式中 E_0——爆源总能量，MJ；

H_c——碳氢化合物在化学计量浓度下的燃烧热，对于典型的烃类燃料通常取 $3.5MJ/m^3$。

得到 E_0＝442605.59MJ。

(4)无量纲距离

根据式(5－214)无量纲距离计算，得到距爆源中心150m的无量纲距离 r'＝0.918。

(5)无量纲爆炸波参数

根据无量纲距离 r'，选取第7级爆源强度级别，从与之对应的曲线上(图5－30和图5－31)读取无量纲峰值侧向超压 P_s'为0.51、无量纲正相持续时间 t_p'为0.29。

(6)爆炸波超压、正相持续时间

根据爆炸波特性曲线或拟合关系式得到的无量纲峰值侧向超压、无量纲正相持续时间，计算出爆炸波峰值侧向超压、正相持续时间；距爆源中心150m处所受的爆炸波峰值侧向超压 P_s＝51675.15Pa，爆炸波正相持续时间 t_p＝0.139s。

(7)伤害距离

根据表5－35中爆源强度为7级的伤害距离公式得到，蒸气云爆炸导致人员死亡、耳鼓膜50%和1%破裂距离分别为 R_1＝72.0m，R_2＝170.8m，R_3＝321.6m。

图5－52和图5－53分别为泄漏3min丙烷蒸气云爆炸爆炸波持续时间、超压随距离的变化曲线。

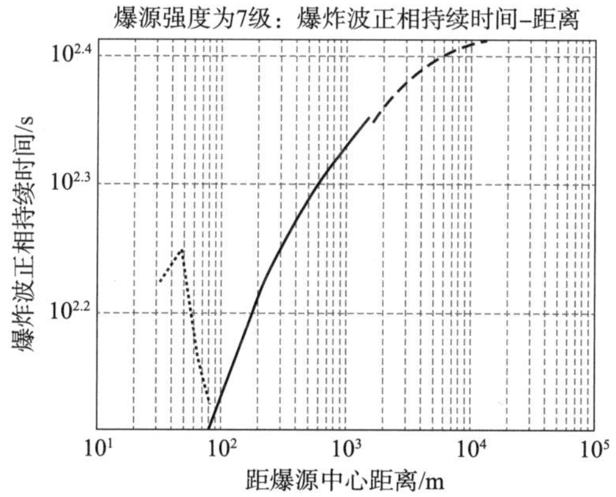

图5－52　泄漏3min丙烷蒸气云爆炸爆炸波持续时间随距离变化曲线

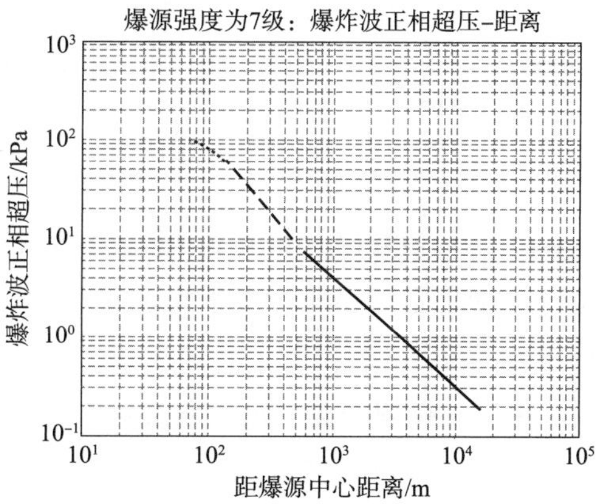

图5－53　泄漏3min丙烷蒸气云爆炸爆炸波超压随距离变化曲线

4. 沸腾液体扩展蒸气爆炸模拟

若丙烷球罐外部受到火焰的烘烤下突然破裂或受外力冲击导致破裂，遇火源则产生BLEVE爆炸。热辐射是其最主要的伤害。根据5.5.4节中点源模型模拟丙烷球罐发生BLEVE事故后果，模拟计算过程如下：

(1)火球最大直径和火球持续时间，参考式(5－220)和表5－36中数据，采用如下计算式：

$$D_{cmax} = 5.8W_f^{1/3}$$

$$t_c = \begin{cases} 0.45W_f^{1/3} & W_{f<30000} \\ 2.6W_f^{1/6} & W_{f\geq 30000} \end{cases} \tag{5-288}$$

式中 D_{cmax}——火球最大直径，m；

t_c——火球持续时间，s；

W_f——火球内燃料质量，497250kg。

计算得 D_{cmax}为 459.300m，t 为 23.152s。

(2)火球热辐射剂量

火球热辐射剂量计算式(5-225)，如下：

$$\psi = fwn\tau_a H_f W_f/(4\pi X^2)$$
$$f = 0.27P_a^{0.32} \tag{5-289}$$

式中 ψ——目标接受的热剂量，kJ/m^2；

f——热辐射系数，0.26；

w——储罐形状系数，对球形罐，$w=20/27$；

n——储罐数量影响因子，对于多罐储存，$n=0.9$；

H_f——燃烧热，46490kJ/kg；

τ_a——大气透射系数，$\tau = \log(14.1RH^{-0.108}X^{-0.13}) = 0.64$；

P_a——储存压力，0.8945MPa。

由以上公式可以计算得出，在距离火球中心 200m 处目标接受到的热剂量是 $5101.84kJ/m^2$。

(3)碎片危害范围

实际上大多数碎片散射的倾角是随机的，当碎片按水平飞射角为 45°飞射时的距离是最远的，在此假设碎片与水平方向呈 45°飞射，碎片危害距离计算式(5-229)，如下：

$$x = 28.6W^{0.33} \tag{5-290}$$

式中 W——燃料质量，497250kg；

x——碎片危害距离，m。

所以，碎片危害距离为 2168.88m。

5.8.3 丙烷球罐事故后果模拟评价结论

(1)通过对丙烷球罐可能发生的事故模拟评价得出丙烷球罐发生 BLEVE 的危害最大，属于特大死亡事故和特大损失事故；

(2)由于该地区年主导风向为东南风、东风，一旦发生泄漏扩散，气库东面的企业，南面的油、气码头将受到严重威胁，需进行相关的搬迁工作，重新进行气库及附近区域的规划；

(3)鉴于丙烷球罐可能发生的火灾爆炸危害十分严重，必须采取有效措施，防止储罐发生泄漏事故和储罐外部过热，必须设置可靠的监控反馈系统和安全附件，并控制好火源，尽最大可能避免事故发生。在防止事故发生的同时，还应采取罐组隔离措施，并加以个体防护，一旦发生事故，应立即疏散群众，以降低事故造成的财产损伤和人员伤亡。

5.9　思考题

1. 依据发生泄漏的设备，泄漏分为哪几种类型？

2. 已知一个 500m^3 的储罐内装有相当于储罐体积一半的液化石油气，液化石油气的密度为 580kg/m^3。试分别使用 Roberts 法和 TNO 法计算储罐爆炸产生火球的最大直径和总持续时间。

3. 简述闪火的定义。

4. 简述爆炸现象的特征。

5. 物理爆炸和化学爆炸分别有什么特点？

6. 蒸气云爆炸的定义

7. BLEVE 是什么？它的能量主要来源于哪两个方面？

8. 高斯模型包括哪两种模型？分别简述两种模型的适用范围。

9. 有毒气体扩散事件的主要来源有哪些？

10. 简述多米诺事故发生的必要条件。

11. 简述多米诺效应的定义。

12. 能够触发多米诺效应发生的事故类型主要有哪些？

13. 简述多米诺效应事故五级递阶防控策略。

14. 结合所学知识，谈谈如何理解“现代社会的安全风险总是复杂多样、耦合叠加的”。

第6章　风险防范与控制

习近平总书记强调应急管理是国家治理体系和治理能力的重要组成部分，承担防范化解重大安全风险、及时应对处置各类灾害事故的重要职责，担负保护人民群众生命财产安全和维护社会稳定的重要使命。要发挥我国应急管理体系的特色和优势，借鉴国外应急管理有益做法，积极推进我国应急管理体系和能力现代化。应急管理基础在预防，功夫在平时。防范化解重大风险，是中华民族实现伟大复兴必须跨越的关口，是各级党委、政府和领导干部必须担负起的政治责任，也是安全科技人才的重要职责。做好风险防范与控制工作，从被动“遇见”转向主动“预见”，需要全面推进安全类专业人才素质教育，优化安全类专业人才培养，打有准备之战和战略主动战。做好风险防范工作对推动经济社会安全可持续发展、为全面建设社会主义现代化国家保驾护航具有特殊而重要的意义。

6.1　概述

风险防范是有目的、有意识地通过计划、组织、控制和检查等活动来阻止防范风险损失的发生，削弱损失发生的影响程度，以获取最大利益。主要指防范有危险的事件，通常可以从制度、检查和自律管理等方面着手，以达到消除或减缓风险发生的目的。

风险防范的能力，就是在对事物发展规律进行研究把握的基础上，对可能发生的不利因素、造成的不利后果，有充分的估计，并通过制定相应的预案，在各方面做出充分的准备，有效防止风险的发生，达到保护利益、维护安全的能力。控制风险能力，就是当风险发生后，能够尽快采取应对措施，组织调动各种力量，积极进行控制，将风险造成的损失降低到最小程度的能力。

风险防范与控制建设的主要内容包括：

①重视风险，加强对风险的监管和防范；

②加强设备系统的信息收集与分析工作，积极建立安全预警机制；

③提供对审批待建项目的科学论证能力，避免或减少“逆向选择”风险；

④建立突发事故应急救援应对体系。

风险具有以下特征，决定了风险防范的可能性。风险的产生具有特定的根源，通过各种风险分析与评价技术，查找其根源，从而可以采取一定措施控制风险产生；风险概率具有互斥性，即通过提高系统设备及元件的安全性，可以达到控制风险的目的；风险损失可通过概率测算，判断其概率值是否处于可接受的范围，进而采取不同的策略；风险具有可转移性；风险可以被分隔；风险具有可利用性。

风险包括客观存在与主观判断两项因素。客观存在与主观判断之间的差异大小决定风险的大小。差异大，风险就大；差异小，风险就小；没有差异，也就没有风险。客观存在并不可怕，关键是人们是否已经意识。如果已经意识到客观存在的具体情况，就会采取对应策略，从而适应或改变它。风险的定义决定了风险管理的可能性，也就是人们可以通过主观努力，尽可能适应客观变化，缩小可能结果间的差异，从而使风险最小化。风险防范技术，即是为达此目的而采取的对应措施和手段。

风险是基于客观存在的分布，而风险管理是在给定情况下存在的可能结果间的差异，那么人们就有可能凭经验判断出其发生的规律和概率。虽然这些规律和概率并非一成不变，但通过一定时期内的观察，可判断出其大致规律，从而可以有意识地采取一些手段来防范。

6.2　风险防范技术——风险控制

风险防范技术多种多样，但归纳起来不外乎以下两种最基本的手段：一个是控制法；另一个是财务法。前者的目的在于降低损失频率缩小损失幅度或改善损失的不利差异，后者的目的则是提供资金以消纳发生损失的成本。风险控制是为了降低损失频率缩小损失幅度或降低意外损失的不可预测性所为之的任何行动。在这个定义里，应注意三点：第一，风险控制直接与实际毁损问题有关，也即直接改善风险单位损失的特性使风险可以被人们预测控制，用来降低损失频率和缩小损失幅度。至于如何计算损失，与风险控制对策并无关系。第二，任何特定的风险控制对策会因经济个体的不同而有不同层面的影响。第三，任何特定的风险控制仅与所要控制的特定损失有关。总之，风险控制对策属于风险防范技术的积极对策而风险理财对策属于消极对策。两者的目的不同，因而具体方法也各不相同。

风险防范控制法（或称风险控制）可细分为：一是本质安全化，二是风险规避，三是损失预防，四是损失抑制与前者合称为损失控制，五是风险单位分离，其中包括风险单位分割和储备两种方法，六是控制型风险转移，七是风险监控。一般来说，风险控制策略需要根据工程的具体情况、风险管理者的风险偏好及抗风险能力来综合选择。

6.2.1　风险控制理论

任何损失的发生，一定有其发生的远因和近因。远因在学术理论上称为危险因素，危险因素是指引起或增加因某种损失原因产生损失机会的条件，它可分为物质危险因素和人为危险因素，后者又可分为心理危险因素和道德危险因素；近因则称为危险事故，即有危险因素存在就有可能引发危险事故而导致损失，诸如火灾、暴风、盗窃等都是造成财产损失的危险事故。因此，危险因素、危险事故及损失三者之间具有因果关系。危险事故是损失的直接原因，而危险因素是损失的间接原因，而损失是指非预期的经济价值减少。损失形态上可分为实质损失、收入损失、费用损失及责任损失四种。要达到控制风险的目的应从降低损失频率，缩小损失幅度，理论上应从危险因素、危险事故及损失三方面着手，但就实用的技术控制层面而言，自 1900 年以来有六种不同的控制理论，是从事风险控制的理论基础。

1. 工程性理论

工程性理论是早期的理论，它强调事故的机械危险和自然危险，认为风险是由机械和自然两个方面原因造成的，对风险进行控制时必须从这些角度入手。基于工程性理论的风险管理措施都与有形的工程技术设施相联系，手段比较直观、效果比较明显。

由于早期的风险管理是源于工业生产，因而其对风险来源的判断仅集中于工程和机械方面，忽视了人的因素在其中所起的重要作用。

2. 骨牌理论

骨牌理论是 1920 年由著名的工业安全工程师海因里希 H. W. Heinrich 发展而成。他把事故定义为任何出乎计划且未加控制的事件。在此事件中，一个物体、一种物质或一个人的运动、行为或反应都可能会导致人身伤害或财产损失。这个理论认为所有意外事故的发生都是因下列五张骨牌之前四张中任何一张倒掉而产生的。这五张骨牌名称分别是：先天遗传个性及社会环境；人为失误；不安全动作或机械因素；意外事件本身；伤害。由该理论可知：每一个意外事故均以先天遗传个性及社会环境开始而以伤害结果作为结束；移走前四张骨牌中的任何一张均可防止伤害的产生；移走第三张骨牌是预防伤害产生之最佳方法。

3. 一般控制理论

该理论强调意外发生的原因中不安全物质条件或因素比不正确或不安全的人为操作更为重要。有如下 11 种一般控制措施：

(1)用对人体健康较少损伤的物质材料代替损伤大的材料；

(2)改变操作程序以降低个人接触存在不良物质因素的机械设备的机会；

(3)确立和隔离工作操作程序范围以减少暴露于风险中的员工人数；

(4)对易产生灰尘的工作场所洒水以减少灰尘；

(5)对易产生污染物的关键地方和扩散途径予以防范和阻挡；

(6)加强通风设备以提供新鲜空气；

(7)穿戴个人防护设备；

(8)良好的维护计划；

(9)对特殊的危险因素应有特殊控制措施；

(10)有毒物质应有医疗检测方法；

(11)工程安全控制方法的教育培训。

4. 能量释放理论

该理论是由小威廉·哈顿(William Haddon，Jr)博士提出的。没有主要关注人的行为，而是把事故作为一种物理工程问题。认为意外事故发生的基本原因是能量失去控制，其中能量失控的情形包括火灾、事故、工伤以及其他所有造成伤害或损失的情况。基于该理论的基本控制策略包括：防止能量的集中；降低能量集中数量；防止能量释放；修改能量释放速率和空间分配；能量释放以不同时间和空间分离；在能量与实物间设置障碍物；改变能量的基本特性；使结构更坚固，能抗击能量的冲击；能量对结构物造成损害时，对损害立即关注；对遭受损坏的结构物予以修复等。

参照上面所述的策略，根据需要针对能量和结构物的具体特点来选择最有效的应对策略。最好是权衡能量的特征和被保护结构物的情况决定策略，必要时把策略组合起来控制能量的释放。

5. TOR 系统理论

所谓 TOR（Technique of Operations Review System）系统全称为作业评估技术系统。该理论认为意外事故之所以发生是由于组织管理方面的缺陷所致。该理论归纳提出了五项风险控制的基本原则：①危险的动作、危险的条件和意外事故，是组织管理系统存在缺陷的征兆；②对产生严重损害的情况，应彻底辨识和控制；③安全管理应像其他管理功能一样，设定目标，并借着计划、组织、领导和控制来达到目标；④赋予管理人员责任是有效地进行安全管理的关键；⑤安全的功能是在规范操作错误导致意外发生可容许的范围。

6. 系统安全理论

系统安全源于系统概念，即万物都可视为系统，而每一个系统均由较小的和相关的系统结合而成，根据这个观点，可以得出结论：当系统中人为或物质因素失去其应有功能时，意外事故就会发生。系统安全理论的目的就是预测意外事故如何发生并寻求预防和抑制方法。

根据这项理论，风险控制的策略有四项：第一，辨认潜在的危险因素；第二，适当规划设计有关安全方面的方案、规范、条款和标准；第三，为配合安全规范和办法设立早期评估系统；第四，设立长期安全监视系统。

6.2.2　本质安全化

1. 本质安全理论

克莱茨于 20 世纪 70 年代发表的论文“*What You Don't Have, Can't Leak*”使本质安全这一概念正式进入公众的视野，而该篇论文的题目也正是本质安全这一理念的最佳体现，代表着传统安全管理的根本转变，即更为重视工艺装置的基本设计，而不是增加保护系统来控制危险。危险管理的“本质安全”方法是通过仔细注意危险设计和布局，试图避免或消除危险，或降低其规模、严重程度或发生的可能性。较少依赖“附加”工程安全系统和功能以及程序控制，这些系统和功能可能会失效，也确实会失效。

总体来说，本质安全是一个概念，一种安全哲学理念，而不是一种明确定义的方法。尽管如此，美国化学过程安全中心（CCPS）历经数年发展本质安全的概念并对本质安全作了系统的表述：

在2007年的定义中，本质安全的概念被描述为：与工艺中使用的材料和操作相关的危险已经减少或消除，这种减少或消除是永久性的，与工艺密不可分。该定义非常简单。一个关键特征是，减少或消除危害是过程的固有部分，而不是增加的保护层。这可能是该概念最关键的特征，也是本质上更安全设计的核心。

到了2009年，本质安全强调作为一个概念，是一种专注于消除或减少与一系列条件相关危险的安全方法。如果化学品制造工艺能减少或消除与工艺中使用的材料和操作相关的危险，那么该工艺本身就更安全，而且这种减少或消除是永久的、不可分割的。这一版更长、更复杂的定义并没有真正增加太多内容。然而，在这里强调了本质安全与其他类别的风险降低是分开的，这些风险降低可能涉及被动、主动和程序控制。

在2010年，本质安全拓展为本质安全技术(IST)，也称为本质安全设计(ISD)，永久消除或减少危险，以避免或减少事故后果。IST是一种哲学，适用于设计和运营生命周期，包括制造、运输、储存、使用和处置。IST是一个考虑这些选项的迭代过程，包括消除危险、减少危险、替代危险性较低的材料、使用危险性较小的工艺条件，以及设计一个工艺以减少人为错误、设备故障或故意伤害的可能性或后果。

可以看到，这里的定义更为全面。关键特征包括：本质安全属于一系列风险降低策略，其中还包括被动、主动和程序控制；本质安全是永久性的，与过程密不可分，而被动、主动和程序控制是额外的控制措施；固有安全不应在真空中考虑，而应与其他决策标准相平衡，尤其是存在重大成本或技术风险的情况下。

传统的过程安全方法通常需要安装和维护成本高昂的“附加”风险安全系统。相比之下，ISD提供了通过更好的设计消除危险或降低其严重性或可能性的机会，有可能减少总体资本支出(CAPEX)和运营支出(OPEX)。ISD应促进一种文化，即通过确认为什么需要“附加”安全系统，以及如何通过改进基本工艺设计来避免这种需要，来减少对依赖“附加”的安全系统的设计的需求。

2. 本质安全方法

虽然前面描述的概念有效地说明了为什么本质安全很重要，但它们并没有明确说明如何在实践中实现本质安全。为了做到这一点，克莱茨制定了以下一套原则：强化——降低危险材料的库存；替代——使用危险性较低的物质；衰减——使用危险性较小的条件；限制影响——设计为最大限度地减少或承受危险环境，从而减少对额外保护装置的依赖；简化——更少可能发生故障的设备，更容易理解和按预期操作的设备设计(因此人为错误的可能性更小)。经过数十年的发展，CCPS用更具概括性的四个引导词对本质安全原则进行概括：最小化，替代，缓和，简化。

(1)最小化

最小化的目的是用少量的危险材料进行相同的活动，或者减少危险活动的频率。

①通过改进混合、提高温度或压力或从液相反应切换到气相反应来提高反应速率，从

而减小反应器的尺寸；

②通过选择不同类型的填料或塔板设计来减小蒸馏塔的尺寸，通过使用内部辅助设备(如再沸器或塔底泵)并考虑其他形式的分离，相对于将存在蒸气的塔的更高位置，减小柱基的直径来减少液体量；

③通过选择不同的设计(如印刷电路而非管壳)来减少热交换器的库存；

④通过使用促进聚结的装置减少液体－液体分离系统的库存；

⑤减少储存的材料数量，目的是消除所有不必要的中间储存。

(2)替代

替代的目的是通过用危险性较低的替代品取代危险物质或加工路线来降低危险的严重程度。另一种选择是用危害较小的程序代替程序。

①在传热或制冷等服务中，或作为溶剂，使用易燃性、毒性或反应性较低的更安全的试剂；

②选择使用危险性较小的材料或危险性较小操作条件的工艺。

(3)缓和

缓和的目的是以降低其危险特性的方式使用物质，或使用不那么苛刻的加工条件。另一种方法是以危险性较低的形式储存或运输材料。如：

①通过将操作温度控制在可能发生失控反应的温度以下来减弱反应，用连续反应器代替一批反应器，在连续反应器中，改进的混合减少了试剂所需的接触时间，或者选择允许反应在不太苛刻的操作条件下发生的催化剂；

②通过将危险粉末转化为糊状物、将危险材料溶解在溶剂中或通过冷藏而非加压液化，可以实现减少储存和运输。

(4)简化

简化的目的是通过设计的固有特征来降低事故的可能性。这可能涉及设计流程、设备和程序，以消除出错的机会，包括人为失误，并限制设备、控制系统或人为故障的影响；此外，设计的设备不能因最坏的工艺条件而暴露在极端工艺条件下。

①设备设计——螺旋缠绕垫圈的泄漏率低于纤维垫圈、堤坝或具有较高壁面的堤岸，因此它们可以具有较小的表面，从而降低泄漏液体的蒸发率，而不是过度设计管道，从而始终将滞留库存降至最低；

②改变反应条件——在不同的容器中进行不同阶段的反应，如果这降低了不相容材料混合的可能性，则确保将试剂添加到反应器中，以最大限度地减少危险反应的可能性，改变温度、浓度或其他参数；

③限制可用能源——使用不会使工艺过热的加热介质，从而降低火灾或失控反应的风险，使用排放压力低于接收容器设计压力或泄压阀设置的泵；

④消除危险——使用完全淹没的排水系统，该系统没有可能产生火焰的蒸气空间；

⑤使用更坚固的设备，这样就不需要减压装置；

⑥使用耐恶劣条件(如极端温度、腐蚀性)的材料，从而减少对操作程序和安全系统的依赖；

⑦简化系统安排，从而降低人为错误和易受仪器故障影响的可能性；

⑧潜在的点火源转移到易燃危险区之外；

⑨采用被动布置，避免使用主动安全装置。

6.2.3 风险规避

1. 风险规避理论

风险规避是指为了不产生所要避免的风险，或者是为了完全消除已存风险所采取的行动。简单地说就是企图完全降低损失发生概率直至为零的行动。这个对策是所有风险对策中唯一“完全能自足”的风险对策，即风险如能完全避免就不会产生损失，则其他风险对策就不需要了。因此，风险就完整地被人们处理了，所以称它为完全能自足对策。但是风险规避对策具有一定的条件和限制。

(1)风险规避的常用形态：

①根本不从事可能产生某特定风险的任何行动；

②中途放弃可能产生某种特定风险的行动；

③放弃已经承担的风险以避免更大的损失。

(2)风险规避适用的情形：

①发生频率和损失程度较大的风险；

②损失频率不大，损失程度严重无法得到补偿的风险；

③风险管理成本超过预期收益的风险。

(3)风险规避的优势与劣势：

①可以避免损失的发生；

②风险规避能适当减少风险事故的发生，降低风险损失；

③风险规避导致风险收益的减少；

④已经存在的风险无法规避；

⑤规避某种风险可能产生新的风险。

(4)风险规避的方式有以下两种：

①规避风险事件发生的概率，主要采取事先控制措施；

②规避风险事件发生后可能有的损失，主要包括事先控制、事后补救两个方面。

在生产经营活动过程风险管理中，风险规避可采用上述两种方式中的任一种，很多情况可能是上述两种方式在同时使用。

(5)风险管理中对风险规避的运用必须注意下列几点：

①当风险所能导致的损失频率和损失幅度很高时，规避风险是一种恰当的对策；

②当采用其他风险对策的成本和效益的预期现值不合经济效益时，可以采用规避风险

对策；

③某些特种风险是无法避免的，例如死亡，全球性能源危机等；

④任何风险如果都加以规避则对个人而言生活必定了无情趣，对企业而言根本不可能有赚钱的机会；

⑤由于规避风险只有在特定范围内和特定的角度上来观察才有效，因此规避了一种风险就有可能另外产生新的风险。

2. 风险规避方法

在生产经营活动风险管理中，规避风险的具体方法有：终止法、工程法、程序法和教育法等。

(1)终止法

终止法是规避风险的基本方法，其是通过终止(或放弃)生产经营活动计划的实施来避免风险的一种方法，是一种消极的风险应对措施。某工程项目在经过可行性分析后，若发现在实验该项目后会面临较大的经济或安全风险，此时立即停止该项目的实施，并放弃这一项目的计划，这样就可从根本上避免受到更大的风险损失。

(2)工程法

工程法是一种有形的规避风险的方法，主要以工程技术为手段，消除物质性风险的威胁。例如，施工单位在安全管理中，在高空作业下方设置安全网；在楼梯口、预留洞口、坑井口等设置围栏、盖板或架网等均是十分典型的工程法规避风险的措施。工程法的特点是：每一种措施总是与具体的工程设施相联的，因此采用该法规避风险的成本较高，在风险措施决策时应充分考虑这一点。用工程法规避风险具体有下列多种措施。

①避免风险因素发生。在生产经营活动实施或开始活动前，采取必要的工程技术措施，防止风险因素的发生。

②消除已经存在的风险因素。如在施工现场，若已经发现了某些电气设备有漏电现象，则应立即采取措施：一方面找到漏电的原因，并有针对性地采取措施；另一方面做好电气设备的接地，能有效地防止伤亡安全风险的发生。

③将风险因素同人、财、物在时间和空间上隔离。风险事件引起风险损失的原因在于：在某一时间内，人、财或物，或他们的组合处在其破坏力作用的范围之内。因此，将人、财、物与风险源在空间上隔开，并避开风险发生的时间，这样可有效地规避损失或伤亡。

(3)程序法

与工程法相比，程序法是无形的风险规避的方法，其要求用标准化、制度化、规范化的方式从事生产经营活动，以避免可能引发的风险或不必要的损失。如在宏观上，我国工程项目建设中规定有工程建设基本程序，是工程项目建设技术经济内部规律的反映。在工程项目的实施过程中，要求按照程序一步一步进行，对于一些重要的环节，还要求完成一步后，要进行评审或验收，以防给以后的过程留下不利的条件、引发风险的因素。在微观上，工程项目的施工过程是由一系列作业组成的，在作业之间有些存在着严格的先后作业逻辑关系。对这种情况，在工程施工中就要求严格按照规定的作业程序施工，而不能随意安排，以避免安全风险的发生。

(4)教育法

生产经营活动风险管理的实践表明，管理人员和操作人员的行为不当是引起风险的重要因素之一。因此，对涉及人员广泛开展教育，提高大家的风险意识，这是避免生产经营活动风险的有效途径之一。教育的内容一般包括经济、技术、质量、安全及相关法规、规章、规范、标准和操作规程等方面。教育的目的是让大家意识到个人的任何疏漏或不当的行为均会给生产经营活动带来很大的损失，并要使大家认识或了解生产经营活动目前所面临的风险，了解和掌握处置风险的方法或技术。

6.2.4 损失控制

损失控制早已成为人类最关注的事情之一，改变损失的风险控制方法毋庸置疑是人们最早采用的风险管理技术。损失控制是指有意识地采取行动防止或减少风险的发生以及所造成的经济及社会损失，是一种主动、积极的风险对策。损失控制的目的在于积极改善生产经营单位的风险特性，使其能为生产经营单位所接受，从而使生产经营单位不丧失获利机会。

1. 损失控制的意义

通过对风险和损失的概念分析，我们知道风险和损失没有直接关系，但改变损失对风险管理具有相当重要的意义。

(1)控制损失可以控制风险

作为风险控制的手段，当然需要改变风险，而改变损失则可以达到这一目的。

控制损失的途径有两个：一是改变损失概率；二是改变损失程度。损失概率和损失程度中的任何一个改变，风险都将得到改变。事实上，改变损失就是试图降低损失概率和损失程度，这样都可以使风险降低。

(2)控制损失可以降低风险管理的成本

损失与风险没有直接的关系，但损失与风险管理却是具有密切联系的。事实上，损失决定了风险管理的成本。生产经营单位的预期平均损失是保险公司收取保险费的主要指标，通过损失控制，可以降低风险的平均损失结果，从而降低风险管理的成本。

2. 损失控制包括两方面的工作

一是在损失发生之前，全面地消除损失发生的根源，尽量减少损失发生频率；二是在损失发生之后努力减轻损失的程度。损失控制是风险控制中最重要也是最常用的对策。它不像风险规避那样消极，它具有积极改善风险损失的特性。

3. 损失控制措施可以按多种方式分类

第一，按目的的不同，损失控制可分为损失预防和损失抑制。前者以降低损失频率为目的，包括改变风险因素、改变风险因素所处环境；改变风险因素和其所处环境的相互作用。后者以缩小损失幅度为目的，如避雷针的装设是损失预防措施，而自动滤水器的装设则为损失抑制措施。

第二，按风险控制理论的观点不同分为行为法和工程物理法。前者以人们的行为控制为着眼点；后者则以风险单位的物理性质为控制着眼点。风险控制理论有很多，最具有代表性的有骨牌理论和能量释放理论，根据骨牌理论产生的损失控制称为行为法，而根据能量释放理论所产生的损失控制方法称为工程物理法。

第三，按照损失控制措施实施的时间分为损失发生前、损失发生时及损失发生后控制。损失发生前的绝大部分为损失预防，而损失发生时和发生后则为损失抑制。

①损失预防

损失预防是指损失发生前为了消除或减少可能引起损失的各种因素而采取的各种具体措施，也就是设法消除或减少各种风险因素，以降低损失发生的频率。其目的在于通过消除或减少风险因素而达到降低损失概率的目的。

②损失抑制

损失抑制系指在风险损失已经不可避免地发生的情况下，通过种种措施以遏制损失继续恶化或局限其扩展范围使其不再蔓延或扩展，也就是说使损失局部化。在实施抑制策略时，最好将项目每一个具体“风险”都减轻到可接受的水平。具体的风险减轻了，项目整体失败的概率就会减小，成功的概率就会增加。

4. 损失控制措施

损失控制通常可采用以下办法：

①预防危险源的产生；

②减少构成危险的因素数量；

③防止已经存在的危险扩散；

④降低危险扩散的速度，限制危险空间；

⑤在时间和空间上将危险和保护对象隔离；

⑥借助物质障碍将危险与保护对象隔离；

⑦改变危险的有关基本特征；

⑧增强被保护对象对危险的抵抗力，如增强建筑物的防火和防震性能；

⑨迅速处理环境危险已经造成的损害；

⑩稳定、修复、更新遭受损害的物体。

损失控制应采取主动，以预防为主，防控结合。

6.2.5 风险单位分离

风险单位分离是指将各风险单位分离间隔，以避免发生连锁反应或相互牵连。分离对策源于一个哲理演化处理，即“不要把所有的鸡蛋放在同一个篮子里”。根据这项哲理，分离又衍生出两项对策：分割和储备。这两项对策均在企图减低经济单位对单一财产、特定计划行动及特定人物的依赖，使损失单元减化为更小更多而且更容易预测和控制，从而达到风险管理的目的。

1. 分割风险单位

分割风险单位是将面临损失的风险单位分割，即“化整为零”，而不是将它们全部集中在可能毁于一次损失的同一地点。大型运输公司分几处建立自己的车库，巨额价值的货物分批运送等都是分割风险单位的方法。这种分割客观上减少了一次事故的最大预期损失，因为它增加了独立风险单位的数量。

2. 储备风险单位

储备风险单位是增加风险单位数量，不是采用“化整为零”的措施，而是完全重复生产备用的资产或设备，只有在使用的资产或设备遭受损失后才会把它们投入使用。例如，生产经营单位设两套会计记录，储存设备的重要部件，配备后备人员等。

储备风险单位可以在生产经营活动的组成结构上下功夫，增加可供选用的行动方案数目，提高各组成部分的可靠性，从而减少风险发生的可能性。为了最大限度地提高生产经营活动的风险防范能力，应该在结构的最底层，为各组成部分设立后备。

分离风险单位的两种方法一般都会增加生产经营单位开支，有时作为对付风险的方法并不实用。虽然增加风险单位可以减少一次损失的损失幅度，但也会增加损失频率。

与分离有异曲同工之妙的对策是风险结合对策。所谓结合法是将同类风险单位加以集合，便于未来损失预测，从而降低风险的一种方法。生产经营单位的合并经营、联营及多国化企业经营等都是结合法的实际运用。从结合法的定义可知，结合法有增加风险单位的功能但增加的途径与分离不同，分离是把一个拆散为好几个而结合是把很多个组合起来方便预测控制。

综上所述，分割、储备和损失抑制措施似乎有点类似。然而这三项对对策频率和幅度及预期值的影响程度各有不同：第一，分割与储备并不像损失抑制那样特别强调以缩小损失幅度为目的。第二，分割和储备不以缩小损失为目的但仍有使损失缩小的功效，但损失频率的功效上两者并不相同。分割可能增加损失频率，但储备对损失频率则毫无影响。这是因为分割的结果会使风险单位增加而增加了风险频率。第三，由于储备对损失频率无影响，又有缩小损失幅度的功效，因而有降低损失预期值的效果。第四，分割对损失频率和幅度都有影响，分割是否降低损失预期值主要由分割对频率和幅度影响程度高低而定。

6.2.6 风险转移

风险转移(Risk Transference)是指生产经营单位和个人为避免承担风险损失，有意识地将损失或与损失有关的后果转嫁给另外的单位或个人去承担。风险转移是风险控制的另一种手段。经营实践中有些风险无法通过上述手段进行有效控制，经营者只好采取转移手段保护自己。风险转移使面临风险的单位或个人可能遭受的损失由其他单位或个人来承担，即一方(转让人)将潜在损失及其后果转嫁给另一方(受让人)。风险并非损失转嫁。这种手段也不能被认为是损人利己，有损商业道德，因为有许多风险对一些人的确可能造成损失，但转移后并不一定同样给他人造成损失。其原因是各人的优劣势不一样，因而对风险的承受能力也不一样。实行这种策略要遵循两个原则：第一，必须让承担风险者得到相应的报答；第二，对于各具体风险谁最有能力管理就让谁分担。

风险转移的途径有两个：一是通过保险合同转移出去；二是通过非保险合同转移出去。不论何种途径都牵涉两位当事人，一是转移者，二是受转者。对于第一种途径，受转者是保险人，第二种途径则是非保险人。

风险转移主要有5种方式：出售、分包、合同条件转移、工程保险、担保。当资源有限，不能实行减轻和预防策略，或风险发生频率不高，但潜在的损失或损害很大时，适宜采取风险转移方法。不论采取何种方式进行风险转移，都必须遵守合法、合理、公平和公正的原则。

1. 风险转移方式

(1)转移风险源

对风险的来源进行分析，主要有两种情况：一是对所拥有的财产遭受损失的可能；二是在生产经营活动中造成他人生命财产损失的可能，从而承担赔偿责任。转移了这些风险源，也就可以转移风险。

转移风险源可以通过出售承担风险的财产来实现。对于有些所有者承担的风险，如火灾、贬值和一些责任方面的风险，通过出售该财产就转移了风险。如果生产经营单位需要继续使用该类财产，可以租赁使用他人的该种财产。也可以通过出租财产达到转移风险源的目的，对于需由财产使用人承担的风险，财产所有人又不愿意放弃产权的，可以把财产出租，把风险转移给使用人。

风险源还可以通过分包转移出去。建筑承包商对工程中的原材料和人工方面价格变动的风险，以及施工中发生意外事件造成人身伤害和财产损失等风险，可以通过将相关工程分包出去而将风险转移给分包商。

(2)签订免除责任协议

责任风险造成的后果可能是非常严重的，对这样的风险，应对措施也非常有限。不过，签订免除责任协议应该是比较有效地转移风险的方法。

企业产品对他人人身财产造成损害，或者顾客在企业的经营场所受到伤害，企业都可能要承担赔偿责任。但免除责任的安排有可能使企业免除相关的责任。

(3)利用合同中的转移条款

在一些经济活动的合同中，可以在合同条款中做出安排，把本来应承担的风险转移给合同另一方。

①采用担保或履约保函方式转移风险。工程项目招标或履行合同过程中，业主为避免出现承包人在中标后不签承包合同、签合同之后不履约以及在预付款支付后不实施合同义务和责任等风险，业主一般在投标过程中、签订合同前以及支付预付款前，分别要求承包人提交由担保公司出具的履约担保或由银行出具的履约保函，将承包人可能会出现的违约

风险转移给出具担保的担保公司或出具保函的银行。

②采用分包方式转移风险。承包人在履行合同的过程中，当遇到一些特殊的施工，如水下施工作业，其有较大的安全风险。对这种情况，承包人一般将其分包，将这种安全风险转移给分包人。

③采用适当的合同计价方式转移风险。对工程项目业主而言，根据具体工程条件，选择适当的施工合同的计价形式，是转移项目风险的一种方式。

④运用合同条件转移风险。对工程项目合同中，业主可运用某些合同条件来转移风险，这种转移风险的方式实质上是利用合同条件来开脱责任。

2. 非保险风险转移方式分类

(1)改变风险量的风险转移方式。这类风险转移方式即在风险转移过程中，风险发生的概率或风险引起的损失会发生变化。

(2)风险量不变的风险转移方式。这类风险转移方式在风险转移的过程中风险量没有发生变化，仅将原属业主的风险转移给了担保人、银行或工程承包人，即由他人承担了风险可能带来的绝大部分的损失。

6.2.7 风险监控

党的二十大报告指出推进国家安全体系和能力现代化重要的一环是："健全国家安全体系。坚持党中央对国家安全工作的集中统一领导，完善高效权威的国家安全领导体制。强化国家安全工作协调机制，完善国家安全法治体系、战略体系、政策体系、风险监测预警体系、国家应急管理体系，构建全域联动、立体高效的国家安全防护体系。"

风险监控是风险管理的一项重要工作，是系统化的风险追踪过程，也是运用已建立的风险管理体系评估风险处理效果的过程。具体来说，就是通过风险识别、分析、预警应对，对风险管理全过程的监视和控制，从而保证风险管理达到预期的目标。风险监控是项目整个生命周期中一种持续进行的过程。随着项目的成长，风险会不断变化，可能会有新风险出现，也可能预期的风险会消失。良好的风险监督和控制过程能提供充分的信息，有利于在风险发生前做出有效的决策。

(1)风险监控的内容

①密切跟踪已识别的风险，监控残余风险和识别新的风险；

②保证风险管理计划和风险应对计划的执行与实施；

③评估这些计划对降低风险的有效性；

④努力避免风险事件的发生；

⑤积极消除风险事件可能导致的消极后果；

⑥充分吸取已从事的风险管理经验与教训。

(2)风险监控的依据

①风险管理计划

提供关键依据包括项目风险管理分配人员、风险负责人、时间和其他资源。

②风险登记册

风险登记册提供的关键依据包括识别的风险和风险负责人、预定的风险应对策略、具体的实施行动、风险征兆和警示信号、残余风险和二次风险、低优先级风险的“观察清单”，以及时间和费用应急储备。

③批准的变更请求

批准的变更请求可包括诸如工作方法、合同条款、范围和进度计划的修订。批准的变更可引起新风险或已识别风险的变化，需对这些变化进行分析，评定其对风险登记册、风险应对计划或风险管理计划的影响。

④工作绩效信息

工作绩效信息包括项目可交付成果的状态、纠正性措施和绩效报告，它们是风险监控过程的重要依据。

⑤绩效报告

绩效报告可提供项目工作绩效信息。

(3)风险监控的工具与技术

①主观评分法

主观评分法为每个单一风险赋予相应的权重，然后把各个风险的权重加起来，再同风险评价基准进行比较。主观评分法容易使用，但其用途大小则取决于填入表中数值的准确性。

②风险审计

风险审计在于检查并记录风险应对策略处理已识别风险及其根源的效力，以及风险管理过程的效力。为了控制风险，风险审计应在项目整个生命周期内进行。

③技术绩效衡量

技术绩效衡量将项目执行期间的技术成果与项目计划中的技术成果进度进行比较。如出现偏差在某里程碑处未实现计划规定的功能，有可能随着项目范围的实现存在风险。

④等风险图法

等风险图包括两个因素：失败的概率和失败的后果。这种方法把已识别的风险分为高、中、低三类。低风险指对项目目标仅有轻微不利的影响；中等风险指影响项目目标实现的风险；高风险指对项目目标的实现有非常不利影响的风险。等风险图法的主要工作就是根据历史数据估计风险的概率分布和各种不良后果的严重程度分布。

⑤决策树法

决策树法是利用树形图来表示项目所有可供选择的行动方案、行动方案之间的关系、行动方案的后果及这些后果产生的概率。利用决策树能够计算得到可供选择的行为方案后果的数学期望，进而对项目的风险进行评价，做出项目决策。

⑥网路模型

时间进度和成本费用都是项目管理的重中之重，网路模型的使用越来越广泛。网路模型有关键路线法、计划评审技术和图形评审技术。使用网路模型对项目进行风险分析，主要是揭示项目在费用和时间进度方面的风险。

6.3 风险防范技术选择策略

6.3.1 风险防范技术选择的意义

风险防范技术多种多样，不同的风险，应采取不同的对策。如医生治病，必须对症下药。企业家应该在风险面前临危不乱，应对有方。这就要求认真研究各种可行的措施，制定正确决策，这就是风险管理对策。选择风险管理决策不能凭空武断，也不能想当然或一厢情愿，应该尊重客观实际，按照客观规律，用科学的分析方法，逐一论证。制定风险防范决策时，尤其不可忽视对危险的发生概率和频率以及对经济效益产生的重大影响的许多关键因素。选择风险防范技术应该多种手段并用，多种因素综合考虑，不能依赖于单一方法或仅重视某些众所周知的因素和现象。

风险防范技术选择在整个风险管理中是最重要的一环，是贯穿各个程序的一条主线。没有科学的风险管理决策，也就无法实现风险管理的目标。另外，前期工作如风险识别和风险衡量是风险管理决策的基础。

决策工作在风险管理中的关键作用可从决策本身的内涵中得到：其一，风险管理决策取决于风险管理的宗旨，风险管理决策对应于风险管理目标，是实现风险管理目标的保障和基础，必须确保所采取的风险管理决策能达到以最少的费用支出获得最大的安全保障这一管理目标。其二，风险管理决策是对各种风险管理方法的优化组合和综合运用，从宏观的角度制定总体行动方案。风险管理计划的编制要依据风险管理目标，分析风险因素、风险程度，了解可供选择方法的利弊及成本，在综合评价后作出合理的选择和组合。

事实上，人们在面对风险时都在有意识或无意识地运用不同的风险管理方法。如避免风险、转化风险、自留风险、采用防损技术、或者综合运用各种方法。作为一门新兴学科的重要组成部分，风险管理决策所着重强调的是如何更科学、更有效地将各种方法结合起来，把处置风险从无意识行为上升为有意识的组织行为，从盲目的试探、碰运气转化为建立在科学基础上的合理选择。

6.3.2 风险防范技术选择的原则

风险所具有的一些特性，如客观存在性、偶然性和多变性，使风险管理决策具有区别于其他一般管理决策的特点。为保证风险管理目标的实现，风险管理决策应该坚持以下原则：

1. 全面周到原则

经过调查分析，每一个生产经营单位面临的风险多种多样，风险管理的目标也可细分为多个目标。如损前目标、损后目标等。对不同风险的处置，要实现不同的目标，往往需要采用多种措施，每一种措施都有各自的适用范围和局限性。风险管理决策就是要把所有可供选用的对策仔细分析，权衡比较，在全面周到的基础上寻找对策的最佳组合。

2. 量力而行原则

风险管理提供了一种与损失风险作斗争的科学武器，但这个武器的应用是需要付出一定成本的。而同样的成本对具有不同财务实力的经济单位的影响是迥然不同的，即使同一单位在其不同发展时期对同样成本的反应也很可能不一致。

对以盈利为重要指标的企业而言，要分析风险管理成本对企业盈利的影响。一般情况是，风险管理成本从零点开始增加时，企业的盈利能力随之提高，但成本增加到某一点后，情况发生变化，即继续增加的成本将导致企业的盈利能力下降。风险管理人员要尽可能找到这个转折点。

3. 成本效益比较原则

随着风险管理的成本增加，所获得的安全保障程度一般将提高，但高成本的风险管理决策未必是最好的决策，因为风险管理的总体目标是以最少的经济投入获取最大的安全保障。在决策过程中，要以成本与效益相比较这一原则作为权衡决策方案的依据。在实际运作中，比较可行的办法是在获取同样安全保障的前提下选择成本最小的决策方案。

4. 注重运用商业保险，但不忽视其他方法

为了实现风险管理的损前目标，可供选择的方法包括预警系统、损失控制设备、人员培训制度等，这些措施的落实既可以减少灾害事故的发生概率，又能降低一旦事故发生时的损失程度。由于风险的复杂多变性和人类对客观世界认识的局限性，人们所采取的风险预防和控制手段无法从根本上消除风险，损失被减少的程度也很难达到令人满意的程度。

为了实现风险管理的损后目标，保险方法具有举足轻重的地位和作用，它是一种最重要的工具，尤其是处理那些估测不准，发生概率小但损失程度大的风险，如巨灾风险等。对于绝大多数生产经营单位来说，由于拥有的风险单位少，损失预测的准确性较差，购买保险就成为行之有效的选择方案。

选择保险并不是意味着放弃其他方法。为了减少附加保费的支出，可以考虑适当程度的自留风险或其他措施，与保险综合运用，以尽可能减少风险管理的成本，如购买第一损失保险或超额损失保险即属此例。

6.3.3 风险防范技术选择的方法

在多种可供选择的风险防范技术方案中应该如何权衡比较以寻求最佳方案呢？随着风险管理这门学科的发展，越来越多的方法被应用于风险管理决策。

1. 用定性分析选择对策

为了有效地管理各种可能的风险，应该首先对生产经营单位可能遇到的风险进行分类排列，进而对各项风险的保障予以分类，然后根据具体情况决定采取相应的对策，以达到避免风险或者减轻风险可能造成的损失，甚至利用风险扩大收益的目的。为此，应有针对性、有步骤地采取相应的对策。

首先，应将各种可能的风险保障进行分类。通常风险保障可分为三大类：必需的保障；最好取得的保障；有利可图的保障。

（1）必需的保障

一项工程不可避免会有多种风险，无论是业主还是承包人都会意识到对其中一些风险必须取得预先确认的保障。承包工程中的强制性保险就是属于双方都认为必须取得的保障。因此，在工程承包实践中，业主或其政府明文规定若干强制保险，这些强制保险就是公认的必需保险。

对于一项工程来说，必要的保障通常是通过保险公司办理强制性保险。通常这类保障包括：建筑工程一切险（包括建筑工程第三者责任险），安装工程一切险（包括安装工程第三者责任险），社会保险（包括雇主责任险、人身意外伤害险），机动车辆险，十年责任险等。

（2）最好取得的保障

除必须取得保障的风险外，承包人还将面临一系列风险，这些风险有些可以自留，通过承包人自己的主观努力避免或减轻损失，有些则可以通过风险分散的办法，增加承受体以减轻承包人独家的损失负担。还有一些既不宜自留，也不能分散，只能通过转移的办法取得保障，而转移的办法又包括非保险转移和保险转移，这两种转移所产生的结果也是不一样的。在上述各种对策中，究竟应该采取哪一种，需要认真研究，认真比较，既要从定性角度分析，也要按定量方法评估。

最好取得保障的风险基本属于自愿保险范围的风险。这些风险属于非强制性保险，承包人可以根据自己的风险管理策略决定采取是自愿还是转移。通常情况下，这类保险包括运输保险、设备保险、物资保险、产品质量保险、责任保险、汇率保险、政治风险保险等。

（3）有利可图的保障

有些保障虽然要付出代价，但较之可能带来的利益要小得多。如社会保险，由于这类保险实质是一种社会福利，虽然被保险人应定期缴纳一笔保费，但他却通过社会保险获得许多保障。如失业津贴、家庭津贴、健康保险等。还有些保险为保险人提供了避免或减轻负税的机会，因为，在任何国家缴纳的保险费可计入成本，当承包人面临需要缴纳巨额利润税时，增加投保险种，从而加大了保险费开支，自然会加大企业成本，也就是加大纳税扣除额。另外还有些保险可以使被保险人获得稳定的外汇收入，如汇率保险；政治风险保险可以使被保险人免除因政治风险造成的重大灾难，虽然花费了一些开支，但免除了被保险人的各种忧虑，使其能安心从事经营业务，所谓花钱买平安就是这个道理。当然这里还存在利弊权衡的问题，这就不仅需要做定性分析，而且应尽可能使其量化，做定量分析。

2. 用定量分析选择对策

尽管定性风险可以从原则上确定风险防范对策，但定性风险尚不能确切肯定各种对策之间的利弊程度，因此，尽管定量方法在实际应用中存在着局限性，如所采用的数据一般都有误差或者不完整，以及需要专门知识才可使用定量方法等。但是在实用方面数理方法依然具有重要的价值，即使数据不全，风险管理专家还是更倾向于借助这些定量分析方法做出一些重要的风险管理决策。这些方法使传统方法中隐含的假设和决策原则明确化，从而使人们加深对决策方案的理解，也使应用变得更容易。

(1)损失期望值分析法

损失期望值分析法就是以每种风险防范技术方案的损失期望值作为决策的依据，即选取损失期望值最小的风险防范技术方案的判断标准。期望值是按概率加权计算的变量平均值。

损失期望分析法的使用范围：

①损失概率无法确定时的决策方法

每种方案面临的不同损失后果，发生不同程度损失的可能性一般不同。在损失概率无从得到时，可以采用两种不同的原则确定决策方案：最大损失最小化原则，即计较各种方案下最坏情况发生时的最大损失额，选择最小的并以此确定风险管理方案；最小损失最小化原则，即计较各种方案下灾害事故不发生条件下的最小损失额，选择最小的一个作为决策方案。

②损失概率可以得到时的决策方法

如果根据以往的统计资料或有关方面提供的信息可以确定每种方案下不同损失发生的概率，人们就可以综合损失程度和损失概率这两个方面的信息，选择适当的决策原则，并确定最佳的风险管理方案。

(2)效用期望值风险法

虽然以损失期望值为标准选择风险管理的方案得到了广泛的应用，但仍然存在着局限。比如，这种方法没有考虑到同一损失对不同主体的影响可能是不同的，如10万元的损失也许能导致一家小企业破产，但对大公司而言可能是微乎其微。因此，不同的风险主体对同一损失风险将采取的态度可能截然不同，而这种主观反应的差异是难以用损失期望值分析法衡量的，即使加入忧虑成本仍然难以有效地表现主观态度的不同。潜在损失的严重性可以用效用期望值这种方法来衡量。效用指人们由于拥有或使用某物而产生的心理上的满意或满足程度。

(3)马氏决策规划法

用两种衡量标准来选择风险管理的最佳方案，即损失期望值和效用期望值，不论采用哪个标准，都是一个周期(如一年或一个生产周期)内的预期损失。然而，在现实生活中人们经常会遇到跨越多个周期的决策问题，并且把单个周期内的最佳方案应用于多个周期时可能会丧失它的优势。所以有必要分析解决多个周期的决策选择问题，并选择其适用的衡量标准。作为概率统计理论的应用，马尔柯夫决策规划(简称马氏决策规划)为解决此类问题提供了一套切实可行的方法。

马氏决策规划是研究某动态系统的最优化(报酬最大、损失最小等)问题。该系统可周期地被观察，决策者根据观察到的状态，从可用的决策中选取其一，并予以实施，伴以两个结果：系统状态间的转移规律得以确定(转移概率)；将获得一定的经济效益(负值代表损失)。系统发展的不同路径将获得不同的经济效益，问题是在各个时刻如何选取决策，使人们选取的衡量指标实现最优化。马氏决策规划理论可以解决如何在全部备选方案中搜寻最佳方案的问题，同时力图把计算量减至最少。

拓展延伸：

防范化解重大风险，织密灾害事故的防控网络

——《国务院关于印发“十四五”国家应急体系规划的通知》国发〔2021〕36 号

(一)注重风险源头防范管控

加强风险评估。以第一次全国自然灾害综合风险普查为基准，编制自然灾害风险和防治区划图。加强地震构造环境精细探测和重点地区与城市活动断层探察。推进城镇周边火灾风险调查。健全安全风险评估管理制度，推动重点行业领域企业建立安全风险管理体系，全面开展城市安全风险评估，定期开展重点区域、重大工程和大型油气储存设施等安全风险评估，制定落实风险管控措施。开展全国工业园区应急资源和能力全面调查，指导推动各地建设工业园区应急资源数据库。

科学规划布局。探索建立自然灾害红线约束机制。强化自然灾害风险区划与各级各类规划融合，完善规划安全风险评估会商机制。加强超大特大城市治理中的风险防控，统筹县域城镇和村庄规划建设，严格控制区域风险等级及风险容量，推进实施地质灾害避险搬迁工程，加快形成有效防控重大安全风险的空间格局和生产生活方式布局。将城市防灾减灾救灾基础设施用地需求纳入当地土地利用年度计划并予以优先保障。完善应急避难场所规划布局，健全避难场所建设标准和后评价机制，严禁随意变更应急避难场所和应急基础设施的使用性质。

(二)强化风险监测预警预报

充分利用物联网、工业互联网、遥感、视频识别、第五代移动通信(5G)等技术提高灾害事故监测感知能力，优化自然灾害监测站网布局，完善应急卫星观测星座，构建空、天、地、海一体化全域覆盖的灾害事故监测预警网络。广泛部署智能化、网络化、集成化、微型化感知终端，高危行业安全监测监控实行全国联网或省(自治区、直辖市)范围内区域联网。完善综合风险预警制度，增强风险早期识别能力，发展精细化气象灾害预警预报体系，优化地震长中短临和震后趋势预测业务，提高安全风险预警公共服务水平。建立突发事件预警信息发布标准体系，优化发布方式，拓展发布渠道和发布语种，提升发布覆盖率、精准度和时效性，强化针对特定区域、特定人群、特定时间的精准发布能力。建立重大活动风险提示告知制度和重大灾害性天气停工停课停业制度，明确风险等级和安全措施要求。推进跨部门、跨地域的灾害事故预警信息共享。

(三)深化安全生产治本攻坚

严格安全准入。加强工业园区等重点区域安全管理，制定危险化学品、烟花爆竹、矿山、工贸等“禁限控”目录，完善危险化学品登记管理数据库和动态统计分析功能，推动建立高危行业领域建设项目安全联合审批制度，强化特别管控危险化学品全生命周期管理。建立更加严格规范的安全准入体系，加强矿用、消防等设备材料安全管理，优化交通运输和渔业船舶等安全技术和安全配置。严格建设项目安全设施同时设计、同时施工、同时投入生产和使用制度，健全重大项目决策安全风险评估与论证机制。推动实施全球化学品统一分类和标签制度。

加强隐患治理。完善安全生产隐患分级分类排查治理标准，制定隐患排查治理清单，实现隐患自查自改自报闭环管理。建立危险化学品废弃报告制度。实行重大事故隐患治理逐级挂牌督办、及时整改销号和整改效果评价。推动将企业安全生产信息纳入政府监管部门信息平台，构建政府与企业多级多方联动的风险隐患动态数据库，综合分析研判各类风险、跟踪隐患整改清零。研究将安全风险分级管控和隐患排查治理列入企业安全生产费用支出范围。

深化专项整治。深入推进危险化学品、矿山、消防、交通运输、建筑施工、民爆、特种设备、大型商业综合体等重点行业领域安全整治，解决影响制约安全生产的薄弱环节和突出问题，督促企业严格安全管理、加大安全投入、落实风险管控措施。结合深化供给侧结构性改革，推动安全基础薄弱、安全保障能力低下且整改后仍不达标的企业退出市场。统筹考虑危险化学品企业搬迁和项目建设审批，优先保障符合条件企业的搬迁用地。持续推进企业安全生产标准化建设，实现安全管理、操作行为、设施设备和作业环境规范化。推动淘汰落后技术、工艺、材料和设备，加大重点设施设备、仪器仪表检验检测力度。推动各类金融机构出台优惠贷款等金融类产品，大力推广新技术、新工艺、新材料和新装备，实施智能化矿山、智能化工厂、数字化车间改造，开展智能化作业和危险岗位机器人替代示范。强化危险废物全过程监管，动态修订《国家危险废物名录》，修订危险废物鉴别、贮存以及水泥窑协同处置污染控制等标准，制定完善危险废物重点监管单位清单。建立废弃危险化学品等危险废物监管协作和联合执法工作机制，加强危险废物监管能力与应急处置技术支持能力建设。

(四)加强自然灾害综合治理

改善城乡防灾基础条件。开展城市重要建筑、基础设施系统及社区抗震韧性评价及加固改造，提升学校、医院等公共服务设施和居民住宅容灾备灾水平。加强城市防洪排涝与调蓄设施建设，优化和拓展城市调蓄空间。增强公共设施应对风暴和地质灾害的能力，完善公共设施和建筑应急避难功能。统筹规划建设公共消防设施，加密消防救援站点。实施农村危房改造和地震高烈度设防地区农房抗震改造，逐步建立农村低收入人口住房安全保障长效机制。完善农村道路安全设施。推进自然灾害高风险地区居民搬迁避让，有序引导灾害风险等级高、基础设施条件较差、防灾减灾能力较弱的乡村人口适度向灾害风险较低的地区迁移。

提高重大设施设防水平。提升地震灾害、地质灾害、气象灾害、水旱灾害、海洋灾害、森林和草原火灾等自然灾害防御工程标准和重点基础设施设防标准。加强城市内涝治理，实施管网和泵站建设与改造、排涝通道建设、雨水源头减排工程。科学布局防火应急道路和火灾阻隔网络。完善网络型基础设施空间布局，积极推进智能化防控技术应用，增强可替代性，提升极端条件下抗损毁和快速恢复能力。加快推进城市群、重要口岸、主要产业及能源基地、自然灾害多发地区的多通道、多方式、多路径交通建设，提升交通网络系统韧性。推进重大地质灾害隐患工程治理，开展已建治理工程维护加固。开展重点岸段风暴潮漫滩漫堤联合预警，推进沿海地区海堤达标和避风锚地建设，构建沿海防潮防台减灾体系。加强国家供水应急救援基地建设。防范海上溢油、危险化学品泄漏等重大环境风险，提升应对海洋自然灾害和突发环境事件能力。加快京津冀平原沉降综合防治和地质灾害安全管理。

6.4 思考题

1. 简述风险防范控制法的组成。
2. 简述风险控制理论中的一般性控制理论，并列举常见的控制措施。
3. 解释风险控制理论中的能量释放理论。
4. 风险管理对风险规避的运用中应当注意哪些问题？
5. 损失控制可以采用哪些方法？
6. 简述风险转移的主要方式。
7. 在生产经营活动过程风险管理中，规避风险的具体方法有哪些？
8. 简述风险监控的内容。
9. 风险监控的工具与技术有哪些？
10. 风险防范技术选择的原则是什么？

第 7 章　风险管理

我国是世界上自然灾害最为严重的国家之一，灾害种类多，分布地域广，发生频率高，造成损失重。同时，我国各类事故隐患和安全风险交织叠加、易发多发，影响公共安全的因素日益增多。加强风险管理和应急体系的建设，既是一项紧迫任务，又是一项长期任务。加强风险评估和监测预警，加强对危化品、矿山、道路交通、消防等重点行业领域的安全风险排查，提升多灾种和灾害链综合监测、风险早期识别和预报预警能力。加强应急预案管理，健全应急预案体系，落实各环节责任和措施。要实施精准治理，预警发布要精准，抢险救援要精准，恢复重建要精准，监管执法要精准。在统筹发展和安全进程中，应急管理工作在防范化解重大安全风险、及时应对处置各类灾害事故、保护人民群众生命财产安全和维护社会稳定等方面要发挥重要作用。风险管理作为应急管理中至关重要的一环，可以指导组织采取相关措施最大程度地降低风险和额外成本，为意外情况做准备，因此，风险管理人员要充分发挥专业优势，在工作中衔接好“防”和“救”的责任链条，健全大安全大应急框架。同时，完善风险管理工作机制，形成隐患排查、风险识别、监测预警、及时处置闭环管理，做到预防在先、发现在早、处置在小。

7.1　概述

7.1.1　风险管理定义

风险管理是人类在不断追求安全与幸福的过程中，结合历史经验和近代科技成就而发展起来的一门新兴学科，它是组织管理功能特殊的一部分。由于风险存在的普遍性，风险管理的涵盖面甚广。从不同的角度，不同的学者提出了不尽相同的定义。在此主要介绍工程单位这类企业或组织的风险管理。

克里斯蒂(James C. Cristy)在《风险管理基础》一书中提出：“风险管理是企业或组织为控制偶然损失的风险，以保全获利能力和资产所做的一切努力。”

威廉姆斯(C. Arthur Williams. JR)和汉斯(Richard M. Hcins)在 1964 年出版的《风险管理与保险》(第一版)中提出：“风险管理是通过对风险的识别、衡量和控制，以最低的成本使风险所致的各种损失降到最低限度的管理方法。”

罗森布明(Jerry S. Rosenbloom)在 1972 年出版的《风险管理案例研究》一书中提出：“风险管理是处理纯粹风险和决定最佳管理技术的一种方法。”

尽管说法很多，但最具有代表性的学说是美国学说和英国学说，其他各学说都是它们的分支，或在此基础上派生出来的。美国学者通常从狭义的角度解释风险管理，他们把风险管理的对象局限于纯粹风险，且重点放在风险处理上；英国学者对风险管理的定义则侧重于对经济的控制和处理程序方面。两者有共同的一点，就是都认为风险管理可以降低纯粹风险所产生的成本，但可以认为两者对风险管理的定义是不全面的，未能揭示风险管理的实质和核心。他们没有把风险管理看作一门新兴的管理科学，而仅仅认为是一门技术、一种方法、或一种管理过程。

上述定义包含以下几层意思：

(1)风险管理是一门管理科学。它是以观察、实验和分析损失资料为手段，概率论和数理统计为数学工具，系统论为科研方法，去研究风险管理理论、组织机构、风险和风险所致损失发生的规律、控制技术和管理决策等。

(2)该定义指明了风险管理的主体是企业或组织，即企业单位、政府单位、跨国集团和国际联合组织等。

(3)该定义阐明了风险管理的基本内容、方法和程序，其核心在于选择最佳风险管理技术组合。每一种风险管理技术都有一定的适用范围，因此各种控制技术综合运用及优化组合是实现管理目标的重要环节。

(4)风险管理的目标在于以最少的成本实现量大安全保障的效能。在决策时，期望达到上述目标，然而是否能达到，不仅决定于决策前识别、估测、评价风险是否正确，而且还取决于实施控制方案过程中的效果评价，对控制方案不断修改，使其更加切合实际。

通过对各种风险管理定义的分析，风险管理应是研究风险发生规律和风险控制技术的一门新兴管理学科，各生产经营单位或组织通过风险辨识、风险预测和分析、风险评价，应急预案，并在此基础上优化组合各种风险管理技术，对风险实施有效的控制和妥善处理风险或不确定性所致的后果，力求以最小成本保障最大安全和最佳经营效能的一切活动。

总之而言，对于风险管理，要明确的是它的主体是生产经营单位，应包括其他的经济组织，而不仅是企业；它所涉及风险应指生产经营单位的所有风险，并不专指纯粹风险；风险管理的对象、方法和程序等一系列活动都应以选择最佳风险管理技术为中心，它的目标应是保障最佳安全和最佳经营效能并且讲求经济效益，以最低成本进行风险管理以获取最佳效益，风险管理方案的实施是一动态过程，管理者必须根据实际情况随时修改管理方案，这样才能达到以最少的成本实现最大安全保障的目标。

7.1.2 风险管理的目标和任务

1. 风险管理的目标

风险管理的目标就是要以最小的成本获取最大的安全保障。因此，它不仅仅是一个安全生产问题，还包括识别风险、评估风险和处理风险，涉及财务、安全、生产、设备、物流、技术等多个方面，是一套完整的方案，也是一个系统工程。

风险管理目标的确定一般要满足以下几个基本要求：

(1)风险管理目标与风险管理主体(如生产企业或建设工程的业主)总体目标的一致性。

(2)目标的现实性，即确定目标要充分考虑其实现的客观可能性。

(3)目标的明确性，以便于正确选择和实施各种方案，并对其效果进行客观的评价。

(4)目标的层次性，从总体目标出发，根据目标的重要程度，区分风险管理目标的主次，以利于提高风险管理的综合效果。

风险管理的具体目标还需要与风险事件的发生联系起来，从另一角度分析，它可分为损前目标和损后目标两种，如图7-1所示。

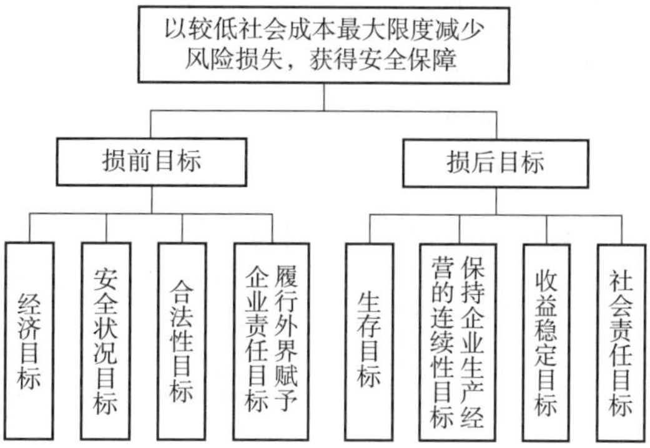

图7-1 风险管理目标

(1)损前目标

①经济目标。企业应以最经济的方法预防潜在的损失，即在风险事故实际发生之前，就必须使整个风险管理计划、方案和措施最经济、最合理，这要求对安全计划、保险以及防损技术的费用进行准确分析。

②安全状况目标。安全状况目标就是将风险控制在可承受的范围内。风险管理者必须使人们意识到风险的存在，而不是隐瞒风险，这样有利于人们提高安全意识，防范风险并主动配合风险管理计划的实施。

③合法性目标。风险管理者必须密切关注与经营相关的各种法律法规，对每一项经营行为、每一份合同都加以合法性的审视，不致于使企业蒙受财务、人才、时间、名誉的损失，保证企业生产经营活动的合法性。

④履行外界赋予企业责任目标。例如，政府法规可以要求企业安装安全设施以免发生工伤，同样一个企业的债权人可以要求贷款的抵押品必须被保险。

(2)损后目标

①生存目标。一旦不幸发生风险事件，给企业造成了损失，损失发生后风险管理的最基本、最主要的目标就是维持生存。实现这一目标，意味着通过风险管理人们有足够的抗灾救灾能力，使企业、个人、家庭乃至整个社会能够经受得住损失的打击，不至于因自然灾害或意外事故的发生而元气大伤、一蹶不振。实现维持生存目标是受灾风险主体在损失发生之后，在一段合理的时间内能够部分恢复生产或经营的前提。

②保持企业生产经营的连续性目标。风险事件的发生给人们带来了不同程度的损失和危害，影响正常的生产经营活动和人们的正常生活，严重者可使生产和生活陷于瘫痪。对公共事业尤为重要，这些单位有义务提供不间断的服务。

③收益稳定目标。保持企业经营的连续性便能实现收益稳定的目标，从而使企业保持生产持续增长。对大多数投资者来说，一个收益稳定的企业要比高风险的企业更具有吸引力。

稳定的收益意味着企业的正常发展，为了达到收益稳定目标，企业必须增加风险管理支出。

④社会责任目标。尽可能减轻企业受损及对他人和整个社会的不利影响，因为企业遭受一次严重的损失会影响到员工、顾客、供货人、债权人、税务部门以至整个社会的利益。

为了实现上述目标，风险管理人员必须辨识风险、分析风险和选择适当的应对损失风险的方法和措施。

2. 风险管理的任务

风险管理必须具体落实到人，必须具体规定负责人的责任范围。生产经营单位中负责风险管理的人员的任务一般应包括：

(1)确定和评价风险。识别潜在损失因素及估算损失的大小。

(2)制订风险对策，包括财务对策。

(3)采取预防措施，制订保护措施，提出保护方案，落实安全措施。

(4)管理索赔，负责一切可索赔事项的准备、谈判并签订有关索赔的协议和文件。

(5)负责保险预测估计、分配保费、统计损失，完成有关风险管理的预算。

(6)监督和控制风险目标的实施，及时应对风险事件与风险损失。

(7)风险评价以及承灾能力评估，风险管理绩效评估。

(8)编制事故应急救援预案，有效地控制风险事故所造成的损失。

7.2 风险管理原理

7.2.1 风险管理的程序

风险管理的基本程序是风险管理规划制定、风险辨识、风险分析、风险评价、风险处理（风险承担、风险规避、风险转移、风险控制）和风险监控及风险管理绩效评估的周而复始过程。其基本流程如图 7-2 所示。

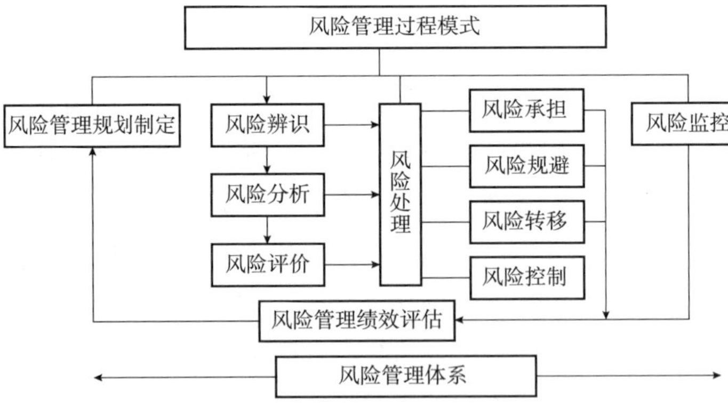

图 7-2 风险管理过程模式

1. 风险管理规划制定

制定合理的风险管理规划是风险管理的第一步。风险管理规划就是制定风险防范策略以及具体实施措施和手段的过程。这一阶段要考虑两个问题：第一，风险防范策略本身是否正确、可行；第二，实施风险防范策略的措施和手段是否符合生产经营总目标。风险管理计划的主要内容除了风险管理目标，还有以下内容：

(1)确定风险管理人员的职责。虽然风险管理工作涉及其他各个部门，但风险管理人员对风险管理仍负有主要责任。风险管理计划上要列明风险管理人员和所涉及各个部门人员的职责，并规定风险管理部门向上级和有关部门的报告制度。

(2)确定风险管理部门的内部组织结构。在小的企业里，从事风险管理的人员也许只有一个人，但规模大的企业则要设置专职的风险管理部门。

(3)与其他部门合作。风险管理部门一般需要与一些相关部门进行合作，例如：会计部门、技术部门、法律事务部门、人事部门、生产部门等，与这些部门的关系，在后面的风险管理组织章节有做相应的阐述。

(4)风险管理计划的控制。它包括以下三个方面：

①制定业绩标准。风险管理的业绩有两种标准：

效果标准。风险管理的业绩可以用金额、百分比、损失或索赔次数来加以评价；

作业标准。风险管理的业绩也可以用作业来加以评价。例如，要求一些风险管理人员至少每年对各种设施检查一次。

②把实际执行情况与业绩标准加以比较，当实际执行情况与标准发生偏离时，根据其结果来调整标准。

③采取纠正措施。当某种损失增加后，调查其原因，然后采取纠正措施。

(5)编制风险管理方针书。该方针书主要有以下内容：

①引论：简单介绍该风险管理规划的情况，如版本号、撰写人、批准人、批准日期等。

②定义：确定风险管理的范围，以及风险管理与其他管理活动、设备和组织的接口。

③重要性：风险管理及其对企业重要性的一般说明。

④风险管理战略和方法：阐明风险管理战略、方针、政策和方法。

⑤风险管理过程和程序：定义风险管理需经历的必要过程和程序。

⑥风险管理角色和任务分配：定义风险管理活动的人员和责任以及风险管理部门在企业组织机构中的地位。

⑦风险识别：识别潜在风险，包括风险的来源和特征、触发条件等。

⑧风险评估与量化：将已识别的风险进行定性和定量分析，确定哪些风险需要制定应对措施。

⑨风险应对：对每一需要处理的风险制定应对措施，以保证风险得到恰当的处理。

⑩风险影响的确定：确定已识别风险的影响范围，采取措施使其最小化。

⑪风险报告和跟踪：确定如何以文档的方式记录风险识别、评估、量化、应对及影响范围等过程，并规定以何种方式对风险进行监控和跟踪。

2. 风险辨识

风险管理的第二步是风险辨识，它是指对企业所面临的及潜在的风险加以判断、归类和性质鉴定的过程。

各种不同性质的风险威胁着企业的生存与安全，因此必须采取有效方法和途径识别企业所面临的及潜在的各种风险。对风险的辨识，一方面可以通过感性认识和经验进行判断，另一方面，也是更重要的则必须依靠对各种客观的资料统计和风险事故记录进行分析、归纳和整理，从而发现各种风险的损害情况，以及具有规律性的损害风险。在风险辨识过程中，应遵循以下原则：由粗及细，再由细及粗；严格界定风险内涵并考虑风险因素之间的相关性；先怀疑，后排除；排除与确认并重；必要时，可作试验论证。

对风险的辨识过程，首先是对该单位的人员和资产的构成与分布的全面分析与归类；其次是对人和物所面临的和潜在的风险，以及发生风险损害的可能性的识别与判断；最后是对人和物的风险可能造成的后果与损失状态的归类和分析，如可能发生的人员损失、财物损失、营业损失、费用损失、责任损失等。必须强调的是，风险辨识不仅要辨识所面临的风险，更重要的、也是更困难的是对各种潜在风险的辨识。在此基础上，还要鉴定可能发生风险的性质，即可能发生的风险是属于动态风险还是静态风险，是可管理风险还是不可管理风险等。因为只有确定了风险的性质，才能采取有效的处理措施。

风险辨识是风险管理的基础，对一个单位来讲，是一项持续性、制度性工作。风险具有可变性，它会由于新技术、新工艺、新材料、新产品、新道德观、新的客观环境的出现而改变原来的性质，或产生新的风险。这就需要风险管理者持续不断地去识别，随时发现原有风险的变化，以及可能出现的新的潜在风险。风险管理是一种科学的管理方法，必然要求制度化。

辨识风险的方法多种多样，然而每一种方法都有其适用范围，各有优缺点，比较常用的辨识风险的方法有以下五种：

(1)调查法。即通过调查来辨识信息，捕捉机会，发现风险。这种方法有两种方式：一种是召集有关专家开会，让专家各抒己见，充分发表意见，起到集思广益的作用；另一种是采用问卷调查法。

(2)实验法。它是指风险主体通过试点、小范围试验的方法来了解信息，为风险防范提供信息基础。

(3)推断法。它是风险辨识中的重要方法，指根据少量的、不完整的信息来进行推断，以扩大信息量、提高信息的真实度，把握风险的本质，以利于风险主体的风险防范。

(4)流程图法。它是将一项特定的生产或经营活动按步骤或阶段顺序以若干个模块形式组成一个流程图系列，在每个模块中都标出各种潜在的风险因素或风险事件，从而给决策者一个清晰的总体印象。

(5)经验数据法。也称为统计资料法，即根据已建各类工程项目与风险有关的统计资料来辨识拟建工程项目的风险。每个工程项目的风险管理主体都会有自己关于建设工程风险有关的经验数据或统计资料。

在实际操作中究竟应采用何种方法，须视具体情况而定，通常同时综合运用几种方法，才能收到良好的效果。

3. 风险分析

风险分析是指在风险识别的基础上，通过对所收集的大量的详细损失资料加以分析，运用概率论和数理统计，估计和预测风险发生的概率(频率)和损失幅度。

风险分析是一项极其复杂和困难的工作，但却是风险管理中不可缺少的一环。它的重要性不仅使风险管理建立在科学的基础上，而且使风险分析定量化，为选择最佳管理技术提供可靠的依据。

风险分析不仅仅是指风险辨识或风险衡量，它是一项包含了风险辨识和风险衡量这两方面在内的更为复杂的任务。图7－3简单描述了风险分析的各个阶段。

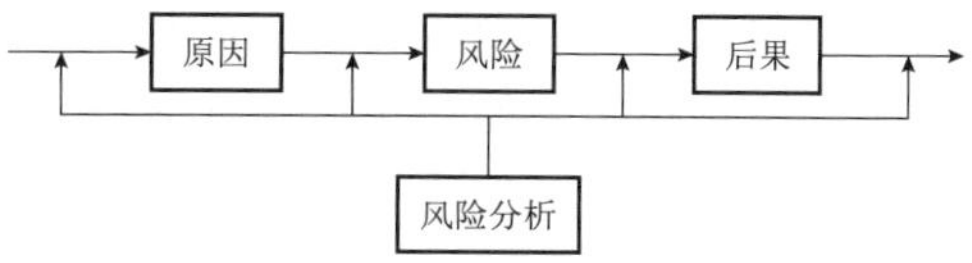

图7－3　风险分析

①分析潜在的损失原因。风险分析要求对未知的损失原因进行分析；而不能仅局限于辨识已知的损失原因。例如，我们应高度重视检测新化学制品及其他危化品的使用过程；严格仔细地检查建筑工程上新的工序或方法。

②分析已知损失原因与风险的关系。

③分析评价风险对于整个组织的影响。必须识别所有的结果，而不仅仅是那些以前发生过的结果。

4. 风险评价

风险评价结果是实现风险控制与管理的依据。它是根据国家所规定的安全指标或公认的安全指标，用系统科学的理论和方法，对系统的安全性进行预测和分析——辨识危险，先定性，后定量认识危险，以便寻求最佳的对策，控制事故(危险的控制与处理)，达到系统安全的目的——控制危险性能力的评价。

危险是风险的前提，没有危险就无所谓风险，危险定义为可能产生潜在损失的征兆。风险包括两部分：一是危险事件出现的概率；二是一旦出现事故其后果严重程度和损失的大小。危险是客观存在的，因而是无法改变的，而风险在很大程度上可随着人们的意志而改变，即人们可以通过采取措施改变事故发生的概率和一旦出现事故所造成损失的程度。对于风险评价的结果，不是风险越小越好，因为减少风险是以资金、技术、劳务的投入作为代价的，通常的做法是将风险限定在一个合理、可接受的水平上，去研究影响风险的各种因素，经过优化，寻求最佳的投资方案。

风险的大小不能单靠损失频率的高低或损失幅度的大小，而必须把这两个因素结合起来考察，然后用某一尺度去衡量，以便决定其大小。对风险进行处理，必然要花费一定费用，若所使用的费用超过由于风险事故所造成的损失，这样的处理措施就不值得采取。只有通过风险评价，才能判定处理风险所支出的费用是否有效益。风险管理者绝不应对本单位所面临的所有风险都期望加以处理，企图使风险降到零，这在理论上不可能实现，在实务上其花费将是巨大的。

总之，进行风险评价的作用主要表现在：更准确地认识风险；保证目标规划的合理性和计划的可行性；合理选择风险对策，形成最佳风险对策组合。

5. 风险处理

根据风险评价的结果，实现风险管理目标，选择最佳风险管理技术与措施是风险管理的第三步。在实际上，通常几种管理技术优化组合，使其达到最佳状态。风险处理技术分为两大类：一类为控制型技术；另一类为财务型技术。前者是以避免，消除和减少意外事故发生的机会，限制已发生损失继续扩大的一切措施，重点在于改变引起意外事故和扩大损失的各种条件；后者则是在实施控制技术后，对无法控制的风险所做的财务安排，这一技术的核心是将消除和减少风险成本均匀地分布在一定时期内，以便减少因随机性的巨大损失发生而引起财务上的波动，通过财务处理，可以把风险成本降低到最小程度。

风险处理的具体方法主要有四种：风险承担、风险规避、风险转移和风险控制。在实际应用中，哪一种方法为最佳选择，必须经过评估，最后确定最适合方法。

(1)风险承担是承认风险存在的事实并接受与其相关的风险，不做任何对风险加以控制的努力。这种方法认为并不是所有已识别出的风险都需要特别处理，因此，这种方法一般用于风险程度较低的场合。

(2)风险规避则是指为将风险降至一个理想的程度在概念、需求、规格及实践等方面的改变。简而言之，就是以风险较低的解决方案削减并替代高风险或同等程度风险的活动。

(3)风险转移是将系统内各个部分之间进行风险的再分配，以此全面降低系统风险，风险转移实际上是风险分担的一种形式，而不是单方面的风险消除，它可能影响到总体目标，风险转移效果取决于风险辨识和分析的准确性。

(4)风险控制不仅要努力消除有风险的来源，而且还要尽可能地降低其风险度或控制风险，它以降低风险事件发生概率及影响的方法对风险加以控制。

6. 风险监控

风险监控就是在风险事件发生时实施风险管理计划中预定的应对措施。由于风险的性质具有可变性，人们认识水平具有阶段性以及风险管理技术处于不断完善的过程中，因此对风险的辨识、分析、评价，乃至技术的选择需要定期检查、修正，使选择的风险管理技术适应变化的情况需要，从而保证管理技术的最优使用。在某一特定时期内，风险管理技术选择是否最佳，其管理效果如何，需要进行科学的评估。风险管理效益的大小取决于是否能以最小的风险成本取得最大安全保障。成本的大小等于采取某项管理技术所支付的各项费用与机会成本之和，而保障程度的高低取决于由于采取了该项管理技术后而减少的风险直接损失和间接损失之和。若前者大于后者，说明该项管理技术是不可取的；若后者大于前者，则该项技术是可取的，但不一定是最佳技术。从经济效益来讲，最佳技术是指各项可供选择的技术中，下述效益比值最大。

$$效益比值=\frac{采取某项技术减少的风险直接损失与间接损失之和}{采取该项技术所需各项费用+机会成本} \tag{7-1}$$

在实际上，不但要考虑该项技术的经济效益最佳性，还要考虑与整体管理目标的一致性，具体实施的可行性、可操作性和有效性。

当风险性质发生变化时，要重新进行风险分析，并制定新的应对措施。风险监控应是一个实时的、连续的过程。它应该针对发现的问题，及时采取措施。这些措施包括：

(1)随机应变措施。随机应变措施就是消除风险事件时所采取的未事先计划到的应对措施。这些措施应及时地进行记录，并融入风险应对计划中。

(2)纠正措施。纠正措施就是实施已计划的风险应对措施(包括实施应急计划和附加应对计划)。

(3)变更计划。过多实行随机应变措施，可能会大大增加风险事故概率，这种情况即可以对风险作出风险管理计划变更请求。

(4)修改风险应对计划。当预期的风险发生或未发生时，当风险控制的实施未消减风险的影响或概率时，必须重新对风险进行评估，对风险事件的应对计划等作出修改，以保证重要风险得到有效的控制。

风险监控的主要工具和技术如下：

(1)核对表法。

(2)定期项目评估。风险等级和优先级会随时间而变化，而风险的变化可能需要新的评估或量化，这就要求风险评估应定期进行。

(3)挣值分析法。挣值分析是按照基准计划来整体监控的分析工具。此方法将计划的工作与实际已完成的工作比较，确定是否符合计划的要求。如果偏差较大，则需要进一步进行风险识别、评估和量化。

(4)附加风险应对计划。如果该风险出现未曾预料到，或其后果比预期的严重，则事先计划好的应对措施可能不足以应对之，因此有必要重新研究应对措施。

风险管理是一个闭环系统，它的周期是指风险管理的四个阶段，即风险辨识、分析、处理和监控周而复始、循环往复的过程。

风险管理之所以是一个周期循环过程，除了前面所述风险的可变性等原因之外，还由于服务于企业生产经营目标的风险管理目标，会随着整体目标阶段性的变化和调整而发生变化，从而有可能使实施的管理技术发生变化。

7. 风险管理绩效评估

现代风险管理体系应包含风险管理绩效评估环节，绩效评估的最终目的是更有效地实施风险管理。风险管理绩效评估的程序、步骤、方法在后面的风险管理方法章节里有做详细的介绍。

7.2.2 风险管理组织

进行风险管理既需要建立组织更需要明确任务。没有风险管理的组织，风险管理责任就无法得到落实，而不明确风险管理的任务，风险管理工作就失去方向。

1. 概述

(1)风险管理组织的概念

风险管理的组织是指为了实现风险管理的目标，生产经营单位利用自身所拥有的资源设立的一个职能机构。从广义的角度来讲，风险管理组织是指风险主体为实现风险管理目标而设置的内部管理层次及管理机构，包括有关风险管理组织结构、组织活动以及两者相互关系的规章制度。风险管理组织活动则是指风险管理专职机构制定和执行风险管理计划的全过程，包括为制定风险管理目标，为实现目标而进行的风险识别、衡量、处理及效果评价等活动。体现风险管理组织结构与组织活动相互关系的规章制度则包括风险管理的指导思想、政策纲要、方针策略以及有关的管理、监督条例和规定。

从狭义的角度来讲，风险管理组织则主要是指实现风险管理目标的组织结构。具体包括组织机构、管理体制和领导机构。如果没有一个稳定、合理、健全的组织结构，整个风险管理活动就会陷入混乱无序，甚至毫无效果的境地。

(2)建立风险管理组织的意义

任何一项管理工作的圆满完成都是通过落实管理分工与责任达到的，风险管理工作也不例外。风险管理组织职能则是通过设置专职的风险管理组织机构或确定相关职能部门履行全面风险管理的职责，与其他部门一起形成风险管理组织体系，在明确风险管理责任的同时使风险管理有了统筹的安排，将风险管理责任落实到每一个岗位，从而保证风险管理工作顺利进行。建立风险管理组织的意义：

①明确风险管理职能，协调部门间关系

根据组织管理学说，不同的组织地位、组织结构决定了不同的职能，完成一定的职能，需要有相应的组织保证。风险管理组织的建立，可以明确风险管理部门及管理人员的职责范围，并且作为一个独立、特殊的专职管理部门也能够与风险主体其他职能部门进行良好的协调与合作。而明确风险管理部门与其他部门的关系，将直接影响风险管理活动全面、有效地展开。

②明确风险管理的地位和作用

随着风险管理运动在西方发达国家的发展，从早期的安全管理人员到保险经理，进而过渡到风险经理，不仅显现出风险管理的职责和范围在不断扩大，而且也反映了风险管理组织在风险主体中不断得到认同。在我国，风险管理相对落后，如果从思想认识上高度重视风险管理，从组织保证上强化风险管理，对于深入、有效地开展风险主体风险管理，乃至推动全社会的风险管理都有极为重要的意义。

③促进风险管理方案的实施，保证风险管理效果

没有风险管理组织或者组织不健全，将会直接影响风险管理计划的实施。只有有了组织保证，才能达到预期的效果。

2. 风险管理组织的特点

风险管理组织的特点是由风险管理对象在风险主体中具有相对集中性和分散性的特征决定的。因为风险的利害关系影响着整个风险主体，所以风险管理具有集中性。而所谓相对分散性则突出表现为在实行高度专业分工和普通分权的情况下，风险主体范围内众多的风险都存在于组成风险主体整体的各部门和各环节，也就是说，随着风险主体组织系统的分解则风险单位也相对分散。

集中性和分散性的特征决定了风险管理既有集中管理的要求，又有分散管理的要求，也决定了保证管理活动得以进行的风险管理组织也应适应集中管理和分散管理的要求。这些要求说明了风险管理组织的性质和特征。在实践中，为适应管理的需要，风险管理组织既可以是集中型，也可以是分散型，还可以是介于集中与分散之间的类型。

一般地，在集中管理的情况下，风险管理组织隶属于风险主体的一个主管部门，直接对风险主体最高决策层和领导层负责；在分散管理的情况下，风险主体内部的子系统、分支机构或分厂分别有相应的风险管理机构或风险管理人，直接对上级主管部门负责。

3. 决定风险管理组织机构模式的条件

(1)风险的严重性及复杂程度

一般来说，风险的严重程度和复杂程度越高，其管理组织机构越须完善和健全。风险主体所面临的风险越严重、越复杂，则预期贡献就会越大，风险管理机构的地位也越显著。

(2)风险主体的规模

风险管理组织系统是风险主体管理组织中的子系统，因而风险主体自身规模的大小、风险主体整体组织结构决定了风险管理组织机构的大小和复杂程度。风险管理主体的规模越大，风险管理的组织机构就越复杂。

(3)风险主体管理层的态度

如果风险主体最高领导层对待风险的态度不积极，忽视或小看风险的存在，则可能人为地削弱客观存在风险的严重性，甚至可能因此而给风险主体带来新的更大的风险。

(4)政策与法令

法令法规是影响风险管理组织机构建立的外部因素，有了法令法规的作用，风险管理组织机构必须按政策和法令的规定来设置。同时，有了政策和有关法令的要求，风险管理组织的机构建设、人员配置、技术装备才有了强有力的保证。

4. 风险管理组织的一般模式

(1)风险管理组织模式的选择

①直线型风险管理组织机构

对于风险管理是由少数专职人员负责的风险主体，风险管理机构一般采用直线型。在

直线型风险管理中，风险管理者的责任和权限是完整的、直线行使的。通常小型风险主体多采用这种形式。小型风险主体采取直线型组织形态具有如下优点：

(a)风险主体生产简单，产品单一，比较适合直线型。

(b)风险管理的命令和安排，直线传递，迅速、完全，容易维持管理的程序。

(c)上级管理者包揽权限，权力相对集中，责任也明确，只有上下垂直领导关系，简捷、明确。

这种组织形态对风险管理者提出了较高要求，他们必须同时具备较强的专业技术知识和管理能力。然而，个人的知识和能力总是有限的，当风险主体规模扩大，业务复杂，风险主体面临的风险更多、更大的情况下，直线型组织形态就显得不适合了。

②职能型风险管理组织机构

随着风险主体规模的扩大，大、中型风险主体的人、财、物及环境的组合更为复杂，所面临的风险比小型风险主体增加了，设立专门的风险管理职能部门、配备专职管理人员就显得尤为必要了。职能型风险管理组织机构有如下优点：

(a)有专职机构和专业管理人员，风险主体风险管理科学化、标准化。

(b)权责划分明确，专业指挥具体。

但它也有不足之处：

(a)与其他职能部门难以协调，容易形成本位主义，忽视风险主体总体目标。

(b)容易形成多头领导，有关风险管理和生产的命令来自两条不同的系统，政令不一，容易造成管理秩序的紊乱。

③直线职能型风险管理组织机构

在直线职能型风险管理组织机构中，风险管理部门是风险主体的一个职能管理部门，是风险主体高级管理层的参谋和咨询机构，对下属单位没有命令和指挥权，只有业务上的指导权。

在西方国家，许多公司的风险管理人员，特别是当他作为公司的高级职员时，都是直接向公司的总经理或负责财务的副总经理或一个管理委员会、执行委员会报告工作。在广泛分权的情况下，风险管理的职能应当实行集中。在集权管理形式下，风险管理者要监督每一个职工；在非集权形式下，则每一部门都要有一个风险管理者。此外，风险主体在设置风险管理组织机构时，要按照专业标准和条件选择合适的人才，并利用组织系统图、职位系统图及职务说明书清楚地反映风险管理者与其他管理者的职权关系、协作关系、信息交流关系，进一步确立风险管理的地位和目标。

(2)风险管理组织的规模大小

①小型风险管理机构

这是一种直线型的规模较小的风险管理组织。在小型风险管理组织机构中，专职管理人员一般包括风险经理、一名安全专业人员和其他专业人员。风险经理对专业人员垂直领导，负责处理风险主体全部的风险管理业务。

根据管理性质和效率的要求，风险管理组织规模一般不宜太大，通常为一小型的机构。小型风险管理机构的优点是上下级关系简单，效率高，权限相对集中且权责分明。缺点是对风险管理者个人素质要求很高。这种风险管理机构较适用于规模较小的风险主体。

②中型风险管理机构

中等规模的风险管理机构适用于大、中型风险主体，由于其风险管理的范围较大，一般在保险事务、安全防损、索赔等方面更复杂，需要更多的人员负责拟订有关风险管理计划，从事风险的调查、分析、研究与管理。这种风险管理机构的优点是人员分工明确，便于科学地进行风险管理。缺点是与其他部门的协调难度较大。

③大型风险管理机构

对大型的风险主体而言，风险管理机构内部分工更为细密，对风险更能实行全方位的管理，但相互之间的协调亦更加重要。这种大型的风险管理机构一般适用于大型、特大型风险主体或跨国公司。

在大型风险管理机构中，其人员构成一般包括：风险经理；助手；秘书；财产和责任保险经理；损失控制经理；雇员福利经理。其中，财产和责任保险经理可拥有一批在保险的各个领域有专长的人员；损失控制经理可领导一批在控制火灾和相应损失以及工业伤害、疾病、犯罪损失和责任损失方面的专家；雇员福利经理可有一批在退休金、死亡抚恤金、残疾福利、医疗费用、失业救济金等方面有专长的下级职员。值得注意的是，随着机构规模的扩大，这些管理领域还可进一步专业化。

5. 与风险管理有关的其他部门或组织

(1)风险主体内的其他部门

①会计部门。会计部门能提供估计潜在的财产和净收入损失程度的数据。会计部门的财务记录为制定保险或自保计划提供了有用的数据。如动产和不动产的价值、工伤保险的工资金额、营业中断保险的营业收入、产品责任保险的销售收入等数锯。风险管理部门一般会同会计部门处理财产和责任保险以及员工福利计划的索赔事务。

②技术部门。计算机和其他自动化设备已成为现代管理的重要工具，它有助于风险管理部门编译和分析经营及损失的数据，模拟不同损失情况的后果，预测损失趋势，比较各种风险控制和筹资方案的成本和效益，以及评价风险管理计划的成功和不足之处。

③法律事务部门。该部门的人员能提供关于责任风险的情况，有助于风险管理人员识别责任风险。此外，他们在工作中的疏漏也会给企业带来严重的责任损失，这需要风险管理部门和法律事务部门人员配合来减少这方面的损失风险。

④人事部门。该部门对处理人员损失风险至关重要。人事部门一般在风险管理部门的配合之下负责管理员工福利计划。

⑤生产部门。在一个企业里，生产部门面临众多损失风险，例如，由于生产设备损毁或发生故障造成停工、生产中发生工伤、产品缺陷给用户造成伤害等。因此，风险管理人员与生产部门人员要紧密合作，识别、消除或减少这些危险因素。

(2)与风险管理有关的外部组织

风险管理外部组织是指不属于某个风险主体组织但能够给风险主体提供有关风险管理服务的专职部门和机构。这些部门和机构成为全社会风险管理组织的有机部分。

在现实中，很多风险主体，尤其是一些规模较小的风险主体，由于受各种条件的限制，在风险主体内部设置专门的风险管理机构常常存在较大的困难，因此，利用风险主体外部风险管理组织的力量，处理风险是非常必要的。也就是说，风险主体的风险管理不仅要依靠风险主体内部的风险管理机构来实现，而且还应借助风险主体外部的风险管理机构的帮助实现。即使条件优越的风险主体拥有自己专门的风险管理机构，但是有效地利用外部组织的力量也是十分有益的，甚至在某些情况下是必不可少的。

风险主体外部的风险管理机构可以是：保险公司、风险管理咨询机构以及有关的信息部门、政府的相关职能部门等。这些机构一方面可以为风险主体提供风险调查、风险政策咨询、风险事故诊断和设计风险处理方案等服务；另一方面也可以对风险主体的可保风险进行保险，提供防损安全服务。

①风险管理咨询机构

这种咨询机构可以为风险主体提供风险调查、风险政策的咨询，也可以提供风险事故诊断及设计风险处理方案等服务。咨询机构通常是由一些专家、学者和技术顾问组成的协会和团体，有公认的正式机构，也有非正式的机构，有官方的，也有民间性质的，甚至还有一些私人咨询机构。如美国的“RIMS”就是一个由大学教师、保险管理人员和有关专家、学者共同组成的具有民间性质的咨询机构，该协会为美国开展风险管理运动作出了巨大的贡献。在我国，目前也有众多的具有风险管理性质的协会或团体，如中国保险学会、中国消防协会、中国职业安全健康协会、中国石化工业协会等。

②保险公司

保险公司是专门经营和管理风险的商业风险主体，其承担的风险具有广泛的代表性，因而保险公司具有为风险主体提供有关风险管理的信息服务和技术服务的优越性。同时，购买保险常常是风险主体处理风险最为有效的手段，因此，风险主体开展风险管理，不可避免地要与保险部门打交道，并进行密切合作。在美国，保险公司、保险代理人、保险经纪人为风险主体提供的风险管理技术服务有着显著的地位，这些技术服务包括：风险主体风险的识别和估测；处理风险的建议；帮助选择最好的保险人；损失控制服务；索赔理算服务；提供有关法律要求方面的协助等。

③专职管理部门

这里所说的专职管理部门是指社会各界与风险主体风险管理有关的政府职能部门或技术部门，如消防管理部门、交通运输管理部门、气象监测部门、地震监测部门、公安部门等，此外，还有面向全社会专门从事风险管理服务的专业技术部门。这些职能部门和技术部门拥有对某一方面风险处理技术的权威性，可以为风险主体提供较好的服务。

7.3 风险管理方法

风险管理过程一般包括以下几个关键步骤：(1)识别各种可能减少企业价值的重大风险；(2)衡量风险的损失频率和损失程度；(3)制定企业风险管理策略，开发并选用合适的风险管理方法来控制和管理风险；(4)持续不断地对企业风险管理战略的实施情况进行监督和评估，并反馈结果。从企业的持续发展来看，风险管理是一个周期性螺旋前进过程，每个单独的风险管理过程就是一个可以复制的有效片段。人们对这些片段进行了分解研究，提出和发展了各种新技术和新工具。

1. 风险控制管理

风险控制管理的具体方法主要有四种：风险承担、风险规避、风险转移和风险控制。风险承担是承认风险存在的事实并接受与其相关的风险，不做任何对风险加以控制的努力。这种方法认为并不是所有已识别出的风险都需要特别处理，因此，这种方法一般用于风险程度较低的场合。另外三种风险控制管理方法已在6.2章节详细介绍过，在此不做阐述。在实际应用中，哪一种方法为最佳选择，必须经过评估，最后确定最合适的方法。

2. 风险管理绩效评估和反馈

企业采取各种方法进行风险控制的目的是用较低的成本降低企业风险，获得最大的收益，这一目标实现与否就需要对风险管理进行持续地监督和绩效评估，将相关信息及时地反馈回去，为下一轮的风险管理活动提供有用的信息输入。

绩效评估作为风险管理的组成部分，它从制度上明确地规定了员工和组织绩效考核评价的具体程序、步骤和方法，从而为风险管理有效地运行与实施提供前提和依据。

(1)绩效评估的步骤

绩效评估的有效性依赖于一定的执行程序。在执行程序之前，首先要对影响绩效评估过程的内外环境因素进行分析，确定哪些因素影响到了评估的有效性。在绩效评估过程中，组织应避免使用不能动态地反映内外环境变化的执行程序。绩效评估可以分为以下几个步骤：

①确定特定的绩效目标；

②确定考评责任者；

③评估业绩；

④公布考评结果，交流考评意见；

⑤根据考评结论，将绩效评估的结论备案。

(2)绩效评估的方法

绩效评估是风险管理的重要环节，如果无法衡量，就无法改善，绩效评估中方法的选择至关重要，通常在实践中常用的评估方法有以下几种：

①依表评估法。绩效评估采取评定方式，须先设计等级评定量表，然后由评估者依表评估。此项评定量表包括若干绩效因素，如工作经验、适应性、成果、质量等，并将若干

因素分为若干等级，从不满意的到优秀的。管理者或评估者可以用这样一张表对被评估者进行评估，在每一项指标中对绩效描述得最恰当的栏内画圈做记号，然后把画圈对应的分数加起来就可以得到评估结果。

②建立关键业绩指标(KPI)体系。KPI是通过对组织内部流程的输入端、输出端的关键参数进行设置、取样、计算、分析，衡量流程绩效的一种目标式量化管理指标，是把组织的战略目标分解为可操作的工作目标的工具。KPI可以使部门主管明确部门人员的主要责任，并以此为基础，明确部门人员的业绩衡量指标。建立明确、切实可行的KPI体系，是做好绩效评估的关键。

③目标管理法。目标管理法是当前比较流行的一种绩效评估方法。其基本程序为：首先，管理者和职工联合制定评估期间要实现的工作目标。其次，在评估期间，管理者与职工根据业务或环境变化修改或调整目标。再次，管理者和职工共同决定是否实现，并讨论失败的原因。最后，管理者和职工共同制定下一评估期的工作目标和绩效目标。目标管理法是将绩效考评与目标管理过程融为一体的一种绩效管理方式，在目标管理的计划、执行、检查和反馈中进行绩效管理的计划、指标、考评和激励过程，并形成一个闭环。它在对关键环节进行控制和管理的基础上，充分发挥牵引和激励作用，从而提高自身在文化制度建设、组织环境的营造到职工素质培养等各方面全方位的改进和提高。

除了上述三种常用的评估方法外，还有工作标准法、强迫选择法、排序法、硬性分布法、关键事件法、叙述法等评估方法。管理者应根据实际的需求对各种方法进行选择，绩效评估方法的选择，应充分考虑绩效评估方法的针对性、经济性、正确性、精确性、适应性和可行性。

7.4 工程系统的风险管理

工程项目风险管理是建设项目的当事人对可能遇到的风险进行风险识别、风险分析和风险评价，并以此为基础合理地使用各种风险应对措施、管理方法技术和手段对项目的风险实行有效的控制，妥善处理风险事件造成的不利后果，以最少的成本保证项目总体目标实现的管理工作。

项目的风险来源、风险的形成过程、风险潜在的破坏机制、风险的影响范围以及风险的破坏力错综复杂，单一的管理技术或单一的工程技术、财务、组织、教育和程序措施都有局限性，都不能完全奏效，必须综合运用多种方法、手段和措施，才能以最少的成本将各种不利后果减少到最低程度。因此，项目风险管理是一种综合性的管理活动。其理论和实践涉及自然科学、社会科学、工程技术、系统科学、管理科学等多种学科。

风险管理是项目管理的一部分，目的是保证项目总目标的实现。风险管理与项目管理的关系如下：项目风险管理对选择项目、确定项目范围、制订现实的进度计划和成本估算有积极的影响。项目风险管理有助于项目干系人了解项目的本质，使团队成员参与确定优势与劣势，有助于结合其他项目管理知识领域。工程风险管理的作用主要体现在：

(1)工程项目风险管理决策是在分析大量详细可靠资料的基础上作出的，大大增加了工程项目决策的科学性、合理性和及时性，降低决策的风险水平。

(2)工程项目风险管理能够减少工程项目的不确定性，为项目组织提供安全的经营环境，增强项目管理者的信心和提高工作效率。

(3)工程项目风险管理是一种主动控制方法，可以有效地降低费用、缩短工期、提高质量、增加项目的安全性，最大限度地保障项目目标的实现，促进项目组织经营效益的提高。

(4)工程项目风险管理可以提高工程项目管理者的专业技能及管理水平。

(5)工程项目风险管理可以为以后的工程项目风险分析和管理提供资料和经验，以便改进将来的工程项目管理方法和提高管理水平。

工程项目管理论中的风险管理技术是工程项目管理中不可缺少的支撑工具，风险管理作为一种主动控制的手段，主要围绕项目的三大目标：成本、质量以及工期进行控制。这种主动控制与传统的偏差—纠偏—再偏差—再纠偏的被动方式截然不同，风险管理目标的主动控制体现在通过辨识风险因素并加以分析，实现采取处理措施进行主动控制以达到降低风险水平的目的。风险管理是投资项目中其他管理的前提和基础，它既是投资项目的出发点，又是投资项目管理的归宿。企业对风险的态度决定了可行性分析的客观性和科学性，并最终决定投资项目的结果，同时贯穿投资项目全过程的特点也决定了风险管理实施的好坏，直接关系到其他项目工具的使用及企业管理水平和效率的高低。其他管理的有效性对风险管理能产生实质性的影响，原因在于风险管理的实施也需要其他工具的支持，只有成功的项目管理才能以高效率降低成本，缩短时间从而降低风险水平。

7.4.1　工程风险管理的基本内容

1. 工程项目风险管理理念

(1)项目全过程的风险管理。由于项目建设实施各个阶段均存在不同的风险，要求项目管理者在项目的不同时期都要实施有效的风险控制措施。

(2)全部内容的风险管理。项目实施过程中每一个阶段存在的风险因素都很多，项目管理者应尽可能全面考虑可能发生的各种风险，确保不遗漏风险管理的对象。

(3)全员的风险管理。工程项目管理是一个多目标、多参与者、多阶段较为复杂的系统工程，光依靠一两个风险管理专家和项目管理者是无法完成全部风险管理任务的，需要项目中所有工作人员都要参与其中，提高工程项目风险管理的全面性。

(4)全方位的风险管理。对工程项目的每一个阶段、每一种风险，项目管理者都要系统全面地分析每个潜在风险因素对项目各个方面的影响。

(5)全面措施的风险管理。对风险的管理要采取综合的控制手段，从技术、经济、行政、合同及管理等方面入手，并按照风险预测、风险分析、分析评价、风险控制等管理程序加以管理。

2. 工程项目风险管理的重要内容

(1)风险识别。它是风险管理的第一步，其是对工程项目所面临的和潜在的风险加以分析、判断、归类的过程。工程项目周围存在的风险是各种各样的，包括项目外部的和内部的、技术的和非技术的。这些风险存在于什么地方？发生的条件是什么？发生的可能性有多大？发生后的损失又是如何？这些在风险识别中均应有初步的分析和判断。

(2)风险估计。它是在风险识别的基础上，通过对所收集大量资料的分析，利用概率统计理论，估计和预测风险发生的可能性和相应损失的大小。风险估计是对风险的定量化分析，可为风险管理者进行风险决策、管理技术选择提供可靠科学的数据。

(3)风险评估。它是在风险识别和风险估计的基础上，对风险发生的概率、损失程度和其他因素进行综合考虑，得到描述风险的综合指标——风险量，并与公认(或经验)的风险(安全)指标相比较，得到是否要采取控制措施的结论。

(4)风险应对。它就是在风险发生时实施风险管理计划中的预定措施。风险应对措施包括两类：一类是在风险发生前，针对风险因素采取控制措施，以消除或减轻风险。其具体的措施包括：规避、缓解、分散、抑制和利用等。另一类是在风险发生前，通过财务安排来减轻风险对项目目标实现程度的影响。其具体的措施有：自留、转移等。

(5)风险监控。它跟踪已识别的风险，监视残余风险和识别新的风险，保证计划执行，并评估这些计划对降低风险的有效性。

3. 工程项目风险管理的重点

工程项目风险管理贯穿在工程项目的整个寿命周期，而且是一个连续不断的过程，但也有其重点。

(1)工程项目风险管理的重要时间节点

①工程项目进展过程中出现未曾预料的新情况时；

②工程项目有一些特别的目标必须实现时，如水利水电工程中的截流时间；

③工程项目进展出现转折点，或提出变更时。

(2)工程项目风险管理的重要对象

下面一些类型的项目或活动特别应该进行风险分析和风险管理：

①创新或使用新技术的工程项目；

②投资数额大的工程项目；

③实行边设计、边施工、边科研的工程项目；

④打断目前生产经营，对目前收入影响特别大的工程项目；

⑤涉及敏感问题(环境、搬迁)的工程项目；

⑥受到法律、法规、安全等方面严格要求的工程项目；

⑦具有重要政治、经济和社会意义，财务影响很大的工程项目；

⑧签署不平常协议(法律、保险或合同)的工程项目。

(3)工程项目风险管理的重要环节

①可行性研究阶段。这一阶段，项目变动的灵活性最大。这时若做出减少项目风险的变更，代价小，而且有助于选择项目的最优方案。

②审批阶段。此时项目业主可以通过风险分析了解项目可能会遇到的风险，并检查是否采取了所有可能的步骤来减少和管理这些风险。在定量风险分析之后，项目业主还能够知道有多大的可能性实现项目的各种目标，如费用、时间和功能。

③招标投标阶段。承包商可以通过风险分析明确承包中的所有风险，有助于确定应付风险的预备费数额，或者核查自己受到风险威胁的程度。

④招标后。这时，项目业主通过风险分析可以查明承包商是否已经认识到项目可能会遇到的风险，是否能够按照合同要求如期完成项目。

⑤项目实施期间。定期作风险分析、切实地进行风险管理可增加项目按照预算和进度计划完成的可能性。

4. 工程项目风险管理的作用

(1)通过风险分析，可加深对项目的认识和理解，澄清各方案的利弊，了解风险对项目的影响，以便减少或分散风险；提高项目各种计划的可信度，有利于改善项目执行组织内部和外部之间的沟通；能够明确项目到底可能承受多大损失或损害。

(2)通过检查和考虑所有到手的信息、数据和资料，可明确项目的各有关前提和假设；可以使决策更有把握，更符合项目的方针和目标，从总体上使项目减少风险，保证项目目标的实现；可推动项目实施的组织和管理班子积累有关风险的资料和数据，以便改进将来的项目管理。

(3)为项目施工、运营选择合同形式和制订应急计划提供依据，使编制应急计划时更有针对性。

(4)能够将处理风险后果的各种方式更灵活地组合起来，在项目管理中减少被动，增加主动；为以后的规划和设计工作提供反馈信息，以便在规划和设计阶段采取措施防止和避免风险损失。

7.4.2 工程风险管理的意识和手段

1. 工程风险管理的意识

工程风险管理的意识指工程从可行性研究到实施阶段，工程建设的参与各方都必须树立明确的风险意识，并遵从科学的手段和合理的程序，对可能存在的各项风险进行有效管理，使工程的预定目标得以实现。

对于工程风险管理的意识，有以下几点要予以明确：

(1)工程中存在的风险大。一个项目从立项到实施，直至最终按预定目标完成该工程项目，持续的周期往往较长，其间所涉及的风险因素很多。其中有些风险因素和风险事件发生的概率很大，这些风险因素和风险事件一旦发生，往往造成比较严重的损失后果。

(2)参与工程的各方都有风险。工程项目参与的各方，都应该树立起风险管理意识。没有任何一方在参与工程的建设中不存在任何风险。所不同的只是各方在风险因素和风险事件发生后，遭受的损失不同。同时，也存在某些风险因素和风险事件仅对一方或几方起作用，而对个别参与方没有影响或影响很小。

(3)参与工程建设各方的各级管理人员都要具有风险意识。

(4)工程风险管理的意识要贯穿工程的全过程。

2. 工程风险管理的手段

人类认识和研究风险的目的在于有效地管理风险。随着研究的深入，工程风险管理已逐步发展成为研究风险发展规律和防范与控制技术的一门新型管理学科。工程参与各方在风险识别、风险评价的基础上，优化组合各种风险管理手段，实施有效的风险控制并妥善处理风险导致的损失。当前，工程风险管理的手段主要有四种，即技术手段、合同手段、组织手段和经济手段。

(1)技术手段

①风险规避。指放弃或终止某项可能引起风险损失的活动，或是改变活动的性质、改变工作地点或工作方法。就风险的一般意义而言，风险规避是处理风险最强有力的手段，有效采取风险规避手段可以完全解除某种风险。

②风险预防。“凡事预则立不预则废。”实施阶段包括搞好地基勘探、做好社会经济调查；审查施工图中的风险因素；向建设人员灌输安全意识；坚持收听天气预报，以防不测风云；合理布置施工现场，严格操作规程，先培训后上岗；做好施工日志；注意收集和保存资料；预防和减少施工索赔等均属预防之列。

③风险抑制。风险发生时或发生后，采取各种措施减轻损失程度。抑制有两方面含义：一是风险发生时的损失最小化；二是风险发生后的挽救措施。

(2)合同手段

合同手段在风险管理中的作用主要表现为将风险转移到最适合承担该风险的单位。其主要表现形式为代理合同、分包合同、保险合同、担保合同。

①代理合同。代理是代理人在代理权限内，以被代理人的名义实施的、其民事责任由被代理人承担的法律行为。采用代理合同所转移的风险主要是工程参与方不擅长承担的某些管理活动，这些管理活动的不当，会带来严重的损失后果。工程中常见的代理合同有招投标代理合同、物资及大型机械设备采购代理合同。

②分包合同。分包合同指总承包人依据总承包合同，在法律允许的范围内，将自己不擅长或无力承担的部分分部分项工程，交由专业分包单位实施。

③保险合同。保险合同是指投保人与保险人约定保险权利义务关系的协议。保险合同的主要作用是转移风险。其分类有两种：一是财产保险合同；二是人身保险合同。

④担保合同。担保是指当事人根据法律规定或者双方约定，为促进债务人履行债务实

现债权人权利的法律制度。担保合同是被担保合同的从合同，被担保合同是主合同，主合同无效，从合同也无效。但担保合同另有约定的除外。工程中常见的担保方式为保证和定金。

(3)组织手段

组织就是为了使系统达到它特定的目标，由全体参加者经分工与协作以及设置不同层次的权利和责任制度而构成的一种人的组合体。采用组织手段对风险进行管理时，首先要确定风险管理的目标，然后确定风险管理的内容，在此基础上，进行风险管理机构的组织结构设计。

(4)经济手段

广义的经济手段指在风险管理中，通过一定的费用支出，达到降低工程风险的目的。狭义的风险管理中的经济手段主要指计划性的风险自留。计划性风险自留是主动的、有意识的、有计划的选择，是风险管理人员在经过正确的风险识别和风险评价后作出的风险对策决策。

7.4.3　工程质量、安全责任风险管理

1. 质量责任风险管理

(1)影响工程质量的因素

影响工程质量的因素很多，但归纳起来主要有五个方面：人员素质、工程材料、机械设备、工艺方法和环境条件。

①人员素质

人是生产经营活动的主体，也是工程建设项目的决策者、管理者、操作者。工程建设的全过程，如项目的规划、决策、勘察、设计和施工，都是通过人来完成的。人员的素质，即人的文化水平、技术水平、决策能力、管理能力、组织能力、作业能力、控制能力、身体素质及职业道德等，都将直接或间接地对规划、决策、勘察、设计和施工的质量产生影响，而规划是否合理、决策是否正确、设计是否符合所需要的质量功能、施工能否满足合同、规范、技术标准的需要等，都将对工程质量产生不同程度的影响，所以人员素质是影响工程质量的一个重要因素。因此，建筑行业实行经营资质管理和各类专业人员持证上岗制度是保证人员素质的重要管理措施。

②工程材料

工程材料泛指构成工程实体的各类建筑材料、构配件、半成品等，它是工程建设的物质条件，是工程质量的基础。工程材料选用是否合理、产品是否合格、材质是否经过检验、保管使用是否得当等，都将直接影响建设工程的结构强度和刚度，影响工程的使用功能和使用安全以及工程的外观。

③机械设备

机械设备可分为两类：一是指组成工程实体及配套的工艺设备和各类机具，如电梯、

泵机、通风设备等，它们构成了建筑设备安装工程或工业设备安装工程，形成完整的使用功能；二是指施工过程中使用的各类机具设备，包括大型垂直与横向运输设备、各类操作工具、各种施工安全设施、各类测量仪器和计量器具等，简称施工机具设备，它们是施工生产的手段。机具设备对工程质量也有重要影响。工程用机具设备其产品质量优劣，直接影响工程使用功能质量。施工机具设备的类型是否符合工程施工特点，性能是否先进稳定，操作是否方便安全等，都将会影响工程项目的质量。

④工艺方法

工艺方法是指施工现场采用的施工方案，包括技术方案和组织方案。前者如施工工艺和作业方法，后者如施工区段空间划分及施工流向顺序、劳动组织等。在工程施工中，施工方案是否合理，施工工艺是否先进，施工操作是否正确，都将对工程质量产生重大影响。大力推进采用新技术、新工艺、新方法，不断提高工艺技术水平，是保证工程质量稳定提高的重要因素。

⑤环境条件

环境条件是指对工程质量特性起重要作用的环境因素，包括工程技术环境，如工程地质、水文、气象等；工程作业环境，如施工环境作业面大小、防护设施、通风照明和通信条件等；工程管理环境，主要指工程实施的合同结构与管理关系的确定，组织体制及管理制度等；周边环境，如工程邻近地下管线、建筑物等。环境条件往往对工程质量产生特定的影响。加强环境管理，改进作业条件，把握好技术环境，辅以必要的措施，是控制环境对质量影响的重要保证。

(2)质量责任风险管理

对于质量责任的风险管理，应针对对工程质量有影响的五个因素进行控制。

①对人员素质的控制

对人的控制包括两个方面，既包括对参与工程建设具体人素质的控制，还包括对参与工程建设各单位资质的控制。

如作为建设单位，在项目招标阶段，应选择与工程类别相适应的招投标代理公司进行招投标工作，降低由于自己能力限制或经验限制导致在招投标中选错承包人的风险。当然，如果选错了招投标代理机构，也会产生新的风险。所以，作为建设单位，最重要的降低工程风险的手段就是做好工程参与单位的选择工作，这既可以采用公开招标，也可采用邀请招标实现。另外，建设单位应该很清楚地表达出自己对工程项目的各项要求，以便代理机构及投标单位对此作出具体响应，从而为评标做好比较的基础。

作为参与工程建设的其他单位，在对人的控制方面主要是控制好人员的素质。各个管理岗位要做到人尽其才，不称职的坚决予以撤换；对工程实施具体操作的作业人员，应保证他们具有相应的资格证书或上岗证，如结构设计人员应具有注册结构工程师证，现场专业监理人员应是国家注册监理工程师，即使特殊岗位的操作人员，也要有培训合格证和上岗证。这样做，并非为了应付检查，而是对自己承担的工程质量负责，尽可能避免由于人员素质的因素导致风险事件发生。

②对工程材料的控制

许多工程质量事故的起因就是由于使用了伪劣的建筑材料。对这种风险的控制，应注意以下事项：

(a)对要采购的原材料、半成品或构配件，在采购订货前对生产厂家的信誉进行调查，对采购要实行货比三家的原则。对于重要的材料，还应提交样品，以供试验或鉴定；有些材料还要生产厂家提交理化试验单，检查合格后，才签订采购合同。

(b)对于半成品或构配件，应按经过审批认可的设计文件和图纸要求订货，质量应满足有关标准和设计的要求，交货期应满足施工及安装进度安排的需要。

(c)大宗的器材或材料的采购应当实行招标采购方式。

(d)对于采购的半成品和构配件，在采购合同中要有明确、详细、不会引起争议的质量条款，明确质量检测项目及标准。同时，在采购合同中还要写明由于质量不合格导致采购方损失的赔偿办法，实现合理的风险分担。

(e)对于装饰材料，最好一次订齐和备足货源，以免由于分批而出现色差、规格差异等质量问题。

(f)供货厂方应向采购方提供质量文件，用以表明其提供的货物能够完全达到需方提出的质量要求，此外，质量文件还是工程竣工时竣工文件的组成部分，应妥善保存。质量文件主要包括：产品合格证及技术说明书；质量检验证明；检测与试验者的资质证明；关键工序操作人员合格证明及操作记录；不合格品问题处理的说明及证明；有关图纸及技术资料；必要时，还应附有权威性认证资料。

③对施工机械的控制

施工机械的选择，除应考虑施工机械的技术性能、工作效率、工作质量、可靠性及维修难易、能源消耗，以及安全、灵活等方面对施工质量的影响与保证外，还应考虑其数量和配置对工程质量的影响。例如，为保证混凝土连续浇筑，应配备足够的搅拌机和运输设备；在一些城市的建筑施工中，为防止噪声的限制，必须采用静力压桩机等。

此外，还要注意设备类型应与施工对象的特点及施工质量要求相适应。例如：对黏性土的压实，可以采用羊足碾进行分层压实；但对于砂性土的压实，则宜采用振动压实机等类型的机械。在选择机械性能参数方面，也要与施工对象特点及质量要求相适应，例如，选择起重机械进行吊装施工时，其起重质量、起重高度及起重半径均应满足吊装要求。

④对工艺方法的控制

对工艺方法的控制，主要是对施工组织设计的控制。对于施工组织设计的编制与审核，应符合以下原则：

(a)施工组织设计的编制、审查和批准应符合规定的程序；

(b)施工组织设计应符合国家的技术政策，充分考虑承包合同规定的条件、施工现场条件及法规条件的要求，突出“质量第一、安全第一”的原则；

(c)施工组织设计应有针对性，应在掌握工程特点及难点的基础上，根据具体的施工条件编制；

(d)施工组织设计采用的技术方案应该先进适用，所采用的技术应是成熟技术；

(e)对工程质量的控制流程应合理，突出质量监督的作用。

⑤环境条件的控制

(a)对施工作业环境的控制

所谓作业环境条件主要是指：水、电或动力供应、施工照明、安全防护设备、施工场地空间条件和通道，以及交通运输条件和道路条件等。这些条件是否良好，直接影响工程质量。例如，施工照明不良，会给要求精密度高的施工操作造成困难，工程质量不易保证。因此，建设单位和承包单位应共同努力，创造一个良好的施工作业环境。

(b)施工质量管理环境的控制

施工质量管理环境的控制主要是指对质量管理体系和质量控制自检系统的建立、实施的控制，主要应注意质量控制系统的组织结构、管理制度、检测制度、检测标准、人员配备等方面的状态是否良好，不足之处应及时调整、完善。

(c)现场自然环境条件的控制

对于现场自然环境条件，应根据工程所在地的特点制定相应的对策。例如，对严寒地区，要做好冬季施工的准备措施；对于地下水位高的地区，则要注意基础开挖过程中的排水及防止流沙的工作。同时，对现场周围的建筑物情况也要在制定施工方案时予以考虑，免得因方案不当造成对邻近建筑物的损害，造成损失。

2. 安全责任风险管理

安全责任的风险管理包括两个方面的含义：一是指工程项目本身的实施、使用过程中的安全；二是指参与工程建设有关人员的人身安全。

工程项目的安全风险管理，与工程的质量风险管理有许多相似之处，可以说，工程的质量有了保证，那么工程的安全性也就有了坚实的基础。当然，这里说的工程质量并不是狭义的施工质量，而是包括：项目决策，项目勘察、设计，工程施工，竣工验收，使用维护全过程的工作质量。当这些质量有了保证，那么，工程的安全性也就有了保证。

(1)安全管理的意义

工程系统安全风险管理的目的是控制和减少施工现场的施工安全风险，实现安全目标，实现事故预防。工程建设企业要做好对建筑事故的控制工作，首先就要在思想上重视安全管理。安全管理的意义如下：

①做好安全管理工作有利于企业的稳定发展

安全涉及方面多，一旦发生了安全事故，不但伤亡者的家属需要耐心安抚，而且国家相关部门也会对安全事故进行调查，对造成安全事故的责任人予以应有的惩罚。这些都会对企业的正常运营产生或大或小的影响，影响大小与工程安全事故的严重程度有密切关系。同时，我国实行的是安全责任企业主要领导负责制，发生了安全事故，难免会因主要领导被审查、处分而影响企业的运营。

②安全管理是提高生产率，减少职业病的途径

项目工程安全管理的目的就是通过安全管理使工程施工人员在舒适良好的工作环境中安全操作。一个良好的工作环境是施工人员按工艺工序标准操作的前提。在没有心理顾忌的生产条件下作业，提高生产效率的作用是显而易见的，对工程质量的提高是大有益处的。此外，通过安全管理，降低施工噪声，减少施工粉尘污染，对防止施工企业职业病有显著作用。

③安全管理是控制事故发生的最直接手段

工程的安全管理工作直接针对正在实施的项目和现场的施工人员，安全管理的许多内容(如现场临时用电安全管理，脚手架安全管理，机械设备安全管理等工作)是直接针对分部分项的措施。通过一系列的管理措施，消除人的不安全行为和物的不安全状态。杜绝施工现场违章指挥、违章作业、违规违纪现象的发生，从而从根本上预防工程事故的发生。

④工程安全管理将减少不必要的经济损失

一般工程项目的实施大多按项目实行成本独立核算，事故发生所造成的直接损失和间接损失费用将摊入该工程，这自然是一笔不必要的开支。反之，通过有效的安全管理，控制事故的发生就能间接降低工程成本，减少额外费用的开支，从而提高工程的利润。

(2)安全风险管理的措施

工程实施过程中的安全风险管理措施，主要有以下几项：

①加强领导，建立健全安全组织机构

建立健全安全组织机构，配备一支强有力的安全管理队伍，是搞好安全工作的重要保证。在组织机构中，企业及项目的主要领导应直接负责安全的管理工作。在组建安全机构过程中，要特别强调机构的系统化和网络化，要求进驻工地的所有单位必须建立各自的安全领导小组，工段、工区设专职安全员。各班组及生产一线设兼职安全员，同时，充分发挥工会等团体组织的监督协助作用，在安全生产管理上形成“专管成线，群管成网”全方位抓安全的格局。

②开展安全工作目标管理，制定量化标准

为了有效地控制、减少生产事故和其他重大伤亡事故，推行安全目标管理是一个有效的方法。具体做法是根据工程特点及本单位的实际情况，首先详细制定一个总目标，即确定工伤事故死亡率为多少以内等，然后要求所有施工单位将各自承担的指标分解逐层下达到生产第一线，实行一级对一级保证，一级对一级负责的责任体系，以此来推动安全管理工作，保证工程的顺利进行和职工的人身安全。

③抓好岗位安全培训，提高职工的业务素质和技能

加强对职工的安全技术培训和安全知识教育，把安全生产建立在职工良好的自身素质之上，是搞好安全管理工作的基础环节。同时，还要注意做好民工的安全教育和培训。民工大多安全意识薄弱，是工伤事故的高发群体。对此，在民工的管理上，要严格把握好上

岗证这一关，要严格规定凡征用的民工必须经培训，考核后，发给操作证才准许上岗。

④开展全方位、多层次的安全检查，及时发现问题，及时清除隐患

对安全风险的管理，要贯彻“安全第一，预防为主”的方针，其重要工作之一就是要把各类事故隐患、事故苗头消灭在萌芽状态之中。在工程实施过程中，采取随时随地检查与固定检查相结合，日常巡回检查与定期检查相结合，集中检查与分散检查相结合，各单位自检与指挥部组织联检相结合。通过这种方式，可以对施工现场的安全状况有个清楚的认识，并能及时发现问题、解决问题、制止硬性蛮干和违章操作的行为。

⑤对参与工程建设的有关人员投保

对参与工程建设的有关人员投保，可以避免由于不可抗力因素的发生导致人员伤亡给项目带来的损失，转移部分风险。同时，还可使职工体会到企业的关怀，从而更具凝聚力。

7.5 风险管理文化

7.5.1 风险文化的起源与发展

1. 风险文化的起源

风险伴随着人类的生产活动，从而物质形态的风险文化与之俱生。但是，人类有意识地发展风险文化，则是随着人类社会进入工业化社会以后，现代工业生产过程中出现的一系列惨重的灾难性事故推动的结果。现代企业采取社会化大生产形式，具有机械化、自动化、连续化的特点，生产中如果某个环节出了问题，特别是一旦发生了燃烧、爆炸事故，轻则停工停产，厂房设备遭到破坏，重则人员伤亡，并造成惨重的经济损失。事故多发的原因有机制问题、管理问题，也有技术问题，但最关键的是人员的安全素质问题。

风险文化的概念起源于 20 世纪 80 年代的国际核工业领域。在此期间，发生了世界核电史上的两次大事故：一是 1979 年美国三甲岛核电站事故；二是 1986 年前苏联切尔诺贝利核电站事故。在随后进行的统计分析中发现，绝大部分核电站事故并非缘于设备故障，而是由操作人员的直接或间接失误导致的。所以，在 1986 年国际原子能机构召开的切尔诺贝利核电站事故评审会上，国际核应急专家提出，在事故原因的分析上，绝不可以单纯找设计上的缺陷、人的可靠性模型或模拟问题，而是必须从风险文化的角度来考虑。为此，国际核安全咨询组织于同年提出“风险文化”的概念，并被美国的 NASA 机构应用到航空航天的安全管理中。国际原子能机构在 1991 年编写的 75－INSAG－4 评审报告中，首次定义了风险文化的概念，并建立了一套核安全文化建设的思想和策略，这标志着核安全文化的正式开始。由此，风险文化从核安全文化、航空航天风险文化发展到企业风险文化。

2. 风险文化的发展

纵观历史，人类风险文化的发展可分为四大阶段。17 世纪以前，人类安全观念是宿命论的，行为特征是被动承受型的，这是人类古代风险文化的特征；17 世纪末至 20 世纪

初，人类的安全观念提高到经验论水平，行为方式有了“事后补救”的特征，由被动式转变为主动式，由无意识变为有意识；20 世纪初到 20 世纪 50 年代，随着工业社会的发展和科学技术的不断进步，人类的安全认识进入了系统论阶段，从而能推行安全生产与安全生活的综合性对策，进入了近代风险文化阶段；20 世纪 50 年代以来，由于高新技术的不断出现和应用，人类的安全认识进入了本质论阶段，超前预防型成为现代风险文化的主要特征。由此，可把人类风险文化的发展脉络归纳为如表 7－1 所示。

表 7－1 人类风险文化的发展脉络

风险文化分类	观念特征	行为特征
古代风险文化	宿命论	被动承受型
近代风险文化	经验论	事后型、亡羊补牢型
现代风险文化	系统论	综合型，人、机器、环境对策
发展的风险文化	本质论	超前预防型

人类对生命安全与健康保护的认识，经历了无知、局部有知、系统有知、超前预知预控的发展过程，反映了对风险认识和哲学观的不断完善，更表明了风险文化在人类的生产、生活、生存活动中不断丰富和繁荣。

7.5.2 风险文化的定义和特征

风险贯穿于我们日常的生活和生产中，与我们的身体健康、生命和国家的稳定与发展息息相关。简而言之，风险是事件、不确定性和后果三者的函数。而文化是人类社会在悠久的发展历史中通过实践活动所创造和继承下来的并反作用于人类的实践活动的财富。根据《辞海》对于文化的解释，从广义上来说，文化指人类社会历史实践过程中所创造的物质财富和精神财富的总和；从狭义上来说，文化指社会的意识形态，以及与之相适应的社会制度和组织机构。文化是一种历史现象，每一社会都有与其相适应的文化，并随着社会物质生产的发展而发展。

1. 风险文化的定义和构成

(1)风险文化的定义

与文化的定义相对应，目前对风险文化的多种定义可归纳为两类：广义的风险文化和狭义的风险文化。广义的风险文化中，比较有代表性的一种定义是由我国学者徐德蜀研究员给出的，他认为风险文化是人类在生存、繁衍和发展的历程中，在从事生产、生活乃至实践的一切领域内，为保障人类安全并使其能安全、舒适、高效地从事一切活动；预防、避免、控制和消除意外事故和灾害，为建立安全、可靠、和谐、协调的环境和匹配运行的安全体系，为使人类变得更加安全、康乐、长寿，使世界变得友爱、和平、繁荣而创造的安全物质财富和安全精神财富，是人类实践活动中所创造的安全生产、安全生活的精神、观念、行为与物态的总和。另一种有代表性的定义是美国学者道格拉斯·韦格曼等在 2002 年 5 月向美国联邦安全管理局提交的一份对风险文化研究的总结报告中给出的：“风险文化是由一个组织的各层次、各群体中的每一个人所长期保持的、对职工安全和公众安全的价值和优先性的认识。它涉及每个人对风险承担的责任，保持、加强和交流对风险关注的行动，主动从失误的教训中努力学习、调整和修正个人和组织的行为，并且坚持从这些有价值的行为模式中获得奖励等方面的程度。”韦格曼的论述表明风险文化的通用性表征至少包括五个方面：组织的承诺、管理的参与程度、员工授权、奖惩系统和报告系统。

狭义的风险文化包含于广义的风险文化之中，是指人们对风险的认识、理解、态度以及对待风险的处理模式和行为准则，是安全价值观和安全行为准则的总和。另有定义认为：风险文化是社会文化和企业文化的一部分，特别是以企业安全生产为研究领域，以事故预防为主要目标。

上述各种广义和狭义风险文化的定义具有以下共同特点：①风险文化是观念、行为和物态的总和，既包含主观内涵，也包括客观存在；②风险文化强调人的安全素质，要提高人的安全素质需要综合的系统工程；③风险文化是以具体的形式、制度和实体表现出来的，并具有层次性；④风险文化具有社会文化的属性和特点，是社会文化的组成部分，属于文化的范畴；⑤风险文化的最重要领域是企业的风险文化，发展和建设风险文化就要建设好企业风险文化。

上述各种定义的不同点表现为：①内涵不同，广义的风险文化既包括安全物质层，又包括风险精神层面，而狭义的定义则强调精神层面；②外延不同，广义的风险文化不仅涵盖企业，还涵盖社会、社区、家庭等，而狭义的定义专指企业风险文化。

(2)风险文化的构成

广义的风险文化的构成要素具有层次性，可用如图 7－4 所示的风险文化构成逻辑关系图表示。

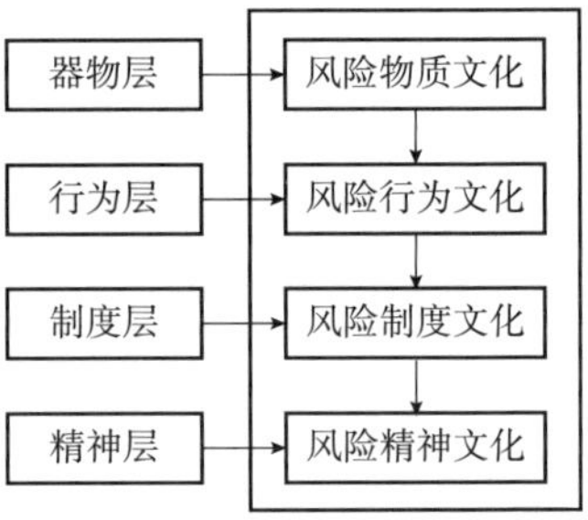

图 7－4　风险文化构成逻辑关系图

①风险物质文化——器物层

风险物质文化是为保证人们的安全生活和安全生产而以物质形态存在的条件、环境和设施的总和，或者说能够满足人们安全需求的各种物态要素或物质财富的总称。如古代寻食护身的石器、铜器，当今的防弹衣、防弹车和消防器材等，它们是风险文化的物质载体，居于风险文化的表层或最外层。风险物质文化是衡量社会发展和人类文明的客观标准和尺度，是风险文化的根本保障和基础。

②风险行为文化——行为层

风险行为文化是在风险精神文化和风险制度文化指导下，人们借助于一定的风险物质文化，在生活和生产过程中的安全行为表现，居于安全文化的中间层。行为文化既是精神文化和制度文化的反映，同时又反作用于精神文化和制度文化。

③风险制度文化——制度层

风险制度文化指的是与物态、心态、行为安全文化相适应的组织机构和规章制度的建立、实施及控制管理的总和。风险文化中属于劳动保护、劳动安全与卫生、减灾安全、交通安全、消防安全、特种设备安全、环保安全等方面的一切制度化的法规、法令、标准、社会组织形式以及人的社会关系网络的风险文化建设活动及成果统列为安全制度文化，作为风险文化重要的、带有强制性的组成部分，包括从社会制度、法律制度、政治体制、经济体制、教育制度、科学体制，直至各行各业、各社会集团的组织形式等。风险制度文化是协调生产关系、规范组织和个体行为的各项法规和制度，居于风险物质文化和风险精神文化之间，是风险文化的中间层次，发挥着协调、保障、制约和促进的作用。

④风险精神文化——精神层

风险精神文化居于风险文化的内层或最里层，是指为全体成员所共同遵守、用于指导和支配人们安全行为的以价值观为核心的意识观念的总称，包括人们对安全的认识、态度、理想信念、道德规范、价值观念和心理行为习惯等各种意识形态。与社会进步合拍、公认的精神文化形成了所谓的行为规范，这是风险文化建设中最不易实现的部分。作为风险文化的软件和核心，风险精神文化对风险制度文化、风险行为文化和风险物质文化起着主导和决定的作用。

以上四个层次构成了风险文化的整体结构，它们相互联系、相互影响、相互渗透、相互制约。其中风险物质文化是基础；风险精神文化是核心和精髓；作为中介的风险行为文化和风险制度文化是风险精神文化通向风险物质文化的桥梁和纽带。

应通过多种形式，努力传播风险管理文化，牢固树立风险无处不在、风险无时不在、严格防控纯粹风险、审慎处置机会风险、岗位风险管理责任重大等意识和理念(图 7－5)。

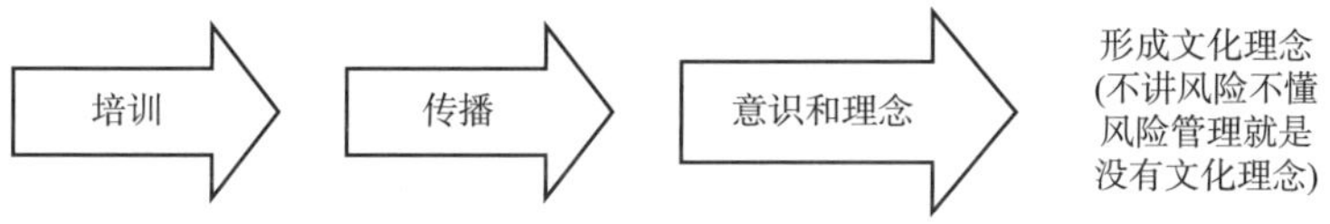

图 7－5 风险管理文化形成

2. 风险文化的类型和特征

(1)风险文化的分类

①根据其内容，风险文化可分为：基础风险文化和专业风险文化。基础风险文化是在日常的生活和生产中必须具备的最基本的风险文化，是对全体公民都适用的较低层次的风险文化，如起居安全、一般用电安全、交通安全等。专业风险文化则是在不同专业活动中实现安全操作、保证正常运行所应具备的风险文化，是针对某一专业的特定人员而言的，如建筑工人的风险文化、运输工人的风险文化、医生的风险文化和公安警察的风险文化等；

②根据涉及的范围大小，风险文化可分为：家庭风险文化、企业风险文化和全民风险文化，即微观、中观和宏观的风险文化。家庭风险文化是指在家庭中以生活安全为主的风险文化。企业风险文化是生产经营单位在创造社会物质财富的同时，以人为核心，以保护全体劳动者在生产活动范围内的安全与健康为目标，以安全科学为手段所创造的一切精神财富和物质财富的总和。一般来说，由于企业是社会物质财富的基本生产单位，决定并影响着宏观的整体生产形势和经济发展，所以企业风险文化的建设往往就成了风险文化建设

的重点。全民风险文化除了包括企业风险文化之外，还包括公共风险文化、社会风险文化等。

(2)风险文化的特征

①群体性特征。风险文化是组织内的共同性文化，是全体成员所认同的安全理念、安全目标和安全行为规范等，或者说，是全体成员达成的安全共识。安全的保障有赖于组织中全体成员，而非某部分人员的积极参与。

②继承性特征。任何时代、任何地域的风险文化，都是经过传播、继承、优化、融合发展而成的，都具有历史继承性，能体现人们长期生活和生产的方式和痕迹。

③时代性特征。任何风险文化的内容都不是固定不变的，而是随着社会的进步、经济的发展和人们需求的变化而不断地增添新的内容，表现出强烈的时代性特征，反映了人们的最新安全需求。

④人本性特征。风险文化所要解决的问题是生产、生活领域人们从事一切活动的安全和健康问题，突出了从事一切活动，人们的身心安全和健康，体现了尊重人权、关爱生命、珍惜人生、以人为本的思想。

⑤系统性特征。风险文化以辩证的观点系统地分析安全问题，把安全事故的发生和出现看成是由自然和人为多种因素共同发生作用所致；所以，安全事故的预防和安全问题的解决不仅依赖于科学的安全设施、设备、环境和方法，更是取决于人们的态度和行为。

7.5.3 风险管理的文化属性

生产经营单位发生的各类工伤事故中，据分析有70%是由于职工的安全素质差和安全意识淡薄等人为因素引起的。所以，加强风险文化建设以提高人们的风险文化素质势在必行。

1. 风险的文化属性

(1)风险与文化同根同源

风险是文化的一个要素，即人类活动方式的内生因素，它以否定的形式集中表现文化的价值取向。风险是文化生产的起点，也是文化消解的终点，风险过程伴随着一种文化活动的始终。

(2)风险与文化同构异向

风险是文化的内生因素，风险生成过程、化解过程与人化过程同根同源、同构同在。风险作为文化的一个要素，它的结构和影响同作为整体的文化在方向性上是相反的；风险贯穿文化活动的全过程，但它仍然只是文化全局的一个局部，这一局部的反向性不能取代全局的正向性。

(3)风险与文化互动共进

从人的目的指向性活动这一视角来看，风险是文化即人化中的风险，文化是一种风险文化即包含风险的文化、化解风险的文化。因此，从人类文化一产生，就开始了文化与风险的互动共进关系。

综上所述，文化即人化过程，一是对世界的改造过程；二是对文化的化解过程，二者不可分割。文化与风险同根同源、同构导向，相反相成，互相共进。

2. 风险管理的文化属性

(1)风险管理文化以活动方式存在

风险管理文化是作为人们进行风险管理的活动方式存在的文化现象，即人们进行风险管理的人化方式，是大文化观视野下的观念文化类型。

(2)风险管理文化具有整体性

风险管理文化作为一种活动方式是一个由多要素、多系统、多层面、多功能构成的一个完整的文化体系、文化模式。它既有物质文化层面，又有行为文化层面，还有制度文化层面、精神文化层面，但不能归结为其中任何一个层面，也不能把不同层面割裂开来、孤立起来。

(3)风险管理文化具有主动性

风险管理文化体系的构建，首先是人的主体性构建、人性构建。因为一切文化都是人派生的，人是文化的第一载体，人既是文化的创造者，又是文化的操作者、占有者、享受者，还是文化的改进者、保护者。人的能力素质的改变，道德素质的改变，是人的文化模式及活动方式的改变。

7.5.4 风险文化的学科组成框架

风险科学是安全科学技术的习惯用语，隶属于科学技术的范畴。它是认识和揭示人的身心免受外界因素影响的安全状态与保障条件的本质及其转化规律的知识体系；是研究消除和控制灾害因素及其转化条件的理论和技术。

风险科学是新兴、跨行业、多学科、交叉的边缘科学，它涉及自然科学和社会科学的基础理论和应用科学技术，目前刚刚形成其基本的组成框架。归纳起来，安全科学可由系统安全理论、事故致因理论、事故预测诊断技术、系统危险分析理论、安全评价理论、危险系统控制理论和安全投资理论等七个基本框架组成。按照风险文化的建设目标，风险科学应该是以人为核心，为解决人类在生存和发展，在与大自然斗争中，积累、总结、创造的精神财富和物质财富的总和。

根据以我国刘潜为代表的学者、专家提出的安全三要素理论即人、物(自然物、人造物、环境)和人与物的关系，风险科学技术的学术体系结构以及风险文化建设的目标，风险文化的学科组成框架应该包括风险社会文化、风险基础文化、风险减灾文化、风险工程文化和风险教育文化五部分。

1. 风险社会文化

风险社会文化是社会科学在“安全”领域的延伸和派生，是风险文化的最高概括，是人类认识、揭示安全本质最高层次的思维方法和安全哲理，因此又被称为安全哲学文化。风险社会文化建设将涉及人类学、历史学、考古学、语言学、哲学、政治学、法学、经济学、社会学、心理学，地理学、文学、艺术和音乐等社会科学。对人类能在社会生存的各个领域，包括政治生活、生产斗争、战争、家庭、生育等，风险社会文化将发挥其指导和导向性作用，提供正确的安全哲学思想、安全意识、安全思维、安全逻辑判断、安全观和价值观，有利于人们养成高尚的安全道德、良好的安全习惯和安全风俗，并世代相传。

2. 风险基础文化

风险基础文化是基础科学技术学科领域在风险管理中的应用，涉及安全学、安全工程学、安全系统工程、事故机理、失误论和失误控制论、安全行为科学、安全心理学、安全经济学基本理论、安全评价理论、危险源辨识理论和安全管理学等学科。风险基础文化建设中，主要是围绕安全学及其基础理论方面的组成部分。风险基础文化对于安全减灾、避免人为失误、发现隐患、减少损失，乃至于用这些基础理论去研究和探索高新科学技术中尚未触及的安全问题，发展新的安全科学理论，都将起到重要的保证作用。

3. 风险减灾文化

风险减灾文化是指风险文化中专门针对自然灾害、人为灾害实施的巨大系统建设。按照风险科学技术结构应包括灾害形成机理的研究、灾害的预防、减灾措施的探索和减灾风险意识的建设。风险减灾文化涉及的学科领域有安全法学、地理学、火灾理论和防火技术、防火防爆、爆炸物理学、灾害物理学、灾害化学、灾害学、消防工程学、工业防尘、工业防毒、环境保护学、生态环境学、海洋学、气象学等。

4. 风险工程文化

风险工程学的研究对象是事故与伤害；风险工程文化的内涵就是要从事竭力发掘和传播关于揭示事故与伤害产生的原因、静态规律和动态规律，传播和培训预防事故和伤害发生的技能、自我保护的方法、减少事故和伤害损失的技术措施等活动。风险工程文化将采用各种各样有效的活动模式达到精神层次、制度层次和器物层次的建设，而且重点在于应用，包括运用危险作业场所的事故或危险原因分析，形成可靠的预防、检测、监控技术，编制安全的操作方法，实现过去那些因存在危险而难以实行、有效益的新生产工艺。

5. 风险教育文化

风险教育文化旨在通过传递安全生产知识、技能、经验而达成积累、继承和发展社会安全价值和安全知识的行为与活动，是风险文化建设的重要组成部分。风险文化建设经常采用讲授法、谈话法、演示法、参观法、实验法和宣传娱乐法等活动模式，进行社会大众的安全基础教育、企业职工的安全技能教育和企业领导的安全意识教育等，促成风险文化建设，实现提高全民族乃至全人类风险文化素质的宏伟目标。

7.5.5 风险文化的功能和作用

1. 风险文化的功能

实践证明，单纯靠提供和改善生产设施、设备等物质基础并不能完全保证企业安全高效地运行，还必须依赖于高水平的管理和高素质的员工。不论是提高安全管理水平，还是提高员工的安全素质，对安全的重视、宣传才是最关键和最根本的基础。因此，狭义的风险文化，就显得特别重要和意义重大。作为企业重要的无形财富，优秀的风险文化具有传统管理不能替代的功能。

(1)凝聚功能

风险文化是大家的共识，体现着一种强烈的整体意识。具体表现为，全体成员在安全的观念、目标和行为准则等方面保持一致，有利于形成强烈的心理认同力量，表现出强大的凝聚力和向心力。

(2)导向功能

风险文化具有巨大的感召力，通过教育培训手段和安全氛围的烘托，使安全价值观念和安全目标在全体成员中形成共识，并以此引导人们安全行为的方向和规范，指引人们向安全生产和经营的既定目标前进。

(3)激励功能

始于领导层对风险文化的重视、安全行为的强调，特别是对安全操作活动竞赛的组织和奖励等，对员工来说，自然而然地会形成一种无形的激励作用，激发他们积极地进行安全生产和经营。

(4)约束功能

若违背安全文化的道德规范和行为准则，必然会受到群众舆论和规章制度的无形约束。置于达成共识的强烈风险文化氛围中，员工个人也会产生自控意识，达到内在的自我约束。

(5)协调功能

风险文化的形成，使人们对安全有了共识，有共同的价值观、态度和信念，不仅便于相互间的沟通，也便于团结协作。而且，风险文化也能成为协调矛盾的尺度和准则。

2. 风险文化的作用

风险文化通过其上述功能的发挥，具有以下重要作用。

(1)使生产进入安全高效的良性运行状态

众所周知，安全生产和经营是保证企业生存和健康成长的前提条件，事故频繁的企业不可能有骄人的业绩。只有企业的每一位员工都能重视安全，并时时刻刻地严格规范自己的安全行为，企业才可能减少事故发生，进而减少经济损失和保证员工的身体健康，企业也才有可能兴旺发达，取得良好的经济效益。反之，如果为片面地追求经济效益而置安全于不顾，则是本末倒置。已有证据表明，一个部门安全事故的多少与所涉及人员的安全意识密切相关。如美国对20世纪70年代前后的事故调查统计分析结果显示，80%的事故是由于操作人员的不安全行为所引起的，由不安全的环境与设备所导致的事故仅占15%。显而易见，风险文化的建设、宣传有利于减少意外事故和职业病，改善安全生产状况，提高安全生产效率，使企业持续地进行高效的安全生产。

(2)能产生巨大的经济效益

随着人们安全意识的觉醒，消费者由重视安全逐渐发展到追求安全，甚至把安全放在首位。企业提供的产品和服务的安全系数越大，就越有市场，越能博得消费者的青睐。安全产品和服务的提供绝不是仅仅通过公司的广告宣传就能实现的，而是深植于企业的品牌、社会安全形象和长期的安全生产和经营的行为过程中。而这一切均与安全文化息息相关，尤其离不开长期以来全体员工对安全的重视和严格规范的安全操作行为。例如，美国杜邦公司之所以能长久不衰，不能不说是其安全文化的贡献。1812 年以制造火药起家的杜邦就明确规定，进入工作区的马匹不得钉铁掌，马蹄都要用棉布包起来，以免铁钉碰到火药引起爆炸。任何一道工序在没有经过杜邦公司的试验以前，其他员工不得进行操作。1911 年杜邦成立了世界上第一个企业安全委员会。1990 年，杜邦设立了“安全、健康与环境保护奖”。在杜邦公司的任何一次会议上，其主持人的第一句话就是“开会前，我先向诸位介绍安全出口”。可以说，杜邦公司一直孜孜以求地追求着“安全第一”目标的实现，从而使员工形成了潜移默化的习惯和行为，为企业带来了高额的利润回报。据说，假如杜邦公司的安全纪录仅达到美国工业安全的平均指数，而非是其 10 倍的话，杜邦公司每年就要损失 10 亿美元。与此同时，除市场份额外，企业在投标、信贷、寻求合作等方面也深受企业安全形象的影响。可以说，风险文化包含在企业的商誉中。

(3)保障国家的稳定和经济的持续发展

风险文化建设不仅是企业安全生产和持续发展的重要前提和保障，还关系到人民群众的生命安全和国家的稳定与发展。因此，每一个人都应充分认识到加强风险文化工作的重要性和紧迫性，从维护改革、发展、稳定的大局出发，牢固树立安全第一的思想，增强责任感和紧迫感，正确处理安全生产、稳定和发展的关系，做好风险文化建设工作。

7.5.6 风险文化的建设

风险文化建设是人类文化建设的一部分，既包括观念、知识和软件的精神建设，也包括设施、设备和环境的物质建设。文化建设既是社会文化建设的一部分，也是组织文化建设的一部分，因此，风险文化建设具有一般文化传播及建设的共性，既可以通过学校及风险文化知识培训和各种信息传播媒介等正式的方式传递，也可以通过家庭及社会生活过程等非正式的方式熏陶和传播。

1. 风险文化建设的意义

风险文化是预防安全事故发生的基础性工程，对保障安全生产与安全经营具有战略性意义。从我国安全生产的现状来看，随着改革开放、经济发展的深入，我国安全管理水平有了很大的提高，但安全问题仍很严峻。为了提高安全生产水平，我国各级政府、各行业主管部门及企业，分别制定了一系列的条例、规定、规范和技术标准；各级安全管理机构逐渐完善；管理水平不断提高。安全生产系统运行的基本条件是人机环境系统本质安全化，而人的本质安全品质是关键因素，这一点也已得到了世界工业发达国家的证明。经济效益的追逐和侥幸心理是很多企业不重视风险文化建设、不严格执行或不执行安全纪律的主要原因。

目前安全生产所面临的困难，正是风险文化出现危机的体现。为适应现代社会生活和现代企业生产的需要，进行现代风险文化建设并提高其水平势在必行。

2. 风险文化建设的特点与要求

(1)风险文化建设的特点

①风险文化是“硬、软”两种文化的结合

包括安全设计、安全生产、安全设备设施及安全环境等因素在内的物质条件是风险文化的硬件；而人们的道德规范、价值观念、行为取向等意识范畴的精神因素是风险文化的软件。风险文化机制的建设过程就是硬、软两种文化相互影响、相互制约而又融会贯通的过程。

②风险文化是强制性与非强制性的结合

管理制度、行为准则是强制地要求每个社会成员都必须遵守；而人们的意识、情感和主观能动性又可以通过精神力量去暗示、启发和领悟，进而成为人们的自觉或自发行为。

③风险文化是普遍性和特殊性的结合

风险文化追求的安全价值观念体现了普遍的风险文化特征，而每个领域、每个时期、每个行业的个性特点，使得风险文化又呈现出多姿多彩的独特特征。风险文化共性与个性的结合构成了整个社会和谐统一的风险文化机制。

(2)风险文化建设的要求

随着社会的进步和科学技术的发展，改变旧的传统安全观念是企业安全的客观要求，安全文化建设正是适应这种要求而产生的。企业安全文化的建设为企业加强安全生产管理，有效预防事故，确保安全生产起到了极大的促进作用。

①企业风险文化建设应融于社会大风险文化环境中

企业是社会的一部分，企业的安全生产离不开社会这个大环境。要建设风险文化，特别是要解决人的基本人文素质问题，必然要对全社会和全民的参与提出要求。一个人基本的安全素质需要从小培养，全民的安全素质需要全社会的努力。企业的安全生产远非仅靠在企业内部进行风险文化的建设可以实现的，特别是当社会大安全环境不利于企业风险文化的建设时。因此，全民安全素质的提高，全民的广泛参与，能为企业的安全生产提供源源不断的动力。

②企业风险文化建设应体现全员性、全过程性和全面性

企业安全生产是一个系统工程，这种系统性主要表现为需要全员的参与、全过程的安全管理和操作，以及安全文化的全部内容同时具备。换句话说，即企业的安全生产，不是靠少数人或在部分生产过程或仅需安全物质条件或意识条件所能实现的。因此，必须在具备安全生产物质条件的前提下，企业的全体员工对整个生产过程实行全方位的安全操作和作业，否则，缺一不可。

③企业风险文化建设的目标应体现“预防为主”的方针

高新技术的发明应用使人们的安全认识进入了本质安全化阶段，以超前预防型为主体特征的现代企业安全文化正逐步形成。“安全第一，预防为主”已成为很多企业的生产方针和目标。传统的“事故处理、事后防范”的管理模式应该被超前预防的本质安全观所代替，以促进从安全思想到安全方法质的飞跃。

3. 风险文化的建设

风险文化建设不等同于安全宣传活动。安全宣传和教育只是推进风险文化进步的手段和载体，它并不能体现风险文化的核心内容。对于一个企业来说，风险文化建设就是要在企业内部形成一个强大的风险文化氛围，使企业的每个员工在这种氛围中将其一切行为自然地规范在这种安全价值取向和安全行为准则之中。企业风险文化建设应与企业文化建设相结合，创建出独特的风险文化体系。

(1)企业风险文化建设的内容

与风险文化的构成要素相对应，企业风险文化建设的内容包括以下几个方面。

①建立稳定可靠、标准规范的安全物质文化

风险物质文化需要依靠技术进步和技术改造来不断提高本质安全化程度，它主要包括三个方面的内容。

a)作业环境。安全生产场所中有不同程度的噪声、高温、尘毒和辐射等有害物质。它们直接影响作业人员的身心健康和生命安全，应将其控制在规定的标准范围内，创造舒适、安全的工作条件，使环境条件符合人的心理和生理要求。

b)工艺过程。安全工艺过程主要指对生产操作、质量等方面的控制过程。工艺过程安全应做到操作者了解物料、原料的性质，正确控制好温度、压力和质量等参数。

c)设备控制过程。安全通过对生产设备和安全防护设施的管理来实现设备控制过程安全。在具体实践中应做到：从设备的设计、制造和订货等都要考虑其防护能力、可靠性和稳定性；对设备要正确使用、精心护养和科学检修；开发应用并推广安全新技术、新产品和新设施。

②建立符合安全伦理道德和遵章守纪的风险行为文化

风险行为文化的建设包括以下两个方面的内容。

a)通过多渠道、多手段保证让员工在掌握安全知识的基础上，熟练掌握各种安全操作技能。

b)严格进行安全规程操作。

③建立健全切实可行的风险制度文化

a)建立健全的企业安全管理机制。主要指建立起切实执行“企业负责”、各方面各层次责任落实、横向到边、纵向到底、队伍素质高的企业安全管理网络；建立起切实履行“群众监督”职责、奖惩严明、上下结合、对各层次进行有效监督的企业劳动保护监督体系。

b)建立完善的企业安全管理基本法规、专业安全规章制度和奖惩制度，使其规范化、科学化、适用化并严格执行。

④建立“安全第一、预防为主”的风险精神文化

包括企业安全意识形态、安全的思维方法、安全生产经营活动心理素质。

a)首先应通过多种形式的宣传教育提高员工的保护意识，包括应急安全保护意识、间接安全保护意识和超前的安全保护意识，并进行生产作业安全知识、公共生活安全知识等的教育培训。

b)进行安全伦理道德教育，为他人和集体的安全考虑，自觉约束自己的行为，承担起应尽的责任和义务。这种教育不仅要面向普通的员工，更应集中于各级管理人员和技术人员。

(2)企业风险文化建设的方式

企业风险文化建设的实质和根本内涵是将企业安全理念和安全价值观表现在决策者和管理者的态度和行动中，落实在企业的管理制度中，将安全管理融于企业整个管理实践中，将安全法规、制度落实在决策者、管理者和员工的行为方式中，将安全标准落实在生产的工艺、技术和过程中，由此形成一种良好的安全生产气氛。通过安全文化的建设，影响企业各级管理人员和员工的安全生产自觉性，以文化的力量保障企业安全生产和经济发展。因此，风险文化的建设可通过如下的方式来进行。

①班组及职工的风险文化建设

运用传统有效的安全文化建设手段：三级教育(333 模式)、特殊教育、日常教育、全员教育、持证上岗、班前安全活动、标准化岗位和班组建设、技能演练等，并推行现代安全建设手段：“三群(群策、群力、群观)”对策、班组建小家活动、事故判定技术、危险预知活动、风险抵押制、“仿真”演习等，进行班组和职工的安全建设。

②管理层及决策者的风险文化建设

运用传统有效的风险文化建设手段：全面安全管理、责任制、“三同时”“五同时”“三同步”监督制、定期检查制、有效的行政管理手段、常规的经济手段等。推行现代的风险文化建设手段：“三同步原则”“三负责制”、意识及管理素质教育、目标管理法、无隐患管理法、系统科学管理、人机环境设计、系统安全评价、应急预案对策、事故保险对策、三因(人、物、环境)安全检查等。

③生产现场的风险文化建设

运用传统的风险文化建设手段：安全标语(旗)，安全标志(禁止标志、警告标志、指令标志)、事故警示牌等。推行现代的风险文化建设手段：技术及工艺的本质安全化，现场“三标”建设，“三防”管理(尘、毒、烟)，“四查”工程(岗位、班组、车间、厂区)，“三点”控制(事故多发点、危险点、危害点)等。

④企业人文环境的风险文化建设

运用传统的风险文化建设手段：安全宣传墙报、安全生产周(日、月)、安全竞赛活动、安全演讲比赛、事故报告会等。推行现代的风险文化建设手段：安全文艺(晚会、电

影、电视)活动，风险文化月(周，日)，事故祭日，安全贺年(个人)活动，安全宣传的“三个一”工程(一场晚会、一幅新标语、一块墙报)，青年职工的“六个一”工程(查一个事故隐患、提一条安全建议、创一条安全警语、讲一件事故教训、当一周安全监督员、献一笔安全经费)等。

上述风险文化的建设是针对企业来说的。如果针对政府在推动风险文化的建设与发展的角度而言，则应考虑全社会的风险文化建设。对于基础风险文化来说：首先，政府应在学校开设安全知识辅导课，提高学生的安全素质；其次，各级政府，如交通、消防、工商管理和劳动管理等部门，都应对国民进行安全普及教育、技术辅导和对不安全行为进行劝告或惩罚性教育，以从整体上提高国民的风险文化意识和素质。对于专业风险文化，政府应通过以下途径和方法对其进行建设：①在大专院校开设专业安全课程；如在各种专业技术学校、理工科及工艺性大学的教学计划中开设专业安全课程，使之培养的各类人才均具有相应的安全科学技术知识和实践技术。②加强对企业生产的安全检查、评价和监督。定期对企业进行风险文化和系统安全评价，定期进行安全生产执行情况的检查，并提高群众参与安全监督的积极性。同时要严格执行安全奖惩制度，加强对安全生产事故和事故隐患的报告、举报和投诉管理，以形成强有力的安全生产环境。③加强科学研究和安全信息交流。具体包括：不断提高对重大隐患立项研究的力度，提供足够的人力、物力和财力支持，不断提高对装备安全性和安全管理技术立项研究的力度，以提高人机系统本质安全化水平；经常召开安全问题研讨会和经验交流会，并介绍国外最新的研究成果和实践经验等。

7.6 风险分析与管理不确定性

7.6.1 不确定性与风险

1. 不确定性

不确定性是指可能出现的情况不止一种，但人们不知道会是哪一种情况的状态。不确定性的定义目前并不统一，有两种流行的认识：一种把不确定性与概率事件联系起来，用随机变量的方差刻画其不确定性的大小，即能够用概率描述的不确定性，由于条件提供的不充分和偶然因素的干扰，使人们已经知道的确定结果的出现呈现偶然性，在某次实验中不能预料哪一个结果发生，这种不确定性被称为随机不确定性；另一种认为不确定性没有稳定概率，与概率事件没有联系，因此，人们无法用事件过去发生的频率预测其未来发生的概率，即由于事物的复杂性，事物的界线不分明，使其不能给出确定的概念描述，不能给出确切的评定标准，这种不确定性被称为模糊不确定性。

2. 不确定性与风险的关系

不确定性与风险的关系是理论界关于风险概念界定的争论焦点之一。一种观点认为，风险就是一种不确定性，与不确定性没有本质区别。持有这种观点的人将不确定性直观地理解为事件发生的最终结果的多种可能状态，即确定性的反义。也许这些可能状态的数量及其可能程度可以根据经验知识或历史数据事前进行估计，但事件的最终结果呈现出何种状态确实不能事前准确预知。根据能否事前估计事件最终结果可能状态的数量和可能程度，不确定性又可以分为可衡量的不确定性和不可衡量的不确定性。

另外一种观点认为，尽管风险与不确定性有密切的联系，但二者有着本质的区别，不能将二者混为一谈。风险是指决策者面临的一种状态，即能够事先知道事件最终呈现的可能状态，并且可以根据经验知识或历史数据比较准确地预知可能状态出现可能性的大小，即知道整个事件发生的概率分布。例如，企业生产一新产品就是一种风险，因为，在正常的市场条件下，根据以往推出新产品后的销售数据，可以知道该新产品销售的概率分布，或者可以说，知道产品价格变动的可能状态及其概率分布。然而，在不确定性的状态下，决策者是不能预知事件发生最终结果的可能状态以及相应的可能性大小即概率分布。可见，根据这种观点，风险和不确定性的根本区别在于决策者能否预知事件发生最终结果的概率分布。实践中，某一事件处于风险状态还是不确定性状态并不是完全由事件本身的性质决定的，有时很大程度上取决于决策者的认知能力和所拥有的信息量。随着决策者认知能力的提高和所掌握信息量的增加，不确定性决策也可能演化为风险决策。因此，风险和不确定性的区别是建立在决策者的主观认知能力和认知条件(主要是信息量的拥有状况)的基础上的，具有明显的主观色彩。这种区别对于在不同的主观认知能力和条件下进行决策的方法选择有一定的指导意义，但鉴于实践中区分这两种状态的困难和两种状态转换的可能性，许多对风险的讨论都采取了第一种观点，并不严格区分风险和不确定的差异，尤其是在很大程度上可以量化工业生产风险的分析中。

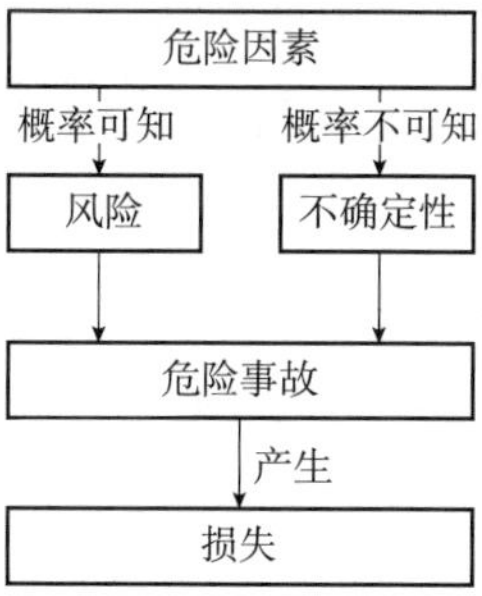

图 7-6 风险与不确定性关系图

虽然风险与不确定性都能够造成危险事故并产生损失(图 7-6)，但由风险导致的损失是可以通过适当的对策予以避免、转移、减轻或得到补偿的。

7.6.2 风险分析的不确定性因素

在生产经营单位的经营和生产过程中，会存在各种各样的不确定性因素，如产品的产量、原材料的价格和供应量、劳动力因素、每一道生产工序中产品的处理量、处理时间、中间存储单元的存储量、中间产品的稳定存放时间等都可能发生变化；生产中原材料或能源的暂时短缺也是不确定性因素；另外，生产过程中往往会发生一些事先无法预料的突发事件，如生产设备的损坏、仪器仪表的故障、操作工的误操作等，这些不确定的因素往往会导致生产无法按预定的目标正常执行。企业经营和生产过程的不确定性因素可以分为以下四类：

(1)系统固有的不确定性。这类不确定性参数主要包括各种动力学、热力学常数和传热、传质系数等。由于实际工业生产工艺过程是十分复杂的，各种化学、物理、热力学等常数与实验室数据具有比较大的差别，或者这些数据本身就很难获得。这些不确定性，造成了对生产过程进行精确、有效地建模，面对极大困难，因而常常影响生产过程的控制水平和控制性能指标。

(2)生产过程中产生的不确定性。这类不确定性主要包括生产过程中各种流体介质的流速、温度、压力等的变化和设备的处理能力。如在间歇生产过程中，各生产工序对各种物流的处理时间、某一设备的生产能力、中间产品的稳定存放时间等。这类不确定性往往影响生产系统的性能。

(3)外部环境的不确定性。在市场经济体制条件下，企业的生产不再是独立的行为，而是受外部环境的影响，产品的需求量、产品的价格、能源、原材料的供应以及气象等其他外部环境因素构成不确定因素，这类不确定性往往影响生产计划和生产方案的正常执行。

(4)离散不确定性。这方面的不确定性主要是设备的故障，仪器、仪表的失效，人工误操作以及人的知识、行为、心理、意识的影响，或者是关键操作人员的短缺等。这类不确定性对企业组织正常生产会造成很大困难。

7.6.3 风险分析的不确定性分类

“不确定性”一般可以理解为不肯定性、不确知性和可变性。不确定性广泛地存在于自然界和人类社会中，在生产领域，不确定性的表现也是相当普遍的。例如，在评价某一工厂向某河流排放污水是否会导致该河流水质超标的问题时，尽管评价工作者通过一定的水质模型预测，在不利条件下确实会发生超标事件，但事实上超标是否果真会发生却不尽然。实际上，该河流上游来的水质、河流中水的流量以及降雨量、降解系数等在不同的季节都是变化的或具有不确定性，从而引起下游水质也是变化的，具有不确定性。

客观事物的不确定性是一个普遍的现象，如工作载荷、材料的物理与力学性能、风力和下雨量等的随机性，以及对产品质量评价、风力强度和地震烈度定级等的模糊性等。因而，目前对生产领域中不确定性问题的研究，已形成了两个具有本质区别而又有深刻联系的领域：一个是用概率论和数理统计学的方法研究与处理由于随机因素造成的不确定性问题；另一个是用模糊数学的方法研究与处理由于事物本身界限的不明确性而造成的不确定性问题。在概念上，这两种不确定性是不相同的。前者对事物具有明确的含义但对事物的发生是不可预知的，因而是一种对因果律掌握不住(偶然性)而造成的不确定性；后者对事物本身没有明确的“边界”，因而是一种排中律被破坏而造成的不确定性。为了对事物随机性进行不确定性研究，在概率论中是用概率密度函数或分布函数将随机性加以定量化；而在模糊数学中是用隶属函数将模糊性加以定量化。但是在研究实际问题时也发现，有时用概率论研究随机现象发生的概率可以是确定的，也可以是模糊的。例如，在某种产品的设计中，它的主要性能指标 λ 是一个随机变量，若对一批产品能满足 $P\{\lambda_{\min}\leqslant\lambda\leqslant\lambda_{\max}\}\geqslant a_0$ 的，则认为产品的质量是合格的。此时，虽然概率 P 值是可计算出的且是确定的，但对性能边界值[λ_{min},λ_{max}]的制定又是十分模糊的，特别是应将 a_0 值规定多大才合理更有模糊性，因而又派生出了更为复杂的所谓模糊概率论问题。当然，这是随机性和模糊性这两种不确定性互相渗透的结果。

一切不确定性的因素是事物存在风险的根源。不确定性无处不在，不可避免。不确定性通常用来描述对某事件或人的确定性的匮乏程度，在风险管理领域中，一般可以把不确定性分为两大类：一类是随机不确定性；另一类是模糊不确定性。

(1)随机不确定性。有较明确定义，即概念上有明确的界限，可以用较确切语言描述的，但试验前是否出现不得而知的事件中包含的不确定性称为随机性。例如，在环境风险评价中，某一随机事件的发生(如有毒化学物质的泄漏)具有随机性，该随机性由以下三方面的因素所致：①物理不确定性：具体表现为不同样本，其物理属性会表现出一定的差异；②统计不确定性：对物理现象进行观测，只能获得容量有限的样本，以此为基础去分析物理量的本质属性便带来统计的不确定性；③模型不确定性：由于在建模过程中常常要对物理现象进行概化和抽象及假设，这样就可能会忽视一些影响因素，所得模型可能仅仅是原型的一个同构，故模型具有不确定性。但是以上这些不确定性因素可以通过特定的方法(如 FTA 分析法)预测其发生的概率及影响程度。

(2)模糊不确定性。事物的模糊性是指客观差异的中介过渡所引起的划分上的一种不确定性或概念上没有明显界限所引起的一种不确定性，即由于人们认识能力的局限，对某些现象、机理本身就不清楚，不能准确地描述。如在健康风险评价中鉴定某一有毒物质的毒性对人体的健康危害影响时，往往是选择动物进行毒理实验，再由实验所得数据外推到人类，在外推过程中，有时附加十倍安全因子，甚至一百倍安全因子，然后把所得数据作为该有毒物质对人体健康危害的标准值。可以说，在整个实验过程中，动物是受试者，而真正受到有健康危害影响的却是人类。尽管在外推过程中附加了一定的安全因子，但确切地说，有毒物质在人体内的反应机理、对人体健康的影响及影响程度是不清楚的，也无法用语言准确地加以描述。

在实际工作或实际生活中，有些事件往往既包含随机不确定性，又包含模糊不确定性。如“今天会下雨的可能性很大”，就既包含随机不确定性，又包含模糊不确定性。下不下雨是随机的，具有随机不确定性；可能性很大却是模糊的，具有模糊不确定性。对于这类事件，可用模糊概率理论来处理。

7.6.4　影响风险管理的不确定性因素

不确定性本身就是一种十分复杂的自然现象。因而其影响因素也十分复杂，正确区分和认识这些影响因素是研究不确定性问题的关键和基础。风险管理的不确定性是指在管理过程中不存在普遍适用的管理理论和方法，而只能具体问题具体分析，因人因时地采用相应的管理方法或手段。风险管理的不确定性源自管理环境的动态性，管理对象的多样化。

Haimes，Ieom 与 Eisel 认为，影响不确定性的因素可分为以下两类：物理量观测值存在测量误差，以及自然现象、社会因素、经济发展的复杂性都对不确定性有一定的影响。人口增长、经济发展、水文气象变化本身具有一定的随机特征是造成不确定性的主要原因。Benjandn 与 Corned 将影响不确定性的原因分为三类：自然界本身固有的因素引起的不确定性；统计引起的不确定性，因为用于参数估计的样本容量有限，所以免不了会带来计算结果的不确定性；模型引起的不确定性，由于所选择的数学模型可能仅仅是原型的一个同构，所以存在不确定性影响。

总结各种观点，可以将影响风险管理不确定性的主要原因概括为以下三点：

(1)人类活动引起的不确定性。如人口变迁、经济发展、社会进步等社会现象引起的不确定性，并且无数事实证明这种不确定性随着人类社会的进一步发展而加剧，如三峡大坝对长江流域生物群落的分布、物种的迁移以及对整个生态环境系统的影响相当程度上还是一片空白，该坝对未来生态环境影响的不确定性是不言而喻的。

(2)自然现象引起的不确定性。如水文、地理、气温、降水量、风向、风速、日照辐射量等自然现象的不确定性，特别是一些自然灾害事件，如飓风、暴雨以及洪水等随机性引起的不确定性。

(3)人类认识客观世界能力局限性。使得对生产领域的一些问题存在着一些不确定性和模糊性，这种局限性具体表现在以下几个方面：对复杂的生产系统，重要的因果关系缺乏了解，模型不符合实际情况；对客观事实作了一些必要的假设；在参数的获取过程中和对未知参数的推导过程中的参数不确定性。

总之，不确定现象是客观存在的，在生产过程中由于不确定性问题而导致风险性也是显而易见的，问题的关键是正确地去认识它、把握它，正确地认识不确定性的存在并尽量通过各种合适的途径减少其影响，降低风险度。

7.6.5 风险分析管理的不确定性处理方法

1. 掌握不确定性因素与风险的规律

风险是一种客观存在，是不可避免的，而且在一定条件下还带有某些规律性。因此，人们只能把风险缩减到最小的程度，而不可能将其完全消除。这就要求主动地认识风险，积极管理风险，有效地控制风险，把风险减至最低的限度，以保证社会生产和人民生活的正常进行，掌握不确定性因素与风险的规律是控制其影响的前提条件，认识不确定性因素的来源应从以下几方面考虑：

(1)不确定性是自然现象固有的随机性，与人的认识无关。

(2)理想预测模型相对于事物的不确定性。所谓理想预测模型，这里是指由若干主要因素作预测的理想方法，只是理论上的合理性。例如衰减模型、地震发生的时空模型等。由于模型仅由主要因素作预测，被忽略的次要因素会导致预测与实际间的偏离或偶然误差。

(3)实际模型引入的不确定性。上述绝对理想的模型实际上并不存在的，或可视为需不断完善实际模型的总和。由于资料和认识水平的局限，模型的构架和有关参数总有不同程度的偏差，即当模型取定某种具体形式时，它们必然带有某种主观性。在某一阶段，人们无法超越现有资料和认识水平的局限，而消除此种不确定性。

(4)不完善的模型引入的不确定性。由于各种不适当的简化或失误，模型中存在可以避免的错误或系统偏差。例如，某些分配地震年平均发生率的方法中系统低估大地震的发生率的问题。

(5)由模型带有主观倾向性而引入的任意性。例如，研究者有意识地调整方案，使最终结果能达到预期值。

例如在煤矿行业，安全工作伴随着煤矿生产的全过程。由于煤矿生产直接与顶板、水、火、瓦斯等恶劣的自然条件相联系，与机械设备、人的思想、体力等因素相关联，这就决定了煤矿安全工作具有动态性、艰巨性、复杂性和不确定性。在这种情况下，能否实现安全生产，保持较长的安全生产周期，关键在于能否正确认识和把握事物发展变化的规律，即把握不确定性因素和风险规律，提早发现事故隐患，避免事故的发生，实现安全生产。

2. 减少不确定性因素的影响程度

由于有些不确定性因素是客观存在的，作为损失发生的不确定性，风险是不以人们的意志为转移并超越人们主观意识的客观实在，风险是无处不在、无时没有的。这些说明为什么虽然人类一直希望认识和控制风险，但直到现在也只能在有限的空间和时间内改变风险存在和发生的条件，降低其发生的频率，减少损失程度，而不能也不可能完全消除风险，只能采取必要的措施减小其影响程度，从而达到控制风险的目的，减小措施应从下面几个方面考虑：

(1)多样化。多样化是指在所从事的活动将要面临风险的情况下，人们可以采取多样化的行动，以便降低风险。如企业的生产经营活动要考虑地区多样化、市场多样化和产业多样化等，并在适当的时候采取相应的行动，很有利于降低风险。

(2)买保险。当企业生产经营活动面临风险时，购买保险将是降低不确定性风险的一种较好办法。不过，要使这种想法变成现实，还必须使这种风险成为可保风险，即风险的发生可根据统计观察的相关概率(这里的概率是建立在现实资料基础上的客观概率)进行可靠的估计，即符合大数定律的要求。

(3)信息化。以获取更多的信息来降低不确定风险。这种思路是把不确定性、风险和信息联系到一起。因为根据信息经济学的观点，不确定性风险主要来源于信息的不确定性。在工业生产领域中，企业从事的生产经营活动，从确定性事件到风险事件，再到不确定性事件，意味着事件包含的信息量在不断变化。这样，经济环境中的信息量主要表现为完全信息、不完全信息和无知三种度量。生产经营中的不确定性与信息的不确定性紧密相连。

为了减少不确定性因素的影响程度，还可以通过制定一系列的方案来实现风险控制。

例如，制订预控方案、应急方案、挽救方案等。下面介绍一个实用范例：

欧洲某个国家计划修建一条横穿欧洲的高速双轨铁路。铁路总长度1230km，火车时速可达到300km/h，预计费用约为230亿美元。该国政府打算利用民间资金进行建设，政府还打算由民间组织负责该项目的全过程，政府只提供政策上的支持。

采用民间融资的方式，是政府企图将该项目的风险转嫁给民间组织的一种方式。项目的各方经过论证和风险预测后，准备承包该项目的民间财团制定了如下的风险损失控制方案：

（1）投标风险预控方案

在投标阶段，民间财团的最大风险就是政府对项目不及时审批，即受政府领导人的主观影响，存在着很大的模糊不确定性。在前期工作中，民间财团将要花费大量的人、财、物，如果项目不批准，那么花费的200万美元投标费就要付诸东流。所以，民间财团采取的措施是：确保政府部门在投标前就批准这个项目。对于征用土地的风险，让政府颁布特别法令，允许中标的财团强行征用土地。对于环境评估保护风险，则通过合理的规划措施来解决。

（2）财务风险控制方案

由于项目投资大，民间财团采用多种措施抵御由于各种不确定性因素造成的风险。同时还制定了财务应急计划，为了避免因无力还本付息和破产，对项目方案进行了全面的财务分析，对于不可预见的开支，利用应急资金和备用信贷弥补；对于利率风险则利用固定利率贷款和互惠信贷来排除；此外，要求政府和银行确保项目利率能够换成外汇。

3. 控制人为失误、减少系统误差

（1）人的失误分析

人为失误控制是减少由不确定性造成不确定性损失的主要措施，而人的失误分析是前提。人的失误一般具体表现在操作上的失误，但是究其失误过程，人的失误贯穿在整个生产过程中，从接受信息、处理信息、到决策行动等各个阶段都可能产生失误。例如，在操作过程中，各种刺激（信息）不断出现，它们需要操作者接受、辨识、处理和响应，若操作者能给予正确的或恰当的响应，事故可能不会发生，也不会发生伤害；若操作者做出错误的或不恰当的响应，即出现失误，并且客观上存在着不安全因素或危险因素时，能否造成伤害，还取决于各种机会因素，既可能造成伤害事故，也可能不会造成伤害事故。

造成操作失误的原因，并不能简单地认为就是操作者的责任，也可能是由于机器在设计、制造、组装、检查、维修等方面的失误造成机器或系统的潜在隐患才诱发操作中的各种失误，即系统开发到哪个阶段，人就可能发生哪些失误。

（2）防止人失误的措施

人的失误是造成不确定性和风险的主要原因，而人失误的原因主要是人与机器以及管理上的原因，提高人和机器的可靠性是解决不确定性的主要方法之一。下面介绍几点控制人为失误的措施：

①使操纵意识始终处于最佳觉醒状态。操作者产生操作失误除了机器本身的原因，主

要是由于操作者本身的觉醒水平处于低水平状态，所以为了保证安全操作，首先应使操作者的眼、手及胸保持一定的工作量，既不会由于过分紧张而造成过早疲劳，也不要因工作负荷过低而处于较低的觉醒状态；另外，从精神上消除其头脑中一切不正确的思维和情绪等心理因素，把操作者的兴趣、爱好和注意力都引导到有利于安全生产上来，变“要我安全”为“我要安全”，通过调整人的生理状态，使之始终处于最佳觉醒状态。以较强的安全意识从事操作工作。

②建立合理的安全规章制度、规范，并严格执行。约束不按操作规程操作人员的行为。

③安全教育和安全训练。安全教育和安全训练是消除不安全行为最基本的措施，其中包括带有强制性执行的安全法规教育，提高操作者素质的安全知识教育和安全技能教育，以及使操作者树立正确的安全态度教育。通过安全教育和安全训练，达到使操作者自觉遵守安全法规，养成正确的作业行动，提高感觉、识别、判断危险的能力，学会在异常情况下处理意外事件，减少事故的发生。

④按照人的生理特点安排工作。充分利用科学技术手段，探索和研究人的生理条件对不安全行为的影响，以便合理地安排操作者的作息时间。例如，将每个操作者的生物节律预先计算出来，并绘制出生物三节律图。当操作人员处于低潮期或临界期时，停止操作或适当调换工作，避免事故发生。再如，据统计，持续作业的工人，午饭后的注意力明显下降，故应提醒工人这时应特别注意，防止操作失误。

(3)减小和消除系统误差措施

减小和消除系统误差同样是解决不确定性问题的主要途径之一，其途径有以下三个方面：

①从误差根源上消除。要消除系统误差，关键是如何查找误差根源，找到了误差根源，消除或修正它就比较容易了。在进行系统设计之前，应先对所采用的原理和方法以及环境条件等作全面的检查和了解。明确其中有无产生明显系统误差的因素，并采取相应措施予以修正或消除。由于具体条件不同，所以在分析查找误差根源时，并无一成不变的方法，应根据实际而定。

②在测量过程中采取一定措施，避免系统误差引入，从而增加不确定性因素。对某种固定的或有规则变化的系统误差，可巧妙地设计测量方法加以消除。一般来说，测量方法可以分为两大类：直接测量和间接测量，直接测量又可分为两类：直接法和比较法。后者手续一般比较烦琐，但精度高，在比较法中，往往要使用标准量具，而测量仪器的误差，以及其他一些误差在测量过程中能被抵消，因而测量结果主要取决于标准量具的误差，量具一般比较稳定，误差更小，因此比较法常用于要求严格的测量。

③设法掌握系统误差的具体大小数值，从测量结果中修正。在测量前消除系统误差的来源，在测量中通过一些技术措施消除或减弱系统误差的方法，大都是从根源上消除系统误差的方法，也可以说是一种“治本”的方法，但是有时系统误差的变化规律过于复杂，采

取了一定的技术措施后仍难完全解决；或者虽然可以采取一些措施来消除误差源，但在具体测量条件下采取这些措施在经济上价格昂贵或技术上过于复杂，这时作为一种“治本”的办法，应尽量找出系统误差的方向和数值，采用修正值的方法加以修正。

4. 不确定性风险量化

对不确定性风险进行量化，可以对风险情况作出比较准确的判断，为风险管理提供准确的依据。常用的量化方法有以下几种：

(1)概率分析法

概率分析法是指用概率来分析、研究不确定因素对指标效果影响的一种不确定性分析方法。具体而言，是指通过分析各种不确定性因素在一定范围内随机变动的概率分布及其对指标的影响，从而对风险情况作出比较准确的判断，为决策提供更准确的依据。

①历史资料法：当某些风险事件或其影响因素积累有较多的数据资料时，就可通过对这些数据资料的分析找出风险因素或风险事件的概率分布；

②主观概率分析法：当缺少或没有历史数据和资料时，可根据风险管理者自己的经验猜测风险事件发生的概率分布，它一般又分为等可能法、统计估算法、主观测验法、专家估计法等；

③理论分布法：许多风险因素或风险事件的随机变化的规律即分布规律，已被前人总结过。对这种情况，就可利用已知的理论概率分布，根据工程具体情况求风险因素或风险事件发生的概率。

理论概率分布一般有正态分布、指数分布、三角分布、极值分布、β分布、二项分布、泊松分布、阶梯分布等。

(2)综合推断法

综合推断法分为前推、后推及旁推三种。从预测理论来分析，后推和旁推的应用效果一般较差，故较少采用，大量运用的是前推法。前推法即趋势外推法，是一种时间序列法，其基本原理是利用取得的按时间顺序排列的历史信息数据推断出未来事件发生的概率和后果。

(3)MC(Monte Carlo)法

蒙特卡罗法即仿真法，利用系统仿真模型对系统行为进行分析，将对项目目标潜在影响的不确定性因素具体化、定量化。

(4)期望损失法

首先运用科学的方法辨识出工程面临的主要风险，而后对辨识出的风险进行定量分析，即推断出每种风险发生的概率以及损失后果，求出每种风险的期望损失值，即风险的期望损失是风险发生的概率和风险发生造成损失的乘积，把各项风险因素的期望损失进行汇总，并分析每种风险的期望损失占总价的百分比，占总期望损失的百分比，找出其中最大风险和主要风险，从而制定相应的应对措施和防范方案，对风险进行科学管理。期望损失法中风险造成的严重性是用金额来表示的。

(5)调查和专家打分法

也称主观评分法，是一种最常用、最简单又易于应用的风险评价方法。这种方法主要分三步：首先，识别和评价对象相关的风险因素，风险事件列出风险调查表(Checklist)；其次，请有经验的专家对可能出现的风险因素或风险事件的重要性进行评价，即定出各风险的权重和发生的概率；最后，根据每位专家的不同权重，采用加权平均值的办法，计算出风险值，进行最后综合分析。

7.7 思考题

1. 风险管理的定义。
2. 论述风险管理的目标是什么？它一般要满足的基本要求是什么？
3. 生产经营单位中负责风险管理人员的任务一般应包括哪些？
4. 用流程图表示风险管理过程模式。
5. 简述风险管理组织及特点。
6. 风险管理过程的关键步骤有哪些？
7. 论述绩效评估的步骤。
8. 工程实施过程中的安全风险管理措施主要有哪些？
9. 风险文化的作用。
10. 企业风险文化建设的主要内容。
11. 企业经营和生产过程的不确定性因素可以分为哪四类？
12. 认识不确定性因素的来源应从哪些方面来考虑？
13. 简述控制人为失误的措施。
14. 不确定性和风险的量化方法有哪些？
15. 论述为何要将国家应急管理体系纳入国家安全体系？

参考文献

[1]杨永伟，夏玉珍．风险社会的理论阐释——兼论风险治理[J]. 学习与探索，2016(5)：35-40.

[2]袁琳，李莹．建立中国巨灾风险管理体系的研究[J]. 财政监督，2012(2)：75-76.

[3]姚亮．风险管理：现阶段中国社会建设的重要课题[J]. 宁夏党校学报，2011，13(1)：44-47.

[4]马小飞．风险社会视域下城市公共安全风险防范与应急管理策略研究[J]. 中国应急救援，2018(1)：20-24.

[5]吴向远．关于做好生产安全事故应急处置工作的思考[J]. 吉林劳动保护，2018，389(5)：27-29.

[6]陈胜辉．我国目前面临的社会风险及其控制[J]. 广西青年干部学院学报，2004，14(3)：60-61.

[7]卢新发．社会风险预警方法浅探[D]. 成都：西南财经大学，2004.

[8]陈秋玲．社会风险预警研究[M]. 北京：经济管理出版社，2010.

[9]师丹婧．风险社会背景下社会风险的产生及治理机制研究[D]. 天津：天津理工大学，2017.

[10]吴穹，许开立．安全管理学[M]. 北京：煤炭工业出版社，2002.

[11]罗云，樊运晓，马晓春．风险分析与安全评价[M]. 北京：化学工业出版社，2004.

[12]邓铁军．工程风险管理[M]. 北京：人民交通出版社，2004.

[13]戴树和．工程风险分析技术[M]. 北京：化学工业出版社，2007.

[14]任旭．工程风险管理[M]. 北京：清华大学出版社，2010.

[15]李景元．现代企业安全管理员现场管理运作实务[M]. 北京：中国经济出版社，2004.

[16]周经伦，龚时雨，颜兆林．系统安全性分析[M]. 长沙：中南大学出版社，2003.

[17]宋明哲．现代风险管理[M]. 北京：中国纺织出版社，2002.

[18]陈国华．结构完整性评估[M]. 北京：科学出版社，2002.

[19]阎春宁．风险管理学[M]. 上海：上海大学出版社，2002.

[20]王伟．管理创新原理与实务[M]. 北京：中国对外经济贸易出版社，2002.

[21]李海泉，李刚．系统可靠性分析与设计[M]. 北京：科学出版社，2003.

[22]杨家本．系统工程概论[M]. 武汉：武汉理工大学出版社，2002.

[23]邱菀华．现代项目风险管理方法与实践[M]. 北京：科学出版社，2003.

[24]王晓群．风险管理[M]. 上海：上海财经大学出版社，2003.

[25]罗吉·弗兰根，乔治·诺曼，著；李世蓉，徐波，译．工程建设风险管理[M]. 北京：中国建筑工业出版社，2000.

[26]李海龙．安全生产监督管理及违法行为查处处罚标准、责任追究实用手册第2卷[M]. 长春：吉林音像出版社，2005.

[27]贾文红．事业单位绩效评估机制研究[D]. 上海：同济大学，2005.

[28]王锋．建筑工程风险管理[D]. 武汉：华中科技大学，2005.

[29]刘新学．工程项目风险管理研究[D]. 西安：西安理工大学，2005.

[30]郭仲伟．风险的辨识[J]. 系统工程理论与实践，1987(1)：72-77.

[31]郭仲伟．风险的估计[J]. 系统工程理论与实践，1987(2)：73-78.

[32]国家安全生产监督管理局．安全评价[M]．北京：煤炭工业出版社，2004.

[33]罗云．注册安全工程师手册[M]．北京：化学工业出版社，2004.

[34]张景林．安全系统工程[M]．北京：煤炭工业出版社，2002.

[35]吕品．安全系统工程[M]．徐州：中国矿业大学出版社，2012.

[36]胡辉，胡涛，骆浩浩，等．模糊综合评价法在地下矿山安全生产中的应用研究[J]．价值工程，2017，36(29)：66－68.

[37]王慧．重大危险源辨识、分级与评估的研究[D]．太原：中北大学，2014.

[38]张乐，曹爽，李士雪，等．层次分析法的改进及其在权重确定中的应用[J]．中国卫生统计，2016，33(1)：154－155.

[39]项云林．北美爆炸性危险场所新分类方法介绍[J]．电气防爆，2005(3)：23－28.

[40]项云林．北美爆炸性危险场所新分类方法介绍[J]．电气防爆(续)，2005(4)：12－21.

[41]王爽，王志荣．危险化学品重大危险源辨识中存在问题的研究与探讨[J]．中国安全科学学报，2010，20(5)：120－124.

[42]王恩．模糊层次分析法在河道堤防工程安全评价中的应用[J]．山西建筑，2017(10)：228－229.

[43]刘茂．炼钢厂几种主要危险源的事故树分析(一)[J]．工业安全与防尘，1995(10)：20－25.

[44]刘茂．炼钢厂几种主要危险源的事故树分析(二)[J]．工业安全与防尘，1995(11)：27－30.

[45]彭洪军．危害识别与风险评价方法探讨[J]．商业经济研究，2011(16)：81－82.

[46]朱延军．工程项目风险识别的依据与方法[J]．现代企业，2011(9)：24－25.

[47]李宁，韩其利，王殿明，等．基于层次分析法的危化品装卸作业风险评估研究[J]．山东化工，2018，47(14)：117－118，120.

[48]牛聚粉．事故致因理论综述[J]．工业安全与环保，2012，38(9)：45－48.

[49]常玉锋，贾沛．危险化学品储罐区重大危险源安全分析[J]．广州化工，2011，39(6)：187－190.

[50]焦光伟，周汝，章玮．LNG储罐泄漏危险性计算及影响因素分析[J]．工业安全与环保，2015(4)：15－17.

[51]贾梅生，陈国华，胡昆．化工园区多米诺事故风险评价与防控技术综述[J]．化工进展，2017，36(4)：1534－1543.

[52]辛春林，张姗姗．化工园区定量风险评价方法及相关理论研究综述[J]．应用化工，2018，47(5)：1003－1006，1010.

[53]陈国华，祁帅，贾梅生，等．化工容器碎片引发多米诺效应事故研究历程与展望[J]．化工进展，2017，36(11)：4308－4317.

[54]周成．化工储罐区事故多米诺效应概率分析[J]．石油化工设备，2010，39(3)：31－35.

[55]李求进，杨玉胜，陶红．基于多米诺效应的定量风险评价研究[J]．中国安全生产科学技术，2012，8(1)：71－76.

[56]刘诗飞，姜威．重大危险源辨识与控制[M]．北京：冶金工业出版社，2012.

[57]王永强，刘承明，杜洪斌，等．危险化学品重大危险源辨识中的问题与对策[J]．中国安全生产科学技术，2013，9(6)：115－119.

[58]黄晶晶．建筑企业职业安全健康风险评估模型研究[D]．重庆：重庆大学，2015.

[59]马跃，傅贵，臧亚丽．企业安全文化建设水平评价指标体系研究[J]．中国安全科学学报，2014，24(4)：124－129.
[60]王慧．重大危险源辨识、分级与评估的研究[D]．太原：中北大学，2014.
[61]李娜，伍全红，陈磊．危险化学品重大危险源辨识与分级存在问题的研究与探讨[J]．云南化工，2017，44(12)：88－90.
[62]高晓蕾，武潭，刘静怡．某化肥厂危险化学品重大危险源辨识、分级与定量风险分析[J]．安全，2017，38(2)：5－8.
[63]丁丽娟，刘欢欢．煤矿瓦斯爆炸事故重大危险源的辨识与评价模型建立[J]．中国高新技术企业，2015(8)：172－174.
[64]撒占友，程卫民．安全人机工程[M]．徐州：中国矿业大学出版社，2012.
[65]油田开发规划风险评估与分析[J]．特种油气藏，2016，23(2)：63－68.
[66]川庆长庆监督公司，秦等社．事故树分析评价技术及应用[M]．西安：石油工业出版社，2014.
[67]张祥来，金雪梅，周俊红．如何做好危害识别与风险评价工作[J]．安全，2013(9)：37－38.
[68]宋孙义．加油站危险源识别与风险评价[J]．化工管理，2016(33)：155－156.
[69]张欣，余建星，梁静，等．基于风险的检测(RBI)在海底管道定量风险评估中的应用[J]．石油矿场机械，2015(1)：9－12.
[70]张文海，陈国华．危险化学品安全管理及定量评价方法[J]．化工学报，2004，55(4)：682－685.
[71]王阳，郭湛，伊逊政．城市轨道交通工程安全验收评价体系的研究[J]．铁道运输与经济，2015，37(10)：91－96.
[72]郑理富．对企业建立风险分级防控机制的思考[J]．石油化工安全环保技术，2015(2)：32－34.
[73]曹素红．某化工企业安全风险分级管控浅析[J]．化工管理，2018，487(16)：92－94.
[74]周仲园，陶刚，张礼敬，等．一种新型危险化工工艺安全评估方法的设计[J]．中国安全生产科学技术，2012，08(9)：118－122.
[75]陈郁．化工园区规划环境风险评价方法与风险管理研究[D]．大连：大连理工大学，2013.
[76]常杪，黄泳锋，李冬溦，等．基于“检查表—层次分析法”的贵州省工业园区环境风险评价方法研究[J]．四川环境，2015，34(4)：121－127.
[77]陆家亮，孙玉平，赵素平．天然气开发战略规划风险量化评价方法研究[J]．天然气工业，2016，36(10)：149－156.
[78]朱志凯．逻辑与方法[M]．北京：人民出版社，1995.
[79]刘铁民．安全评价方法应用指南[M]．北京：化学工业出版社，2005.
[80]杨林娟．工业风险分析与评价方法综述(一)[J]．压力容器，2005，22(7)：45－50.
[81]杨林娟．工业风险分析与评价方法综述(二)[J]．压力容器，2005，22(8)：35－39.
[82]温翠菊，陈建雄，李荣忠，等．3种风险评价方法在化学毒物职业危害风险评价与管理中的应用与分析[J]．中国卫生工程学，2014(3)：184－186.
[83]韩艳杰，张志军，李亚俊．基于新型综合集成法的矿井通风系统安全评价[J]．中国安全生产科学技术，2014(2)：75－80.
[84]陈国华，吴武生，徐三元，等．基于WBS－RBS与AHP的跨海桥梁工程施工HSE风险评价[J]．中

国安全科学学报，2013，23(9)：51.
[85]钱仕龙，张杭君．危险和可操作性分析(HAZOP)研究进展[J]. 山东化工，2013，42(10)：48－49.
[86]赵芳，杨秀栋，范永祺．光气及光气化装置的安全设计[J]. 石油化工设计，2013，30(2)：51－52.
[87]刘鲁新．化工行业广泛推行的安全评价方法——HAZOP分析[J]. 科学与财富，2015(3)：145.
[88]张春峰．天然气管道失效分析与控制对策探讨[J]. 石油化工安全环保技术，2012(2)：33－36.
[89]王小辉．预先危险分析法与道化学火灾爆炸指数法在涂料生产与储存安全管理中的应用[J]. 电镀与涂饰，2017(14)：37－43.
[90]刘松海．基于人因失误分析的医院电气安全管理研究[J]. 中国安全生产科学技术，2013，9(5)：185－189.
[91]潘建宙．核电厂数字化控制系统中人因失误与可靠性研究[J]. 现代企业文化，2016(27)：95－96.
[92]王彦富，闫培娜，李玉莲，等．海洋平台作业人因可靠性与失误研究[J]. 中国安全科学学报，2015，25(11)：87－91.
[93]郑霞忠，郭雅薇，石法起，等．塔机作业模糊认知可靠性与失误分析方法研究[J]. 中国安全科学学报，2016，26(6)：98－103.
[94]吴一波，王古常．人因可靠性认知机理研究进展[J]. 应用科技，2013，40(5)：66－70.
[95]周铭轩，张渝，胡社荣．基于模糊数学的煤矿安全管理评价[J]. 矿业安全与环保，2017，44(6)：116－119.
[96]W. Kent Muhlbauer. 管道风险管理手册[M]. 北京：中国石化出版社，2005.
[97]张锐丽，高万春，吴为团．基于FMECA方法的故障模式危害性分析[J]. 中国设备工程，2017(6)：53－54.
[98]吴宗之，高进东，魏利军．危险评价方法及其应用[M]. 北京：冶金工业出版社，2001.
[99]王淞．基于定量风险评价的危险化学品重大危险源外部安全防护距离计算[J]. 安全，2016，37(8)：6－8.
[100]付一平．基于模糊理论的地铁车站基坑工程安全性评价研究[J]. 路基工程，2017(2)：46－49.
[101]戴树和．风险分析技术(一)——风险分析的原理和方法[J]. 压力容器，2002，19(2)：1－9.
[102]刘娜．典型巨化工生产系统危险源安全评价及预警研究[D]. 重庆：重庆大学，2012.
[103]邵德生．故障模式影响及危害性分析(FMECA)技术(下). Q&R，1995，(2)：44－46.
[104]邵德生．故障模式影响及危害性分析(FMECA)技术(上). Q&R，1995，(2)：45－46.
[105]周科平，田勇刚．基于因子交互作用矩阵的采空区危险度评价研究[J]. 中国安全生产科学技术，2016，12(10)：107－112.
[106]郑明，姚安林，蒋宏业，等．改进蒙德法在输气站场危险程度评价中的应用[J]. 油气储运，2013，32(8)：829－833.
[107]白永忠，蒋军成．HAZOP与风险矩阵组合技术应用研究[J]. 中国安全生产科学技术，2012，08(8)：121－126.
[108]程相党．道化学火灾爆炸危险指数评价法在安全评价中的应用[J]. 化工管理，2016(13)：114－115.
[109]傅佳佳．应用SAFETI软件进行模拟CO泄漏事故后果分析[J]. 化工管理，2018(6)：210－212.

[110]闫晓，赵东风，孟亦飞．大型 LNG 储罐区卸料管线泄漏事故定量风险分析[J]．中国安全生产科学技术，2013，9(4)：72－77.
[111]张杰，赵明．液氨泄漏事故的定量风险评价研究[J]．安全与环境工程，2012，19(1)：69－73.
[112]李密，王三瑞，焦学军．易燃易爆场所雷电灾害风险评估的实践和探讨[J]．中国安全生产科学技术，2013，9(5)：96－101.
[113]王金柱．氯碱化工生产过程火灾爆炸事故预防措施探讨[J]．山东工业技术，2016(13)：34.
[114]张晓燕．在役化工装置质量安全评价模式的研究[J]．中国石油和化工标准与质量，2016，36(15)：74－75.
[115]滕宝红．工厂安全标准化管理操作规程[M]．北京：中国标准出版社，2004.
[116]郑霞忠，王晓宇，陈述，等．高处坠落事故的人因失误与干预策略研究[J]．中国安全生产科学技术，2017，13(6)：139－144.
[117]贾梅生．过程设备火灾易损性理论与多米诺效应防控[D]．广州：华南理工大学，2017.
[118]傅贵，李宣东，李军．事故共性原因及其行为科学预防策略[J]．安全与环境学报，2005，5(1)：80－84.
[119]戴树和．风险分析技术(二)——典型装置上的应用[J]．压力容器，2002，19(3)：1－6.
[120]黄建陵，彭巍，华文鑫．地下工程安全风险管理与控制研究[J]．铁道建筑，2012(1)：77－79.
[121]杨涛，党光远．企业安全生产事故风险预警研究综述[J]．安全与环境学报，2014，14(4)：123－129.
[122]杨志泉．矿山安全生产事故的原因分析及预防策略[J]．资源信息与工程，2016，31(2)：99－100.
[123]龚花萍，陈鑫，高洪新．突发事件预警及决策多信息系统的协同架构模型研究[J]．情报科学，2016(12)：33－37.
[124]吴志敏．城市突发公共事件风险治理机制的构建研究[J]．财政监督，2017(11)：83－86.
[125]张新梅，陈国华，张晖，等．我国应急管理体制的问题及其发展对策研究[J]．中国安全科学学报，2006，16(2)：79－86.
[126]张新梅，潘游，陈国华，等．重大工业事故隐患辨识与评价方法研究[J]．中国安全科学学报，2006，16(5)：111－117.
[127]魏培，尤燕妮，董国强，等．重大危险源安全监控预警系统及应用研究[J]．化工管理，2017(5)：266，268.
[128]房宇．我国政府重大突发事件预警管理的现状和完善研究[J]．法制与社会，2016(9)：148－149.
[129]张莺莺，张铱莹．安全生产重大危险源风险预警体系[J]．安全，2018，39(1)：54－57.
[130]谭连初．化工企业风险监控与安全管理预警技术[J]．低碳世界，2016(6)：227－228.
[131]王银银．基于供应链管理的企业供应风险预警系统研究[J]．技术经济与管理研究，2014(12)：67－70.
[132]石丹青．海上 LNG 行业国际 EPC 项目风险预警机制的研究[D]．天津：天津大学，2015.
[133]龚寿斌．工程项目建设风险预警管理研究[J]．城市建筑，2016(35)：119.
[134]梁广宁．煤矿事故的预测、预报在安全管理工作中的作用[J]．内蒙古煤炭经济，2010(1)：34.
[135]陈伟，温晋锋，钱城江．化工企业事故决策者风险感知模拟预测研究[J]．中国安全生产科学技术，

2016，12(8)：92 - 98.

[136]杨戬．事故灰色预测模型的研究与应用[J]．石油化工安全环保技术，2018，34(5)：6 - 7，45 - 47.

[137]杜晓燕，吴建华，朱庆明，等．我国危险化学品事故灰色残差马尔科夫预测模型的建立及应用研究[J]．安全与环境工程，2018，25(3)：125 - 129.

[138]于勇，翟远征，郭永丽，等．基于不确定性的地下水污染风险评价研究进展[J]．水文地质工程地质，2013，40(1)：115 - 123.

[139]王传芳．地震危险性分析中地震动衰减的不确定性校正[D]．哈尔滨：哈尔滨工业大学，2013.

[140]孙东亮，杜峰，蒋军成．密闭汽油罐泄漏池火灾风险评估中的参数不确定性分析[J]．石油与天然气化工，2009，38(5)：448 - 452.

[141]刘强．基于不确定情况下的化学危险品事故应急资源优化调度分析[J]．化工管理，2016(26)：335.

[142]陈兆麟，张温福．光气安全评价与管理[M]．上海：华东理工大学出版社，2011.

[143]中国石油化工股份公司青岛安全工程研究所．石化装置定量风险评估指南[M]．北京：中国石化出版社，2007.

[144]薛源，佀庆民．LPG 罐区事故后果模拟与风险控制研究[J]．工业安全与环保，2016，42(11)：20 -23.

[145]王天瑜，吕辰，胡馨声，等．天然气管道蒸气云爆炸事故后果模拟研究[J]．煤炭技术，2017，36(7)：295 - 297.

[146]王云慧，邢志祥，陆中秋．火灾爆炸事故后果模型研究[J]．中国安全科学学报，2015，25(8)：68 -74.

[147]俞志东．LPG 球罐泄漏事故后果数值模拟[J]．油气储运，2017，36(2)：144 - 148.

[148]安春晖．某 CNG 加气站的火灾爆炸危险性评价[J]．消防科学与技术，2014(7)：828 - 832.

[149]范小花，秦凌凌．LNG 槽车泄漏事故风险模拟研究[J]．工业安全与环保，2017，43(7)：41 - 43.

[150]格来哲·摩根，麦克斯·亨利昂，米切尔·斯莫，著；王红漫，译．不确定性[M]．北京：北京大学出版社，2011.

[151]刘作华，陶长元，范兴．化工安全技术[M]．重庆：重庆大学出版社：2022. 170.

[152]罗云，裴晶晶，许铭，等．我国安全软科学的发展历程、现状与未来趋势[J]．中国安全科学学报，2022，32(1)：1 - 11.

[153]陈宝智，吴敏．事故致因理论与安全理念[J]．中国安全生产科学技术，2008(1)：42 - 46.

[154]吴宗之，任彦斌，牛和平，等．基于本质安全理论的安全管理体系研究[J]．中国安全科学学报，2007(7)：54 - 58.

[155]ULRICH BECK. From Industrial Society to Risk Society：Questions of Survival，Social Structure and Ecological Enlightenment. Germany：Malden，1999.

[156]MARK TWEEDDALE. Managing Risk and Reliability of Process Plants. The United States. 2003.

[157]OHLSSON N，ERIKSSON A C，HELANDER M E. Early Risk-Management by Identification of Fault-prone Modules[J]. Empirical Software Engineering，1997，2(2)：66 - 173.

[158]ROBIN PITBLADO. Risk Assessment in The Process Industry. the United Kingdom. Institution of Chemical Engineers. 1996.

[159] FRANK P. Lees. Loss Prevention in the Process Industries. England: Butterworth&Co (Publishers) Ltd. 1980.

[160] International Labor Office. Major Hazard Control. Geneva, Switzerland: International Labor Office. 1988.

[161] SHAH S, FISCHER U, KONRAD H. Assessment of chemical process hazards in early design stages [J]. Journal of Loss Prevention in the Process Industries, 2005, 18(4-6): 335-352.

[162] KORADECKA D, POSNIAK M, WIDERSZAL-BAZYL M, et al. A comparative study of objective and subjective assessment of occupational risk[J]. International journal of occupational safety and ergonomics: JOSE, 2010, 16(1): 3-22.

[163] ANDREW P. SAGE. Risk Management Systems Engineering. IEEE, 1999: 1033-1040.

[164] KIRWAN B. Human error identification in human reliability assessment: I. Overview of approaches. [J]. Applied Ergonomics, 1992, 23(5): 299-318.

[165] ASSAL M J, KAKOSIMOS K E. Fires explosions and toxic gas dispersions[J]. Process Safety Progress, 2010, 31(3): 331-334.

[166] TRAMMELL S R, DAVIS B J. Using a Modified Hazop/FMEA Methodology for Assessing System Risk [C]// International Workshop on Engineering Management for Applied Technology. IEEE, 2001.

[167] HOLLNAGEL E. Cognitive Reliability and Error Analysis Method. Oxford, UK: Elsevier Science Ltd. 1998.

[168] ROBOT B. KELLY. Industrial Emergency Preparedness. New York: Van Nostrand Reinhold. 1991.

[169] COZZANI V, GUBINELLI G, ANTONIONI G, et al. The assessment of risk caused by domino effect in quantitative area risk analysis[J]. Journal of Hazardous Materials, 2005, 127(1-3): 14-30.

[170] HEMMATIAN B, ABDOLHAMIDZADEH B, DARBRA R, et al. The significance of domino effect in chemical accidents[J]. Journal of Loss Prevention in the Process Industries, 2014, 29(3): 30-38.

[171] SWUSTE P, NUNEN K V, RENIERS G, et al. Domino effects in chemical factories and clusters: An historical perspective and discussion[J]. Process Safety and Environmental Protection, 2019, 124: 18-30.

[172] MUKHIM E D, ABBASI T, TAUSEEF S M, et al. Domino effect in chemical process industries triggered by overpressure—Formulation of equipment-specific probits[J], Process Safety and Environmental Protection, 2017, 106: 263-273.

[173] JIA M, CHEN G, RENIERS G. An innovative framework for determining the damage probability of equipment exposed to fire[J]. Fire Safety Journal, 2017, 92(9): 177-187.

[174] ZHANG L, LANDUCCI G, RENIERS G, et al. DAMS: A model to assess domino effects by using agent - based modeling and simulation[J]. Risk Analysis, 2017, 4: 1-16.

[175] KHAKZAD N, LANDUCCI G, COZZANI V, et al. Cost-effective fire protection of chemical plants against domino effects[J]. Reliability Engineering & System Safety, 2018, 169: 412-421.

[176] YANG Y, CHEN G, CHEN P. The probability prediction method of domino effect triggered by

lightning in chemical tank farm[J]. Process Safety and Environmental Protection，2018，116(5)：106 -114.

[177]CHEN G，CHEN P，WANG L，et al. Optimizing emergency rescue and evacuation planning with intelligent obstacle avoidance in a chemical industrial park[J]. Journal of Loss Prevention in the Process Industries，2018，56：119 - 127.

[178]CHEN G，HUANG K，ZOU M，et al. A methodology for quantitative vulnerability assessment of coupled multi-hazard in Chemical Industrial Park[J]. Journal of Loss Prevention in the Process Industries，2019，58：30 - 41.

[179]ZHOU Z，CHEN G，ZHOU C，et al. Experimental study on determination of flame height and lift-off distance of rectangular source fuel jet fires[J]. Applied Thermal Engineering，2019，152：430 -436.

[180]ALAUDDIN M，KHAN F I，AMYOTTE P R，et al. Fundamentals of inherently safer design[M]. Inherently Safer Design，2023：23 - 81.

[181]AMYOTTE P R，GORAYA A U，HENDERSHOT D C，et al. Incorporation of inherent safety principles in process safety management[J]. Process Safety Progress，2007，26(4)：333 - 346.

[182]AMYOTTE P R，RAYNER BROWN K，KHAN F I，et al. Future of inherently safer design[M]. Inherently Safer Design，2023：379 - 388.

[183]KHAN F I，AMYOTTE P R. Integrated inherent safety index(I2SI)：A tool for inherent safety evaluation[J]. Process Safety Progress，2004，23(2)：136 - 148.

[184]KHAN F I，AMYOTTE P R. I2SI：A comprehensive quantitative tool for inherent safety and cost evaluation[J]. Journal of Loss Prevention in the Process Industries，2005，18(4 - 6)：310 - 326.

[185]KLETZ T，AMYOTTE P. Inherently safer design[M]. What Went Wrong? 2019：565 - 581.

[186]KHAN F I，SADIQ R，AMYOTTE P R. Evaluation of available indices for inherently safer design options[J]. Process Safety Progress，2003，22(2)：83 - 97.

[187]KLETZ T，AMYOTTE P. Process Plants A Handbook for Inherently Safer Design，Second Edition [M]. CRC Press，2010.

[188]KIDAM K，SAHAK H A，HASSIM M H，et al. Inherently safer design review and their timing during chemical process development and design[J]. Journal of Loss Prevention in the Process Industries，2016，42：47 - 58.

[189]陈培珠，陈国华，门金坤．化工园区应急响应阶段应急救援与疏散双向路径规划[J]．化工进展，2022，41(01)：503 - 512.

[190]Qiang Z，Guohua C，Yongzhi X，et al. Effects of methane volume fractions and vent areas on dynamic characteristics of vented methane-air explosion in a half-open duct[J]. Fuel，2022：319.

[191]Guohua C，Xu L，Lixing Z，et al. A dynamic risk-based routing approach for multi-source and multi-sink evacuation problem in chemical industrial parks[J]. Journal of Loss Prevention in the Process Industries，2022：104760.

[192]Min H，Guohua C，Peng Y，et al. Multi-hazard coupling vulnerability analysis for buckling failure of

vertical storage tank：Floods and hurricanes[J]. Process Safety and Environmental Protection，2022，161528－541.

[193]赵杰，赖恩，陈国华．爆炸冲击波与碎片耦合作用下化工储罐易损性研究[J]. 华南理工大学学报（自然科学版），2022，50(04)：129－141.

[194]Jinkun M，Guohua C，Lixing Z，et al. A pareto-based multi-objective network design approach for mitigating the risk of hazardous materials transportation[J]. Process Safety and Environmental Protection，2022，161860－875.

[195]陈国华，陶侠，黄孔星，等．Natech 事件油气管道脆弱性评估现状与思考[J]. 油气储运，2022，41(08)：892－899.

[196]Jinkun M，Guohua C，Yunfeng Y，et al. An event-driven probabilistic methodology for modeling the spatial-temporal evolution of natural hazard-induced domino chain in chemical industrial parks[J]. Reliability Engineering and System Safety，2022，226.

[197]Geng Z，Jin G，Yue T，et al. Safety Analysis and Evaluation of Hydrogen Cylinder Periodic Inspection Station[J]. Energies，2022，15(18)：6617－6617.

[198]Xiaofeng L，Guohua C，Faisal K，et al. Analysis of structural response of storage tanks subject to synergistic blast and fire loads[J]. Journal of Loss Prevention in the Process Industries，2022，80.

[199]陈国华，李佳玲，陈学希，等．灾害链网络下城市区域安全风险评估模型[J]. 中国安全科学学报，2022，32(11)：146－153.

[200]Xu Q，Chen G，Zhang Q，et al. Numerical simulation study and dimensional analysis of hydrogen explosion characteristics in a closed rectangular duct with obstacles[J]. International Journal of Hydrogen Energy，2022，47(92)：39288－39301.

[201]Xiaofeng L，Guohua C，Paul A，et al. Vulnerability assessment of storage tanks exposed to simultaneous fire and explosion hazards[J]. Reliability Engineering and System Safety，2023：230.

[202]Hailing H，Guohua C，Jinkun M，et al. Dynamic responses of steel cylindrical tanks subjected to sequential loadings of earthquake and explosion[J]. Engineering Failure Analysis，2023，143(PA).

[203]Tao Z，Guohua C，Genserik R，et al. Developing a barrier management framework for dealing with Natech domino effects and increasing chemical cluster resilience[J]. Process Safety and Environmental Protection，2022：168778－168791.

[204]Guohua C，Chennan L，Lixing Z，et al. Research on three-dimensional visualization system of Natech events triggered domino accidents in oil-gas depots[J]. Journal of Loss Prevention in the Process Industries，2023：81.

[205]Tao Z，Guohua C，Genserik R，et al. Resilience assessment of chemical industrial areas during Natech-related cascading multi-hazards[J]. Journal of Loss Prevention in the Process Industries，2023：81.

[206]Xiaohui R，Guohua C，Lixing Z，et al. A disaster scene simulation system in 3D for oil transmission stations：Design and implementation[J]. Journal of Loss Prevention in the Process Industries，2023：83.

[207]Jinkun M, Guohua C, Genserik R, et al. A hybrid deep belief network-based label distribution learning system for seismic damage estimation of liquid storage tanks[J]. Process Safety and Environmental Protection, 2023: 172908 - 172922.

[208]Qiang Z, Guohua C, Xianjia H, et al. Effects of vent layout and vent area on dynamic characteristics of premixed methane-air explosion in a tube with two side-vented ducts[J]. Journal of Loss Prevention in the Process Industries, 2023, 83.

[209]Xiaofeng L, Guohua C, Paul A, et al. Modeling and analysis of domino effect in petrochemical storage tank farms under the synergistic effect of explosion and fire[J]. Process Safety and Environmental Protection, 2023: 176706 - 176715.

[210]Qiming X, Guohua C, Shen S, et al. Prediction of venting gas explosion overpressure based on a combination of explosive theory and machine learning[J]. Expert Systems With Applications, 2023: 234.

[211]Hongpeng L, Guohua C, Xiaoming G, et al. Study on the methodology for evaluating the filling quality of type III hydrogen storage cylinders[J]. International Journal of Hydrogen Energy, 2023, 48 (94): 36825 - 36835.

[212]Yimeng Z, Guohua C, Qiming X, et al. Metering inaccuracy analysis and improvement measures of typical scenarios in hydrogen refueling station[J]. International Journal of Hydrogen Energy, 2024, 50(PA): 815 - 828.

[213]Guohua C, Yue W, Jinkun M, et al. A novel approach for failure and consequence assessment considering multi-hazard coupling scenario in chemical industrial parks[J]. Engineering Failure Analysis, 2024: 156107867.

[214]Lixing Z, Guohua C, Mianbin Z, et al. Agent-based modeling methodology and temporal simulation for Natech events in chemical clusters[J]. Reliability Engineering and System Safety, 2024: 243109888.

[215]Xu Q, Chen G, Xie M, et al. Experimental and numerical studies on hydrogen leakage and dispersion evolution characteristics in space with large aspect ratios[J]. Journal of Cleaner Production, 2024: 438140467.

[216]Men J, Chen G, Reniers G, et al. Experimental and numerical study on earthquake-fire coupling failure mechanism of steel cylindrical tanks[J]. Reliability Engineering and System Safety, 2024: 245110016.

[217]Li S, Chen G, Men J, et al. A novel dynamic risk assessment method for hazardous chemical warehouses based on improved SVM and mathematical methodologies[J]. Journal of Loss Prevention in the Process Industries, 2024: 89105302.

[218]Chen G, Su S, Xu Q, et al. Optimization of hydrogen refueling strategy: Based on energy consumption and refueling demand[J]. International Journal of Hydrogen Energy, 2024: 71625 - 71636.

[219]Men J, Chen G, Reniers G. Pareto-based design optimization of chemical tank farm using a trade-off between domino effects related and land resource utilization efficiency[J]. Reliability Engineering and

System Safety，2024：249110203.

[220]Sheng H，Chen G，Li X，et al. A novel unmanned aerial vehicle driven real-time situation awareness for fire accidents in chemical tank farms[J]. Journal of Loss Prevention in the Process Industries，2024：91105357.